2006-2016
浙江工业大学
城乡规划专业城市设计
优秀作品集

主　编　孟海宁　周　骏　陈前虎
副主编　龚　强　赵　锋　陈怀宁

中国建筑工业出版社

图书在版编目（CIP）数据

2006-2016浙江工业大学城乡规划专业城市设计优秀作品集/孟海宁等主编.—北京：中国建筑工业出版社，2017.8
ISBN 978-7-112-21098-5

Ⅰ.①2… Ⅱ.①孟… Ⅲ.①城市规划-建筑设计-作品集-中国-现代 Ⅳ.①TU984.2

中国版本图书馆CIP数据核字（2017）第196335号

责任编辑：杨 虹 周 觅
责任校对：焦 乐 赵 力

2006-2016浙江工业大学城乡规划专业城市设计优秀作品集

主 编 孟海宁 周 骏 陈前虎
副主编 龚 强 赵 锋 陈怀宁
*
中国建筑工业出版社出版、发行（北京海淀三里河路9号）
各地新华书店、建筑书店经销
北京嘉泰利德公司制版
北京利丰雅高长城印刷有限公司印刷
*
开本：880×1230毫米 1/16 印张：$13^3/_4$ 字数：419千字
2017年9月第一版 2017年9月第一次印刷
定价：95.00元
ISBN 978-7-112-21098-5
（30738）

目录

CONTENTS

回顾 • 总结　Review • Summary

浙江工业大学城乡规划专业成立于 2000 年，2010 年通过了住房和城乡建设部高等教育城市规划专业评估委员会本科专业教育评估，2016 年设立城乡规划学一级学科硕士学位授权点。

城市设计课程一直是浙江工业大学城乡规划专业高年级的核心课程之一，经历了开设、摸索、改革、建设的各个阶段。2004 年对 2000 级城乡规划专业四年级学生第一次开设此课，2006 年第一次参加高等学校城乡规划学科专业指导委员会组织的全国城市设计作业竞赛，2006—2010 年多次成功申报城市设计课程校级教改和重点课程建设项目，2012 年该课程成为浙江工业大学优秀课程。

12 年来，城市设计课程教学的发展，主要表现在如下方面：

（1）在课程教学团队建设方面，由原先 1 人，发展到 6 人，其中教授 2 人，博士毕业教师 2 人，硕士毕业教师 3 人。形成了一支知识结构和年龄结构相对合理的教学师资团队。

（2）在课程教学体系设立方面，由原先“基础理论教学 + 设计指导教学”，发展为“基础理论教学 + 体验实验教学 + 专题理论教学 + 场地调研实验教学 + 设计指导教学”的模块化渐进性课程教学体系。

（3）在教学内容方法改革方面，由原先的物质空间设计转变为研究性设计，秉承“感知—观察—研究—设计”四位一体的城市设计课程教学理念，学校多次修编城市设计课程理论教学大纲、实验教学大纲和设计教学大纲。设置了实验教学环节，强调学生对城市空间认知和市民生活观察是培养学生设计创新能力的重要途径。在设计大纲中明确了专题讲座、场地分析和设计指导三部分内容，对设计指导部分明确了指导五步骤过程的要点和衔接。

（4）在教学管理组织方面，建立了课程的基本培养质量标准，明确了课程的开设时间、学时规模和内容安排，构建了课程教学方法的总体框架，包括教学方法的总体特征、教学计划的特点、教学组织的特点、教学过程的特点、教学手段的特点、教学师资配备的特点；提出了设计题目的类型并对难度设置进行把控；总结了学生在城市设计中易入的误区及教学关键环节应该引导把控的注意事项；建立了课程实验和设计的考核、评分标准以及课程的教材选择标准与参考资料。

尽管学校城市设计课程教学取得了一些进步，但是在面对中国社会经济发展进入新常态，面临转型升级的新阶段，如何使专业教学和人才培养更加契合社会经济发展的新需求，如何进一步探索、改革城市设计课程教学，我们正在路上。

编者

2017 年 2 月

城市设计课程教学方法研究 Teaching Method

一、城市设计课程教学方法的总体框架

“城市设计课程教学方法”是指完成城市设计课程教学所遵循的步骤、程序和途径以及所采用的手段。这关乎这门课程教学质量的高低，方法得当，事半功倍；方法不当，事倍功半。

城市设计课程的教学方法与预期的教学目标有密切联系，不同的目标有不同的方法。同时城市设计课程的教学方法与现代城市设计理论方法也密切相关。因此，从这两方面分析入手，可以建立起正确的城市设计课程的教学方法。

确定的五年制城乡规划学生在城市设计方面应达到的质量标准，目标是使学生建立起从城市层面思考设计问题的思维习惯和自觉意识，为其日后的城市设计工作及研究打下良好的基础，也为其未来从事建筑设计和城市规划提供更为宽阔的研究视野。 同时，现代城市设计是以人的心理和行为特点为依据，为人与其和谐共存提供良好舒适的空间和场所。研究的核心内容是城市公共环境形态及其对民众生活的影响。

因此，城市设计课程的教学方法首先应体现研究性设计教学的特点，只有这样才能避免为形体而形体的“见物不见人”的设计；其次要使学生能进行有研究性的设计，仅有书本的理论知识是远远不够的，必须到实际中去观察、体验、调查，通过发现问题、分析问题，从而有的放矢地解决问题，故体验式设计教学应是城市设计课程教学方法的第二大特点；在研究性设计教学过程中，学生之间、师生之间对发现的城市问题进行讨论，甚至争论，是研究性设计教学的重要环节，它能促使学生对发现的城市问题的分析和寻找解决问题方法的研究更深入，所以互动式设计教学是城市设计课程教学方法的第三大特点；城市设计课题一般涉及的知识面比较广，要解决的问题比较多，调查研究的量也比较大，学生单枪匹马地完成设计任务，难度和负荷太大，实践表明教学效果不好。因此，需要学生合作完成设计课题，这也有利于培养学生相互配合协作的能力，所以合作式设计教学是城市设计课程教学方法的第四大特点。

综上所述，城市设计课程教学方法的总体框架是：

- 教学方法的总体特征：研究性设计教学。
- 教学计划的特点：以研究性设计教学为主线的“基础理论教学 + 体验实验教学 + 专题理论教学 + 场地调研实验教学 + 设计指导教学”的模块化渐进性教学计划安排。
- 教学组织的特点：以“小组合作实验 + 小组合作设计 + 团队讨论交流 + 教师点评”的开放式、互动型的“小组 + 团队”的合作组织形式。
- 教学过程的特点：“全过程引导 + 模块环节控制”。突出研究性设计引导的教学主线，强化教学过程的模块控制、模块成果的评估。

● 教学手段的特点：实物工作模型或 SketchUp 软件的应用。强化专业图式语言表达下的城市问题分析研究，以及设计概念向空间模型转化的手段。

● 教学师资配备的特点：多专业、跨学科的师资配备。不能只有城市规划专业的教师，至少还应该有建筑学专业的教师，最好还有景观设计专业的教师，组合成综合性、互补性较强的师资团队。

二、城市设计题型及难度设置

1. 城市设计题型

现代城市设计的工作对象是多层次的，即大尺度的区域——城市级城市设计、中尺度的分区级城市设计、小尺度的地段级城市设计。作为城市规划专业学生的城市设计课题，中、小尺度的城市设计题型比较适宜，与教学目标较吻合。地段级城市设计主要指具体的建设工程项目设计，如广场、特色街区、工业改造地块、地铁出入口地块等设计项目。这一尺度的课题类型丰富，有较为复杂的城市环境要素，设计制约条件比较明确，一般都是关注度比较高的城市重点地段。城市现象和城市环境具有较高的代表性。地段级城市设计课题的题型大致有如下几类：

（1）城市遗产保护类：历史遗址保护与展示、工业遗产地保护与复兴、城市文化遗产周边的协调与开发等。

（2）城市演变类：城市历史地段保护与更新、城市历史古街地区的保护与更新等。

（3）城市中心类：城市商业中心、城市行政中心、城市文化娱乐休闲中心、大型物流中心、城市广场等。

（4）城市交通枢纽节点类：城市火车站周边、城市水运码头周边、长途汽车站周边、旅游集散中心周边、轨道交通站周边等。

（5）城市特色片区类：商业购物步行街区、美食休闲步行街区、滨水地区、城市道路街景设计等。

（6）城市生态片区类：城市生态廊道周边、公园周边、湿地周边等。

（7）功能园区类：大学园区、高科技园区、总部经济园区、创意园区等。

（8）城市特殊人群生活空间类：老人人群空间、儿童人群空间、新市民人群空间、残疾人人群空间等。

一般而言，城市设计题型的多样化，有利于学生按自身的兴趣进行选择，能激发学生学习的积极性。同时，每届城市设计课都有若干个题型在展开，有利于学生相互启发，拓宽视野。因此，主张城市设计课在出题时，至少要有两种以上题型。

2. 难度设置

对城市规划的学生而言，城市设计的对象是其专业知识领域的一次大突破，面临着挑战。因此，课题难度设置是一个很重要的问题。要把握好课程难度的分寸，出题时应在如下方面特别注意：

（1）课题设计项目的规模

就一般情况而言，设计项目的用地面积愈大，功能就会愈复杂，学生对空间尺度的把握也会愈困难。

从历届城市设计的作业质量发现，规模较小的设计项目在分析研究的深度、空间环境的设计深度、图纸的表达等方面质量较高。当然，设计项目的规模也不能过小，否则就失去了城市设计的特征。实践经验得出，建筑学专业的城市设计课题用地规模在 8~15 公顷左右比较适宜，城市规划专业的城市设计课题用地规模在 30~40 公顷左右比较适宜。

（2）课题设计现状条件的复杂程度

城市设计的主要设计现状条件有：自然环境现状、用地现状、建筑现状、道路交通现状、现状空间格局、现状使用活动的组织等。尽管每个课题都会遇到这些现状条件，但是复杂程度差异较大。对初学者来说，适当简单有利于掌握。例如用地现状条件，用地性质的混合性不要太高，突出一种用地性质，集中精力研究和设计一类问题。又例如道路交通现状条件，对建筑学专业的学生来说，绝对不能太复杂。最好不要同时出现立体交叉口、过境公路、地铁出入口等情况。我们现在给学生的设计课题往往都是老师曾做过的实际工程设计项目，所谓的“真题”，若遇到现状条件复杂程度高的“真题”，教师可以作一些适当的假设，调低复杂程度。

（3）课题设计限制条件的松紧程度

服从城市规划的制约是城市设计的一般原则。城市总体规划对具体的城市设计项目的制约内容是宏观的、粗线条的，而城市分区规划，尤其城市控制性详细规划对城市地块的设计制约条件非常详细，主要有用地性质的制约、用地规模的制约、城市道路骨架的制约、设施配备要求的制约、建筑高度的制约、用地开发强度的制约、场地开口的制约、与周边用地关系的制约等，对实际工程项目设计而言，这些都是强制性内容，必须严格执行。但是作为学生城市设计的课题，这些设计限制条件执行太严格，不利于学生的发挥。因此，需要教师在出题时，对这些设计限制条件适当进行松绑，给学生增加一定的自由裁量的空间。如用地性质制约的松绑，能否在设计场地范围内，不同性质地块在空间上允许置换，是否允许新性质的功能用地植入。又如城市道路骨架的松绑，在设计场地范围内，城市支路是否允许重新组织，路网密度是否允许改变。诸如此类的问题需要教师在出题时进行缜密的思考、适当放宽设计限制条件，便于学生的发挥和创新。但是事物都是一分为二的，过于宽松的设计条件，会使学生的设计方案过于随心所欲，只关注设计场地内部，忽略周边环境和联系的存在，失去了城市设计的意义。因此把握课题设计限制条件的松紧程度是控制课题难度的关键环节。

（4）课题设计成果的深度

现代城市设计的成果形式主要有政策、设计方案、导则三种类型，城市设计课的成果形式主要是设计方案，它是整个城市设计课程教学质量的综合表现。一般成果内容包括现状调研分析、设计概念的过程演化分析、设计方案的表达、设计方案的分析、相关技术指标和必要的文字说明。不仅要重视总图、三维模型图的内容和效果，更应重视方案设计过程的分析研究、技术路线。对于设计导则的图则成果，不放入课程设计内，将在毕业设计时，对有城市设计的课题，要求城市设计成果有方案转化为设计图则的内容。

三、误区与教学关键环节的引导把控

1. 学生在城市设计中易入的误区

学生在初学城市设计时，容易不知不觉地步入一些误区，教师若不及时发现、指出、引导，学生会非常苦恼、逐渐失去学习的热情，进入混乱而事倍功半的设计误区。根据多年教学实践经验，学生易进入的误区有如下几个方面：

（1）缺乏关联和构思

有些学生在设计概念形成阶段，由于对设计场地及其周边的自然与现状元素迟钝、不会进行关联的分析研究，产生不了自己的方案设计理念和目标，只是机械地进行功能分区布局、空间设计。缺乏创造力，导致设计方案平庸，整个设计过程的设计激情逐步递减，在介绍自己的设计方案时没有成就感，也无话可说。

（2）不切实际的关联构思

有些学生在设计概念形成阶段，虽然对设计场地及其周边的自然与现状元素有一定的敏锐度，但是提出的关联构思不切实际，有的是雄心勃勃，但场地条件无法承载他的关联构思；有的关联构思不尊重设计场地及其周边已存在的自然与现状元素，等于在白纸上做设计，铲平重来；还有一种关联构思是偏离城市设计主航道，从局部的、建筑形体角度进行关联构思，最后的设计方案只见建筑，不见城市空间，这是建筑学专业的学生最容易犯的毛病。

（3）内在理念与外在表征脱节

许多学生在设计概念阶段通过分析研究会形成比较好的内在理念、目标，但是在具体的空间环境设计时，无法把原先的内在理念外在表征化，公共活动的形式及其空间形态之间缺乏关联处理的有效方式。尤其理念中的人文性内容仅仅停留在心理领域，无法通过具体而且物化的建筑语言体现出来。设计出来的城市空间文化属性很单调、雷同与贫乏。

（4）缺乏整体意识

有些学生在做城市设计方案时，往往会单刀直入地在设计场地上进行建筑的布局，缺乏从城市层面思考设计问题的思维习惯和自觉意识。这些学生的设计方案可能在某些局部节点上有美感，但整体方案杂乱无章，毛病百出。因此，整体概念是审美的基础，失去这一概念，就会陷入混乱。在方案设计初期，必须要反复强调系统思想、整体意识，要由大而小的建立层次和秩序体系，使各种元素之间产生平和、共生的新关联。

（5）空间与环境的脱节

有些学生在做设计时，只注重空间的设计，而且在形成空间时，只知道用建筑去围合，没有建筑就不会做设计了。没有建筑、空间、环境和人融合成为有机整体的意识，也是学生容易犯的毛病之一。导致设计方案建筑布置完成后，不知应该如何深入。提交的成果只停留在建筑布局阶段，各种环境要素和关系都未交代清楚。

2. 教学关键环节的引导把控

城市设计教学的引导把控环节，不仅仅只是在设计课上，应该从城市设计概论课开始，直至学生设计成果最后总结点评的全过程。在学生学习城市设计基础理论时，就必须开始引导学生拓展思维的广度，初步建立从城市层面来思考设计问题的思维习惯和自觉意识，建立整体、系统的思想观念；在城市空间体验和城市生活研究实验环节，要引导学生通过身临其境的体验，感受城市空间的品质，即城市空间的科学性、艺术性与人文性，并观察、记录和研究构成城市空间品质的一些具体手段，通过实验报告来把控和评估这一过程的教学质量；在城市设计专题授课环节，通过实际案例的剖析，进一步引导和强化学生从城市层面来思考设计问题的思维习惯和自觉意识，指明城市设计的一般技术路线，重点剖析案例的设计理念是如何产生的，内在的理念是如何通过具体而且物化的建筑语言转化为“空间形态”的；在设计场地调研分析实验环节，引导学生通过现场踏勘、调研，发现存在的主要问题并用专业的图式语言加以表达。同时通过学生自主的对相近案例的分析借鉴，引导学生从关注人与人、人与自然、人与历史的和谐关系角度出发，建立切合实际的设计理念或立意、目标，通过实验报告来把控和评估这一过程的教学质量；在设计指导教学环节，重点是引导学生把内在的理念、目标进行外在表征化。首先，引导学生运用在调研分析基础上已建立的内在理念、目标，从整体、系统和科学的角度，由大而小的在二维坐标上建立起层次和秩序体系，使各种元素之间初步产生平和、共生的新关联。重点引导学生进行功能结构、道路交通体系、空间体系结构、景观体系结构布局。其次，在三维坐标上将这种平和、共生的新关联进行大体块的空间模型化。重点引导学生进行点、线、面空间体系，空间的形状、尺度、组合的初步设计。第三，从空间人文性的视角，引导学生运用理念中的人文价值观将这些关系进一步整合和深化，并通过具体而且物化的建筑语言，建立起各种关系组合的立体形态模型。重点引导学生在大体块空间模型基础上，进行公共活动形式与空间形态之间的有效处理。第四，从空间艺术性的视角，运用设计技法，进行各类建筑形体、体量、高度，界面的设计，引导学生对立体形态模型进行视觉感染力的处理。第五，从景观设计的角度，引导学生对已形成的立体形态模型进行环境景观设计的深化。第六，引导学生运用正确的方法进行设计方案的表达，以及设计方案过程的描述。

通过设计图纸成果来把控和评估这一过程的教学质量。最后在学期结束前，对整个城市设计课程作一次总结，对各个教学模块的教学质量进行点评，使学生既受到鼓励，又知道不足之处。

四、教学组织与合作

既然城市设计课程强调从城市层面来思考设计问题，强调在体验、调查、分析研究基础下的设计教学，对于教学组织的考虑就必须与之相适应，与以往设计教学组织会有所变化，主要体现在如下方面：

1. 不同专业教师之间的合作

原有城市设计教学由纯建筑学专业教师改变为以建筑学专业教师为主体，兼有城市规划专业和景观设计专业的教师，组合成综合性、互补性较强的师资合作团队。分别负责总体功能组织、道路交通组织、空间、建筑设计和环境景观设计的专项指导，使学生城市设计实践中各类问题的解决能能得到比较专业的指导。

2. 学生之间的合作设计

原有城市设计教学由每个学生单独完成一份设计作业改变为一组学生(2—3 人)合作完成一份作业。3—4 个小组形成一个团队，共同完成设计场地的现状环境模型，培养学生相互配合协作的能力。

3. 学生与教师之间的合作

原有城市设计教学教师与学生之间是一对一的辅导式教学改变为多对多的讨论式教学。其中多对多的涵义即指小组、团队中的学生团体，也指不同专业教师一起面对学生团体的教学讨论形式。目的是引导学生学会讨论、激发思维，相互学习，形成一种积极的、开放式的设计教学环境。

五、考核与评分标准

1. 城市设计课程的考核

由于城市设计课程通常开设成城市设计概论和城市设计两门课，因此也就有两个总成绩。为了避免学生死记硬背的应试学习习惯，城市设计概论课的成绩一般不赞成用试卷形式去考核，而是采用城市空间认知和城市生活研究实验的报告形式进行这门课的成绩评定。而城市设计课考核也应从成果考核改变为过程考核。

考核优劣的评价可分定量与定性两方面，所谓定量是指对任务书所指定的一些量化指标的满足程度，如实验报告的字数、实验地点的规模、设计方案的容积率、停车泊位数等。所谓定性是指对任务书所指定的无法量化的内容要求的满足程度，如实验报告中空间体验的描述、人的活动需求、民意调查分析、设计方案的创意、整体感、人文性、艺术性等。在城市设计课程中定性评价的内容是主体。

2. 城市设计课程的评分标准

尽管城市设计不同题型的评价标准存在一定的差异，但根据课程大纲的要求，还是存在着共性方面的评分标准。

（1）对城市空间认知和城市生活研究实验报告的评分可从如下几方面评判：

——选择的实验地点和规模是否符合任务书的要求。

——是否选定城市空间分析某种或几种方法，进行专业视觉的空间体验，有否用专业图式语言加以表达。

——是否有自己对空间体验的描述，分析和评论。

——报告内容是否饱满、完整，表达是否清晰、图文并茂。

（2）对设计场地调研分析和相关案例剖析借鉴实验报告的评分可从如下几方面评判：

——设计场地与城市以及周边的关系分析是否清晰。

——设计场地的自然与现状元素调查、分析是否深入到位，能否发现存在的主要问题，并有否用专业图式语言加以表达。

——设计场地的设计限制条件是否理解。

——要求自主分析的相近案例是否对题，有否借鉴点。

——对设计场地及其周边的自然与现状元素有否敏锐度，能否产生一定的关联和构思。

——报告内容是否饱满、完整，表达是否清晰、图文并茂。

（3）对城市设计作业方案的评分可从如下几方面评判：

——方案有否切合实际的立意或创意。

——方案将内在理念外在表征化方面能力如何。

——方案在整体性和科学性方面是否到位。

——方案在人文性内容上是否丰厚。

——方案立体形态模型有否视觉感染力。

——方案的表达是否清晰、内容是否完整。

六、教材选择标准与参考资料

1. 城市设计课程教材选择标准

城市设计概念引入我国始于 20 世纪 80 年代初期，至今已有 30 年的历程。期间相关城市设计的专著、译著、论文和方案图集出版不少，与之相比城市设计教材的出版和可选择范围略显逊色。

作为五年制城市规划专业本科的城市设计教材，选择的标准应具备如下几大方面：

（1）要有一定的理论性。只有具备相应的城市设计理论，才能作出对一般性的城市问题的指导。理论的力量来自实践的高度总结，是规律性的研究。

（2）要有一定的方法论。只有具备相应的城市设计基本方法，才能为一般性的城市问题的分析研究和解决策略提供路径和手段。

（3）要有一定的实践性。光有理论性没有实践性的教材往往枯燥乏味，只有实践性没有理论性的教材像一本方案说明书。只有两者高度融合，实践中有研究和理论的运用，理论中有实践的佐证，才能有血有肉，可读性高。

（4）要有较完整、系统的知识框架。首先对城市设计知识要有较高的覆盖面，保证知识体系的完整性。其次要突出重点，强调核心内容。第三对各知识点之间要存在有一定的内在系统性、逻辑性、兼容性。

（5）要比较通俗易懂。教材有别于学术专著，其读者主要是初学者。因此，如何将高深的理论内容，通过提炼，用比较通俗易懂的语句把精髓表达清楚，是需要教材编写者特别关注的。切忌使教材成为一部时髦用语堆积、深不可测的天书。

2. 城市设计课程参考资料

（1）推荐参考资料应注意的事项

参考资料主要有三大类，第一类是中文参考资料，主要有教材、专著、资料集、方案图集、专业杂志等。

第二类是外文参考资料，主要有专著和外文原版专业杂志。第三类是其他参考资料，如网上资料、内部资料等。

据近三年对学生参考资料阅读情况的调查表明，学生选择专著阅读的人数极少，不到 2%，原因是读不懂或没时间；选择专业杂志阅读的人数也很少，不到 7%；绝大多数学生选择的阅读对象主要是方案图集、竞赛获奖作品、历届优秀作业和网络资料。从阅读数量来看，1~2 本阅读数量的学生占 70% 左右；4 本及以上的占 10% 左右。从阅读质量来看，认为阅读参考资料对自己没有帮助的为 0；有一些帮助的占 80% 左右；帮助很大的占 20% 左右。

由此可见，城市设计课程由任课教师开列参考书目以指导学生的学习很有必要。推荐的参考书目内容要适应学生的需求，对于学术性较强的专著内容可以在教师授课、交流和指导中融入。推荐的参考书目数量也不宜太多，搞的学生眼花缭乱，最后是蜻蜓点水的效果。

（2）城市设计课程部分参考资料推荐

●【教材类】

——王建国 . 城市设计 [M]. 北京：中国建筑工业出版社，2009.

——徐思淑，周文华 . 城市设计导论 [M]. 北京：中国建筑工业出版社，1991.

——（日）芦原义信 . 外部空间设计 [M]. 尹培桐译 . 北京：中国建筑工业出版社，1989.

——朱文一 . 空间・符号・城市 [M]. 北京：中国建筑工业出版社，1993.

●【著作类】

——（美）埃德蒙・N・培根 . 城市设计 [M]. 王富厢，朱琪译 . 北京：中国建筑工业出版社，2003.

——（美）克莱尔・库珀・马库斯 . 人性场所——城市开放空间设计导则 [M]. 俞孔坚等译 . 北京：中国建筑工业出版社，2001.

——（美）凯文・林奇 . 城市形态 [M]. 林庆怿等译 . 北京：华夏出版社，2001.

●【方案图集类】

——金广君 . 国外现代城市设计精选 [M]. 哈尔滨：黑龙江科学技术出版社，1995.

——金广君 . 图解城市设计 [M]. 哈尔滨：黑龙江科学技术出版社，1999.

——城市设计资料集（第五分册）城市设计 [M]. 北京：中国建筑工业出版社，2004.

——田宝江 . 中国现代建筑集成（第二分册）. 南昌：江西科学技术出版社，2005.

——疏良仁 . 整体形态与情感空间 [M]. 广州：香港科讯国际出版有限公司，2005.

——2012-2015 年度大学生城市设计课程优秀获奖作业集 [M]. 北京：中国建筑工业出版社，2016.

●【期刊类】

——建筑学报，月刊，中国建筑学会会刊，可获取建筑界的官方信息

——建筑师，双月刊，中国建筑工业出版社主办，学术性较强，有国内设计师探索性的文章和方案

——世界建筑，月刊，清华大学建筑学院主办，以介绍国外建筑信息为主

——时代建筑，双月刊，同济大学建筑与城市规划学院主办，有国内设计师探索性的文章和方案

——新建筑，月刊，华中科技大学建筑与城市规划学院主办，以介绍国内设计师作品及信息为主

——华中建筑，双月刊，湖北省建筑学会主办，以介绍国内设计师作品及信息为主

——城市规划，月刊，中国城市规划学会会刊，可获取规划界的官方信息

——新建筑，（JAPAN）[http://www.japan-architect.co.jp]，以介绍日本最新建成的实际作品为主，还会有国际竞赛的作品介绍

——Architectural Review（U.K.）[http://www.arplus.com/home.htm]，以评论和设计实例组成，较权威

●【专业网络类】

——中国建筑学会网站 [http://www.chinaasc.org]

——美国普利策奖网站 [http://www.pritzkerprize.com]

——美国建筑师 P.Eisenman 作品模型 [http://www.greatbuildings.com/gbc/ archuitects/Peter_Eisenman.htm]

——台湾建筑师网站 [http://www.twarchitectorg.tw]

2006-2016

作品集目录 CONTENTS PORTFOLIO

■ 2016 年城市设计课程任务书

1. 设计主题

“太平日久，人物繁阜……绣户珠帘，雕车竞驻……集四海之珍奇，皆归市易”摘自《东京梦华录》，里面描绘了传统中国城市的市井繁华景象。由于地域环境所限，封建社会下的中国城市并没有统一的空间规划，因循自然形成了个性鲜明的城市空间与丰富多彩的地方特征。而时间到了 2016 年，快速发展中的中国城市化率将超过 58%，中国用了三十年的时间完成了西方国家三百年的城市化进程。在此过程中“一年一变样、三年大变样”的强烈意愿，叠加 30 余年土地财政的洪流涌动，让我们记忆中传统城市的历史景观和城市个性几乎被完全颠覆。千城一面的现代化高楼使得城市历史痕迹消失殆尽，老城的地方特色亦不复存在。城市逐渐失去了个性，也逐渐失去了吸引力。

“中国速度”带来的拆旧建新运动不断侵蚀着老城，撕裂了城市的记忆，老街不见了，老居民的传统生活方式也永远消失了。城市在快速发展的同时也带来了诸如城市用地供需矛盾突出、人口密集、交通拥堵、基础设施老化和城市功能布局不合理等问题，旧城市空间衰退的严峻现状敦促我们再次审视和思考城市有机更新问题。在此背景下，探究城市有机更新的新思路、新方法、新模式将作为今后城市改造、再生和复兴的重要手段及关键研究的热点。也是城市发展中特色体现和文脉延续的探索对象。

本课程设计围绕 2016 全国高等学校城乡规划教育年会的城市设计课程作业提出的“地方营造、有机更新”的主题，要求学生以独特、新颖的视角解析主题的内涵，使学生运用城市设计的基本原理和技术方法，学会从现场踏勘调查中发现问题；研究分析原有城市的肌理、界面的组织特点，并从中提出自己的有机更新的构想，提高空间形体和环境设计能力。

2. 解读主题

（1）解读“地方营造”

前英国皇家建筑师学会会长帕金森曾说：“全世界有一个很大的危险：我们的城市正在趋向同一个模样，这是很遗憾的，因为我们的生活中许多乐趣来自于多样化和地方特色。”吴良镛院士在世界建筑师大会上提出：“我们的时代在迅速发展，但在发展的过程中，我们却丢弃了曾经引以为傲的诗情画意的文化景观，破坏了城市中和谐的人地关系，也没有学会用欧美国家先进科学的理论和方法来改善城市的生存环境，致使曾经充满活力的大地自然系统在城市的发展过程中遭到严重的毁坏。”

城市地方特色的相对性决定了，只有在一定的时空范围内的比较中，城市独特的个性才会显现出来。一个城市与另一个城市之所以会表现出不同，最根本的原因是其形成的影响因素的差别，而正是不同地域自然景观及人文环境的多样性，为这种差别的形成提供了充分的条件。吴良镛先生这样说过：“特色是生活的反映，特色有地域的分界，特色是历史的构成，特色是文化的积淀，特色是民族的凝结，特色是一定时间地点条件下典型事物的最集中最典型的表现，因此它能引起人们不同的感受，心灵上的共鸣，感情上的陶醉”。而吴先生所说的“生活、地域、历史、文化、民族、一定时间地点的典型事物”，每一个词语都反映出“地域”是创造特色的关键之所在。换言之，地域因素的千差万别构成了城市特色差别的基础。

在城市特色的形成中，不可避免地要受到外来因素的影响，跨地域的经济交流、宗教的传播以及规划政策的变更等都会伴随着文化艺术的交流以及建设活动，从而给城市留下鲜明的印记。这种脱离了地域性的城市特色，同样具有它的文化多样性价值。所不同的只是城市特色所依托的文化不像地域性那样产生于当地的自然及人文条件，而是非本地性的。根植于当地条件的地域性，是形成城市特色的一种充分但不必要条件，特色可以来自于地域性，同样也可以脱离地域性而存在。但毫无疑问的，地域性是城市特色的最主要来源。

（2）如何“有机更新”

现代意义上的城市更新，从欧洲工业革命时期就已经开始。而对城市更新问题的理论研究起初是源于对城市居住问题的反思，和城市规划对城市建设的引导作用上。这个时期关于城市更新的研究，主要集中于城市建设的反思和基于反思基础上的城市改良计划的提出。“有机更新”理论提出最早源于吴良镛先生对北京旧城规划建设的长期研究，在对中西方城市发展历史和理论的认识基础上，结合北京实际情况提出的，主张“按照城市内在的发展规律，顺应城市肌理，在可持续发展的基础上，探求城市的更新与发展”。

“有机更新”的概念主要包含三个含义：即“城市整体的有机性”、“城市细胞（居住院落）和城市组织（街区）更新的有机性”、“更新过程的有机性”。在对旧城的更新改造过程中，遵循循序渐进、小规模改造的方法。“有机更新”可以看作是符合“新陈代谢”理论的一种小规模整治与逐步改造的方法，它认为城市发展如同生物有机体的生长过程，应该不断地去掉旧的、腐败的部分，生长出新的内容，但这种新的组织应具有原有结构的特征，也就是说应遵从原有的城市肌理对城市进行更新。近年来，随着我国城镇化进程的快速推进，城市在快速发展的同时也带来了诸如城市用地供需矛盾突出、人口密集、交通拥堵、基础设施老化和城市功能布局不合理等问题，城市更新日益受到人们的关注。城市有机更新作为城市改造、再生和复兴的重要手段及关键举措，不仅成为我国推动城市空间合理布局及产业转型升级、保证城市可持续发展的重要选择，还成为现阶段提高土地利用率、提升城市综合竞争力、优化城市空间形态和改善宜居生态环境的重要途径。城市有机更新是指对城市中已不适应一体化城市社会生活的地区作必要的改建，包括对客观存在的实体（建筑物等硬件）及各种生态环境、空间环境、文化环境、视觉环境和游憩环境等的改造与延续。

“有机”二字是指，在城市更新的过程中强调城市文脉的延续，尊重旧城的原有风貌，不片面地追求物质环境和经济利益，而是追求和谐发展。需要把更新对象作为一个生命体来对待，并将这种观念应用在老城历史文化区的街道建筑、人文景观、城市道路、河道、城市产业、城市管理等各方面的建设上，按照城市自身的“生命信息”、“遗传密码”，在文化、生态、社会和经济之间找到和谐的平衡点和可持续的规律，实现城市资源保护和利用的良性循环。所以有机更新的实质是一种联系、一种契合关系，协调过去、现在和未来的联系。在斯宾塞看来，“宇宙的一切不论是有机体或是无机体都从属于进化的规律”。因此，城市更新是城市作为一个整体，多系统相互联系、相互作用，并在人的指导下不断进化的过程。

3. 重点关注问题

（1）富有特色的空间改造模式

作为城市改造更新区，应形成统一且具有传承的城市形象。需确定整个区域的设计基调。

（2）相互协调整体建筑风貌特征

对城市空间体系的主要环节——街道、广场、绿地做出设计，规定每一地块的建筑性质、大致的体量和高度，高层建筑群体之间应有良好的协调关系，形成变化有序的整体，尤其重要的是形成良好的街道景观。

（3）系统协调的外部空间环境

通过外部空间环境设计，使各地块的外部公共空间能连成系统和协调的整体，提供变化丰富、尺度宜人的外部空间环境。

（4）合理流畅的交通流线安排

构建区域内的道路交通体系及其与城市道路的关系，结合各地块的交通组织，在区域内形成合理流畅的车行流线和系统方便的人行系统。

（5）在空间形态上反映有机更新的设计思路和策略

在更新过程中整合城市要素，促进各要素的相互渗透；提倡综合使用功能，促进空间多样性的发生，保障活力的延续。处理传统与现代、新与旧城市空间之间的联系和融合、保护与利用并重，体现更新对象的地方特征，彰显特色。

4. 重点解决问题

（1）有机更新地区的发展定位分析；

（2）保护更新原则及有机更新策略的确定；

（3）新功能的选择与注入；

（4）对原有空间肌理、界面的延续与拓展；

（5）道路交通的梳理和组织；

（6）有机更新对象内形体环境设计：

——空间设计（点、线、面空间体系，空间的形状、尺度、组合）；

——实体设计（各类建筑形体、体量、高度；设施、小品、绿地、水体、山体设计；界面设计）；

——场景设计（场景构图的艺术性、视觉的秩序性和丰富性、活动的介入及人文性）。

5. 设计成果要求

学生 2 人一组，自定规划基地及设计主题，以独特、新颖的视角解析主题的内涵，以全面、系统的专业素质进行城市设计，构建有一定地域特色的城市空间。用地规模：10~30 公顷。设计要求：紧扣主题、立意巧妙、表达规范，鼓励具有创造性的思维与方法。

（1）区位分析图（比例自定）；

（2）现状分析图（比例自定）（包括用地现状、建筑质量现状、建筑高度现状、建筑风貌现状）；

（3）总平面图（1：2000）；

（4）布局结构分析图（比例自定）、公共空间及绿地景观体系分析图（比例自定）、空间形态分析图（比例自定）、道路交通组织分析图（比例自定）、界面分析图；

（5）总体形体模型照片或 SketchUp 总体模型图；

（6）1~2 个公共空间节点深化图；

（7）自己认为有必要添加的其他分析图；

（8）简要文字说明；

（9）整体鸟瞰图；

（10）上述内容排入 4 张 1 号图纸；JPG 格式电子文件 1 份（分辨率不低于 300dpi）；每套图应有统一的图名和图号、设计人和指导教师姓名。

6. 设计地块概况

（1）杭州市吴山历史街区

地块位于杭州市上城区，背靠吴山，紧临中河高架，地处城市核心地带。中山南路沿着地块边界穿过。地块紧邻全市城区核心地段，距离河坊街、西湖景区、吴山景区较近。

基地规划面积约为 23.7 公顷。地块内部主要为居住用地，用地结构较为单一。沿街多为小商铺，上住下店，或合院沿街房子破墙开店极多，用地功能混合性强。居住以二类、三类居住为主，居住环境较差，私搭乱建严重挤占了公共空间。沿街多为餐饮、旅馆、足浴、香品等商业类型。其中靠近鼓楼的中山南路沿街两侧已经被改造成一条美食街，用以接纳从河坊街、中山北路下来的旅客。

（2）杭州市城站地块

基地作为杭州市城站火车站周边地区的重要地块，西接湖滨商圈，南达钱江新城市民中心，属于杭州的老城区，也是最为中心、现状城市品质最佳的区域，新旧肌理在此并存。

基地位于上城区东北，靠近江干区，用地范围北至秋涛路一弄，南至东宝路，西至福源巷，东至海潮路。规划面积约为 28.9 公顷。基地内部现状用地性质主要为交通设施、商业、居住、工业用地等，作为曾经依靠火车站发展起来的商圈，现代服务业发展已经比较成熟，但活力不足，有日渐衰弱之势。基地人群构成复杂，且东西人员社会层次差异较大，东部除差旅流动人群以外，主要是中高层的商务人士，东侧则聚集了大量外来务工人员，不同人群塑造了不同的空间环境特征。

城站所在位置是古清泰门周边区域，关于古城墙和火车站毁建的历史给基地带上一种厚重感；依托城站火车站发展，周边地区汇集了城市快速公交系统、轨道交通和各类车辆等多种交通方式，对外联系便捷，但是基地内部由于铁路线和贴沙河的存在，基地被割裂为明显的东西两个部分，由此带来两侧日益严重的分化；同时城站东西两侧各自内部也存在用地、交通、配套设施等方面的矛盾；此外火车站作为交通枢纽，其本身的建筑设计、功能布局、交通流线也对地块产生不同程度的影响。

（3）台州临海市巾山地区地块

地块位于国家历史文化名城——台州临海市巾山地区，地处新老城交界处、临海老城的东南角、灵江北侧。临海历史文化名城标志之一紫阳街在其西侧，另一标志巾山塔在地块内西南侧，临海巾山在其内部。

临海巾山地块位于临海老城的核心区位，包含许多文化节点，原本是临海的重要活力点。随着整个城市的发展，临海的城市中心开始向东北方向迁移，同时，地块内的设施以及功能没有得到及时的更新，因此，巾山地块渐渐由繁华走向衰落。地块西侧是古色古香的历史名城，东侧是繁华的现代城市，中间的巾山地块就是处在这样的尴尬境地。

地块是巾山西路、大桥路、赤城路、江滨中路围合而成的地块。内部有风景秀丽、人文底蕴深厚的巾山，南面紧邻国家级历史文化保护单位——台州府城墙和临海的母亲河灵江。距离临海高铁站 13 公里、临海汽车站 2.4 公里。地块内部仅有一条车行道，且长期被马路菜场抢占造成交通拥堵。地块内其余均为传统石板路街巷。地块内部以及周边的交通状况承担当前发展状态尚无问题，但无法满足地块重新规划发展之后的交通。

（4）嘉善老火车站地块

地块位于嘉兴市东北部，与市中心仅 16 公里，区域交通便捷。地块内火车站是当地主要轨道交通枢纽站，火车直达沪杭，机动车道路系统发达，与周边地区联系通道较多，可达性极佳。地块内建筑风格多样，传统与现代兼具。作为当地历史记忆，火车站地块承载着本地居民对城市独有的感情记忆。从现状空间环境来看，随着物质空间环境的衰退，地块内空间受到较大的影响，视觉通透性不佳、空间压抑都影响到门户形象空间整体意向。

（5）杭州市江干区三堡码头地块

三堡码头为杭州最早的船舶停靠码头，经杭州运往其他地方的货物多要在此停泊，装卸货物，然后用汽车转往各地。随着京杭大运河开凿至三堡，沟通运河与钱塘江之后，其货运功能逐渐丧失，成为黄沙和石子的装卸码头。现在三堡码头成为杭州最主要的沙石装卸交易码头。规划地块位于杭州江干区，北起凤起东路，南至之江东路，西临三新路、之江路，东连运河东路，距杭州主城区约 3 公里，距钱江新城核心区块 1 公里。规划地块作为京杭大运河南段起点。陆路、水路交通都十分便捷。

（6）海宁市干河街地块

干河街历史街区是硖石古镇的中心区块，曾是海宁的商业文化中心。干河街一带有徐志摩、许国璋等名人故居，有徐家老宅等传统民居，有较多的西式建筑，有历史悠久的文化设施，有众多的商行店铺，有传统老字号的特色餐饮，以及寺庙、经幢、古桥等众多其他的历史建筑，是一条具有相对完整性的、独特性的商业文化老街。干河街是一条自东向西的商业老街，背倚西山，长约 200 米。顾名思义，街道以前是河道，东端的市河从北向南贯穿而过，构成水网布局，具有典型的江南水乡特色，水路畅通，航运兴盛。19 世纪末，随着民族资本主义的发展，经济重心逐步转向水网密布、运输便利的市河两岸地区，20 世纪初的铁路建设进一步催化了干河街周边地区的迅猛发展，使其成为海宁近现代工商业兴盛、商贸繁荣的代表性区域。

（7）杭州市双流社区地块

地块位于杭州西湖区转塘街道，背靠象山，属于之江文化创意园的范围，地块主要在双流社区内位于运河路北侧，紧邻中国美院，与浙江音乐学院隔山而对。现状地块经济业态单一，居住居民经济收入来源简单且相对不高，内部公共活动空间杂乱缺失，与周围自然环境互不融合，在物质空间日益老化的过程中，地块内部人群流失现象严重。

（8）杭州半山杭钢北苑地块

地块背靠半山国家森林公园，南至半山路，东至明园路。规划面积为 23.9 公顷。内部主要以杭钢北苑小区为主。内部现有公共服务设施有杭钢医院、杭州天禄堂中医康复医院、浙江省教科院附属小学、杭州北苑实验中学、中联农贸市场。地块内部道路排列混乱，建筑质量、高度参差不齐，局部建筑布局较乱，并且建筑较为密集，缺乏邻里交往空间。地块商业种类较为齐全，但质量普遍较低，以底商为主，缺乏中大型商业设施，购物环境、氛围较差。地块北部的棚户区建筑质量较低，建筑风貌较差，分布凌乱，环境较差，地形坡度较大。地块中居民以老年人群为主，多为原杭钢退休职工及其家属，其余为外来务工人员。

（9）杭州市第二棉纺织厂地段

杭州第二棉纺厂单位大院位于杭州萧山新城中心位置，由于优越的地理位置，杭二棉单位大院地块将成为整个萧山区的新中心，其功能是吸引旧城人口在新城集聚，打造新的商业、商务、休闲中心。该地块周边公共空间较少且杂乱，需要设置较丰富的公共活动空间，保障周边居民的活动需求。

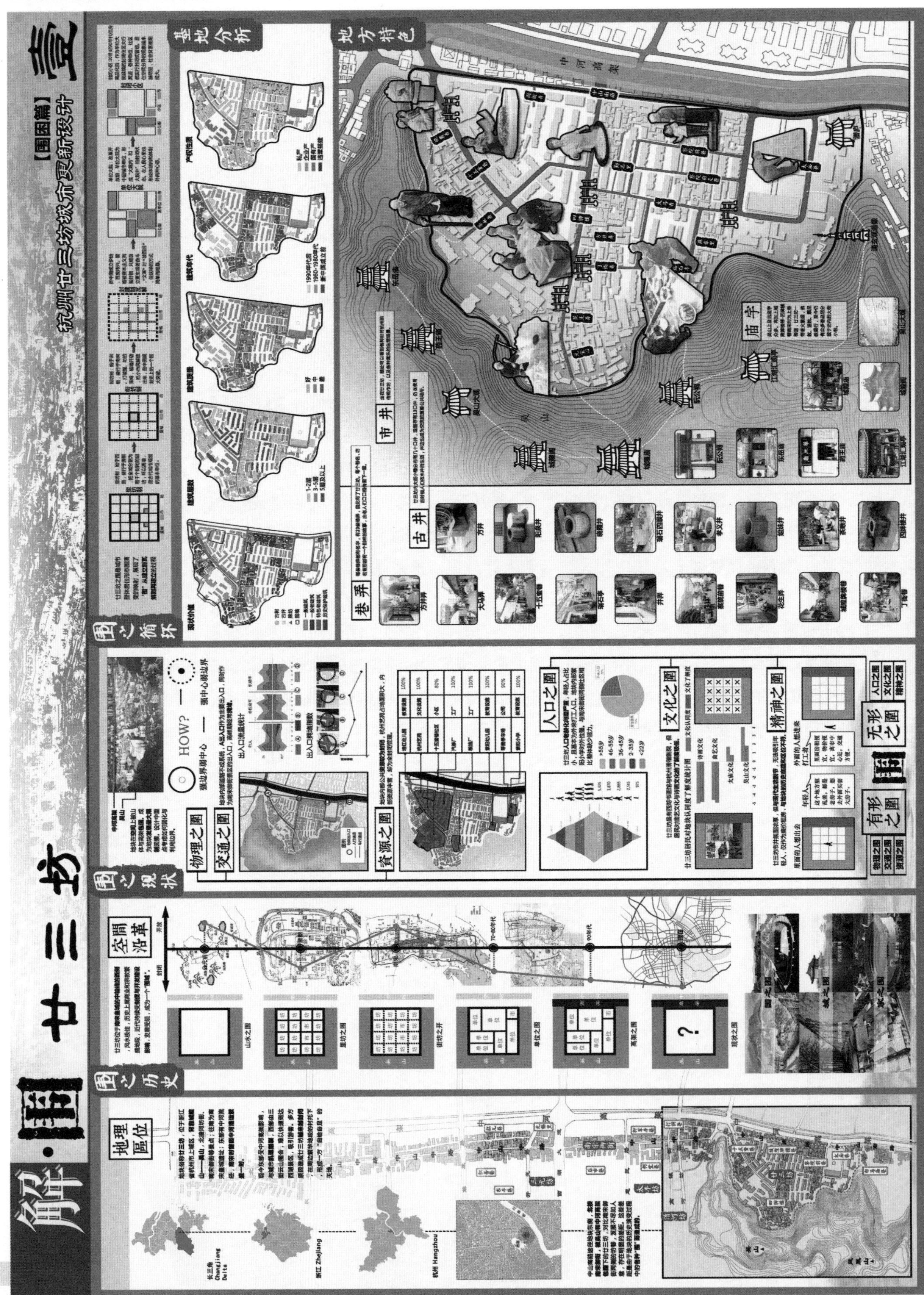

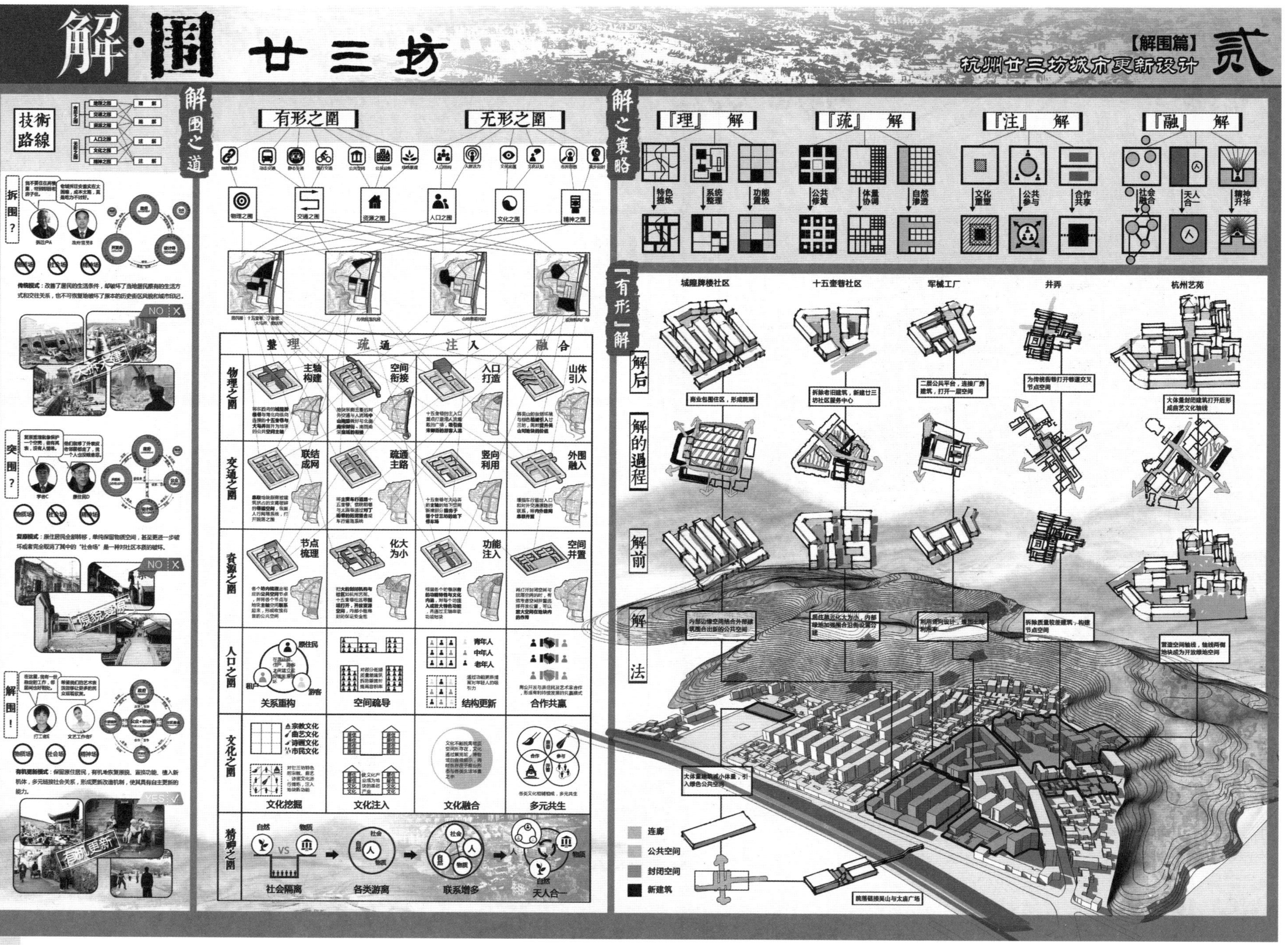
解·围 廿三坊
【解围篇】
杭州廿三坊城市更新设计
贰
技術路線
解围之道
有形之圍
无形之圍
物理之圍
交通之圍
资源之圍
人口之圍
文化之圍
精神之圍
拆围？
突围？
解围！
NO X
YES √
整理
疏通
注入
融合
主轴构建
空间衔接
入口打造
山体引入
联结成网
疏通主路
竖向利用
外围融入
节点梳理
化大为小
功能注入
空间并置
关系重构
空间疏导
结构更新
合作共赢
原住民
租户
游客
青年人
中年人
老年人
宗教文化
曲艺文化
诗画文化
市民文化
文化挖掘
文化注入
文化融合
多元共生
自然
物质
社会
人
社会隔离
各类游离
联系增多
天人合一
解之策略
『理』解
『疏』解
『注』解
『融』解
特色提炼
系统整理
功能置换
公共修复
体量协调
自然渗透
文化重塑
公共参与
合作共享
社会融合
天人合一
精神升华
『有形』解
城隍牌楼社区
十五奎巷社区
军械工厂
井弄
杭州艺苑
解后
解的過程
解前
解法
商业包围住区，形成院落
拆除老旧建筑，新建廿三坊社区服务中心
二层公共平台，连接厂房建筑，打开一层空间
为传统街巷打开新通交叉节点空间
大体量封闭建筑打开后形成曲艺文化轴线
营造空间轴线，轴线两侧地块成为开放绿地空间
大体量建筑减小体量，引入绿色公共空间
连廊
公共空间
封闭空间
新建筑

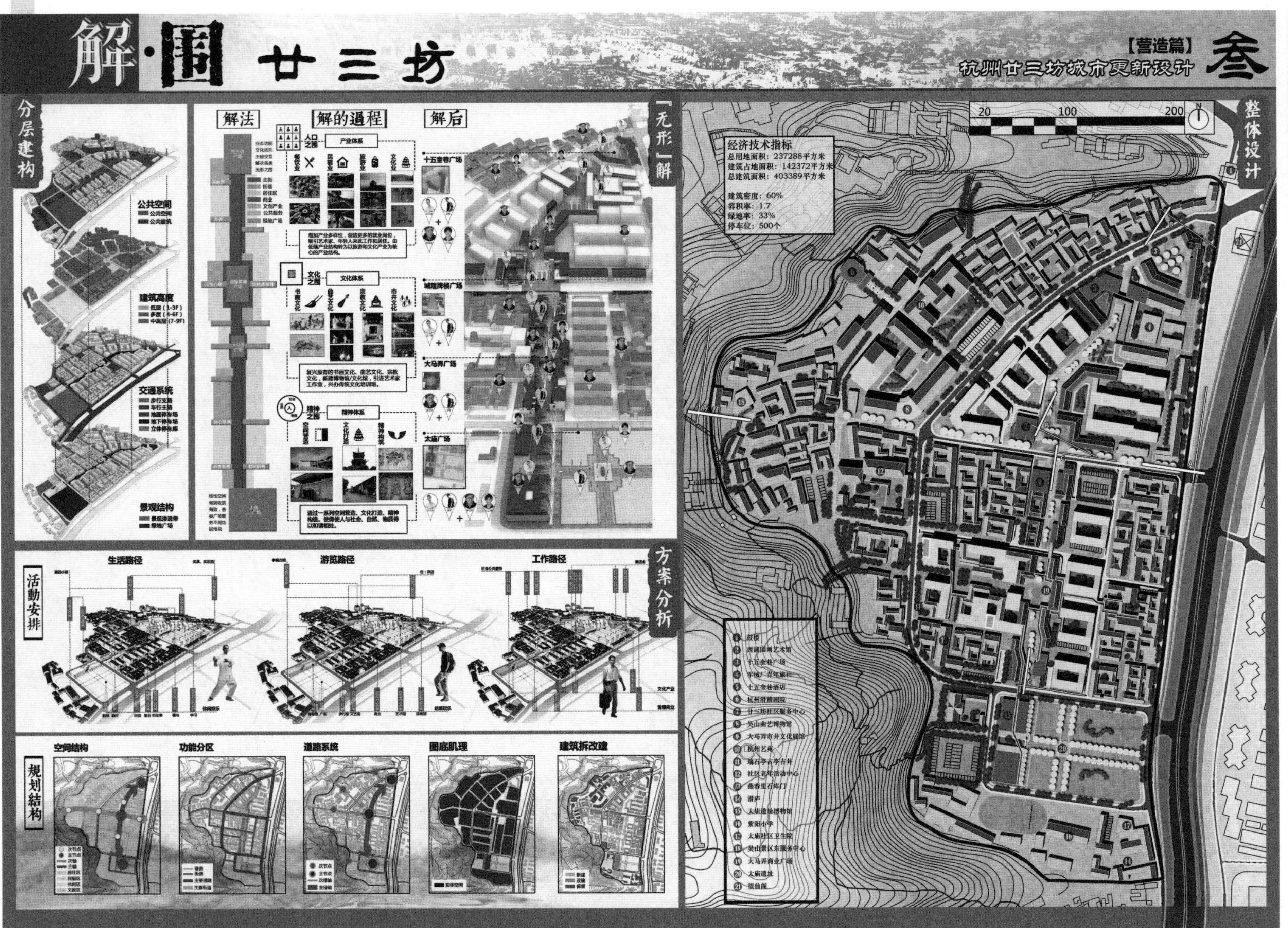

解·圉 廿三坊
【营造篇】
杭州廿三坊城市更新设计
叁
分层建构
公共空间
建筑高度
低层（1-3F）
多层（4-6F）
中高层（7-9F）
交通系统
景观结构
解法
解的過程
解后
产业体系
文化体系
精神体系
十五奎巷广场
城隍牌楼广场
大马弄广场
太庙广场
「无形」解
整体设计
经济技术指标
总用地面积：237288平方米
建筑占地面积：142372平方米
总建筑面积：403389平方米
建筑密度：60%
容积率：1.7
绿地率：33%
停车位：500个
活動安排
方案分析
生活路径
游览路径
工作路径
规划结构
空间结构
功能分区
道路系统
图底肌理
建筑拆改建

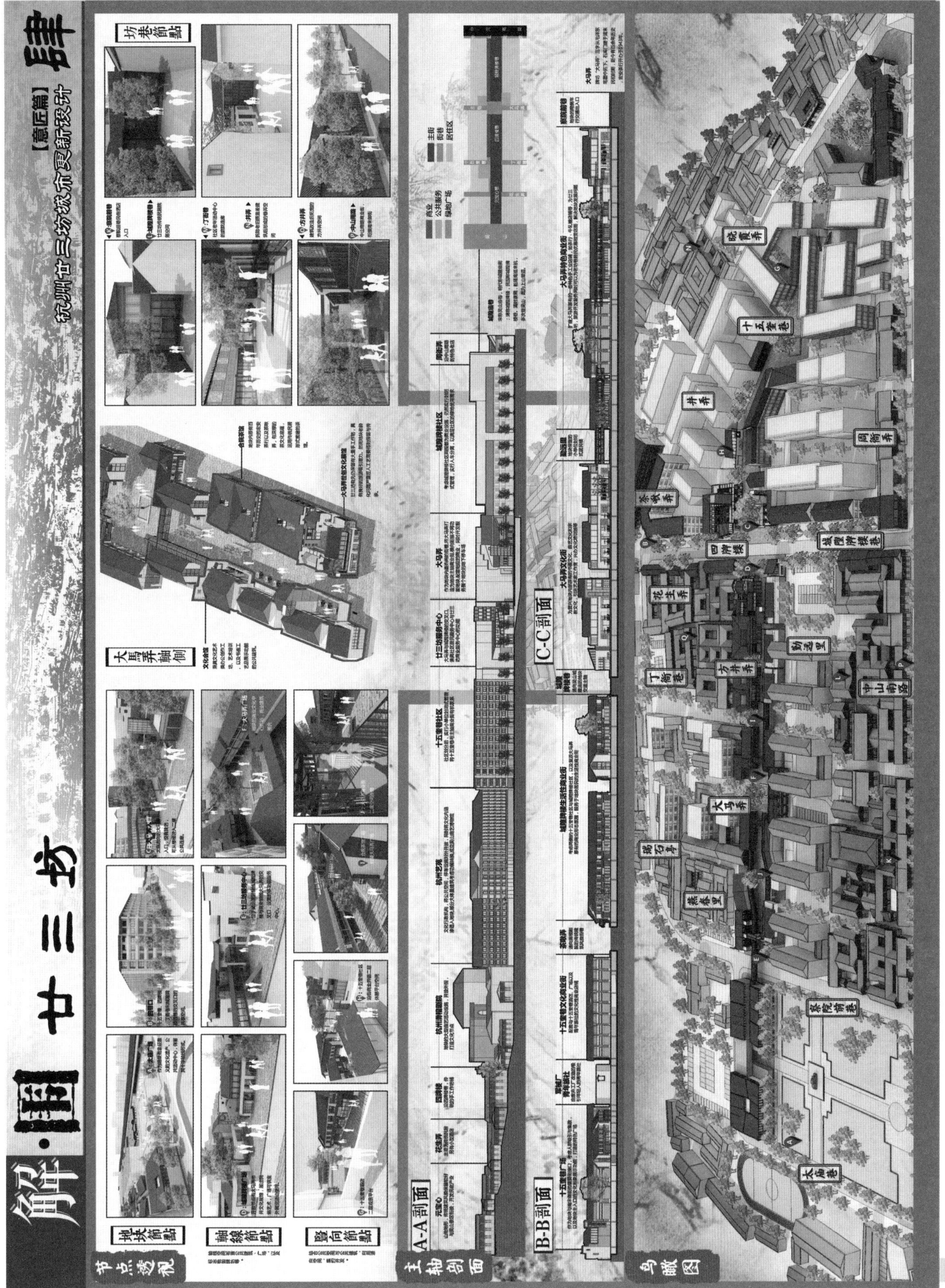

解·围 廿三坊
【意匠篇】杭州廿三坊城市更新设计
肆
节点透视
坊巷节点
地块节点
轴线节点
竖向节点
大马弄轴侧
主轴剖面
A-A剖面
B-B剖面
C-C剖面
鸟瞰图

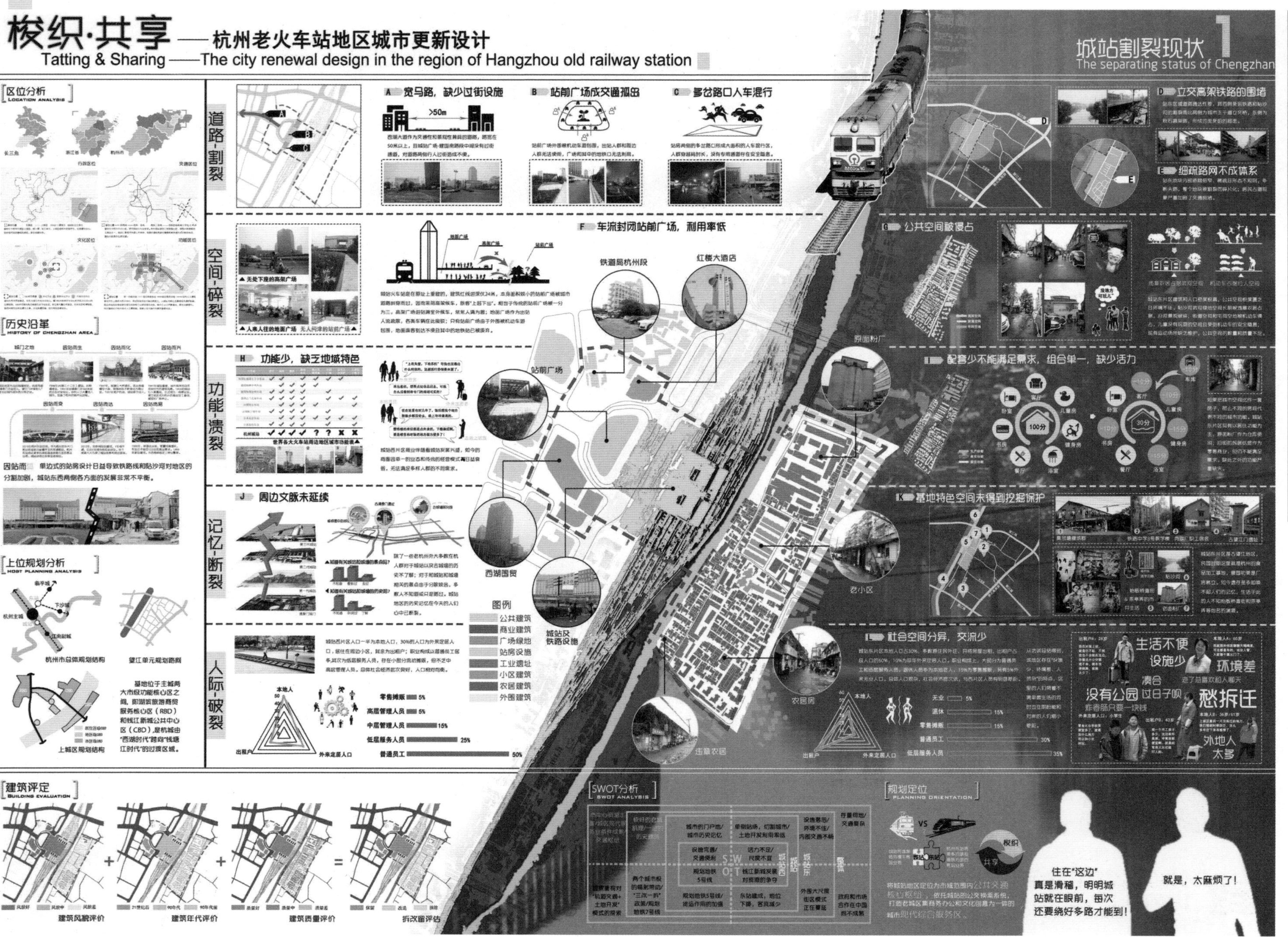
梭织·共享——杭州老火车站地区城市更新设计
Tatting & Sharing——The city renewal design in the region of Hangzhou old railway station
城站割裂现状
The separating status of Chengzhan
区位分析
LOCATION ANALYSIS
历史沿革
HISTORY OF CHENGZHAN AREA
因站而□ 单边式的站房设计日益导致铁路线和贴沙河对地区的分割加剧，城站东西两侧各方面的发展非常不平衡。
上位规划分析
HOST PLANNING ANALYSIS
杭州市总体规划结构
望江单元规划路网
上城区规划结构
基地位于主城两大市级功能核心区之间，即湖滨旅游商贸服务核心区（RBD）和钱江新城公共中心区（CBD），是杭城由"西湖时代"跨向"钱塘江时代"的过渡区域。
道路-割裂
A 宽马路，缺少过街设施
B 站前广场成交通孤岛
C 多岔路口人车混行
D 立交高架铁路的围墙
E 细碎路网不成体系
空间-碎裂
F 车流封闭站前广场，利用率低
▲无处下脚的高架广场
▲人来人往的地面广场 无人问津的站前广场▲
G 公共空间被侵占
功能-溃裂
H 功能少，缺乏地域特色
世界各大火车站周边地区城市功能表▲
I 配套少不能满足需求，组合单一，缺少活力
记忆-断裂
J 周边文脉未延续
K 基地特色空间未得到挖掘保护
人际-破裂
L 社会空间分异，交流少
铁道局杭州段
红楼大酒店
站前广场
原面粉厂
西湖国贸
城站及铁路设施
老小区
农居房
连排农居
图例
公共建筑
商业建筑
广场绿地
站房设施
工业遗址
小区建筑
农居建筑
外围建筑
生活不便
设施少
环境差
没有公园
过日子呗
愁拆迁
外地人太多
建筑评定
BUILDING EVALUATION
建筑风貌评价
建筑年代评价
建筑质量评价
拆改留评估
SWOT分析
SWOT ANALYSIS
规划定位
PLANNING ORIENTATION
梭织
共享
住在"这边"真是滑稽，明明城站就在眼前，每次还要绕好多路才能到！
就是，太麻烦了！

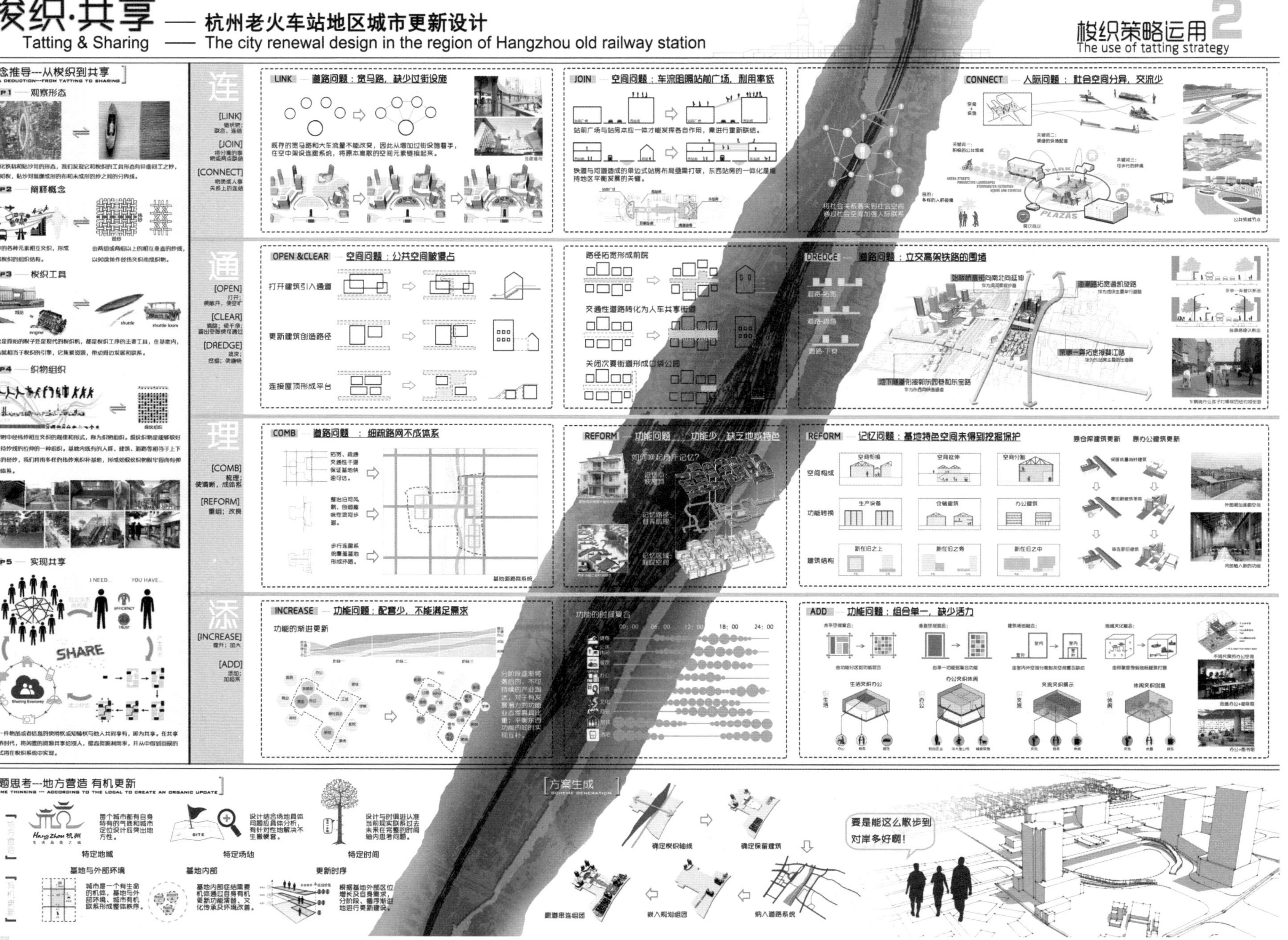
梭织·共享 —— 杭州老火车站地区城市更新设计
Tatting & Sharing —— The city renewal design in the region of Hangzhou old railway station
梭织策略运用
The use of tatting strategy
理念推导---从梭织到共享
STEP1 —— 观察形态
STEP2 —— 阐释概念
STEP3 —— 梭织工具
STEP4 —— 织物组织
STEP5 —— 实现共享
SHARE
连
[LINK]
[JOIN]
[CONNECT]
通
[OPEN]
[CLEAR]
[DREDGE]
理
[COMB]
[REFORM]
添
[INCREASE]
[ADD]
LINK — 道路问题：宽马路，缺少过街设施
JOIN — 空间问题：车流阻隔站前广场，利用率低
CONNECT — 人际问题：社会空间分异，交流少
OPEN &CLEAR — 空间问题：公共空间被侵占
打开建筑引入通道
更新建筑创造路径
连接屋顶形成平台
路径拓宽形成前院
交通性道路转化为人车共享街道
关闭次要街道形成口袋公园
DREDGE — 道路问题：立交高架铁路的围墙
COMB — 道路问题：细部路网不成体系
REFORM — 功能问题：功能少，缺乏地域特色
REFORM — 记忆问题：基地特色空间未得到挖掘保护
空间构成
功能转换
建筑结构
INCREASE — 功能问题：配套少，不能满足需求
功能的渐进更新
功能的时间复合
ADD — 功能问题：组合单一，缺少活力
主题思考---地方营造 有机更新
特定地域
特定场地
特定时间
基地与外部环境
基地内部
更新时序
方案生成
确定梭织轴线
确定保留建筑
纳入道路系统
嵌入院落组团
廊道串连组团
要是能这么散步到对岸多好啊！

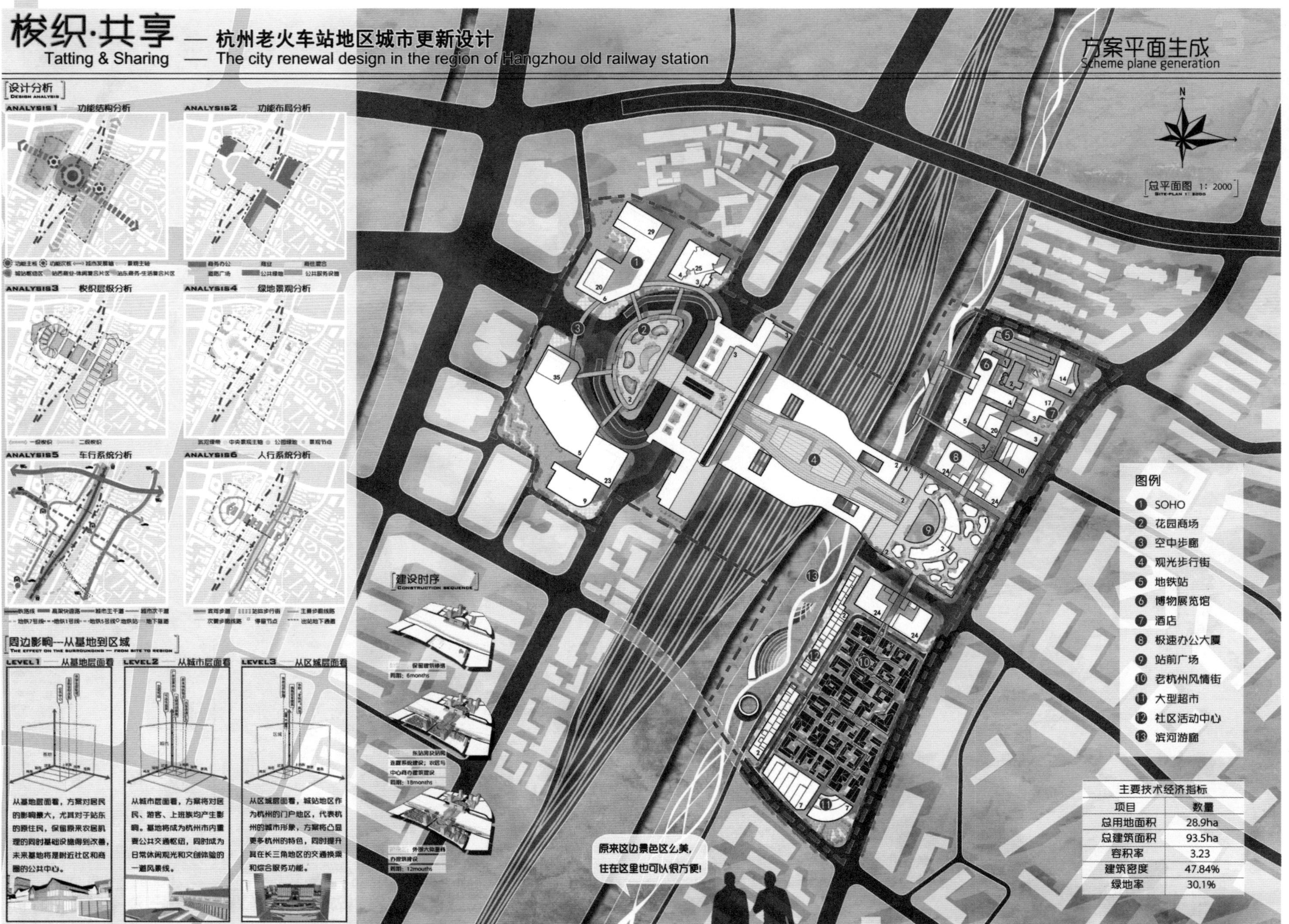

校织·共享 — 杭州老火车站地区城市更新设计
Tatting & Sharing — The city renewal design in the region of Hangzhou old railway station
设计分析
DESIGN ANALYSIS
ANALYSIS1 功能结构分析
ANALYSIS2 功能布局分析
ANALYSIS3 校织层级分析
ANALYSIS4 绿地景观分析
ANALYSIS5 车行系统分析
ANALYSIS6 人行系统分析
周边影响—从基地到区域
THE EFFECT ON THE SURROUNDINGS — FROM SITE TO REGION
LEVEL1 从基地层面看
从基地层面看，方案对居民的影响最大，尤其对于站东的原住民，保留原来农居肌理的同时基础设施得到改善，未来基地将是附近社区和商圈的公共中心。
LEVEL2 从城市层面看
从城市层面看，方案将对居民、游客、上班族均产生影响。基地将成为杭州市内重要公共交通枢纽，同时成为日常休闲观光和文创体验的一道风景线。
LEVEL3 从区域层面看
从区域层面看，城站地区作为杭州的门户地区，代表杭州的城市形象，方案将凸显更多杭州的特色，同时提升其在长三角地区的交通换乘和综合服务功能。
建设时序
CONSTRUCTION SEQUENCE
方案平面生成
Scheme plane generation
总平面图 1：2000
SITE-PLAN 1：2000
图例
1 SOHO
2 花园商场
3 空中步廊
4 观光步行街
5 地铁站
6 博物展览馆
7 酒店
8 极速办公大厦
9 站前广场
10 老杭州风情街
11 大型超市
12 社区活动中心
13 滨河游廊
原来这边景色这么美，住在这里也可以很方便！

主要技术经济指标	
项目	数量
总用地面积	28.9ha
总建筑面积	93.5ha
容积率	3.23
建筑密度	47.84%
绿地率	30.1%

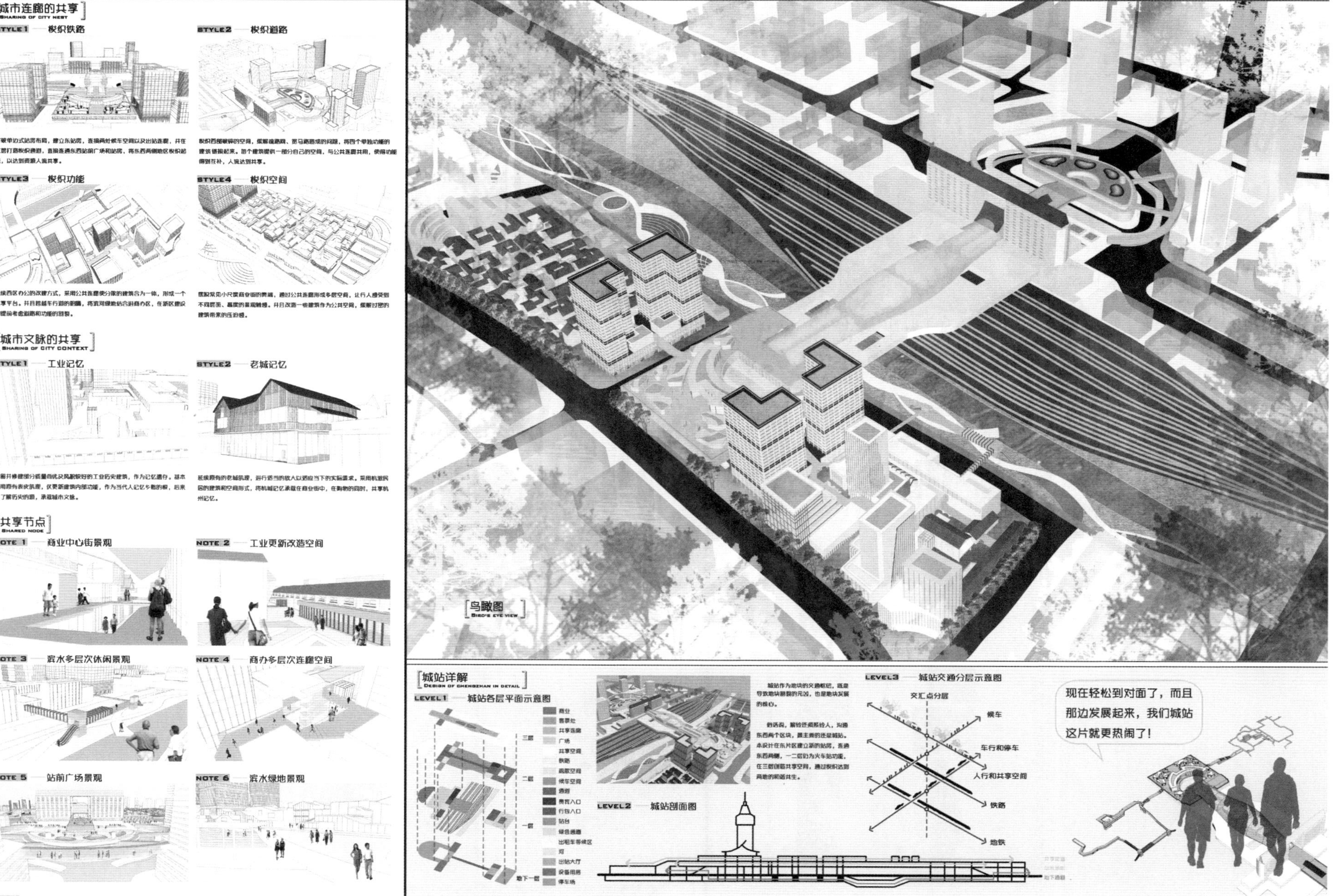

梭织·共享 — 杭州老火车站地区城市更新设计
Tatting & Sharing — The city renewal design in the region of Hangzhou old railway station
方案空间落成 4
Completion of plan space
城市连廊的共享
SHARING OF CITY NEST
STYLE 1 — 梭织铁路
STYLE 2 — 梭织道路
STYLE 3 — 梭织功能
STYLE 4 — 梭织空间
城市文脉的共享
SHARING OF CITY CONTEXT
STYLE 1 — 工业记忆
STYLE 2 — 老城记忆
共享节点
SHARED NODE
NOTE 1 — 商业中心街景观
NOTE 2 — 工业更新改造空间
NOTE 3 — 滨水多层次休闲景观
NOTE 4 — 商办多层次连廊空间
NOTE 5 — 站前广场景观
NOTE 6 — 滨水绿地景观
鸟瞰图
BIRD'S EYE VIEW
城站详解
DESIGN OF CHENGZHAN IN DETAIL
LEVEL 1 — 城站各层平面示意图
LEVEL 2 — 城站剖面图
LEVEL 3 — 城站交通分层示意图
交汇点分层
候车
车行和停车
人行和共享空间
铁路
地铁
现在轻松到对面了，而且
那边发展起来，我们城站
这片就更热闹了！

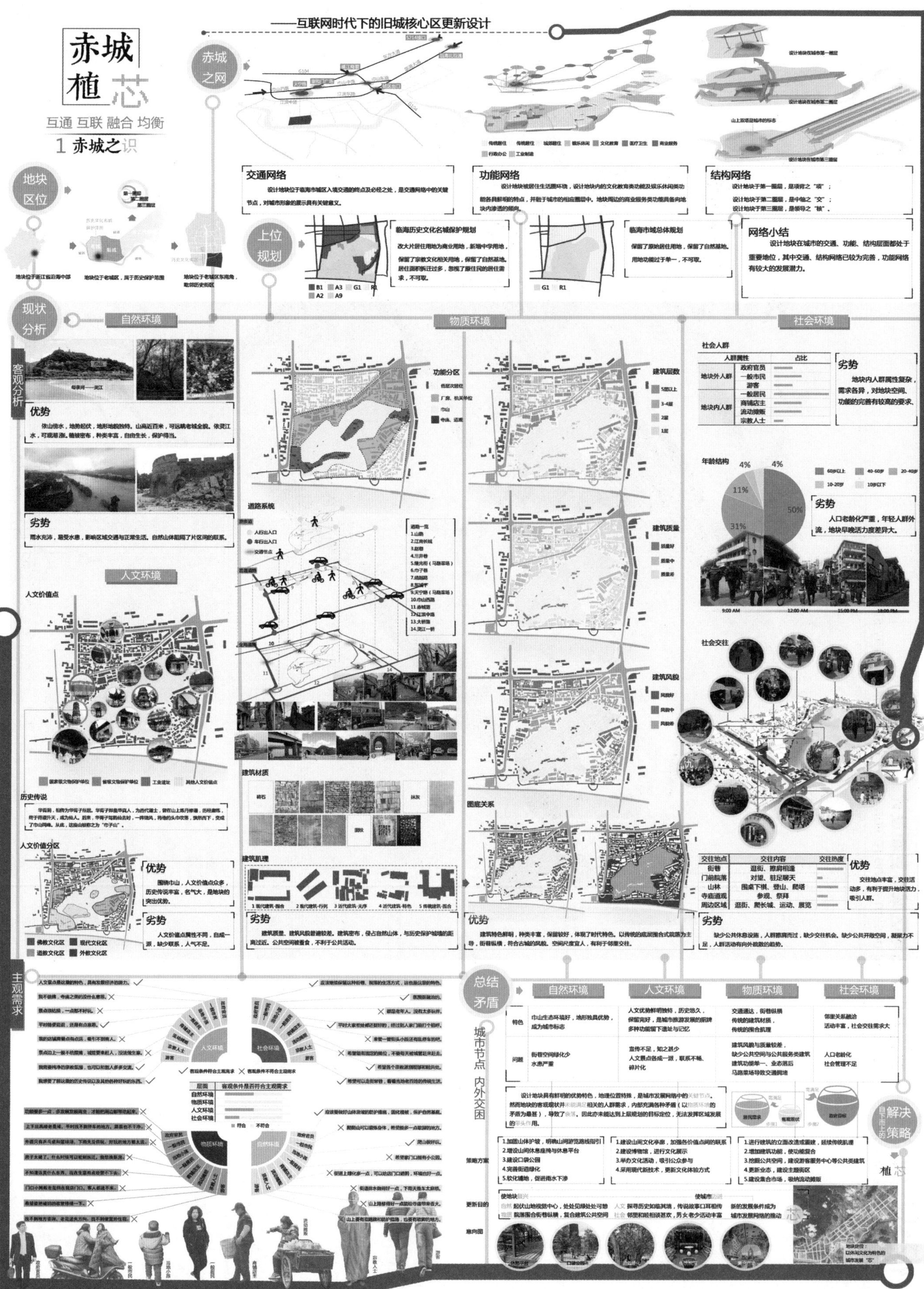
——互联网时代下的旧城核心区更新设计
赤城植芯
互通 互联 融合 均衡
1 赤城之识
赤城之网
地块区位
上位规划
现状分析
交通网络
设计地块位于临海市城区入境交通的终点及必经之处，是交通网络中的关键节点，对城市形象的展示具有关键意义。
功能网络
结构网络
网络小结
设计地块在城市中的交通、功能、结构层面都处于重要地位，其中交通、结构网络已较为完善，功能网络有较大的发展潜力。
临海历史文化名城保护规划
临海市城总体规划
自然环境
物质环境
社会环境
人文环境
客观分析
主观需求
优势
劣势
社会人群
年龄结构
社会交往
功能分区
道路系统
建筑层数
建筑质量
建筑风貌
建筑材质
建筑肌理
图底关系
人文价值点
历史传说
人文价值分区
总结矛盾
城市节点 内外交困
解决策略
策略方案
更新目的
意向图
植芯

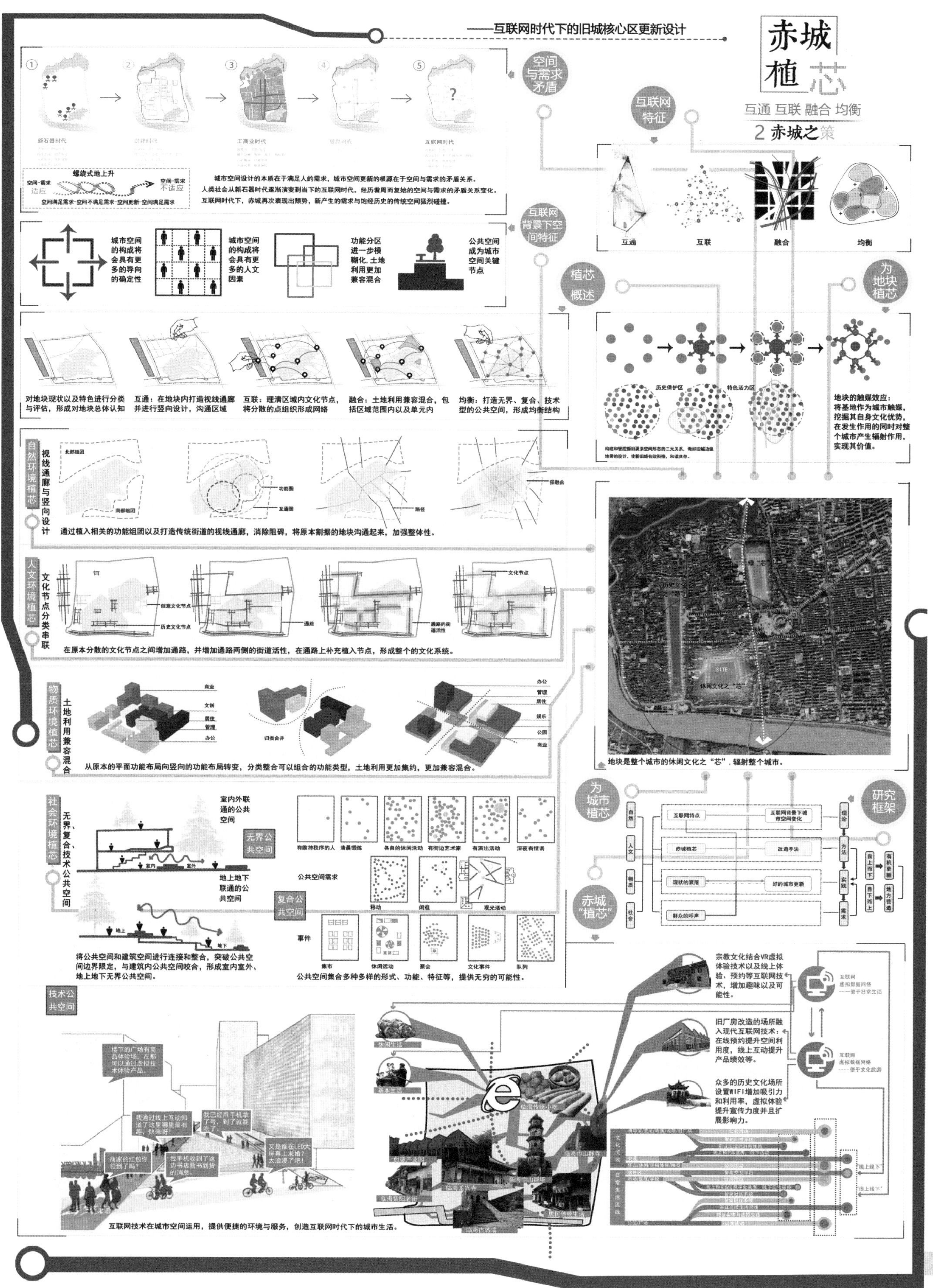
——互联网时代下的旧城核心区更新设计
赤城植芯
互通 互联 融合 均衡
2 赤城之策
空间与需求矛盾
互联网特征
互联网背景下空间特征
植芯概述
为地块植芯
为城市植芯
研究框架
赤城"植芯"
新石器时代
工商业时代
互联网时代
螺旋式地上升
城市空间设计的本质在于满足人的需求，城市空间更新的根源在于空间与需求的矛盾关系。
人类社会从新石器时代逐渐演变到当下的互联网时代，经历着周而复始的空间与需求的矛盾关系变化。
互联网时代下，赤城再次表现出颓势，新产生的需求与饱经历史的传统空间猛烈碰撞。
城市空间的构成将会具有更多的导向的确定性
城市空间的构成将会具有更多的人文因素
功能分区进一步模糊，土地利用更加兼容混合
公共空间成为城市空间关键节点
互通
互联
融合
均衡
对地块现状以及特色进行分类与评估，形成对地块总体认知
互通：在地块内打造视线通廊并进行竖向设计，沟通区域
互联：理清区域内文化节点，将分散的点组织形成网络
融合：土地利用兼容混合，包括区域范围内以及单元内
均衡：打造无界、复合、技术型的公共空间，形成均衡结构
地块的触媒效应：将基地作为城市触媒，挖掘其自身文化优势，在发生作用的同时对整个城市产生辐射作用，实现其价值。
自然环境植芯 视线通廊与竖向设计
通过植入相关的功能组团以及打造传统街道的视线通廊，消除阻碍，将原本割据的地块沟通起来，加强整体性。
人文环境植芯 文化节点分类串联
在原本分散的文化节点之间增加通路，并增加通路两侧的街道活性，在通路上补充植入节点，形成整个的文化系统。
地块是整个城市的休闲文化之"芯"，辐射整个城市。
物质环境植芯 土地利用兼容混合
从原本的平面功能布局向竖向的功能布局转变，分类整合可以组合的功能类型，土地利用更加集约，更加兼容混合。
社会环境植芯 无界、复合、技术公共空间
室内外联通的公共空间
无界公共空间
地上地下联通的公共空间
复合公共空间
公共空间需求
事件
将公共空间和建筑空间进行连接和整合，突破公共空间边界限定，与建筑内公共空间咬合，形成室内室外、地上地下无界公共空间。
公共空间集合多种多样的形式、功能、特征等，提供无穷的可能性。
技术公共空间
楼下的广场有商品体验区，在那可以通过虚拟技术体验产品。
我通过线上互动知道了这里哪里最有趣，快来呀！
我已经用手机拿了号，到了就能吃了。
商家的红包你领到了吗？
我手机收到了这边书店新书到货的消息。
又是谁在LED大屏幕上求婚？太浪漫了吧！
互联网技术在城市空间运用，提供便捷的环境与服务，创造互联网时代下的城市生活。
宗教文化结合VR虚拟体验技术以及线上体验、预约等互联网技术，增加趣味以及可能性。
旧厂房改造的场所融入现代互联网技术：在线预约提升空间利用度，线上互动提升产品绩效等。
众多的历史文化场所设置WIFI增加吸引力和利用率，虚拟体验提升宣传力度并且扩展影响力。

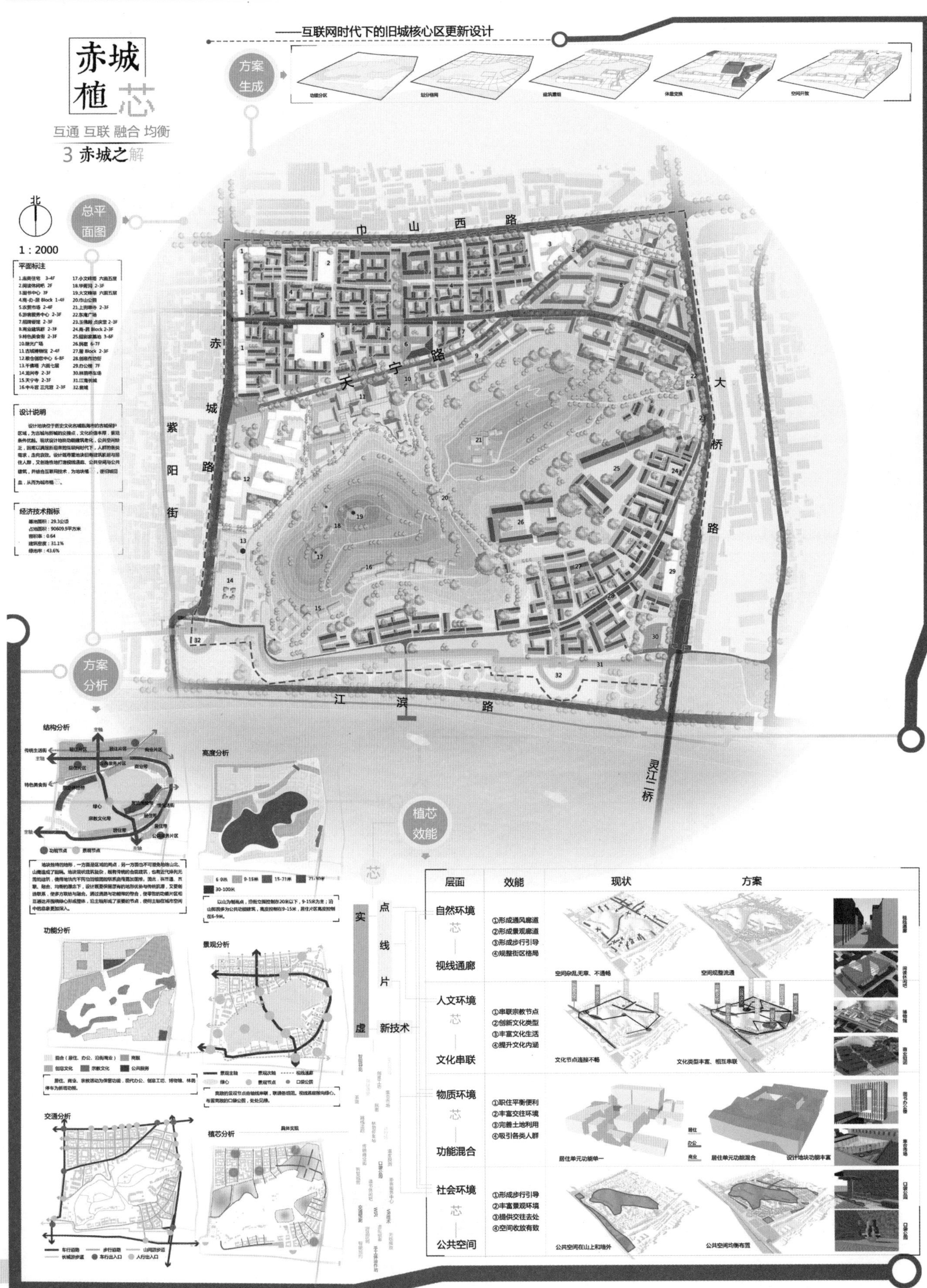
——互联网时代下的旧城核心区更新设计
赤城植芯
互通 互联 融合 均衡
3 赤城之解
方案生成
功能分区
总平面图
1 : 2000
平面标注
设计说明
经济技术指标
巾山西路
赤城路
天宁路
大桥路
紫阳街
江滨路
灵江二桥
方案分析
结构分析
高度分析
功能分析
景观分析
交通分析
植芯分析
植芯效能
点
线
片
新技术
实
虚
层面
效能
现状
方案
自然环境
视线通廊
①形成通风廊道
②形成景观廊道
③形成步行引导
④规整街区格局
空间杂乱无章、不通畅
空间规整流通
人文环境
文化串联
①串联宗教节点
②创新文化类型
③丰富文化生活
④提升文化内涵
文化节点连接不畅
文化类型丰富、相互串联
物质环境
功能混合
①职住平衡便利
②丰富交往环境
③完善土地利用
④吸引各类人群
居住单元功能单一
居住单元功能混合
设计地块功能丰富
社会环境
公共空间
①形成步行引导
②丰富景观环境
③提供交往去处
④空间收放有致
公共空间在山上和墙外
公共空间均衡布置

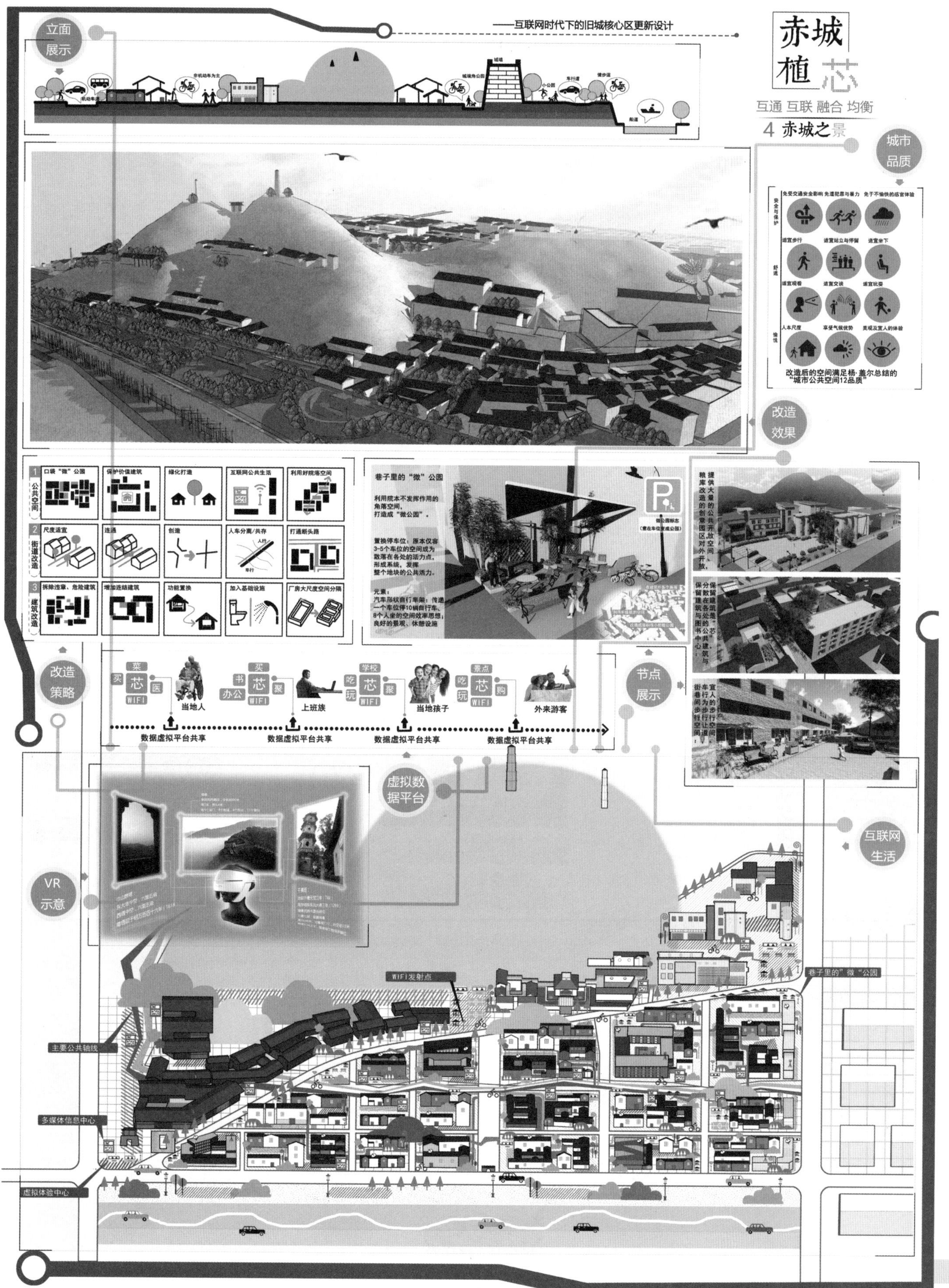

——互联网时代下的旧城核心区更新设计
赤城植芯
互通 互联 融合 均衡
4 赤城之景
立面展示
城市品质
改造后的空间满足杨·盖尔总结的"城市公共空间12品质"
改造效果
巷子里的"微"公园
利用原本不发挥作用的角落空间，打造成"微公园"。
置换停车位：原本仅容3-5个车位的空间成为散落在各处的活力点，形成系统，发挥整个地块的公共活力。
元素：汽车形状自行车架：传递一个车位停10辆自行车、8个人坐的空间效率思想；良好的景观、休憩设施
提供大量的公共空间，改造的车库区对外开放。
保留有价值的建筑，分布在各处是书吧、公园与芯，氛围浓厚
宜人的步行空间，街巷为步行空间
改造策略
节点展示
当地人
上班族
当地孩子
外来游客
数据虚拟平台共享
虚拟数据平台
VR示意
互联网生活
WIFI发射点
巷子里的"微"公园
主要公共轴线
多媒体信息中心
虚拟体验中心

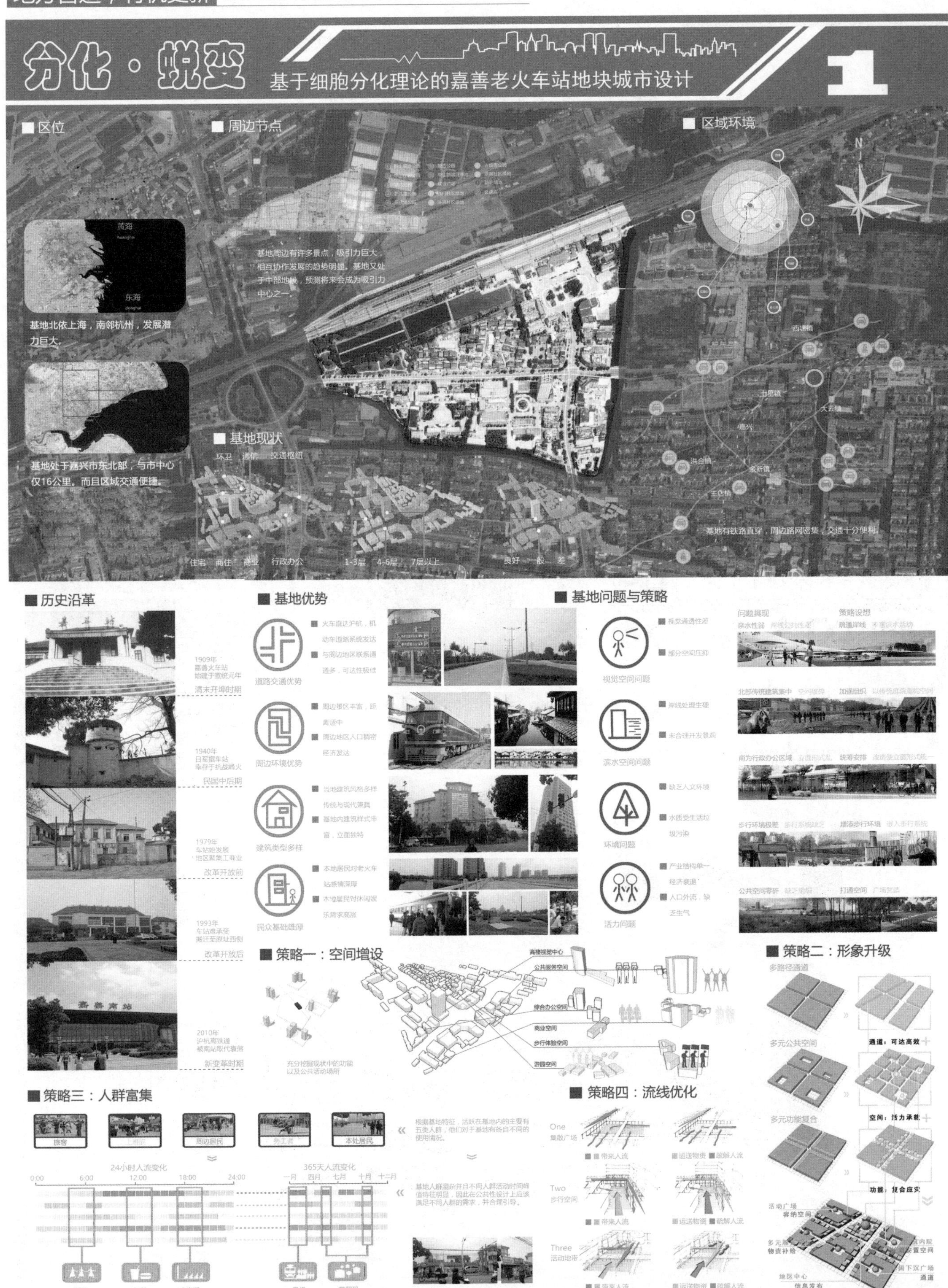

分化·蜕变
基于细胞分化理论的嘉善老火车站地块城市设计
1
区位
周边节点
区域环境
黄海
东海
基地北依上海，南邻杭州，发展潜力巨大。
基地处于嘉兴市东北部，与市中心仅16公里。而且区域交通便捷。
基地周边有许多景点，吸引力巨大，相互协作发展的趋势明显。基地又处于中部地段，预测将来会成为吸引力中心之一。
基地现状
环卫 通信 交通枢纽
住宅 商住 商业 行政办公
1-3层 4-6层 7层以上
良好 一般 差
基地有铁路直穿，周边路网密集，交通十分便利。
历史沿革
1909年 嘉善火车站始建于宣统元年
清末开埠时期
1940年 日军据车站奉存于抗战烽火
民国中后期
1979年 车站始发展地区繁荣工商业
改革开放前
1993年 车站难承受搬迁至原址西侧
改革开放后
2010年 沪杭高铁通被南站取代衰落
新变革时期
基地优势
道路交通优势
周边环境优势
建筑类型多样
民众基础雄厚
基地问题与策略
视觉空间问题
滨水空间问题
环境问题
活力问题
问题具现
策略设想
策略一：空间增设
高楼视觉中心
公共服务空间
综合办公空间
商业空间
步行体验空间
游憩空间
充分挖掘现状中的功能以及公共活动场所
策略二：形象升级
多路径通道
通道：可达高效
多元公共空间
空间：活力承载
多元功能复合
功能：复合应实
策略三：人群富集
旅客
周边居民
务工者
本处居民
24小时人流变化
365天人流变化
晨练
午餐
夜生活
春运
节假日
策略四：流线优化
One
Two
Three

城市规划1201 陈凯 胡腾峰 指导老师：龚强 赵峰 陈怀宁

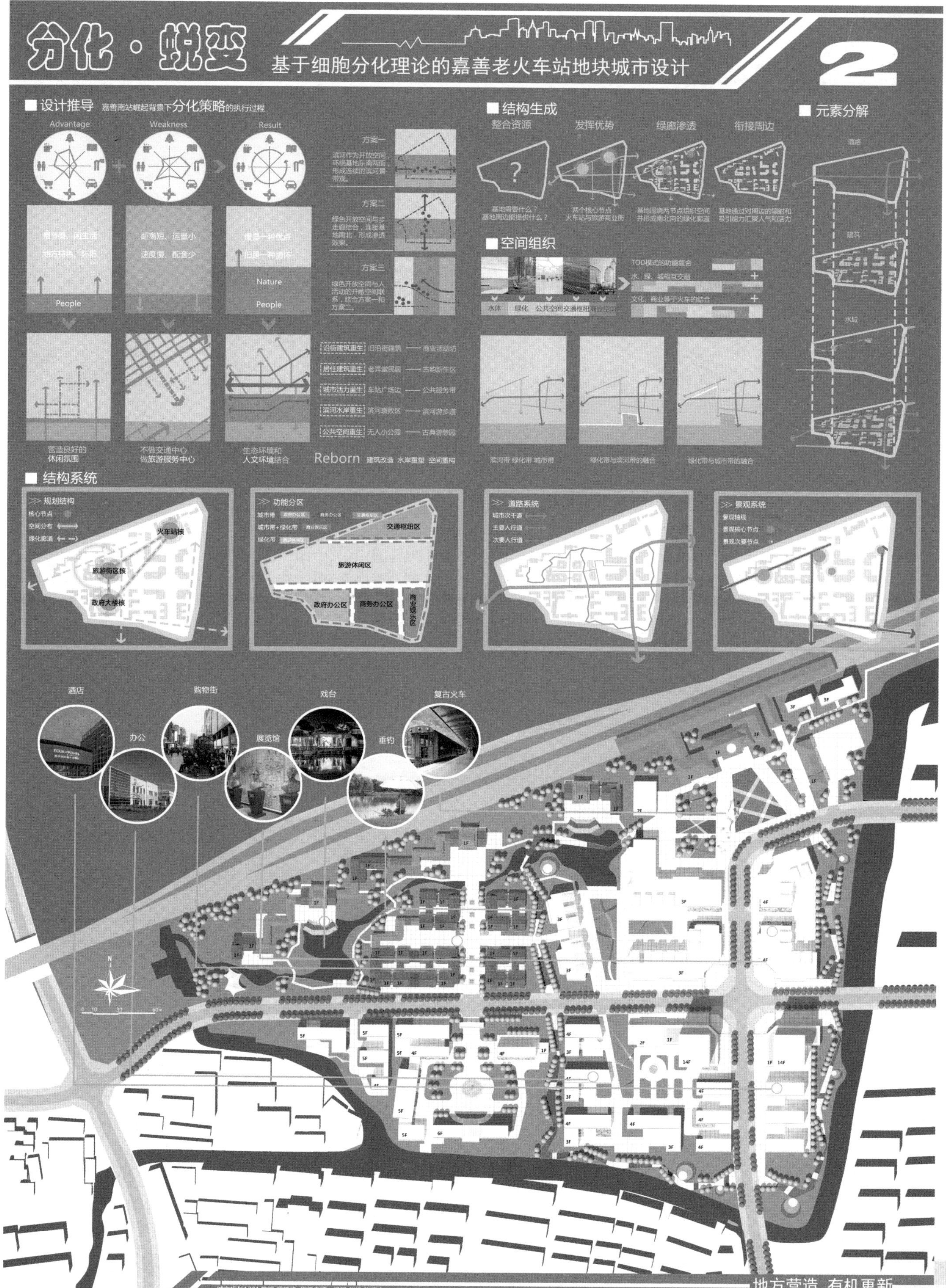
分化·蜕变
基于细胞分化理论的嘉善老火车站地块城市设计
2
设计推导 嘉善南站崛起背景下分化策略的执行过程
Advantage
Weakness
Result
方案一
滨河作为开放空间，环绕基地东南两面，形成连续的滨河景带观。
方案二
绿色开放空间与步走廊结合，连接基地南北，形成渗透效果。
方案三
绿色开放空间与人活动的开敞空间联系，结合方案一和方案二。
People
Nature
People
营造良好的休闲氛围
不做交通中心 做旅游服务中心
生态环境和人文环境结合
沿街建筑重生 旧沿街建筑 —— 商业活动坊
居住建筑重生 老弄堂民居 —— 古韵新生区
城市活力重生 车站广场边 —— 公共服务带
滨河水岸重生 滨河绿散区 —— 滨河游步道
公共空间重生 无人小公园 —— 古典游憩园
Reborn 建筑改造 水岸重塑 空间重构
结构生成
整合资源
发挥优势
绿廊渗透
衔接周边
基地需要什么？基地周边能提供什么？
两个核心节点：火车站与旅游商业街
基地围绕两节点组织空间并形成南北向的绿化廊道
基地通过对周边的辐射和吸引能力汇聚人气和活力
空间组织
TOD模式的功能复合
水、绿、城相互交融
文化、商业等于火车的结合
水体 绿化 公共空间 交通枢纽 商业空间
滨河带 绿化带 城市带
绿化带与滨河带的融合
绿化带与城市带的结合
元素分解
道路
建筑
水域
结构系统
规划结构
核心节点
空间分布
绿化廊道
火车站核
旅游街区核
政府大楼核
功能分区
交通枢纽区
旅游休闲区
政府办公区
商务办公区
商业娱乐区
道路系统
城市次干道
主要人行道
次要人行道
景观系统
景观轴线
景观核心节点
景观次要节点
酒店
办公
购物街
展览馆
戏台
垂钓
复古火车
城市规划1201 陈凯 胡腾峰 指导老师：龚强 赵峰 陈怀宁
地方营造 有机更新

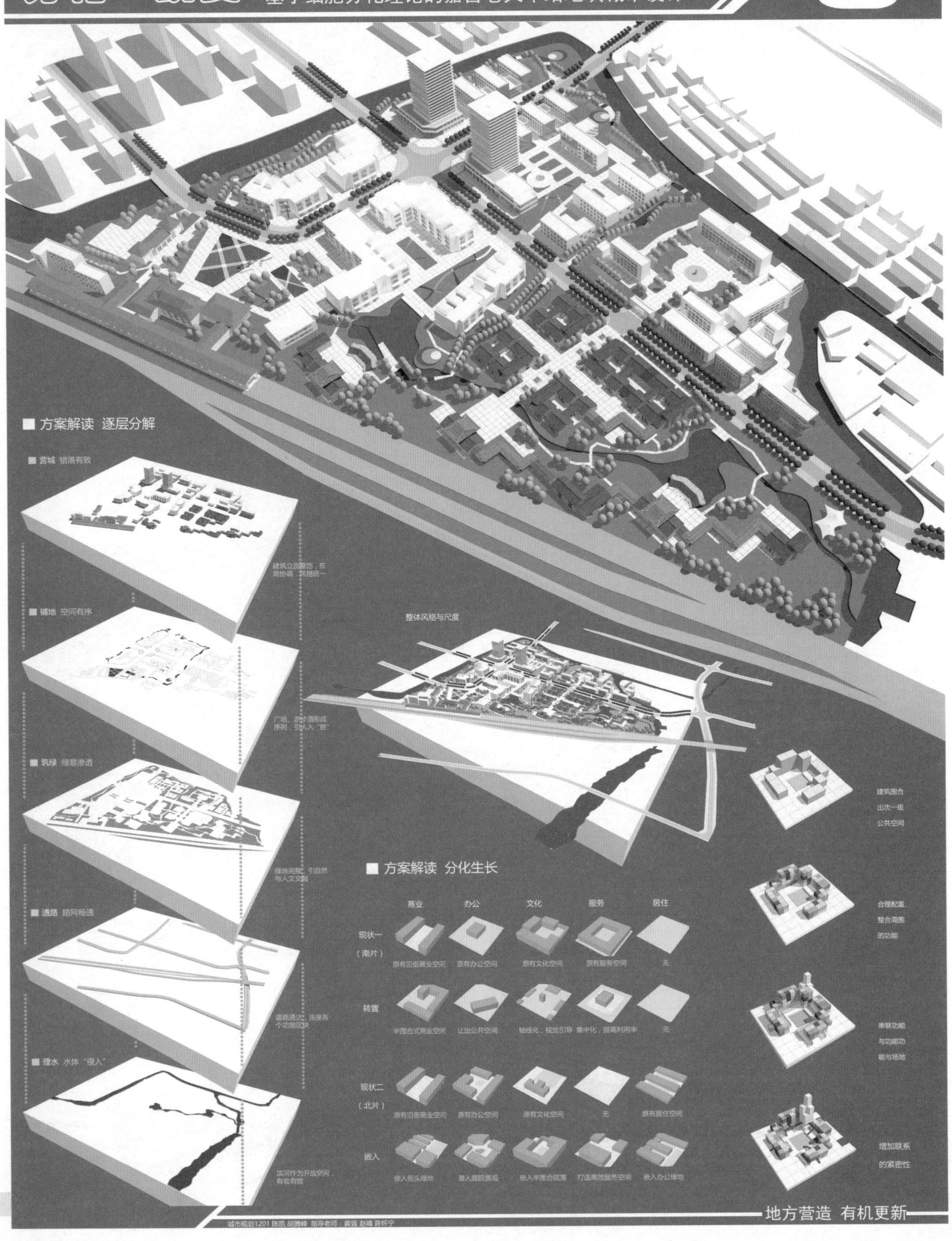

分化·蜕变
基于细胞分化理论的嘉善老火车站地块城市设计
3
方案解读 逐层分解
营城 错落有致
建筑立面整饬，布局协调，风格统一
铺地 空间有序
广场、游步道形成序列，引人入"胜"
筑绿 绿意渗透
绿地完整，引自然与人文交融
通路 路网畅通
道路通达，连接各个功能区块
理水 水体"侵入"
滨河作为开放空间，有收有放
整体风格与尺度
方案解读 分化生长
商业
办公
文化
服务
居住
现状一（南片）
原有沿街商业空间
原有办公空间
原有文化空间
原有服务空间
无
转置
半围合式商业空间
让出公共空间
轴线化，视觉引导
集中化，提高利用率
无
现状二（北片）
原有沿街商业空间
原有办公空间
原有文化空间
无
原有居住空间
嵌入
嵌入街头绿地
潜入庭院景观
嵌入半围合院落
打造高效服务空间
嵌入办公绿地
建筑围合出次一级公共空间
合理配置、整合周围的功能
串联功能与功能功能与场地
增加联系的紧密性
地方营造 有机更新
城市规划1201 陈凯 胡腾峰 指导老师：龚强 赵峰 陈怀宁

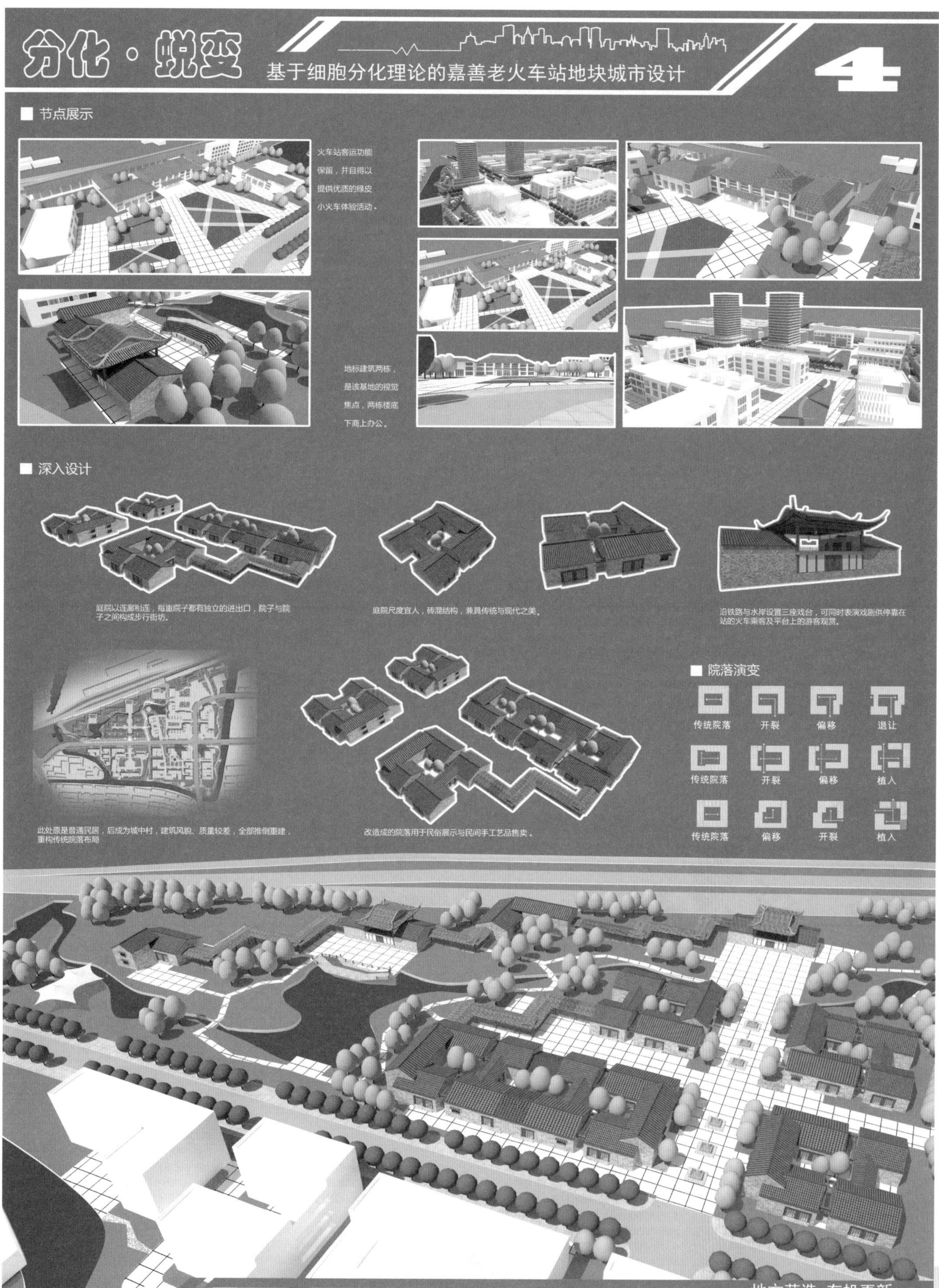

分化·蜕变
基于细胞分化理论的嘉善老火车站地块城市设计
4
节点展示
火车站客运功能保留，并且得以提供优质的绿皮小火车体验活动。
地标建筑两栋，是该基地的视觉焦点，两栋楼底下商上办公。
深入设计
庭院以连廊相连，每座院子都有独立的进出口，院子与院子之间构成步行街坊。
庭院尺度宜人，砖混结构，兼具传统与现代之美。
沿铁路与水岸设置三座戏台，可同时表演戏剧供停靠在站的火车乘客及平台上的游客观赏。
院落演变
传统院落
开裂
偏移
退让
传统院落
开裂
偏移
植入
传统院落
偏移
开裂
植入
此处原是普通民居，后成为城中村，建筑风貌、质量较差，全部推倒重建，重构传统院落布局
改造成的院落用于民俗展示与民间手工艺品售卖。
地方营造 有机更新
城市规划1201 陈凯 胡腾峰 指导老师：龚强 赵峰 陈怀宁

班级：城规1201 组员：赖思培 石韩雨 指导老师：龚强 陈怀宁 赵峰

孤島求生 杭州市江干区三堡码头复兴改造与城市设计

前期分析 1

背景分析

三堡码头最早为船舶停靠码头，经杭州运往其他地方的货物多要在此停泊，装卸货物，然后用汽车转往各地。随着京杭大运河开凿至三堡，沟通了运河与钱塘江之后，其货运功能逐渐丧失，成为黄沙和石子的装卸码头。后来随着一些混凝土搅拌厂、沙石经营户等陆续搬迁而至，三堡码头成为杭州最主要的一个沙石装卸交易码头。

2005年，因钱塘江岸线整治和钱江新城建设，三堡码头的所有沙石料全部搬迁至杭州运河段，此地沦落为一块功能闲置的孤岛，不仅浪费城市土地资源，而且损害城市景观形象，无法跟上时代发展的需求。因此，三堡码头作为联系京杭大运河与钱塘江的重要节点，亟须进行有机更新改造，同时要充分挖掘地块特色，避免千城一面。

I 区位

江干区

钱江新城核心区块

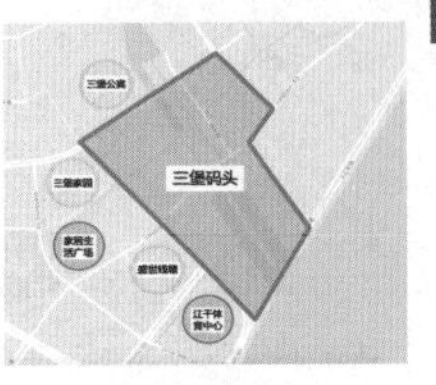

三堡码头

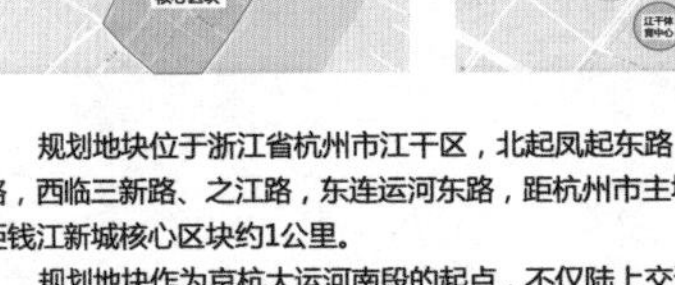

规划地块位于浙江省杭州市江干区，北起凤起东路，南至之江东路，西临三新路、之江路，东连运河东路，距杭州市主城区约3公里，距钱江新城核心区块约1公里。

规划地块作为京杭大运河南段的起点，不仅陆上交通区位十分优越，水上航运也十分便捷。

II 历史沿革

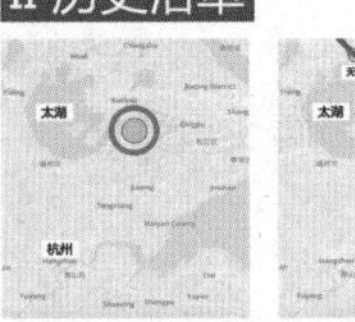

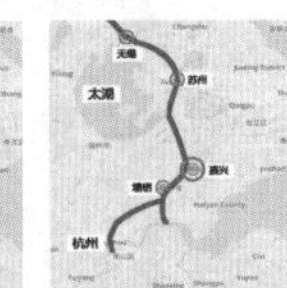

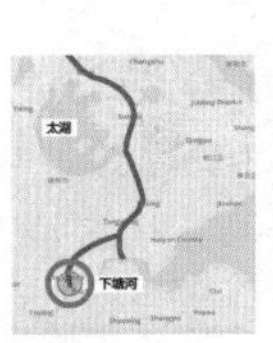

1 公元前428年，吴越王开始在太湖流域开挖运河，是中国最早的运河之一。

2 隋炀帝大业六年（610年）重新疏凿和拓宽长江以南运河古道，形成今江南运河。自长江京口运口起，向南经曲阿（今江苏丹阳）、毗陵（今江苏常州）、无锡、吴郡（今江苏苏州）、嘉兴，经上塘河至余杭（进浙江杭州）接钱塘江。

3 淳祐七年（1247年），江南大旱，上塘河（由崇德向南经长安闸西折至杭州）断流，于是在崇德（今桐乡崇福镇）以南开辟支线下塘河，自崇德西折经塘栖南折至杭州，成为江南运河支线。

4 元末至正十九年（1359年），起义军领袖张士诚发动军民开下塘河，由桐乡崇德经余杭塘栖至杭州，下塘河取代上塘河成为江南运河的主航道，延用至二十世纪八十年代。

5 三堡码头于1993年动工兴建，次年10月竣工。

III 地块现状

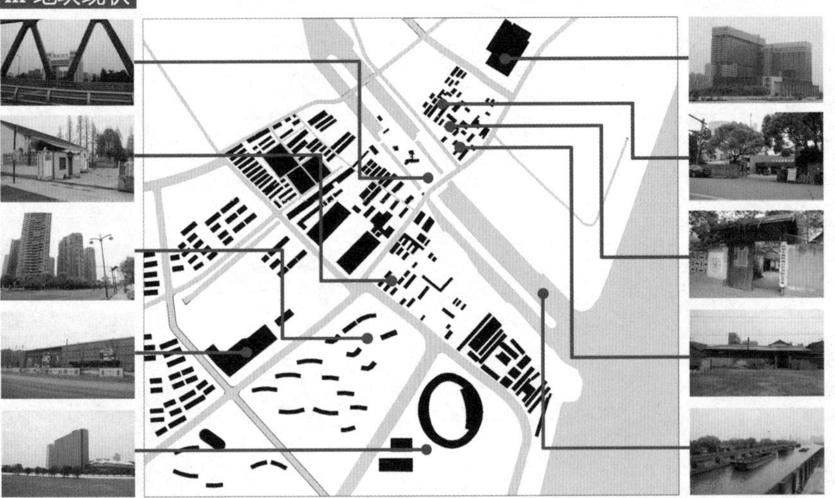

IV 地块特色

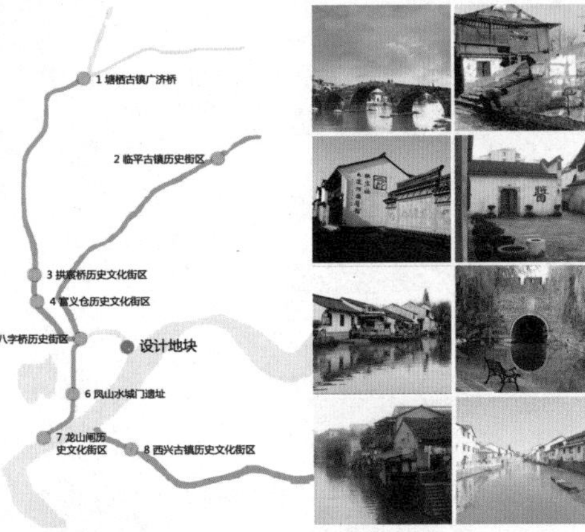

1 塘栖古镇广济桥
2 临平古镇历史街区
3 拱宸桥历史文化街区
4 富义仓历史文化街区
5 八字桥历史街区
设计地块
6 凤山水城门遗址
7 龙山闸历史文化街区
8 西兴古镇历史文化街区

+ 地块区位特色

钱江新城核心区块位于地块西南部，合理规划其与地块大关系，可起到相辅相成大效果。

+ 周边环境特色

南临江干体育中心，西侧有若干高档住宅小区，具有非常高的潜在人气。

+ 地块自身特色

位于钱塘江与京杭运河交汇处，具有长远大历史，内有观潮亭一座和三堡船闸四处。

+ 运河文化特色

运河沿线文化气息浓厚，合理规划后可与其他历史街区等形成连续的城市文化景观轴。

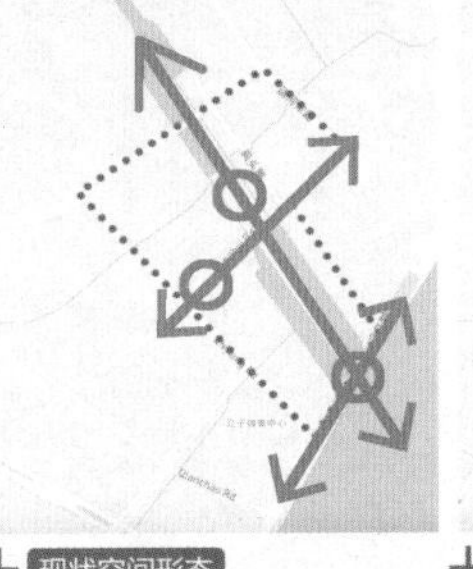

+ 现状空间形态

+ 现状土地利用

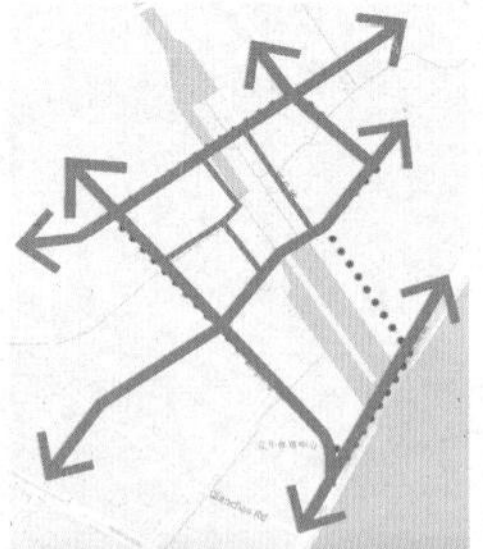

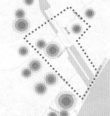

+ 现状道路交通

+ 人群活动范围

V SWOT分析

一、优势

1）区位优势：西有钱江新城中心地区和江干区体育中心，位于运河文化带和钱塘江文化带交点处。

2）历史资源优势：具有深厚的历史文化资源和商业与娱乐氛围，人们在购物的同时也能享受到运河文化的美。

3）开发潜力优势：基地内普遍开发强度较低，可发展空间大。

二、劣势

1）传统特色逐渐衰退：原有的传统文化，没有很好继承与发展，没有得到重视。

2）功能劣势：功能单一，港口服务产业结构调整和升级的能力较低。

3）空间利用劣势：布局缺乏系统性，岸线利用集约化程度不高。

4）运营管理劣势：管理运营散乱脏，影响城市环境和城市景观。

三、机遇

1）发展机遇：钱江新城作为未来杭州的中心，其钱塘江滨江发展带在未来的兴起，必将为本地块的发展起到推动作用。

2）文化机遇：在本地块处新建的运河文化陈列馆，为地块打造成为杭州市中心城区的一个文化节点奠定了坚实的基础。

3）功能机遇：原先的黄沙码头搬迁至六堡，使地块环境变好，为娱乐功能发展提供条件。

四、挑战

1）如何将三堡开发强度不高、基地面积不大的中间岛打造成具有一定竞争力和创新性的休闲娱乐中心。

2）如何通过更新地块内的休闲娱乐功能，使得更广更深的人群愿意停留在地块内。

3）如何使地块内的商业商务功能与钱江新城等周边重要区块更好地结合。

班级：城规1201 组员：赖思培 石韩雨 指导老师：龚强 陈怀宁 赵峰
孤岛求生 杭州市江干区三堡码头复兴改造与城市设计
策略方案
2
研究框架
巨变
交通区位
经济环境
城市形态
大容量公共交通的迅速发展
长三角产业转移、开发区迅猛发展
城市快速膨胀、沿江推进
契机
钱江新城之契机
滨江发展之契机
前提与启发
人文历史
基地环境
政策文件
案例研究
目标
标志性滨江景观
顶级商务商业区
良好的人居环境
地域文化的载体
运河沿线的纽带
战略
M CITY
Money city——财富之城
Modern city——现代之城
Multiplex city——多元之城
Master city——大家之城
策略
生态策略
经济策略
文化策略
空间景观策略
功能策略
交通策略
江城一体、绿网水系贯穿全区
充分实现土地价值、吸引外来资本
展现本地传统文化、鼓励多元文化
良好的滨江景观、人性尺度的街区
差异性发展、功能混合开发
舒适的步行环境、惬意的驾车环境
I 规划策略
湿地公园图
船闸示意图
商业商务图
岸线构思图
策略分析图
现状内部元素
运河
堤坝
船闸
规划设计内容
索道滑行
河心公园
运河博物馆
规划功能组织
娱乐
景观
文化
现状外部元素
高档住宅小区
江干体育中心
规划设计内容
健身公园
商业商务配套
规划功能组织
休闲
商业
II 人群分析
老年人
中年人
青少年
高收入者
低收入者
大专及以上
初中及以上
小学及以下
商业
娱乐
办公
游憩
交通
展览
不同年龄层、不同收入水平、不同文化程度的居民或游客对各类设施的使用时间段和使用需求均不同。
III 规划概念
以融合水空间的绿色走廊串联地块南北两侧的发展区。
创造地块开发三节点：运河文化区、中心商业区、运河健身公园。
利用自然绿化空间与道路网作为地块空间架构的根据。
创造以绿色景观为主的东西向生态景观轴线和以商业商务为主的南北向发展轴线。
IV 总平面图
N
01 运河文化博物馆
02 创意产业园
03 健身公园
04 瞭望塔
05 河心公园
06 索道滑行
07 跨河栈桥
08 旅游服务中心

v 技术经济指标

项目名称	数据指标	项目名称	数据指标
用地总面积	29.7公顷	高度控制	120米
道路面积	2.8公顷	建筑密度	28%
广场面积	4.2公顷	容积率	2.2
水体面积	8.7公顷	绿地率	42%
建筑基底面积	8.3公顷	地面停车位	2500个

班级：城规1201 组员：赖思培 石韩雨 指导老师：龚强 陈怀宁 赵峰

孤島求生 杭州市江干区三堡码头复兴改造与城市设计

方案呈现 3

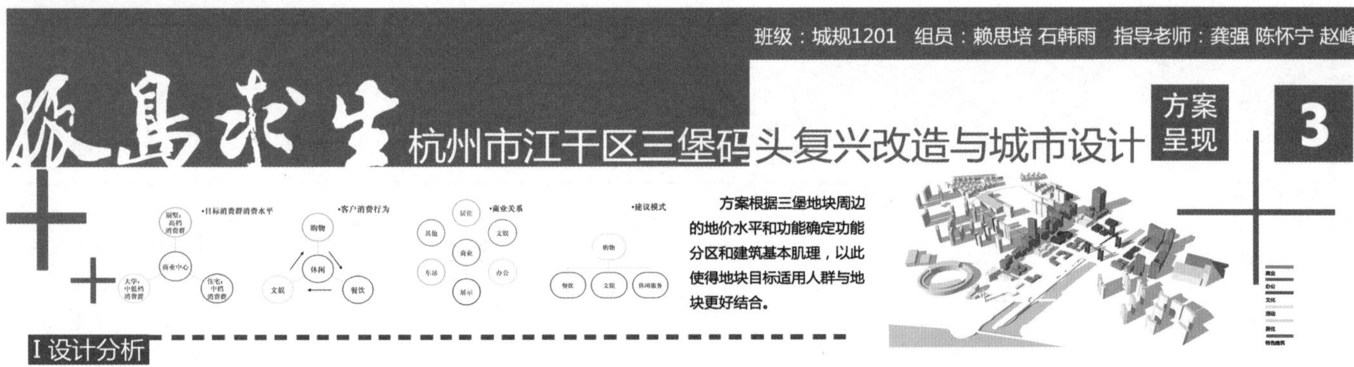
目标消费群消费水平
客户消费行为
商业关系
建议模式
购物
休闲
文娱
餐饮
商业
办公
居住
其他
车站
展示

方案根据三堡地块周边的地价水平和功能确定功能分区和建筑基本肌理，以此使得地块目标适用人群与地块更好结合。

I 设计分析

□ 功能结构分析

特色商业用地
居住用地
现代商业用地
文化用地
服务业用地

地块内部功能结构呈现圈层式发展，地块外侧紧邻城市主干道主要为现代商业用地，包括大尺度的商业综合体，办公建筑，业态较多，功能综合。地块内部为特色商业用地，尺度较小，服务对象为游客。紧邻京杭运河的为文化用地，包括京杭运河陈列馆等。

□ 交通组织分析

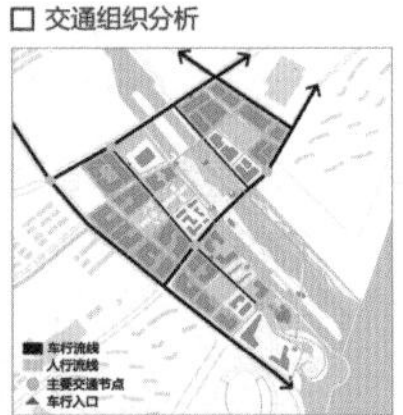
车行流线
人行流线
主要交通节点
车行入口

地块西侧的之江路和北侧的凤起东路为主要的对外交通，内部为一横两纵的车行道，以及回字形的步行走廊，串联起中心活动区域（索道、划艇、水上活动区）、地块左侧商业综合体、地块西侧商务中心。

□ 静态交通分析

地下停车
停车入库
地面停车

商业街区、商务区、商住区地下打造地下停车空间，地下出入口，沿街设置地面临时停车。

□ 建筑高度分区分析

低层建筑区
多层建筑区
高层建筑区

高层建筑多集中在地块外侧，总体建筑高度由地块外侧向船闸处不断递减、收缩，并在船闸和地块南部灯塔设立一个高度节点。

□ 视线通廊分析

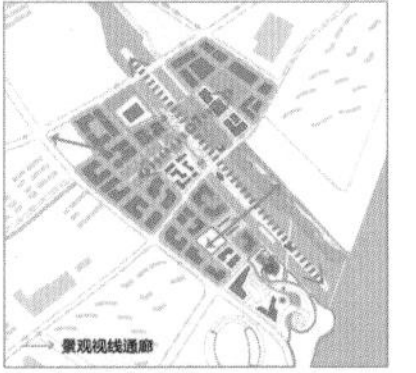
景观视线通廊

地块内景观视线主要由3个商业商务区内部的4个节点公园和地块中间的游乐公园组成，视线通廊都导向运河沿线，由中间岛向外界扩张。

□ 功能分区分析

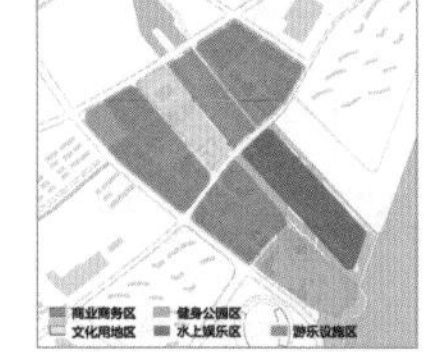
商业商务区
健身公园区
文化用地区
水上娱乐区
游乐设施区

地块内功能分区分为7个大区，分别为地块西侧和东侧的三个商务用地，京杭运河陈列馆周边的文化用地区，地块北部的游乐设施区，和地块南部的健身公园区和水上娱乐区。

II 设计意向

基地中央形成“孤岛”为了使其重新焕发活力，进行双层打造，将原有的观潮功能进行更新，成为水上娱乐区包括滑索道、皮划艇等游乐项目——有机更新

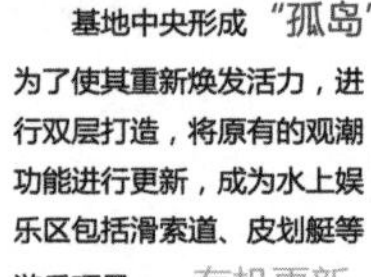

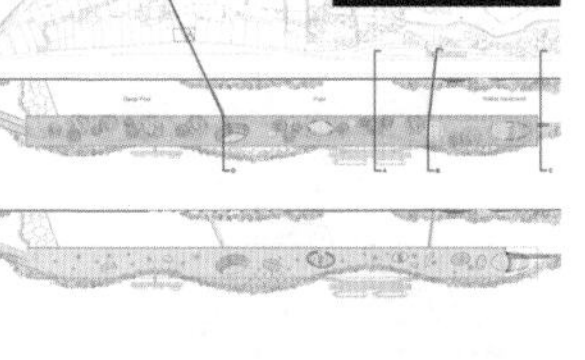
UPPER LEVEL

三堡码头临近钱塘江处公园设计灵感取于“鹦鹉螺”。鹦鹉螺被认为是活化石，代表了历史的神秘。以此为意提醒我们时刻准备好面对环境的挑战，使三堡码头不与历史背景相冲突——地方营造

IV 地块透视

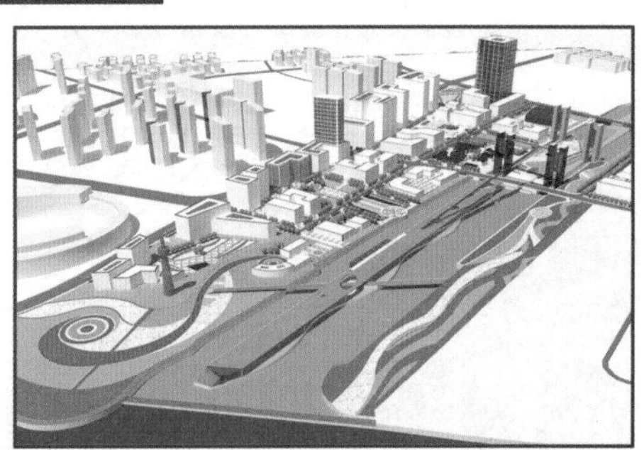

III 建筑改造

基地内有大量旧式民居，其中一些具有一定保留价值。我们设计了四种主要模式，对基地内的旧建筑进行针对性改造。

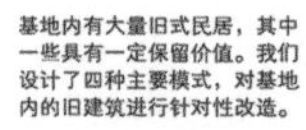

四种主要的改造方式

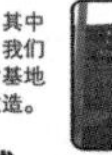

商业空间 公共空间 展览空间 展示空间

旧宅改造示意

V 肌理构建

三堡码头方案设计中肌理构建分为4各方面：步行路径、活动空间、绿化系统和规划建筑。在不与地块周边环境冲突的前提下分别进行有机系统的构建。

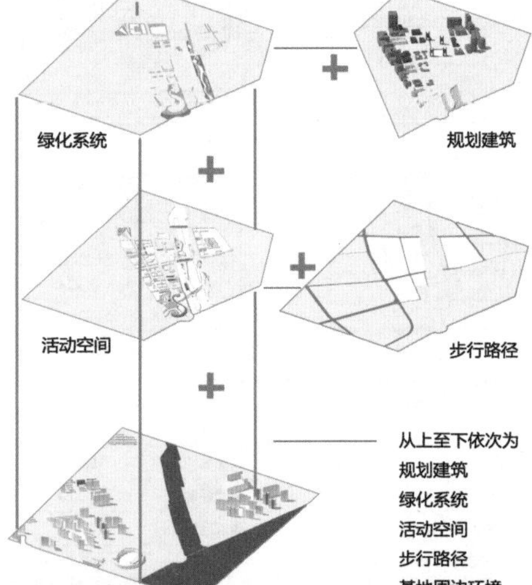
绿化系统
规划建筑
活动空间
步行路径
基地周边环境
从上至下依次为
规划建筑
绿化系统
活动空间
步行路径
基地周边环境

III 景观廊道

结构组成…… step1

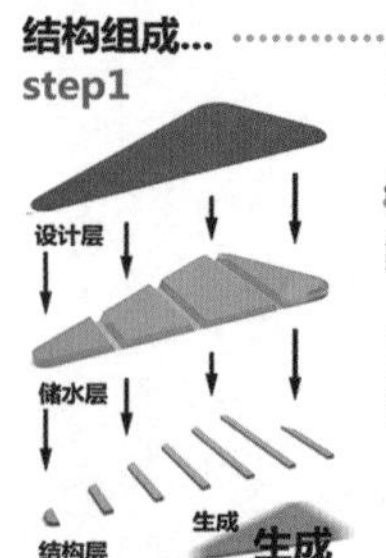
设计层
储水层
结构层
生成
生成

设计元素…… step2

单种表面
空旷无交流
多种表皮
良好适应性
贮水广场
生态性良好

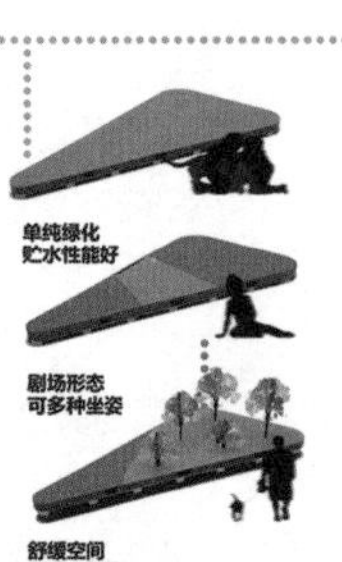
单纯绿化
贮水性能好
剧场形态
可多种坐姿
舒缓空间
创造小气候

组合生成…… step3

生态人行空中廊道：聚会空间、绿化空间、休闲空间、活动空间

流程 → 结构、元素 →

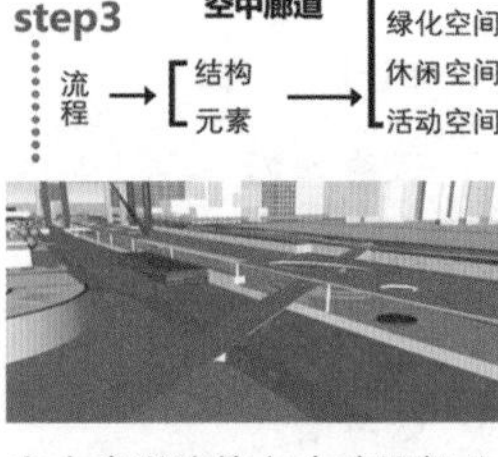

空中廊道连接各个建筑部分，利用底层商业群房作为平台。

班级：城规1201 组员：赖思培 石韩雨 指导老师：龚强 陈怀宁 赵峰

孤島求生 杭州市江干区三堡码头复兴改造与城市设计

方案展示 4

I 临水节点

IV 小透视

II 活动区域

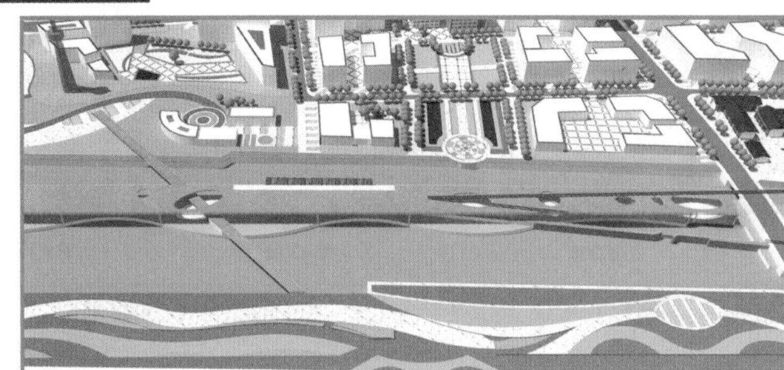

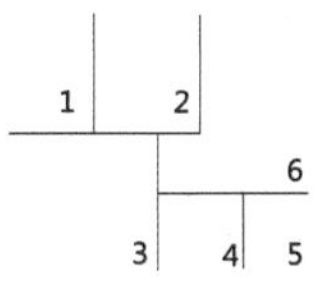

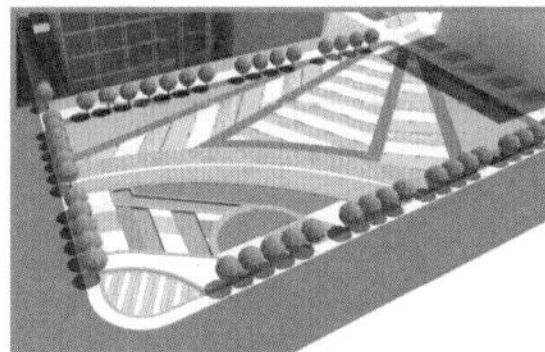

III 总体鸟瞰

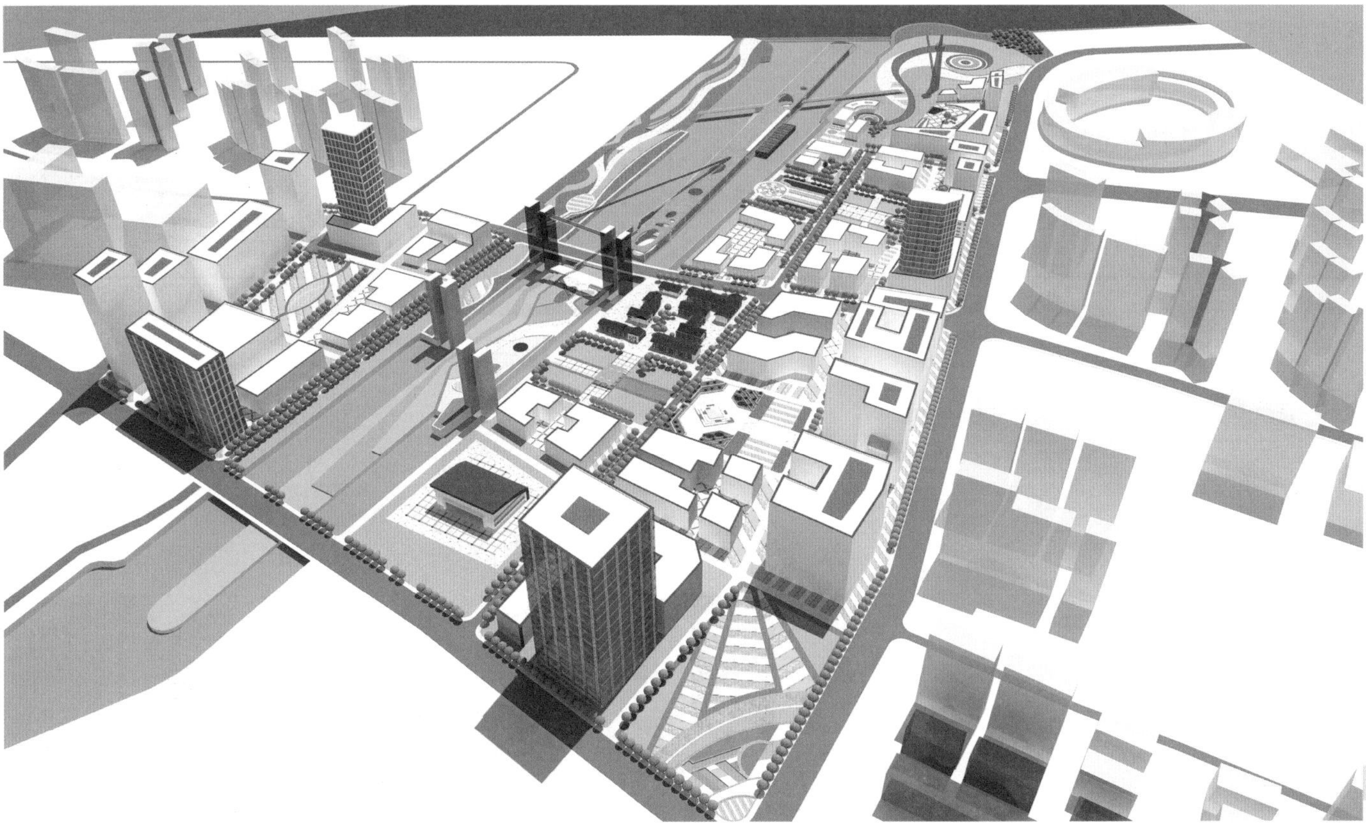

1

[慢·生城 urban design 海宁市干河街有机更新设计]

姓名：施德浩 朱俊诺 指导老师：龚强 赵峰 陈怀宁

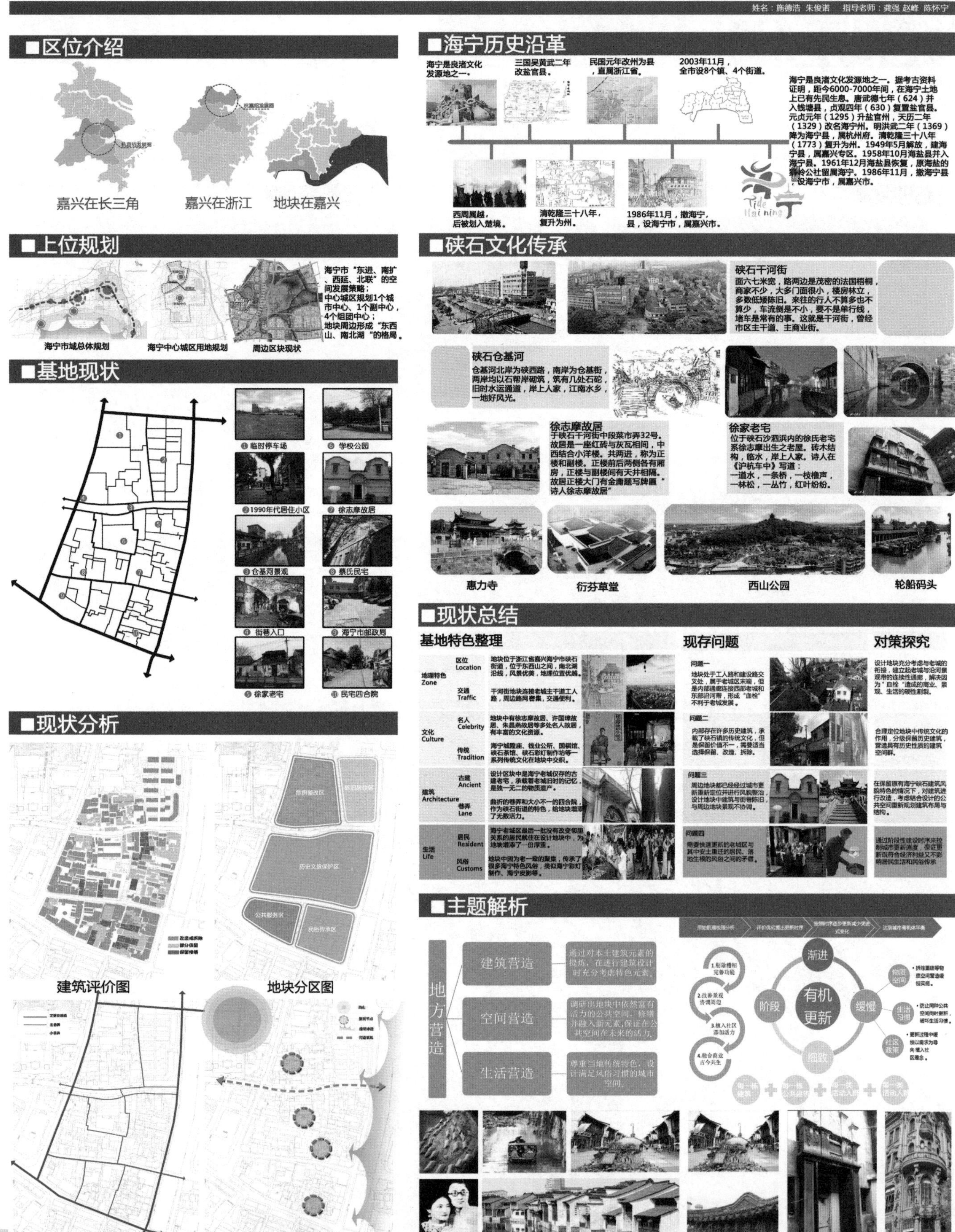

■区位介绍
嘉兴在长三角
嘉兴在浙江
地块在嘉兴
■上位规划
海宁市“东进、南扩、西延、北联”的空间发展策略；
中心城区规划1个城市中心、1个副中心，4个组团中心；
地块周边形成“东西山、南北湖”的格局。
海宁市城总体规划
海宁中心城区用地规划
周边区块现状
■基地现状
① 临时停车场
② 1990年代居住小区
③ 仓基河景观
④ 街巷入口
⑤ 徐家老宅
⑥ 学校公园
⑦ 徐志摩故居
⑧ 蔡氏民宅
⑨ 海宁市邮政局
⑩ 民宅四合院
■现状分析
建筑评价图
地块分区图
主要交通道
景观示意图
■海宁历史沿革
海宁是良渚文化发源地之一。
三国吴黄武二年改盐官县。
民国元年改州为县，直属浙江省。
2003年11月，全市设8个镇、4个街道。
西周属越，后被划入楚境。
清乾隆三十八年，复升为州。
1986年11月，撤海宁，县，设海宁市，属嘉兴市。
海宁是良渚文化发源地之一。据考古资料证明，距今6000-7000年间，在海宁土地上已有先民生息。唐武德七年（624）并入钱塘县，贞观四年（630）复置盐官县。元贞元年（1295）升盐官州，天历二年（1329）改名海宁州。明洪武二年（1369）降为海宁县，属杭州府。清乾隆三十八年（1773）复升为州。1949年5月解放，建海宁县，属嘉兴专区。1958年10月海盐县并入海宁县。1961年12月海盐县恢复，原海盐的狮岭公社留属海宁。1986年11月，撤海宁县，设海宁市，属嘉兴市。
Tide Hai ning
■硖石文化传承
硖石干河街
面六七米宽，路两边是茂密的法国梧桐，商家不少，大多门面很小，楼房林立，多数低矮陈旧。来往的行人不算多也不算少，车流倒是不小，要不是单行线，堵车是常有的事。这就是干河街，曾经市区主干道、主商业街。
硖石仓基河
仓基河北岸为硖西路，南岸为仓基街，两岸均以石帮岸砌筑，筑有几处石砣，旧时水运通道，岸上人家，江南水乡，一地好风光。
徐志摩故居
于硖石干河街中段菜市弄32号。故居是一座红砖与灰瓦相间，中西结合小洋楼。共两进，称为正楼和副楼。正楼前后两侧各有厢房，正楼与副楼间有天井相隔。故居正楼大门有金庸题写牌匾“诗人徐志摩故居”
徐家老宅
位于硖石沙泗浜内的徐氏老宅系徐志摩出生之老屋。砖木结构，临水，岸上人家。诗人在《沪杭车中》写道：
一道水，一条桥，一枝橹声，一林松，一丛竹，红叶纷纷。
惠力寺
衍芬草堂
西山公园
轮船码头
■现状总结
基地特色整理
地理特色 Zone
区位 Location
地块位于浙江省嘉兴海宁市硖石街道，位于东西山之间，南北湖沿线，风景优美，地理位置优越。
交通 Traffic
干河街地块连接老城主干道工人路，周边路网密集，交通便利。
文化 Culture
名人 Celebrity
地块中有徐志摩故居、许国璋故居、朱昌燕故居等多处名人故居，有丰富的文化资源。
传统 Tradition
海宁城隍庙、钱业公所、国棋馆、硖石茶馆、硖石彩灯制作坊等一系列传统文化在地块中交织。
建筑 Architecture
古建 Ancient
设计区块中是海宁老城仅存的古建老宅，承载着老城旧时的记忆，是独一无二的物质遗产。
巷弄 Lane
曲折的巷弄和大小不一的四合院，作为硖石街道的特色，给地块增添了无数活力。
生活 Life
居民 Resident
海宁老城区最后一批没有改变邻里关系的居民就住在设计地块中，为地块增添了一份厚重。
风俗 Customs
地块中因为老一辈的聚集，传承了很多海宁特色风俗，类似海宁彩灯制作、海宁皮影等。
现存问题
问题一
地块处于工人路和建设路交叉处，属于老城区末端，但是内部通廊连接西部老城和东部沿河带，形成“血栓”不利于老城发展。
问题二
内部存在许多历史建筑，承载了硖石镇的传统文化，但是保留价值不一，需要适当选择保留、改造、拆除。
问题三
周边地块都已经经过城市更新重新定位并进行风貌整治，设计地块中建筑与街巷陈旧，与周边地块景观不协调。
问题四
需要快速更新的老城区与其中安土重迁的居民、落地生根的风俗之间的矛盾。
对策探究
设计地块充分考虑与老城的衔接，建立起老城与沿河景观带的连续性通廊，解决因为“血栓”造成的商业、景观、生活的硬性割裂。
合理定位地块中传统文化的作用，分级保留历史建筑，营造具有历史性质的建筑空间群。
在保留原有海宁硖石建筑风貌特色的情况下，对建筑进行改造，考虑结合设计的公共空间重新规划建筑布局与结构。
通过阶段性建设时序来控制城市更新速度，保证更新既符合经济利益又不影响居民生活和民俗传承
■主题解析
地方营造
建筑营造
通过对本土建筑元素的提炼，在进行建筑设计时充分考虑特色元素。
空间营造
调研出地块中依然富有活力的公共空间，修缮并融入新元素，保证在公共空间在未来的活力。
生活营造
尊重当地传统特色，设计满足风俗习惯的城市空间。
1.剔除糟粕 完善功能
2.改善景观 协调周边
3.植入社区 添加活力
4.融合商业 古今共生
渐进
阶段
有机更新
缓慢
细致
物质空间
生活习惯
社区政策

2

[慢·生城urban design 海宁市干河街有机更新设计]

姓名：施德浩 朱俊诺 指导老师：龚强 赵峰 陈怀宁

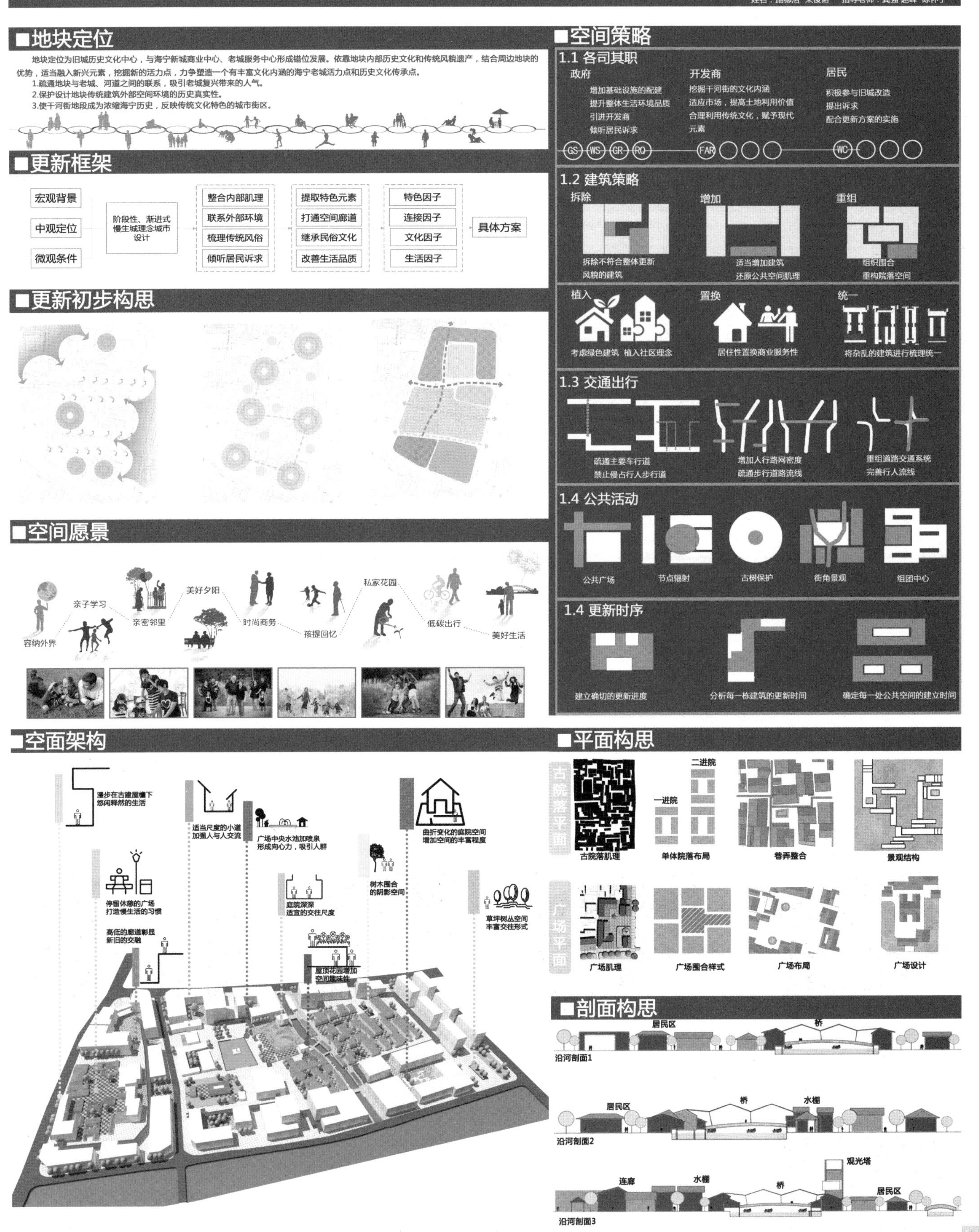

地块定位
地块定位为旧城历史文化中心，与海宁新城商业中心、老城服务中心形成错位发展。依靠地块内部历史文化和传统风貌遗产，结合周边地块的优势，适当融入新兴元素，挖掘新的活力点，力争塑造一个有丰富文化内涵的海宁老城活力点和历史文化传承点。
1.疏通地块与老城、河道之间的联系，吸引老城复兴带来的人气。
2.保护设计地块传统建筑外部空间环境的历史真实性。
3.使干河街地段成为浓缩海宁历史，反映传统文化特色的城市街区。
更新框架
宏观背景
中观定位
微观条件
阶段性、渐进式慢生城理念城市设计
整合内部肌理
联系外部环境
梳理传统风俗
倾听居民诉求
提取特色元素
打通空间廊道
继承民俗文化
改善生活品质
特色因子
连接因子
文化因子
生活因子
具体方案
更新初步构思
空间愿景
亲子学习
容纳外界
亲密邻里
美好夕阳
时尚商务
孩提回忆
私家花园
低碳出行
美好生活
空面架构
漫步在古建屋檐下悠闲释然的生活
适当尺度的小道加强人与人交流
广场中央水池加喷泉形成向心力，吸引人群
曲折变化的庭院空间增加空间的丰富程度
停留休憩的广场打造慢生活的习惯
庭院深深适宜的交往尺度
树木围合的阴影空间
草坪树丛空间丰富交往形式
高低的廊道彰显新旧的交融
屋顶花园增加空间趣味性
空间策略
1.1 各司其职
政府
增加基础设施的配建
提升整体生活环境品质
引进开发商
倾听居民诉求
开发商
挖掘干河街的文化内涵
适应市场，提高土地利用价值
合理利用传统文化，赋予现代元素
居民
积极参与旧城改造
提出诉求
配合更新方案的实施
GS WS GR RQ FAR WC
1.2 建筑策略
拆除
拆除不符合整体更新风貌的建筑
增加
适当增加建筑还原公共空间肌理
重组
组织围合重构院落空间
植入
考虑绿色建筑 植入社区理念
置换
居住性置换商业服务性
统一
将杂乱的建筑进行梳理统一
1.3 交通出行
疏通主要车行道禁止侵占行人步行道
增加人行路网密度疏通步行道路流线
重组道路交通系统完善行人流线
1.4 公共活动
公共广场
节点辐射
古树保护
街角景观
组团中心
1.4 更新时序
建立确切的更新进度
分析每一栋建筑的更新时间
确定每一处公共空间的建立时间
平面构思
古院落平面
古院落肌理
一进院
二进院
单体院落布局
巷弄整合
景观结构
广场平面
广场肌理
广场围合样式
广场布局
广场设计
剖面构思
居民区
桥
沿河剖面1
居民区
桥
水棚
沿河剖面2
观光塔
连廊
水棚
桥
居民区
沿河剖面3

3

[慢·生城 urban design 海宁市干河街有机更新设计]

姓名：施德浩 朱俊诺 指导老师：龚强 赵峰 陈怀宁

■总平图

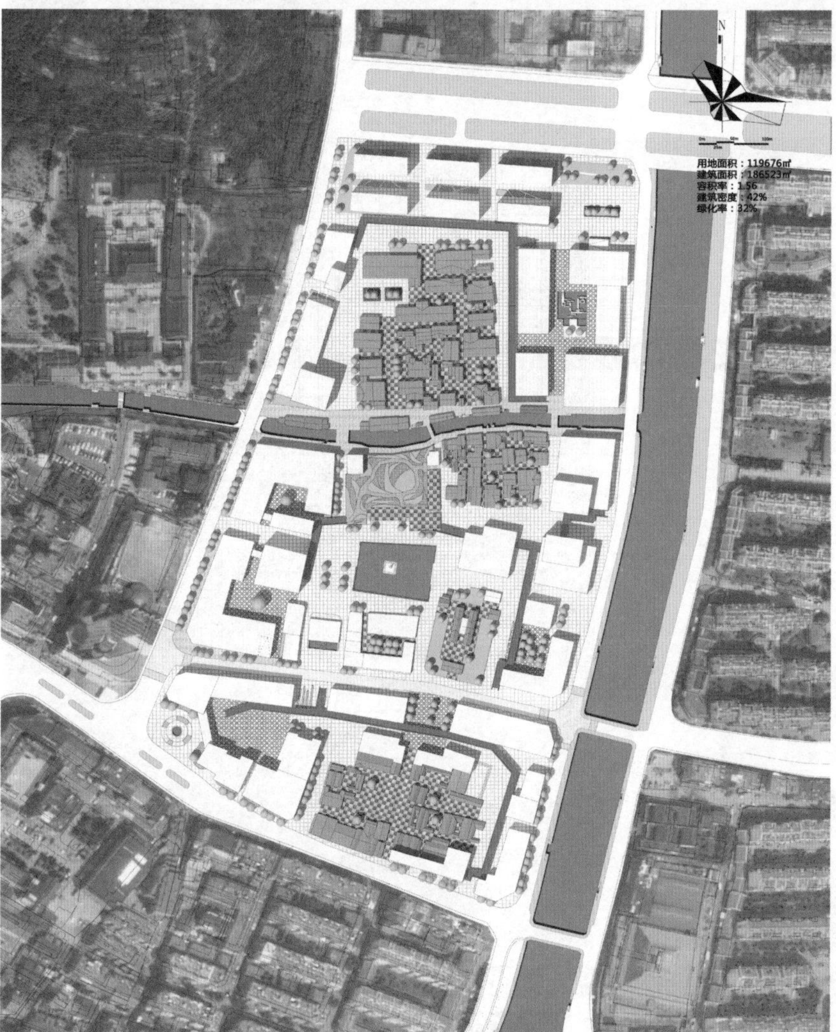
N
用地面积：119676㎡
建筑面积：186523㎡
容积率：1.56
建筑密度：42%
绿化率：32%

■方案分析

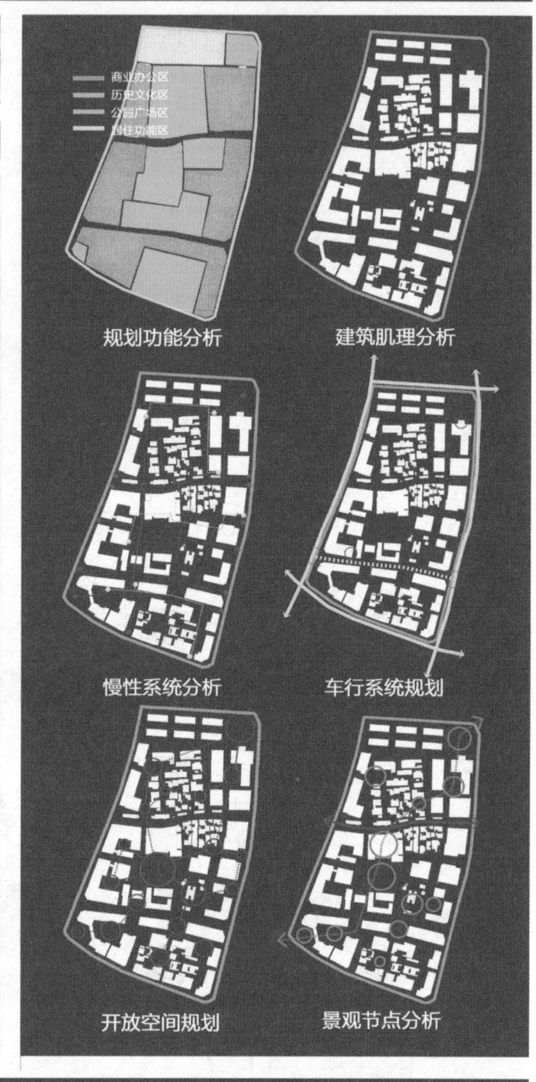
商业办公区
历史文化区
公园广场区
居住功能区
规划功能分析
建筑肌理分析
慢性系统分析
车行系统规划
开放空间规划
景观节点分析

■方案生成

1.1 老城筛选

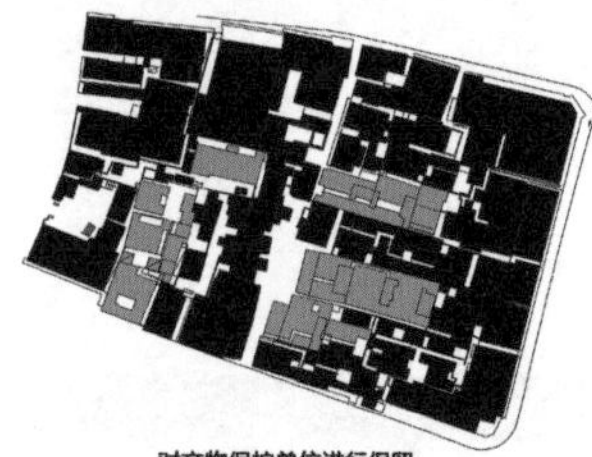
对文物保护单位进行保留

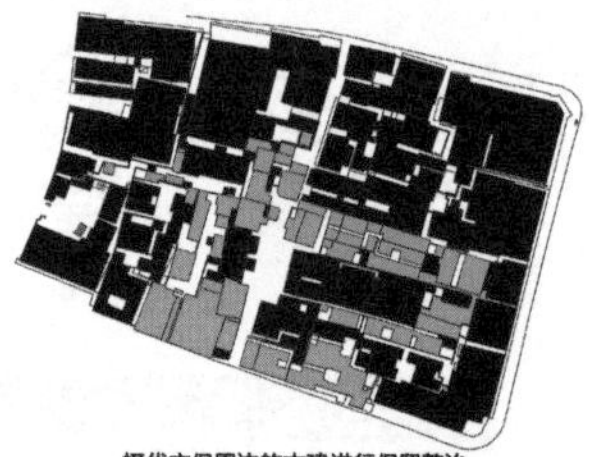
择优文保周边的古建进行保留整治

提取建筑肌理

建立古建群落

1.2 新旧更替

降低老城居住功能需求，提升其作为文化旅游元素载体的功能，把老城区建设成慢生城的庭院。

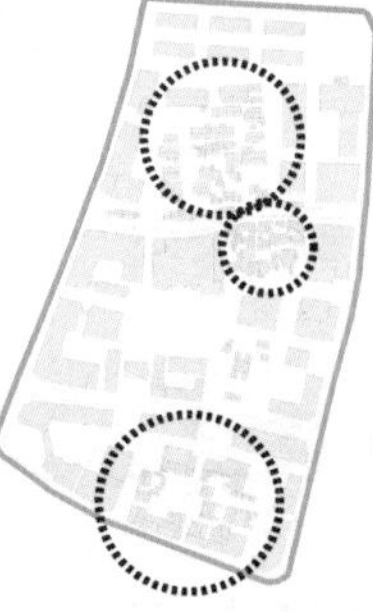

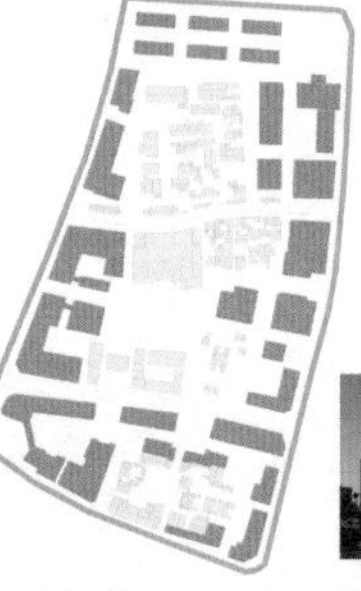

添加活力商业元素，吸引人群，同时提高土地价值作为保留老城的经济补足。

1.3 元素添加

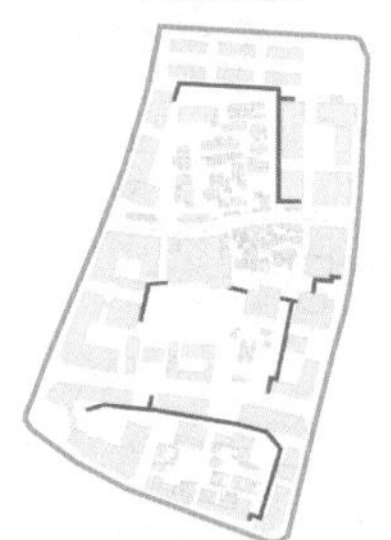

通过空中连廊连接新建建筑，将老城区包围在连廊之内。人们通过在连廊上的视角从高处了解老城的些许肌理与记忆。

在基地通过铺地、标志物、障碍物的设置减少车流对人群的干扰，创建一个慢行系统。

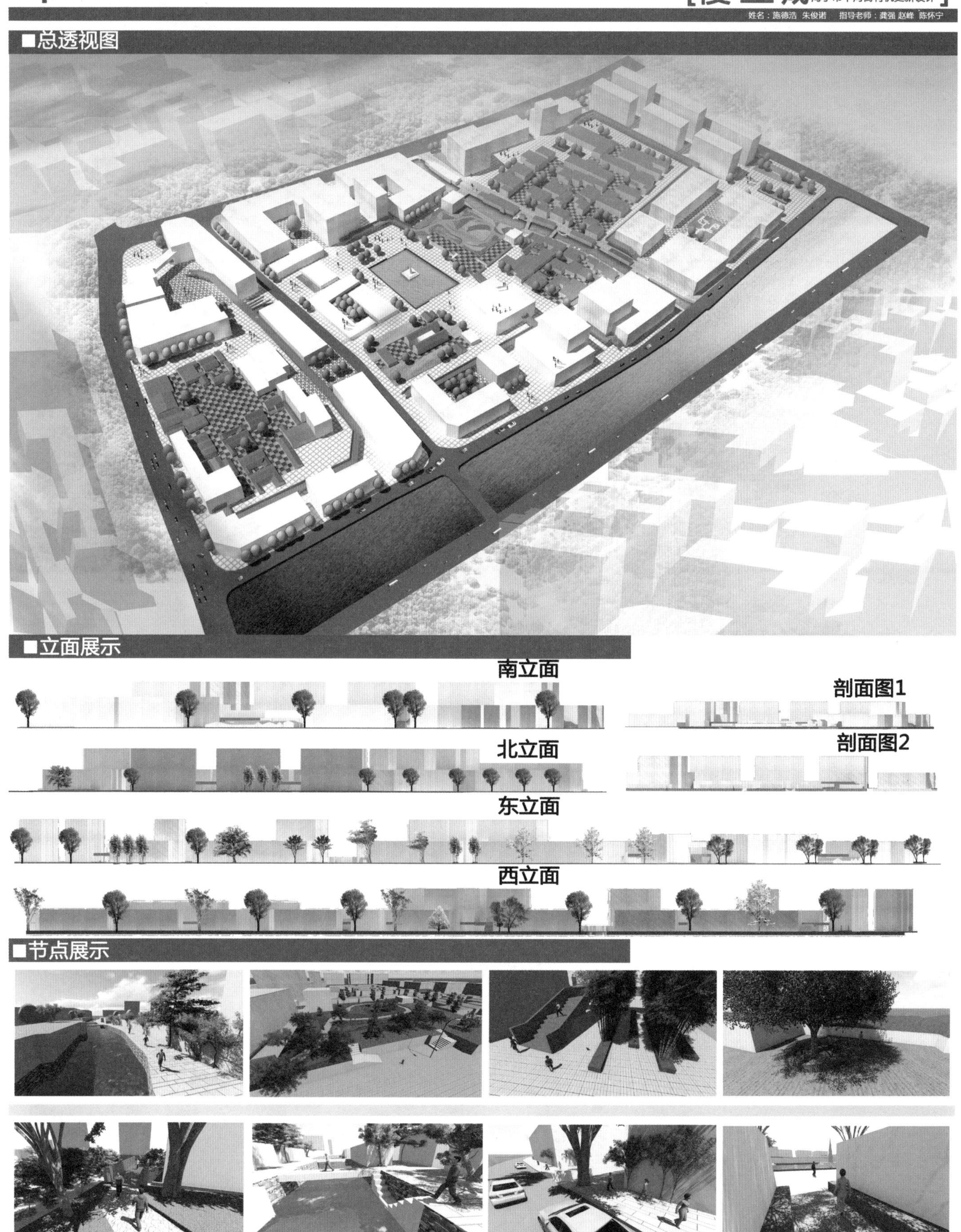
4
[慢·生城 urban design 海宁市干河街有机更新设计]
姓名：施德浩 朱俊诺 指导老师：龚强 赵峰 陈怀宁
■总透视图
■立面展示
南立面
剖面图1
北立面
剖面图2
东立面
西立面
■节点展示

变蓺 1

艺术类院校周边地块季节性变化模式研究

城规1201 苏一楠 徐春霞　　指导老师：龚强、赵锋、陈怀宁

区位背景

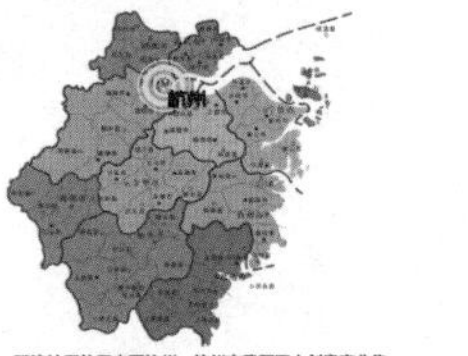

双流社区位于中国杭州，杭州市我国五大创意产业集聚区之一。

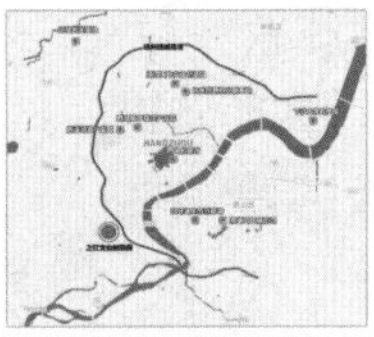

双流社区位于杭州西湖区转塘街道，背靠象山，在之江文化创意园的范围内。

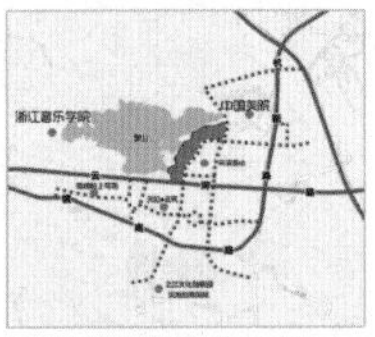

双流社区位于云河路的北侧，紧邻中国美院，与浙江音乐学院隔山而对。

规划理念

八大艺术门类
文学
音乐
舞蹈
雕塑
绘画
建筑
戏剧
电影
知名艺术家，任职于中国美院、中央音乐学院（王澍、张小夫等）
院校毕业生，心怀艺术、创业梦想渴望适宜的创业基地
艺术备考生，为考上梦想院校而努力,缺少人性化的学习场所

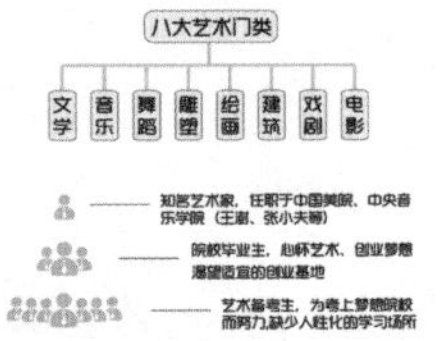

中国美院和浙江音乐学院基本涵盖了八大艺术门类，吸引力各界艺术爱好者。而位于艺术类高校周边的村落在快速的城镇化进程中，如何找准定位，实现蜕变，乃重中之重。

一方面在更新进化的过程中必须立足于本土，充分利用地方优势特色，传承文脉，另一方面必须吸收积极的元素，进行有机更新，赋予村落新的发展活力。

本设计以“变艺”作为总的设计理念，突出了村落发展的意愿，在物质空间上吸收城市元素，在精神理念上通过各色变化达到有机更新目的。

人群分析

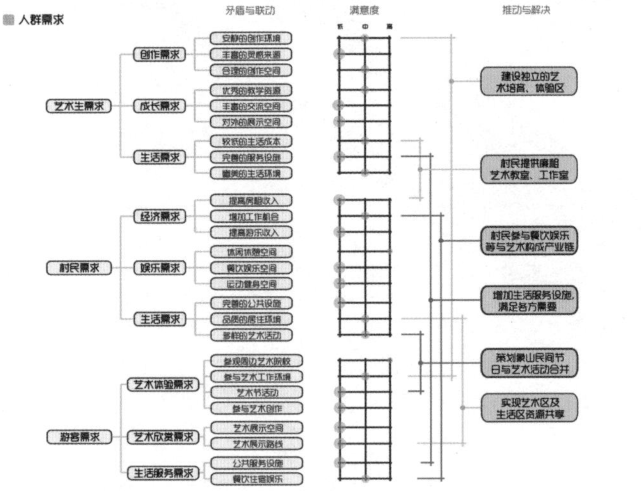

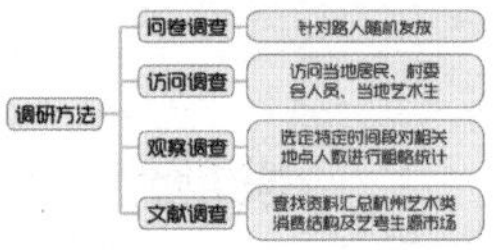

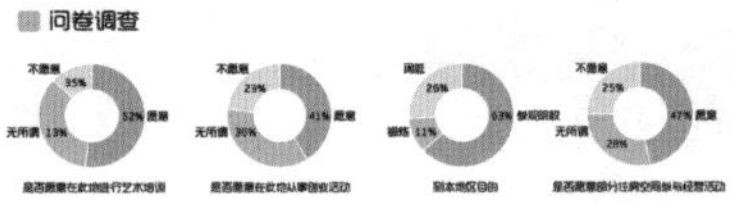

人群需求

矛盾与联动
满意度
低 中 高
推动与解决
艺术生需求
创作需求：安静的创作环境、丰富的灵感来源、合理的创作空间
成长需求：优秀的教学资源、丰富的交流空间、对外的展示空间
生活需求：较低的生活成本、完善的服务设施、优美的生活环境
村民需求
经济需求：提高房租收入、增加工作机会、提高游乐收入
娱乐需求：休闲休憩空间、餐饮娱乐空间、运动健身空间
生活需求：完善的公共设施、品质的居住环境、多样的艺术活动
游客需求
艺术体验需求：参观周边艺术院校、参与艺术工作环境、艺术节活动、参与艺术创作
艺术欣赏需求：艺术展示空间、艺术展示路线
生活服务需求：公共服务设施、餐饮住宿娱乐
建设独立的艺术培育、体验区
村民提供廉租艺术教室、工作室
村民参与餐饮娱乐等与艺术构成产业链
增加生活服务设施，满足各方需要
策划象山民间节日与艺术活动合并
实现艺术区及生活区资源共享

调研方法
问卷调查：针对路人随机发放
访问调查：访问当地居民、村委会人员、当地艺术生
观察调查：选定特定时间段对相关地点人数进行粗略统计
文献调查：查找资料汇总杭州艺术类消费结构及艺考生源市场

问卷调查

不愿意 35%
愿意 52%
无所谓 13%
是否愿意在此地进行艺术培训
不愿意 23%
愿意 41%
无所谓 36%
是否愿意在此地从事创业活动
闲逛 26%
参观院校 63%
锻炼 11%
到本地区目的
不愿意 25%
愿意 47%
无所谓 28%
是否愿意部分住房空间参与经营活动

现状问题与矛盾

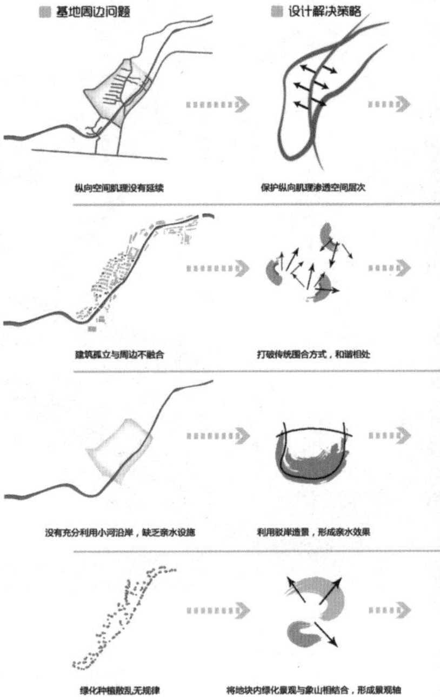

基地周边问题

设计解决策略

基地调研现状

纵向空间肌理没有延续

保护纵向肌理渗透空间层次

建筑孤立与周边不融合

打破传统围合方式，和谐相处

没有充分利用小河沿岸，缺乏亲水设施

利用驳岸造景，形成亲水效果

绿化种植散乱,无规律

将地块内绿化景观与象山相结合，形成景观轴

基地现状分析

建筑层数

一层
二层
三层
四~七层

肌理分析

建筑
主要轴线

建筑质量

好
中
差

道路系统

主干道
次干道
支路
巷弄

教育地块：设有老年大学、艺上画室、大象艺术院，建筑分散，不成系统。

破败改造地块：内有一小型驾校训练场以及被部分拆除的轻工业厂房、简易房。

居住区改造地块：住宅建筑多为独栋，相互之间缺乏联系，建筑风格不统一。

废弃马赛克玻璃厂：作坊功能保留，但建筑已趋于破败，亟待更新。

商业部分：自发组织临时小型果蔬商店、杂货店。摊位杂乱，影响居住环境。

管理地块：社区居委会所在地，整体建筑风格与内部居住建筑不协调。

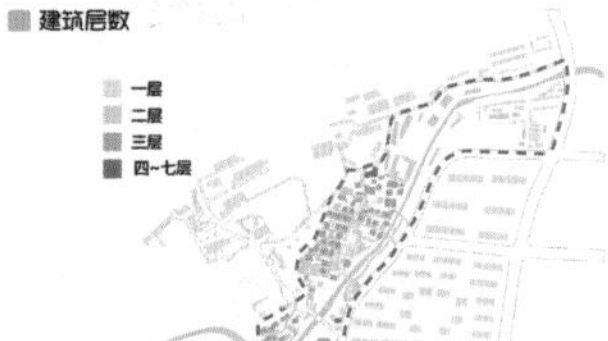

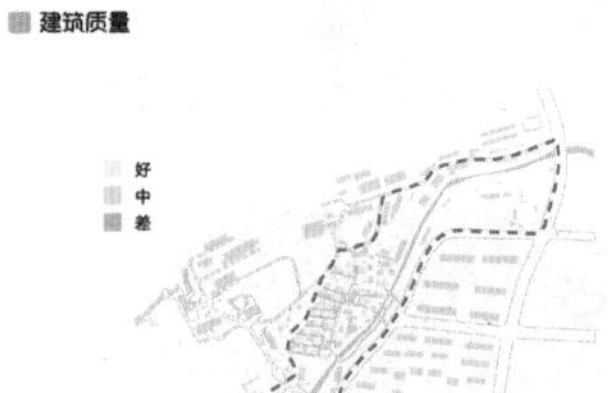

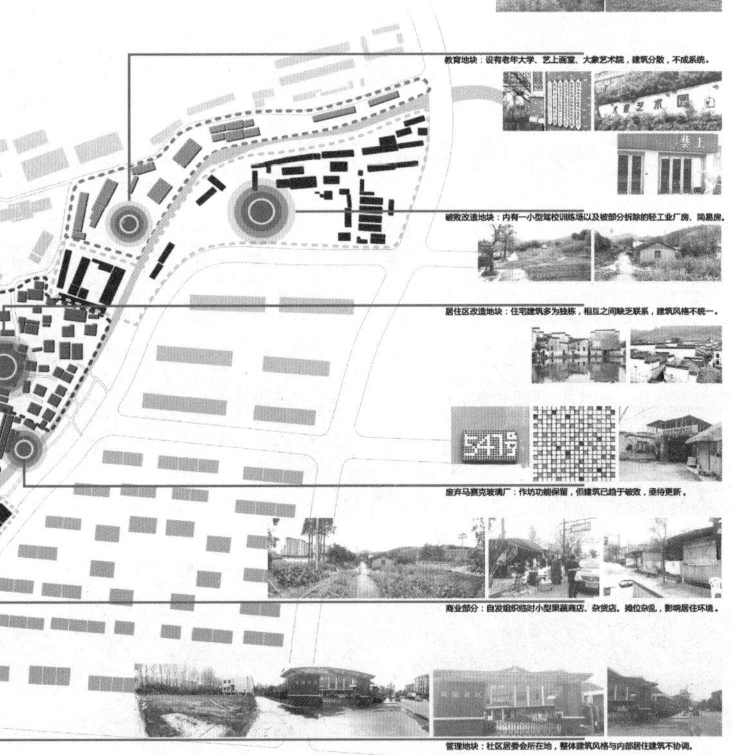

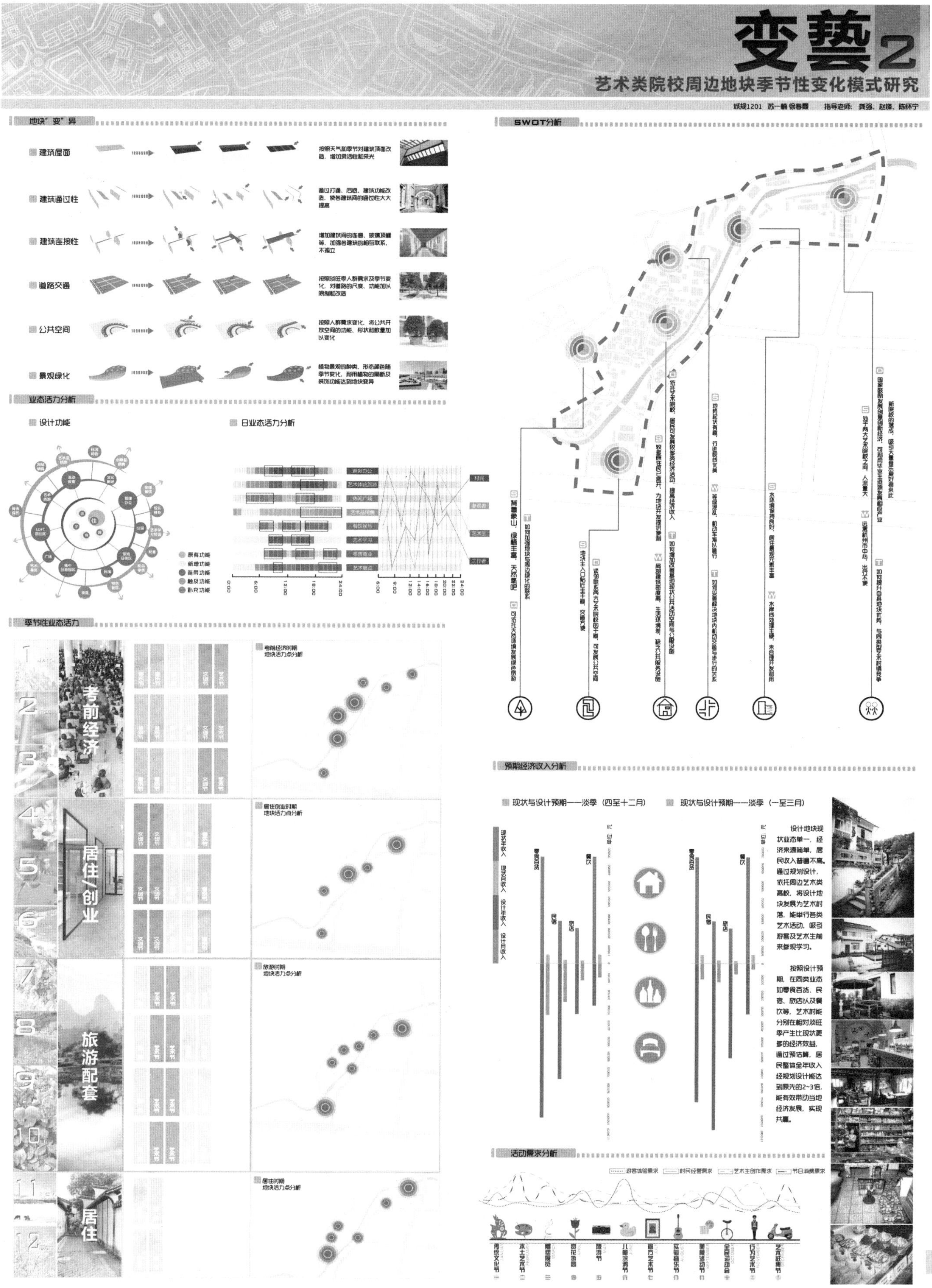
变藝2
艺术类院校周边地块季节性变化模式研究
城规1201 苏一楠 徐春霞 指导老师：龚强、赵锋、陈怀宁
地块"变"异
建筑屋面
按照天气和季节对建筑顶面改造，增加灵活性和采光
建筑通过性
通过打通、后退、建筑功能改造，使各建筑间的通过性大大提高
建筑连接性
增加建筑间的连廊、玻璃顶棚等，加强各建筑的相互联系，不孤立
道路交通
按照淡旺季人群需求及季节变化，对道路的尺度、功能加以限制和改造
公共空间
按照人群需求变化，将公共开放空间的功能、形状和数量加以变化
景观绿化
植物景观的种类、形态颜色随季节变化，利用植物的隔断及装饰功能达到地块变异
业态活力分析
设计功能
日业态活力分析
原有功能
新增功能
连带功能
触及功能
补充功能
季节性业态活力
考前经济
居住/创业
旅游配套
居住
考前经济时期地块活力点分析
居住创业时期地块活力点分析
旅游时期地块活力点分析
居住时期地块活力点分析
SWOT分析
预期经济收入分析
现状与设计预期——淡季（四至十二月）
现状与设计预期——淡季（一至三月）
设计地块现状业态单一，经济来源简单，居民收入普遍不高。通过规划设计，依托周边艺术类高校，将设计地块发展为艺术村落，能举行各类艺术活动，吸引游客及艺术生前来参观学习。
按照设计预期，在同类业态如零食百货、民宿、旅店以及餐饮等，艺术村能分别在相对淡旺季产生比现状更多的经济效益，通过预估算，居民整体全年收入经规划设计能达到原先的2~3倍，能有效带动当地经济发展，实现共赢。
活动需求分析
游客体验需求
村民经营需求
艺术生创作需求
节日消费需求

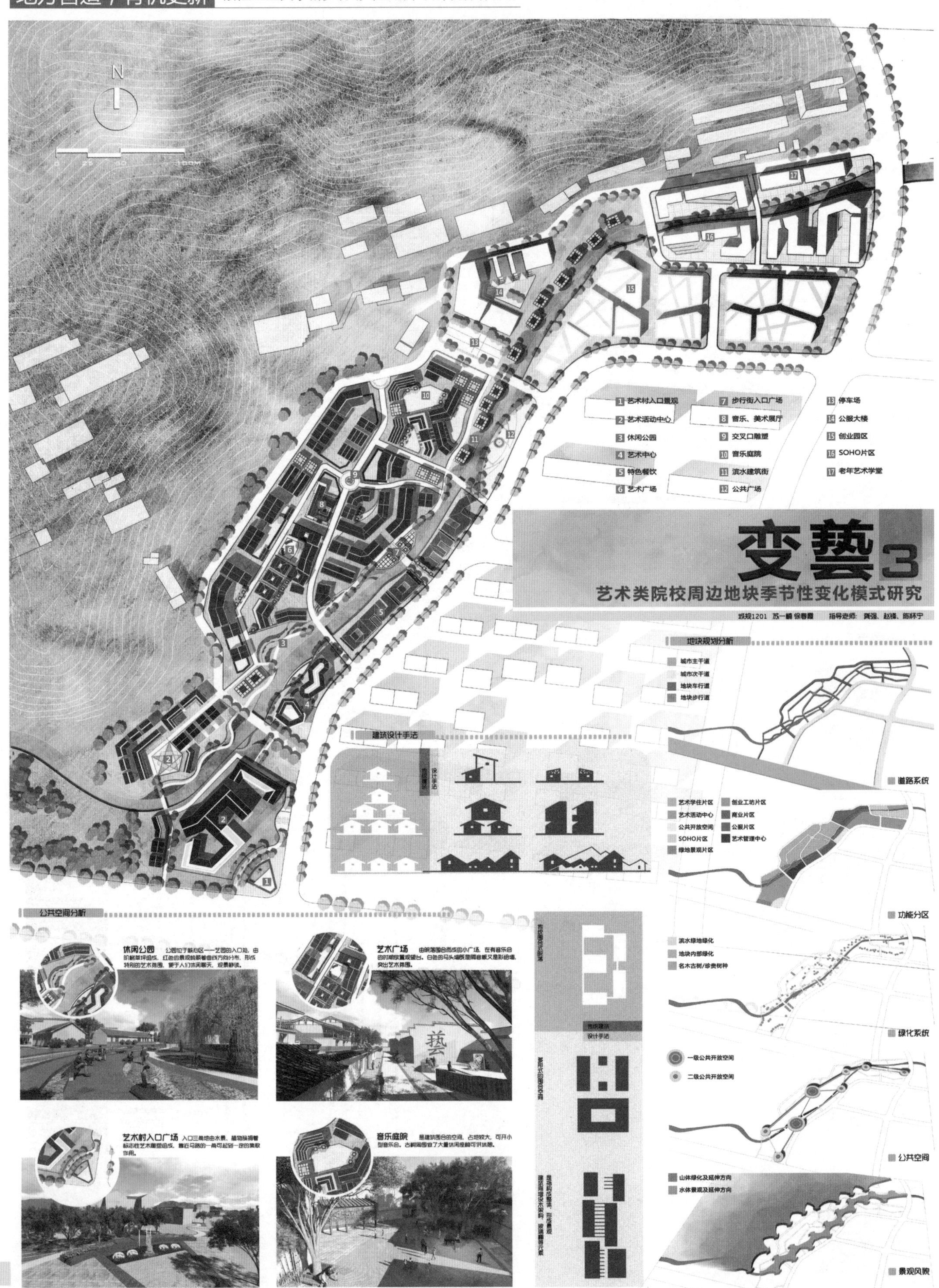
N
1 艺术村入口景观
2 艺术活动中心
3 休闲公园
4 艺术中心
5 特色餐饮
6 艺术广场
7 步行街入口广场
8 音乐、美术展厅
9 交叉口雕塑
10 音乐庭院
11 滨水建筑街
12 公共广场
13 停车场
14 公服大楼
15 创业园区
16 SOHO片区
17 老年艺术学堂
变藝3
艺术类院校周边地块季节性变化模式研究
城规1201 苏一楠 徐春霞 指导老师：龚强、赵锋、陈怀宁
地块规划分析
城市主干道
城市次干道
地块车行道
地块步行道
道路系统
艺术学住片区
艺术活动中心
公共开放空间
SOHO片区
绿地景观片区
创业工坊片区
商业片区
公服片区
艺术管理中心
功能分区
滨水绿地绿化
地块内部绿化
名木古树/珍贵树种
绿化系统
一级公共开放空间
二级公共开放空间
公共空间
山体绿化及延伸方向
水体景观及延伸方向
景观风貌
建筑设计手法
传统建筑
设计手法
传统围合式院落
多形式的围合空间
公共空间分析
休闲公园 公园位于核心区——艺园的入口处，由阶梯草坪组成。红色的景观顺着曲线方向分布，形成特别的艺术氛围，便于人们休闲聊天，观景静读。
艺术广场 由院落围合而成的小广场，在有音乐会的时期放置观望台。白色的马头墙既是隔音板又是彩绘墙，突出艺术氛围。
藝
艺术村入口广场 入口三角地由水景、植物簇拥着标志性艺术雕塑组成，靠近马路的一角可起到一定的集散作用。
音乐庭院 是建筑围合的空间，占地较大，可开小型音乐会。古树周围做了大量休闲座椅可供休憩。

建筑更新模式分析

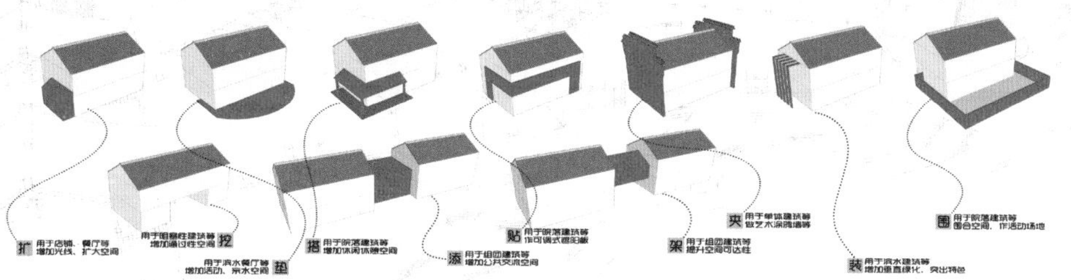

扩 用于店铺、餐厅等 增加光线、扩大空间

用于阻隔性建筑等 增加通过性空间 挖

用于滨水餐厅等 增加活动、亲水空间 垫

搭 用于院落建筑等 增加休闲休憩空间

添 用于组团建筑等 增加公共交流空间

贴 用于院落建筑等 作可调式遮阳板

架 用于组团建筑等 提升空间可达性

夹 用于单体建筑等 做艺术涂鸦墙等

装 用于滨水建筑等 增加垂直绿化、突出特色

围 用于院落建筑等 围合空间、作活动场地

屋顶更新模式分析

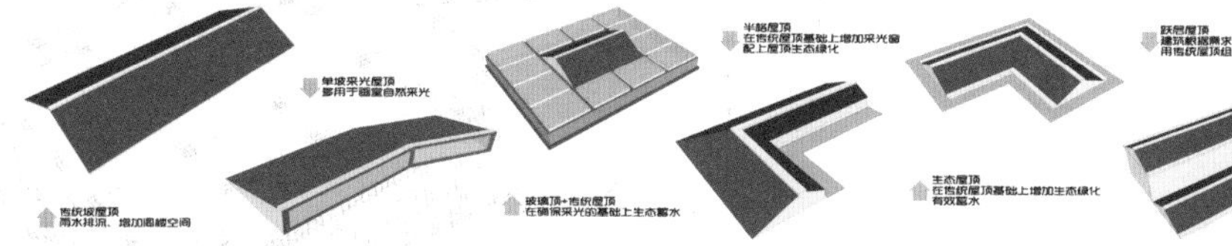

传统坡屋顶 雨水排流、增加阁楼空间

单坡采光屋顶 多用于画室自然采光

玻璃顶+传统屋顶 在确保采光的基础上生态蓄水

半格屋顶 在传统屋顶基础上增加采光窗 配上屋顶生态绿化

生态屋顶 在传统屋顶基础上增加生态绿化 有效蓄水

跃层屋顶 建筑根据需求设两种层数 用传统屋顶组合

典型建筑剖立面分析

公共交流空间/典型居住/典型店铺/典型商住

步行街入口

滨水空间

公服建筑

公共开发广场

变藝4

艺术类院校周边地块季节性变化模式研究

城规1201 苏一楠 徐春霞 指导老师：龚强、赵锋、陈怀宁

立面更新样式分析

艺术厅/办公室

深色玻璃窗

画展厅/交流空间

木隔板“百叶帘”

餐厅/茶室/舞蹈房

线性光立面

音乐厅/影院/展厅

增加间歇性木隔板

办公室/餐厅/茶室

增加屋顶绿化，丰富垂直绿化

老有所安——杭州半山杭钢北苑社区城市设计

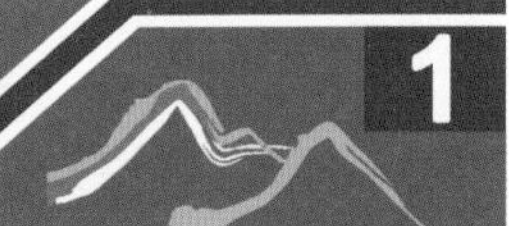

1

地理区位

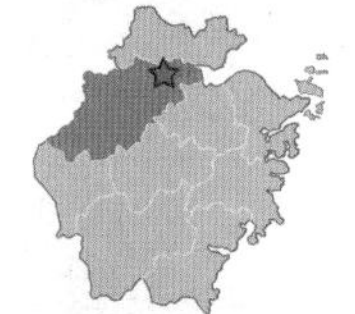
浙江省北部，杭州市境内

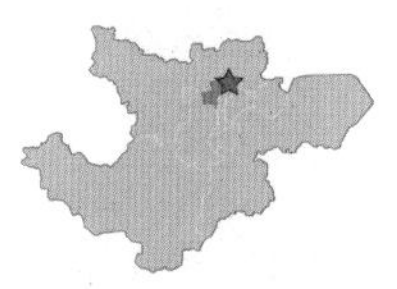
杭州市北部，拱墅区内

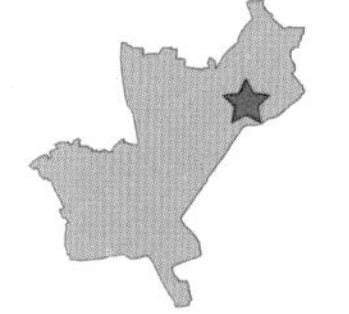
拱墅区北部，半山镇内

历史沿革

新中国成立后，尤其是在第一个五年计划的后几年，浙江由于没有自己的钢铁厂，缺钢少铁矛盾十分突出。为了解决这一矛盾，中共浙江省委决定筹建浙江钢铁厂，并选中了杭州东北郊的半山作为建厂地址，即杭州钢铁厂，历经改名、更名后，现名为杭州钢铁集团公司。同时，为了解决厂内职工的住宿问题，相关单位在厂址周边，建造了几个以厂内职工为主要人群的居住小区，杭钢北苑社区（1989）就是其中之一。然而由于保护环境和城市进一步发展的需要，至2015年底，杭钢已基本搬迁，但周边的居住社区仍保留了下来，多数原厂内的老职工仍居住于此。

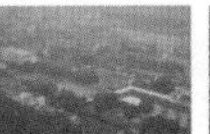

上位规划

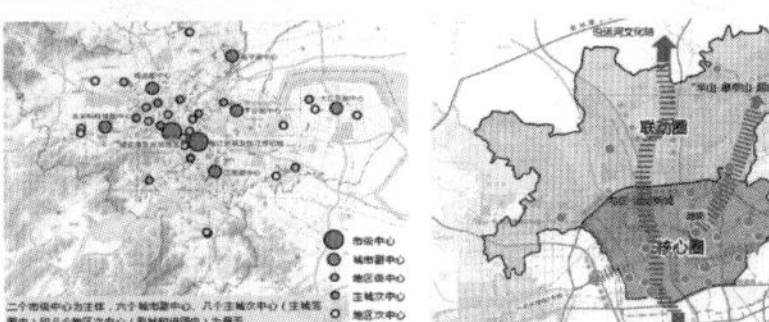

2014年杭州总规修订明确提出：结合北部地区转型提升，新增城北城市副中心，通过着力强化金融、商务、总部经济等现代服务功能以及居住、教育、医疗、文化等社会服务功能，积极建设城北地区。而地块位于城北副中心核心圈内，背靠半山国家森林公园，邻近各条城北副中心发展轴及相应培育区块，具备发展潜力。

宏观条件

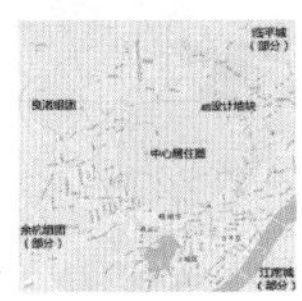

位于市区中心居住圈内，居住用建筑较多。

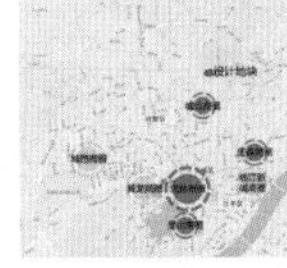
远离市区主要商圈，商业发展较弱。

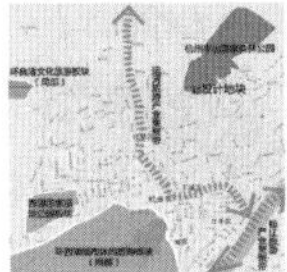
背靠半山国家森林公园，具备发展旅游条件。

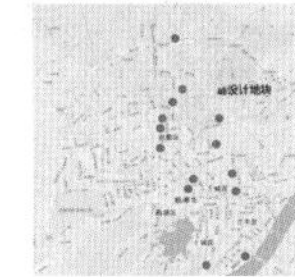
远离市内主要养老设施及机构。

地块现状

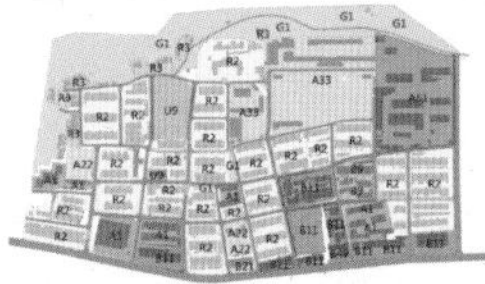
用地分类图

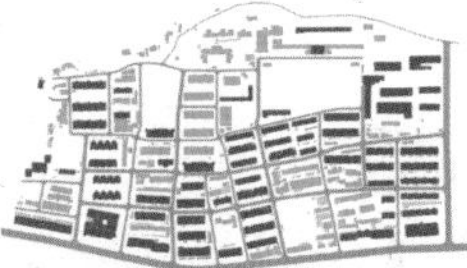
一类建筑
二类建筑
三类建筑
建筑质量分析图

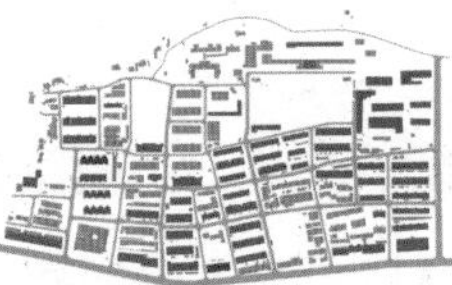
7层及以上
4-6层
1-3层
建筑高度分析图

城市道路
人车混行
人行路
道路交通分析图

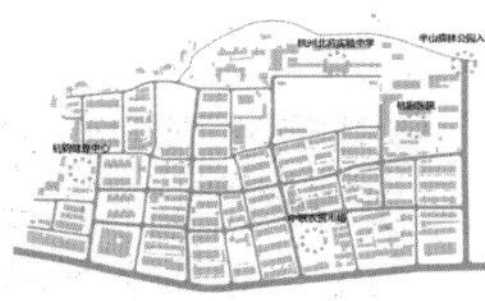
节点分析图

用地情况分析

R2类用地

地块内部道路排列略混乱，建筑质量、高度层次不齐，局部建筑布局较乱，并且建筑较为密集，缺乏邻里交往空间。

R3类用地

地块北部棚户区建筑质量较低，建筑风貌较差，分布凌乱，环境较差，地形坡度较大，类似乡村地区。

B类用地

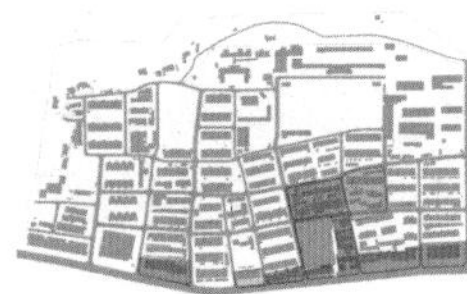

地块商业种类较为齐全，但质量普遍较低，以底商为主，缺乏中大型商业设施，购物环境、氛围较差。

A类用地

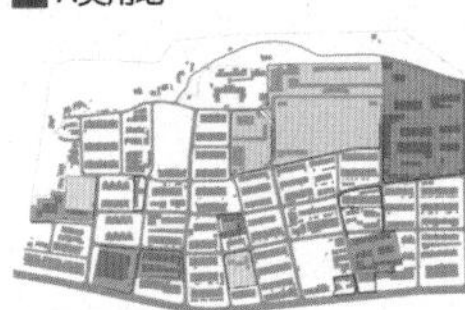

教育、医疗等较大型的公共服务设施质量较高，风貌较好，但缺乏文化、体育设施，无法满足居民相应需求。

地块图示

规划范围：背靠半山国家森林公园，南至半山路，东至明园路。

占地面积：23.9公顷。

主要社区：杭钢北苑小区。

主要公共服务设施：杭钢医院、杭州天禄堂中医康复医院、浙江省教科院附属小学（刚苑校区）、杭州北苑实验中学、中联农贸市场

半山国家森林公园
半山游步道
山坡台阶
杭钢健身中心
典型居住建筑
杭州北苑实验中学
半山森林公园入口
杭钢医院
中联农贸市场

人口结构

60岁及以上
45-59岁
18-44岁
18岁以下
0
60%
地块人口年龄结构图

地块中居民以老年人为主，多为原杭钢的退休职工及其家属。青年人则多为外来务工人员。

老年型老年人
中年型老年人
青年型老年人
0
40%
地块老年人口年龄结构图

地块中老年居民以青年型老年人（60-65岁）及中年型老年人为主（66-74岁），老年型老年人（75岁及以上）相对较少。

问题总结

肌理问题
- 建筑机理混杂，局部遭破坏
- 空间机理散乱，缺乏系统性

道路交通问题
- 布局较为混乱，通达性较差
- 存在尽端路，影响出行

建筑问题
- 质量参差不齐，风貌较差
- 形式杂乱，缺乏系统性

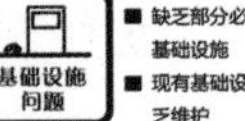
基础设施问题
- 缺乏部分必要的基础设施
- 现有基础设施缺乏维护

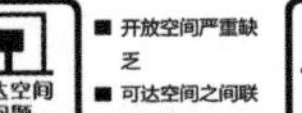
可达空间问题
- 开放空间严重缺乏
- 可达空间之间联系较弱

空间行为问题
- 连通性差，交流不足
- 吸引力缺乏，渗透困难

城市规划1201 杨绎 黄慧婷 指导老师：陈怀宁 龚强 赵峰 老有所安

老有所安——杭州半山杭钢北苑社区城市设计

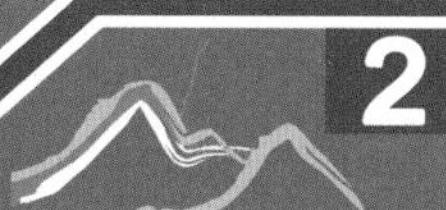

主题解析

地方营造

对特定社会时空组织形态及其承载的情感意识的塑造，将人们的身份归属意识、社会集体记忆、精神价值投射再现于特定的空间场所与行动实践。其动力源于社会，物质形式与文化意义的结合则是其具体表现，着重体现地域性。

有机更新

城市有机更新，是对城市中已不适应一体化城市社会生活的地区作必要的改建，使之重新发展和繁荣。主要包括对建筑物等客观存在实体的改造，以及对各种生态环境、空间环境、文化环境、视觉环境、游憩环境等的改造与延续。

设计框架

- 延续地块的肌理、脉络、生活 → 发展更新形式
- 契合地块自身的发展更新动力及内外诱因 → 发展更新动力
- 结合地块实际发展的可行性，满足新的生活需求，创造新的开放空间，同时保持地块整体的职能、形象的延续 → 发展更新目标

以现状评估的结论制定发展更新策略：
- 植入新功能，刺激地块发展更新
- 整合梳理空间，消除消极空间
- 充分利用原有建筑价值，使其充分发挥效用
- 大量设置积极公共开放空间，人性化设计

设计定位

社区居家养老

社区居家养老是目前较适合中国的养老模式。它以社区为平台，整合社区内各种服务资源，为老人提供助餐、助洁、助浴、助医等服务，使老年人老有所养、老有所依、老有所学、老有所教、老有所为、老有所乐。

地块特征

- 老年人口居多，尤以青年型和中年型老年人为主
- 建筑多以居住功能为主，但质量和风貌层次不齐
- 公共开放空间缺乏，连通性差，居民活力较低
- 道路主干脉络清晰，但局部布局混乱，有尽端路
- 具有部分公共服务设施，但种类、数量、质量仍不足
- 背靠半山国家森林公园，具有发展绿色生态的基础

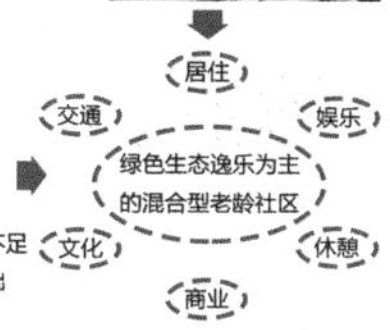

绿色生态逸乐为主的混合型老龄社区：居住、娱乐、休憩、商业、文化、交通

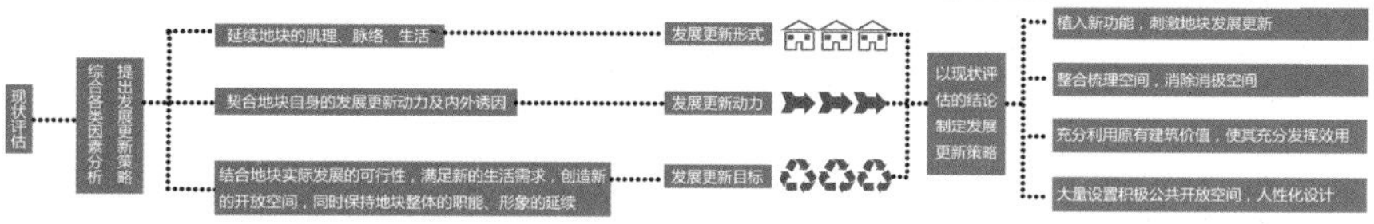

设计理念

地块人口以老年人为主，因而在设计中以多关注老年人群生活，满足老年人群需求为理念。

不同年龄阶段老年人的活动分析

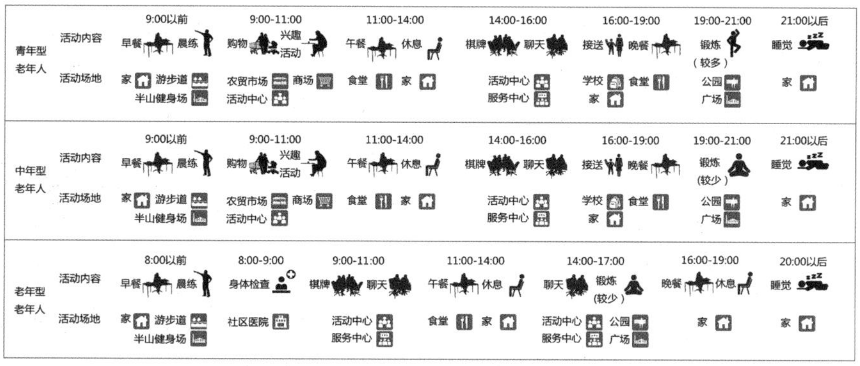

类型		时段1	时段2	时段3	时段4	时段5	时段6	时段7
青年型老年人	时间	9:00以前	9:00-11:00	11:00-14:00	14:00-16:00	16:00-19:00	19:00-21:00	21:00以后
	活动内容	早餐 晨练	购物 兴趣活动	午餐 休息	棋牌 聊天	接送 晚餐	锻炼（较多）	睡觉
	活动场地	家 游步道 半山健身场	农贸市场 商场 活动中心	食堂 家	活动中心 服务中心	学校 食堂 家	公园 广场	家
中年型老年人	时间	9:00以前	9:00-11:00	11:00-14:00	14:00-16:00	16:00-19:00	19:00-21:00	21:00以后
	活动内容	早餐 晨练	购物 兴趣活动	午餐 休息	棋牌 聊天	接送 晚餐	锻炼（较少）	睡觉
	活动场地	家 游步道 半山健身场	农贸市场 商场 活动中心	食堂 家	活动中心 服务中心	学校 食堂 家	公园 广场	家
老年型老年人	时间	8:00以前	8:00-9:00	9:00-11:00	11:00-14:00	14:00-17:00	16:00-19:00	20:00以后
	活动内容	早餐 晨练	身体检查	棋牌 聊天	午餐 休息	聊天 锻炼（较少）	晚餐 休息	睡觉
	活动场地	家 游步道 半山健身场	社区医院	活动中心 服务中心	食堂 家	活动中心 服务中心 公园 广场	家	家

功能植入

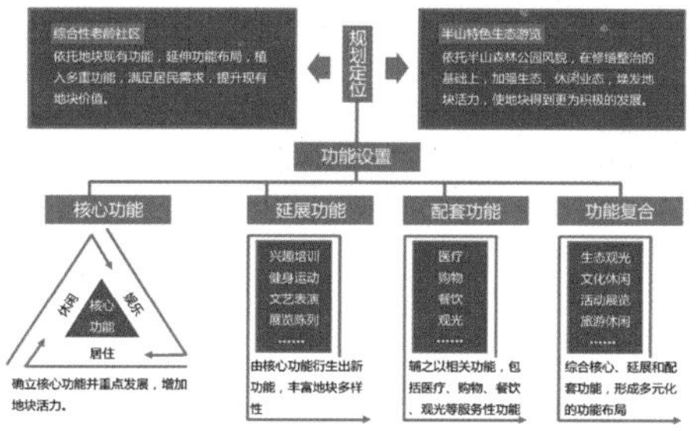

综合性老龄社区：依托地块现有功能，延伸功能布局，植入多重功能，满足居民需求，提升现有地块价值。

规划定位

半山特色生态游憩：依托半山森林公园风貌，在修缮整治的基础上，加强生态、休闲业态，使地块活力，使地块得到更为积极的发展。

功能设置

- 核心功能：居住、休闲、娱乐。确立核心功能并重点发展，增加地块活力。
- 延展功能：兴趣培训、健身活动、文艺表演、展览陈列……由核心功能衍生出新功能，丰富地块多样性
- 配套功能：医疗、购物、餐饮、观光……辅之以相关功能，包括医疗、购物、餐饮、观光等服务性功能
- 功能复合：生态观光、文化休闲、活动展览、旅游休闲……综合核心、延展和配套功能，形成多元化的功能布局

功能植入示意

单一功能 → 功能分解、植入 → 功能的融合

设计构思

初步结构图

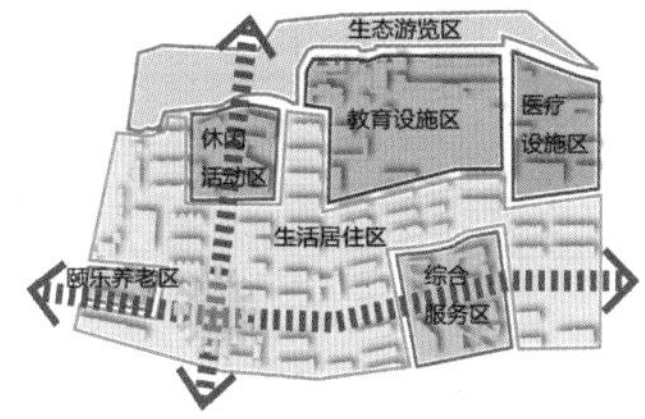

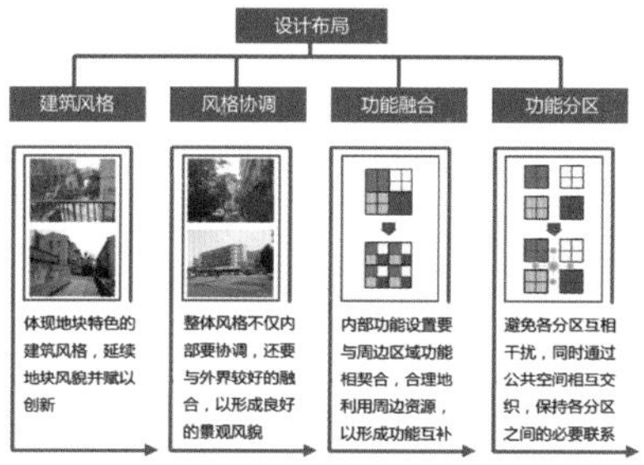

设计布局

- 建筑风格：体现地块特色的建筑风格，延续地块风貌并赋以创新
- 风格协调：整体风格不仅内部要协调，还要与外界较好的融合，以形成良好的景观风貌
- 功能融合：内部功能设置要与周边区域功能相契合，合理地利用周边资源，以形成功能互补
- 功能分区：避免各分区互相干扰，同时通过公共空间相互交织，保持各分区之间的必要联系

设计策略

实施策略

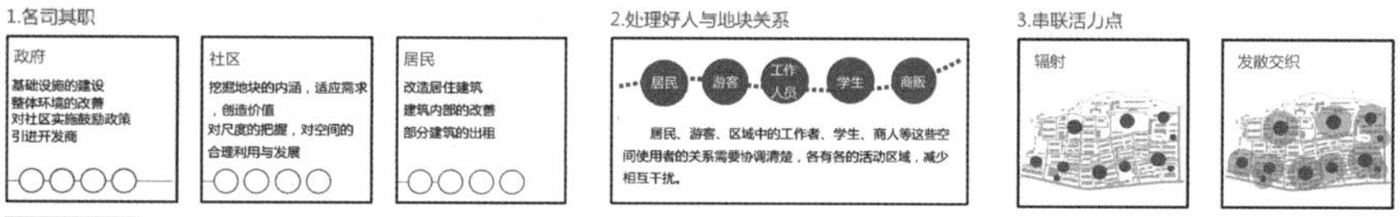

1.各司其职
- 政府：基础设施的建设、整体环境的改善、对社区实施鼓励政策、引进开发商
- 社区：挖掘地块的内涵，适应需求，创造价值，对尺度的把握，对空间的合理利用与发展
- 居民：改造居住建筑、建筑内部的改善、部分建筑的出租

2.处理好人与地块关系

居民、游客、区域中的工作者、学生、商人等这些空间使用者的关系需要协调好，各有各的活动区域，减少相互干扰。

3.串联活力点：辐射、发散交织

建筑策略

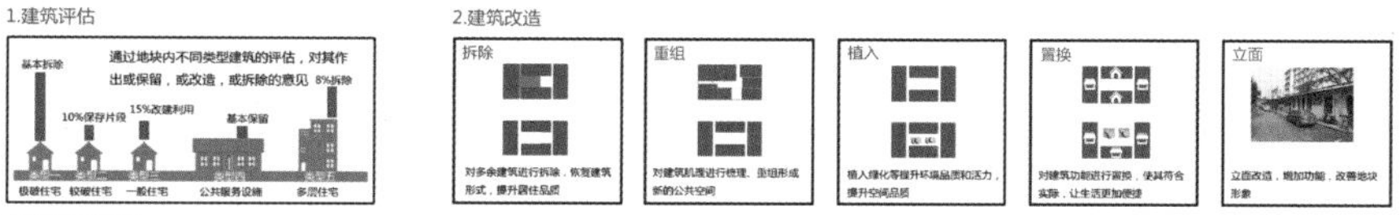

1.建筑评估

通过地块内不同类型建筑的评估，对其作出或保留，或改造，或拆除的意见

2.建筑改造：拆除、重组、植入、置换、立面

交通策略

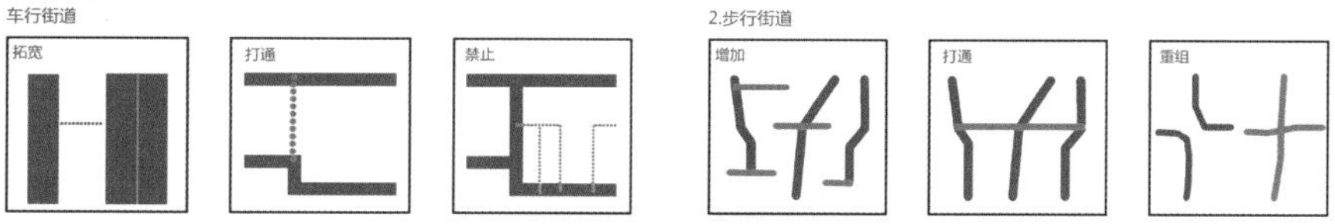

车行街道：拓宽、打通、禁止

2.步行街道：增加、打通、重组

景观策略

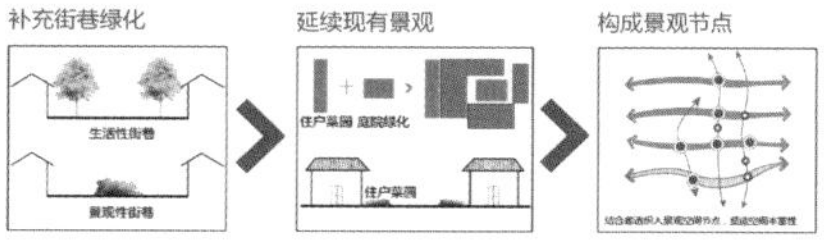

补充街巷绿化 > 延续现有景观 > 构成景观节点

空间策略

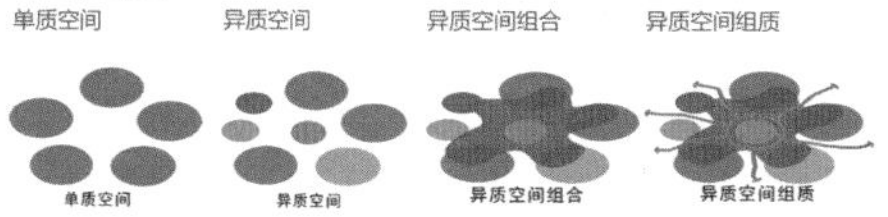

单质空间、异质空间、异质空间组合、异质空间组质

创意发展策略

- 住宅 →文艺表演室：通过文艺表演的方式展示老年人的精神风貌
- 住宅 →兴趣活动培训：培养老年人的兴趣爱好，丰富其精神生活
- 住宅 →民宿：为游客提供栖息之所，增加地块价值
- 住宅 →养老中心：为失去自理能力的老年人提供看护场所
- 空地→公园、广场：提供公园、广场，为居民提供休闲娱乐空间
- 农贸市场→综合性商场：满足居民的购物需求，为居民生活提供最大的便利

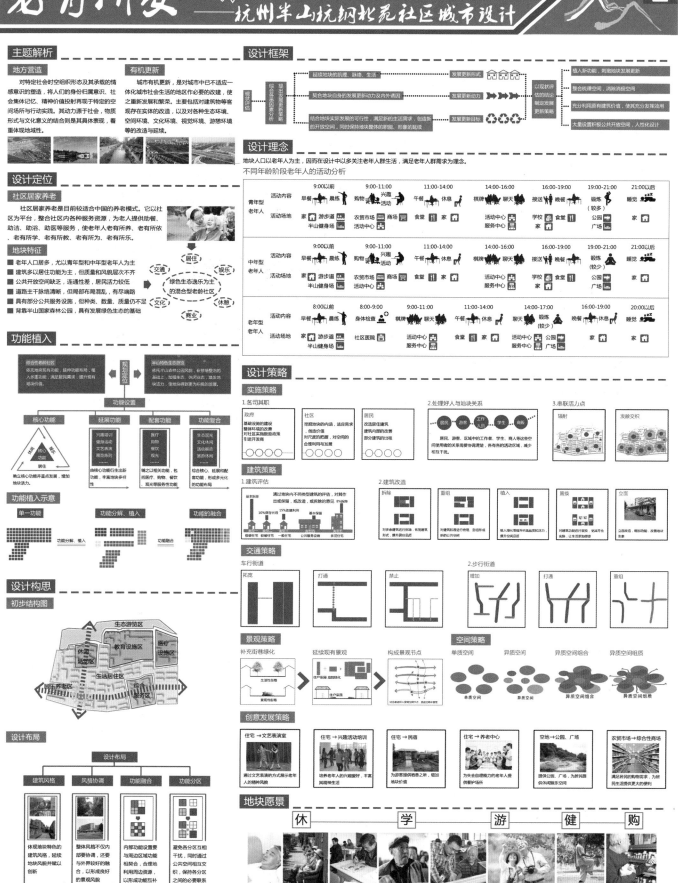

地块愿景

休 — 学 — 游 — 健 — 购

老有所安——杭州半山杭钢北苑社区城市设计

3

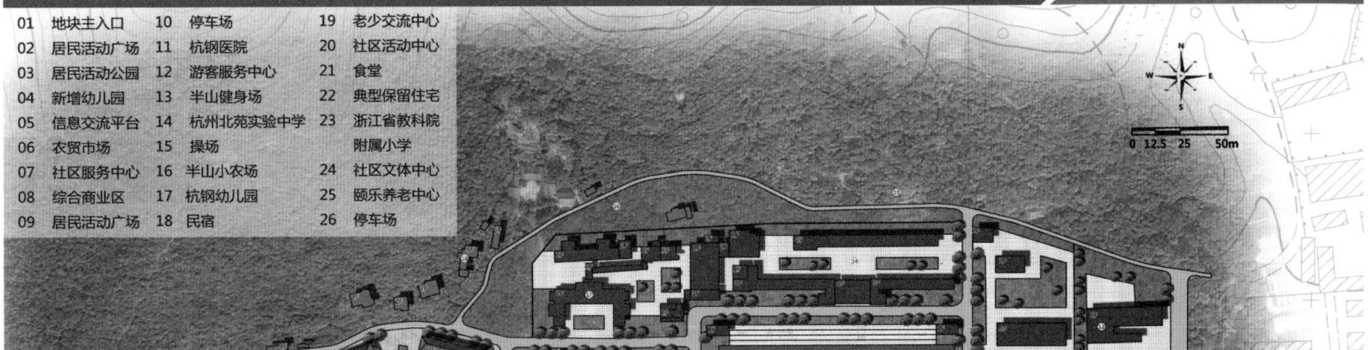

01	地块主入口	10	停车场	19	老少交流中心
02	居民活动广场	11	杭钢医院	20	社区活动中心
03	居民活动公园	12	游客服务中心	21	食堂
04	新增幼儿园	13	半山健身场	22	典型保留住宅
05	信息交流平台	14	杭州北苑实验中学	23	浙江省教科院附属小学
06	农贸市场	15	操场	24	社区文体中心
07	社区服务中心	16	半山小农场	25	颐乐养老中心
08	综合商业区	17	杭钢幼儿园	26	停车场
09	居民活动广场	18	民宿		

0 12.5 25 50m

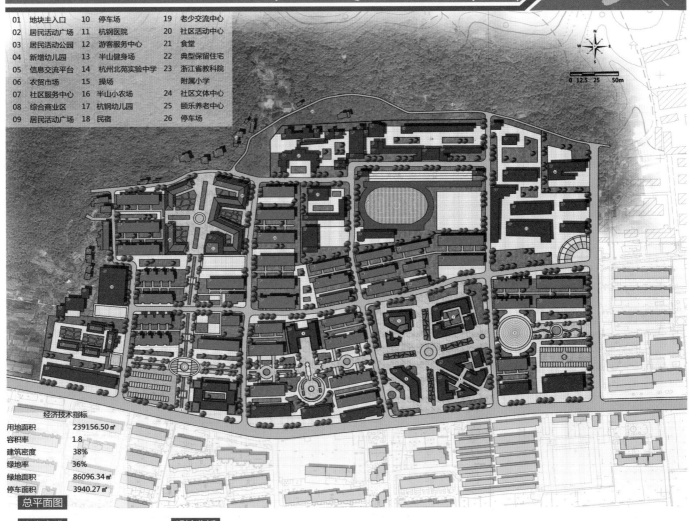

经济技术指标

用地面积	239156.50㎡
容积率	1.8
建筑密度	38%
绿地率	36%
绿地面积	86096.34㎡
停车面积	3940.27㎡

总平面图

方案生成

设计分析

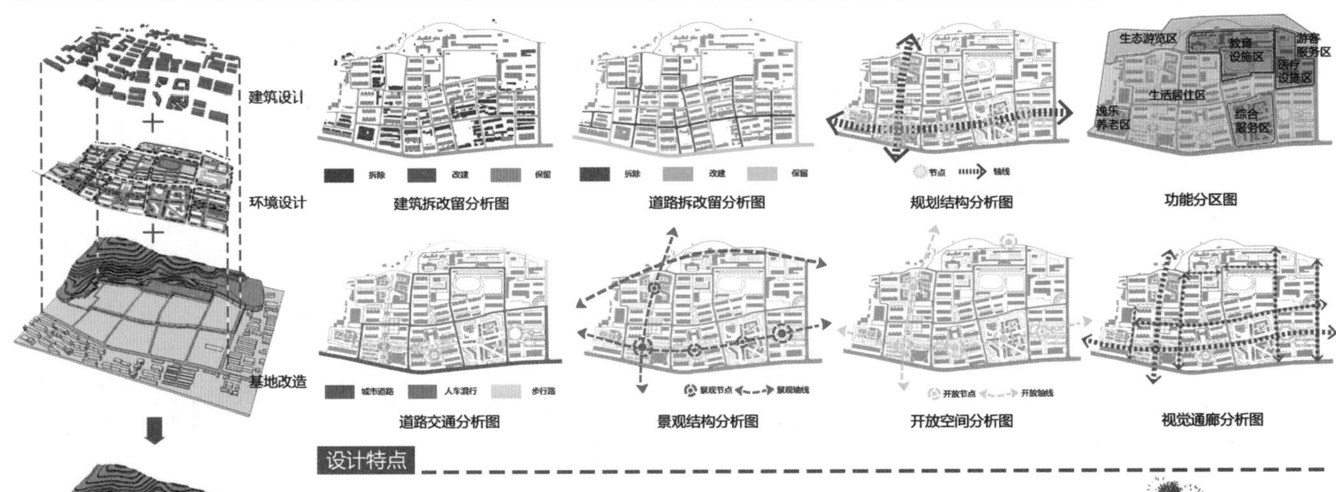
建筑设计
环境设计
基地改造
拆除 改造 保留
建筑拆改留分析图
拆除 改建 保留
道路拆改留分析图
节点 轴线
规划结构分析图
生态游览区
教育设施区
游客服务区
医疗设施区
生活居住区
逸乐养老区
综合服务区
功能分区图
城市道路 人车混行 步行路
道路交通分析图
景观节点 景观轴线
景观结构分析图
开放节点 开放轴线
开放空间分析图
视觉通廊分析图

设计特点

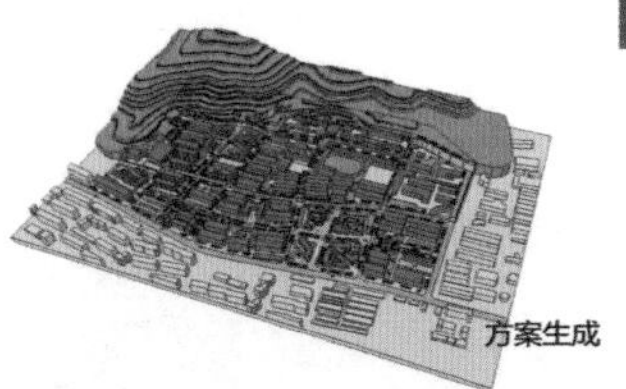
方案生成

容纳外界
亲子学习

亲密邻里
悠闲休憩

人际往来

孩提回忆
私家田地

家庭出游
美好生活

城市规划1201　杨绎　黄慧婷　指导老师：陈怀宁 龚强 赵峰　老有所安

老有所安

——杭州半山杭钢北苑社区城市设计

4

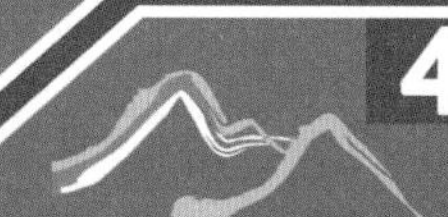

鸟瞰图

节点设计

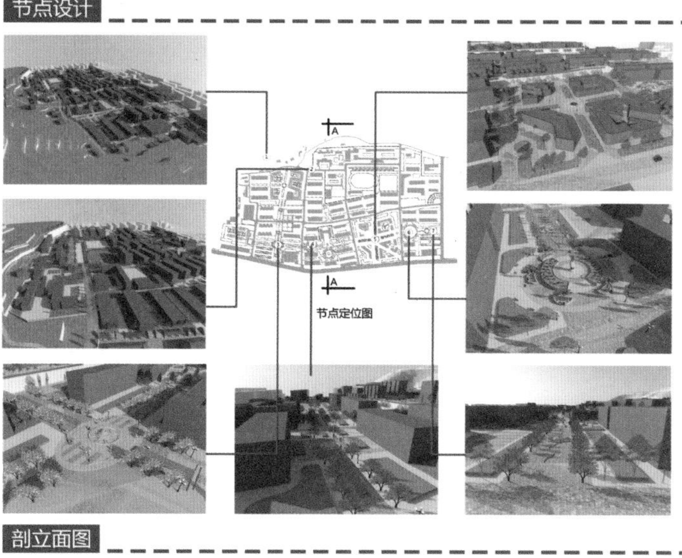

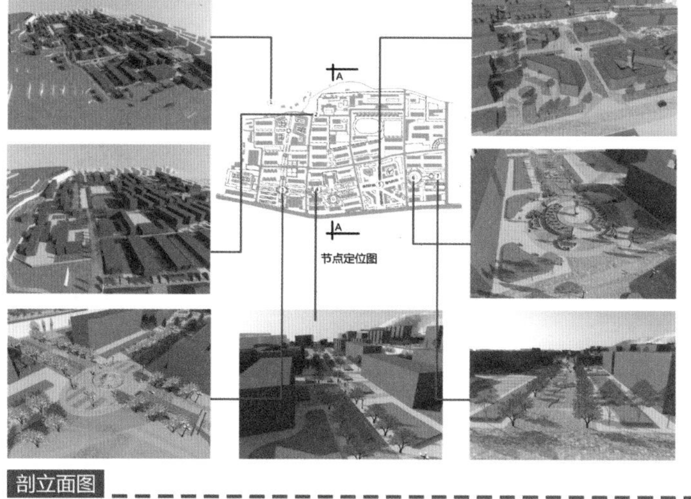
A
A

节点定位图

剖立面图

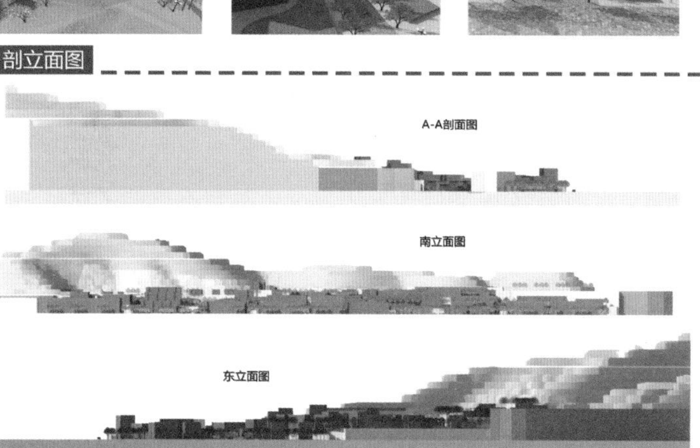

A-A剖面图

南立面图

东立面图

专项设计

小品设计

地块内布置休息用的亭子，供居民和游客休憩，与地块环境相呼应。

在主要景观节点附近设置座椅，供人群休息，并起到点缀景观的作用。

道路周边设置有带花卉的路灯，在照明的同时，又增加美观程度；居民活动区域设置有健身设施，方便居民锻炼。

铺地设置

植物布置

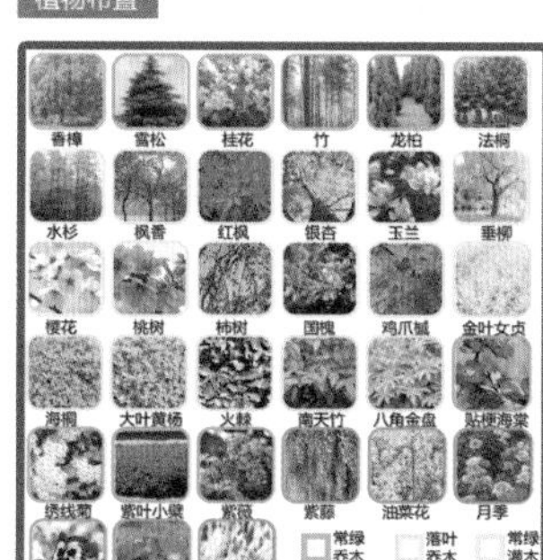
香樟
雪松
桂花
竹
龙柏
法桐
水杉
枫香
红枫
银杏
玉兰
垂柳
樱花
桃树
柿树
国槐
鸡爪槭
金叶女贞
海桐
大叶黄杨
火棘
南天竹
八角金盘
贴梗海棠
绣线菊
紫叶小檗
紫薇
紫藤
油菜花
月季
三色堇
荷花
芦苇
常绿乔木
落叶乔木
常绿灌木
落叶灌木
藤本及草本花卉

植物设计表现

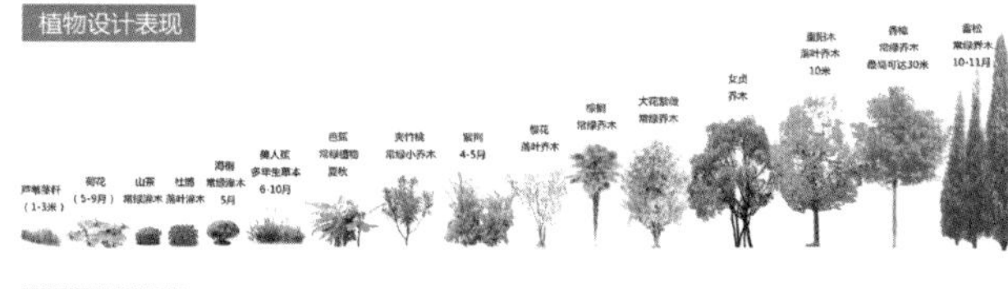

意象表现

■ 2015 年城市设计课程任务书

1. 设计主题

近年来，随着我国城市化的进程，城市社会在方方面面出现多元化的倾向，如城市人口地域组成的多元化等。在经济全球化的大背景下，不管是发达国家和地区，还是发展中国家和地区，新的社会问题不断出现，都面临着构建和维护可持续发展社会的挑战。如何规划、设计、建设好城市，成为社会高度关注的热点，也是城市建设领域新的探索对象。

本课程设计围绕 2015 全国高等学校城乡规划教育年会的城市设计课程作业提出的“社会融合、多元共生”的主题，制定教学任务书和《教学大纲》，学生规划基地及设计主题，构建有一定地域特色的城市空间。要求学生运用城市设计的基本原理和技术方法，学会从现场踏勘调查中发现问题；研究分析城市空间结构和组织特点，并从中提出自己的构想，提高空间形体和环境设计能力。

2. 解读主题

(1) 社会融合的提出与演变

18 世纪到 19 世纪中期，西方世界工业化和诚市化进程加快，社会矛盾日益凸显，自杀率一直居高不下。在西方社会面临转型的大背景下，法国社会学家 Durkhdm 在《自杀论：社会现象的研究》中首次提出了社会融合概念。他认为，社会排斥是导致自杀的重要原因，良好的社会融合水平，可以有效地控制自杀率，但他并没有给社会融合下一个清晰的定义。

此后，学者们沿着实证研究路线对其持续关注并不断发展：有研究对不同群体的社会融合状况及社会融合的影响因素进行了探讨；也有研究发现社会融合对人类的身心健康、组织绩效甚至社会经济的健康发展具有重要的积极作用。20 世纪 90 年代以来，在经济全球化的大背景下，不管是发达国家和地区，还是发展中国家和地区，新的社会问题不断出现，都面临着构建和维护可持续发展社会的挑战。当那些仅仅针对贫困、失业和发展失衡等单个社会问题制定的政策并未能如预期一样发挥作用的时候，政策制定者和分析家们强烈地感觉到有必要整合一个概念来应对更大范围的挑战。社会融合这一概念便逐渐受到他们的青睐，开始成为应对上述社会问题的政策诉求，成为社会健康发展的手段或目标，使得基于社会融合的公共政策研究和应用成为当代西方社会政策研究的关注焦点之一。

(2) 社会融合的定义

关于社会融合并没有一个统一的定义，但大致有这些机构或者学者对社会融合做了定义：① 2003 年欧盟在关于社会融合的联合报告中对社会融合做出如下定义：社会融合是这样的一个过程，它确保具有风险和社会排斥的群体能够获得必要的机会和资源，通过这些资源和机会，他们能够全面参与经济、社会和文化生活以及享受正常的生活和在他们居住的社会，认为应该享受的正常社会福利。社会融合要确保他们有更大的参与关于他们生活和基本权利的获得方面的决策。②加拿大莱德劳基金认为社会融合不单纯是对社会排斥的反应，社会融合内含过程和目标两方面，它旨在确保所有孩子和成人能够参与一个值得重视、尊敬和奉献的社会。因此，社会融合是一个合符社会规范的概念或者说具有价值取向的概念，是取消限制和理解我们想在哪里以及怎样到达那里的一种方式，而且社会融合反映了一个积极的人类社会福利发展的方式，它需要不仅仅消除壁垒或风险，还需要对产生融合的环境的投资和行动。他的社会融合具有五个维度：受到重视的认同、人类发展、参与和介入、亲近和物质丰足。③诺贝尔经济学奖得主阿玛蒂亚·森认为共融社会或融合社会是指这样一个社会，在那里成员积极而充满意义地参与，享受平等，共享社会经历并获得基本的社会福利。因此，融合是一个积极的过程，它已经超出了缺点的补正和风险的减少，它推动了人类发展并确保机会不会对每一个人错失。森还认为一个融合社会的基本特征是，广泛共享社会经验和积极参与，人人享有广泛的机会平等和生活机会，全部公民都有基本社会福利。认为社会融合概念强调需要社会政策来改善能力，保护合法人权，确保所有人有机会和能力被融合，而且避免了将焦点放在如生活在贫困中或需要社会救助的个人。因此避免了对受难者的谴责。

3. 重点解决问题

（1）紧扣主题进行现状问题分析。

（2）目标定位：从基地整体发展的视角，明确规划区的发展目标、定位与方向。

（3）多元融合：根据现状问题，紧扣主题，提出相应的解决措施。

（4）功能与空间布局：合理布局规划区内的各类功能、用地与设施，实现地区更新。

（5）业态提升：结合目标定位，对经营业态提出改造提升的建议，重点考虑休闲文化产业、商务商贸产业发展策略。

（6）文化保护：保护有价值的历史建筑，探索历史文化保护与弘扬发展相结合的路径。

（7）交通梳理：梳理规划区对内、对外两个层面的交通组织方式，区分人行与车行交通，合理布局交通设施，兼顾消防需求。

（8）空间景观环境：利用有限的空间营造适宜的空间景观环境。

——空间设计（点、线、面空间体系，空间的形状、尺度、组合）；

——实体设计（各类建筑形体、体量、高度；设施、小品、绿地、水体、山体设计；界面设计）；

——场景设计（场景构图的艺术性、视觉的秩序性和丰富性、活动的介入及人文性）。

4. 设计成果要求

学生2人一组，自定规划基地及设计主题，以独特、新颖的视角解析主题的内涵，以全面、系统的专业素质进行城市设计，构建有一定地域特色的城市空间。用地规模：10~30公顷。设计要求紧扣主题、立意巧妙、表达规范，鼓励具有创造性思维与方法。设计成果要求如下：

（1）区位分析图（比例自定）；

（2）现状分析图（比例自定）（包括用地现状、建筑质量现状、建筑高度现状）；

（3）总平面图（1:2000）；

（4）布局结构分析图（比例自定）、公共空间及绿地景观体系分析图（比例自定）、空间形态分析图（比例自定）、道路交通组织分析图（比例自定）、界面分析图；

（5）总体形体模型照片或SketchUp总体模型图；

（6）1~2 个节点图；

（7）自己认为有必要添加的图；

（8）简要说明。

5. 设计地块概况

（1）杭州市城北副中心地块

本次所选地块位于杭州市城北拱墅区，京杭大运河西侧，属于杭州边缘发展地区，但是由于 2014 年杭州市总体规划做出“增加城北副中心”的调整，整个城北地区的地位都有了显著性的提升。作为今后的副中心辐射区之内，具有良好的地理区位条件。① 规划范围：基地位于杭州城区的外围，用地范围西至通益路，南至石祥路，东至京杭大运河，规划面积约为 25 公顷。② 用地性质：虽然地块发展潜力较大，但是其自身配套设施较为稀缺。随着杭州经济发展与旧城改造速度的加快，该地块自身用地单一、基础设施缺乏以及内部道路断头的现状与周边发展产生的矛盾愈加尖锐。③ 周边人群构成：基地内部现状用地性质主要为居住、商业、办公、工业用地等。该地块周边人口构成较为复杂，主要包括高档住宅人群、中档住宅人群以及部分外来务工人群，不同人群的生活习惯以及生活方式也存在差异。

（2）杭州市城站火车站周边地块

地块位于杭州市主城上城区城站火车站周边地区，西接湖滨商圈，南达钱江新城市民中心，属于杭州的老城区，也是最为中心、现状城市品质最佳的区域，新旧肌理在此并存。城站所在位置是古清泰门周边区域，关于古城墙和火车站毁建的历史给基地带上一种厚重感；依托城站火车站发展，周边地区汇集了城市快速公交系统、轨道交通和各类车辆等多种交通方式，对外联系便捷，但是基地内部由于铁路线和贴沙河的存在，基地被割裂为明显的东西两个部分，由此带来两侧日益严重的分化；同时城站东西两侧各自内部也存在用地、交通、配套设施等方面的矛盾；此外火车站作为交通枢纽，其本身的建筑设计、功能布局、交通流线也对地块产生不同程度的影响。①规划范围：基地位于上城区东北，靠近江干区，用地范围北至秋涛路一弄，南至东宝路，西至福源巷，东至海潮路。规划面积约为 28.9 公顷。②用地性质：基地内部现状用地性质主要为交通设施、商业、居住、工业用地等，作为曾经依靠火车站发展起来的商圈，现代服务业发展已经比较成熟，但活力不足，有日渐衰弱之势。③周边人群构成：基地人群构成复杂，且东西人员社会层次差异较大，东部除差旅流动人群以外，主要是中高层的商务人士，西侧则聚集了大量外来务工人员，不同人群塑造了不同的空间环境特征。

（3）杭州八丈井地块

杭州八丈井地块位于杭州市主城区的拱墅区，距离杭州市商业中心武林商圈仅 3 公里之远。地块周边各类资源丰富，有武林商圈、西湖文化广场、水晶城商业综合体、浙江省人民医院、大兜路历史文化街区、小何直街历史文化街区、拱宸桥等。杭州城市快速扩张背景下，城市中心区的更新相对缓慢，造成城市中心区建筑陈旧、物质环境衰退的现象，八丈井地块是杭州中心区典型的城中村之一，不仅有普遍的融合共生矛盾问题存在，更因地块内存在的美食街、小商品市场、变电站和大量农居房、劳动人口要素，使地块的复杂性、矛盾性更加突出。①规划范围：地块位于上塘高架路西南侧，南至胜利河美食街，西至红建河，地块呈三角形状，规划设计面积约为 29 公顷。②用地性质：地块内功能复杂，主要以居住用地为主，沿河为胜利河美食街，美食街旁为废弃 A8 艺术公社，沿高架路以商业为主，钱江车站坐落在前江市场旁，地块内还有较大面积的霞湾变电站。③周边人群构成：因地块内部功能要素众多，人口构成相对复杂，主要由六个部分构成，内部居住人群组成地块内人口，其次南侧胜利河美食街的工作服务人群和到此消费的人群也占有较大比例，还有就是地块内部和东侧形成的钱江小商品市场的工作和消费人群又成为地块的主要人群，最后是在此换乘交通的客流人群以及内部变电站的工作人群。

（4）杭州市滨湖区块

基地位于杭州西子湖畔，拥有良好的区位条件以及文化旅游资源。基地内著名石库门建筑思鑫坊清为旗营镶黄旗坊福昌巷，民国初陈鑫公在此建房，称思鑫坊。地块选择沿学士路两侧地带，是杭州主城区重要的旅游地段，以江学士桥得名，民国时建路。基地在南宋时代主要为居民居住区，发展到清朝时驻扎了旗营。至民国时逐渐发展起来，思鑫坊等基地内历史建筑主要在清末民初时建造。同时基地内还保留韩国临时政府旧址。

基地内以商业功能为主，并混合以居住、公共设施、绿化等使用功能，整体上具备多样性的优势，但缺乏系统联系。同时由于居住质量较差，绿地系统分布不均匀，使基地出现明显的“动静之分”，部分区域丧失应有的活力。

（5）杭州凤凰山南宋皇城遗址南地块

基地位于杭州市中心区范围，毗邻西湖，与杭州火车站等城市交通枢纽均有较便捷联系。基地内部及周边均有大量山体与水系，自然景观资源丰富。交通方面，基地周边城市主次干道较多，交通较便利。但地块内部与城市主要交通干道联系不够紧密。在文化方面，地块属于历史文化遗留区域，周边历史遗留文化景观众多，文化底蕴深厚。

（6）滨江高教园区商业街地块

基地位于江南城西部，坐落于钱江大桥南岸，占地 23.2 公顷，是滨江高教园区商业中心。基地位于杭州滨江高教园区内部南侧，地块北侧为浙江警察学院，学院北侧为滨江路，西侧为浦沿路，及在建的地铁四号线。地块中部被许家河贯穿南北。地块功能主要为商业和居住功能，主要服务周边居民及附近大学生群体，功能类型以商业和服装业态为主。基地内以低层居民底层沿街商铺建筑为主，道路混杂、无规则，内部建筑老旧，环境卫生状况不太理想。尤其是东部商业街，因其口口相传的名气，商业十分繁荣，也因此商业内部拥挤不堪，卫生状况不佳，配套的基础设施严重滞后，内部矛盾突出，内部结构与空间环境优化提升势在必行。

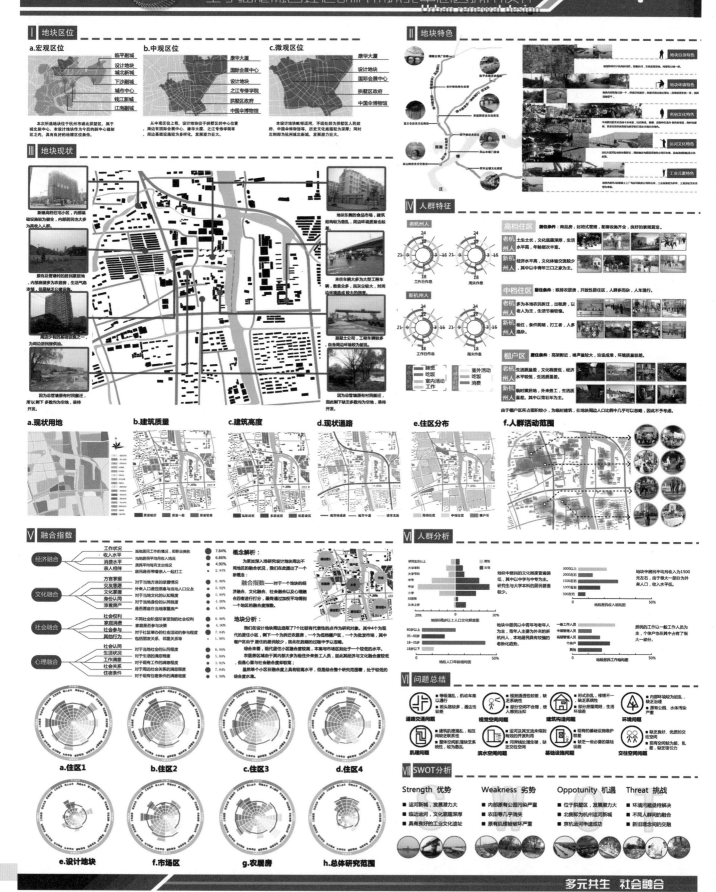

新新向融

——基于细胞融合理论的杭州城北中心区城市设计

Urban renewal design

1

Ⅰ 地块区位

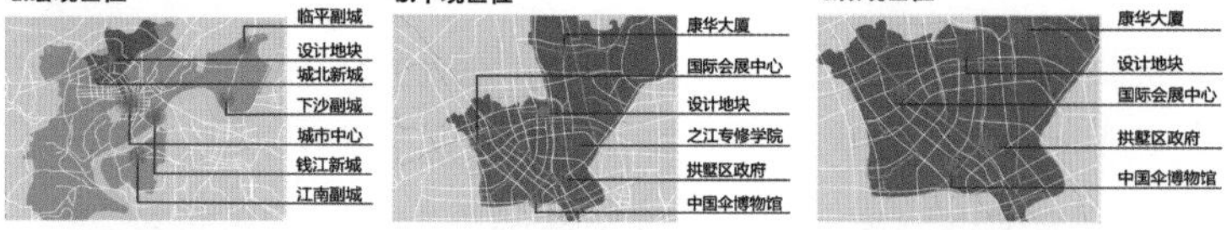

本次所选地块位于杭州市城北拱墅区，属于城北副中心。本设计地块作为今后的副中心辐射区之内，具有良好的地理区位条件。

从中观区位上看，设计地块位于拱墅区的中心位置，周边有国际会展中心、康华大厦、之江专修学院等，周边基础设施较为多样化，发展潜力巨大。

本设计地块毗邻运河，不远处即为拱墅区人民政府、中国伞博物馆等，历史文化底蕴较为深厚；同时北侧即为杭州城北新城，发展潜力巨大。

Ⅱ 地块特色

Ⅲ 地块现状

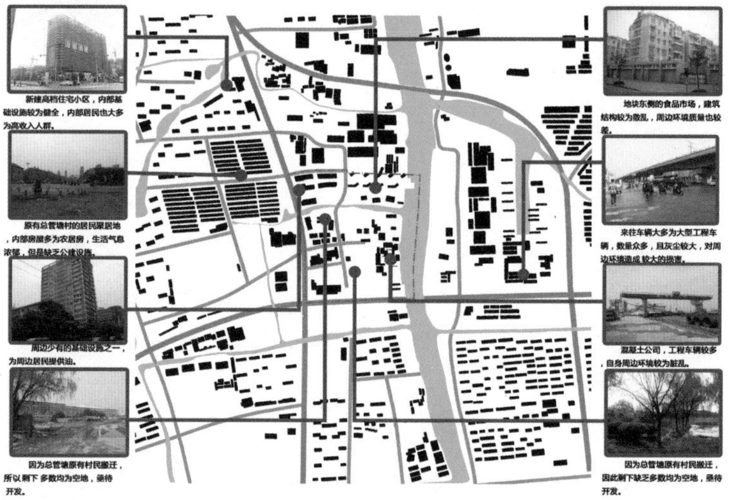

新建高档住宅小区，内部基础设施较为健全，内部居民也大多为高收入人群。

原有总管塘村的居民聚居地，内部房屋多为农居房，生活气息浓郁，但是缺乏公建设施。

周边少有的基础设施之一，为周边居民提供油。

因为总管塘原有村民搬迁，所以剩下多数均为空地，亟待开发。

地块东侧的食品市场，建筑结构较为散乱，周边环境质量也较差。

来往车辆大多为大型工程车辆，数量众多，且灰尘较大，对周边环境造成较大的损害。

混凝土公司，工程车辆较多，自身周边环境较为脏乱。

因为总管塘原有村民搬迁，因此剩下缺乏多数均为空地，亟待开发。

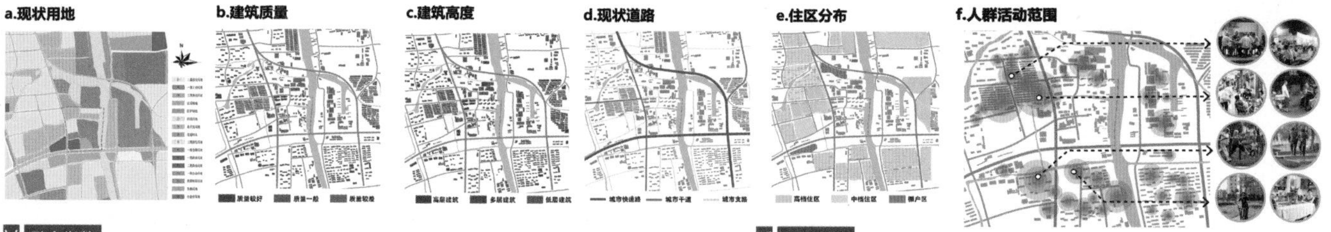

Ⅳ 人群特征

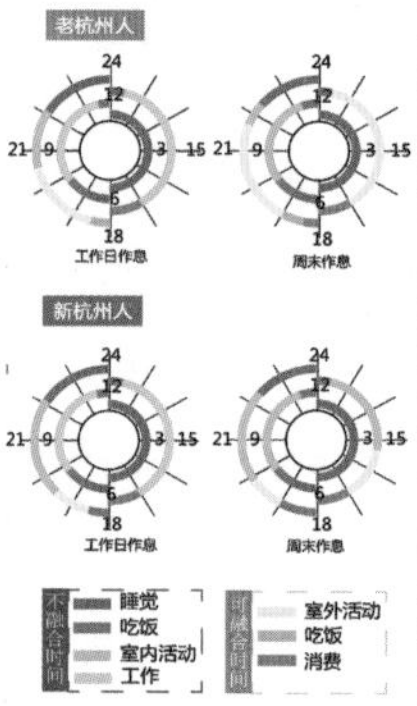

高档住区 **居住条件**：商品房，封闭式管理，配套设施齐全，良好的景观营造。

老杭州人：土生土长，文化底蕴深厚，生活水平高，年龄层次丰富。

新杭州人：经济水平高，文化体验交流较少，其中以中青年三口之家为主。

中档住区 **居住条件**：联排农居房，开放性居住区，人群多而杂，人车混行。

老杭州人：多为本地农民拆迁，出租房，以老人为主，生活节奏较慢。

新杭州人：租住，条件简陋，打工者，人多混杂。

棚户区 **居住条件**：高架附近，噪声量较大，垃圾成堆，环境质量较差。

老杭州人：生活质量差，文化程度低，经济水平较低，生活质量差。

新杭州人：临时聚居地，外来务工，生活质量差。其中以青壮年为主。

由于棚户区所占面积较小，为临时建筑，在地块周边人口比例中几乎可以忽略，因此不予考虑。

Ⅴ 融合指数

类别	指标	说明	权重
经济融合	工作状况	当地居民工作的情况，即职业类别	7.84%
	收入水平	当地居民平均月收入情况	6.86%
	消费水平	居民平均每月支出情况	4.90%
	亲人相伴	居民是否带着亲人一起打工	2.94%
文化融合	方言掌握	对于当地方言的掌握情况	6.86%
	交友意愿	外来人口是否愿意与当地人口交友	3.92%
	文化掌握	对于当地文化的认知程度	5.88%
	身份认同	对于当地身份的认同程度	4.90%
	添置房产	是否愿意在当地添置房产	4.90%
社会融合	社会权利	不同社会阶层所享受到的社会权利	6.86%
	家庭消费	家庭是否参与决策	4.90%
	社会参与	对于社区举办的社会活动的参与程度	7.84%
	其他行为	包括朋友关系、邻里关系等	1.96%
心理融合	社会认同	对于当地社会的认同程度	6.86%
	生活状况	对于生活的满意程度	5.88%
	工作满意	对于现有工作的满意程度	3.92%
	社会关系	对于周边社会关系的满意程度	7.84%
	住宿条件	对于现有住宿条件的满意程度	4.90%

概念解析：

为更加深入地研究设计地块周边不同地区的融合状况，我们在此提出了一个新概念：

融合指数——对于一个地块的经济融合、文化融合、社会融合以及心理融合四者进行打分，最终通过加权平均得到一个地区的融合度指数。

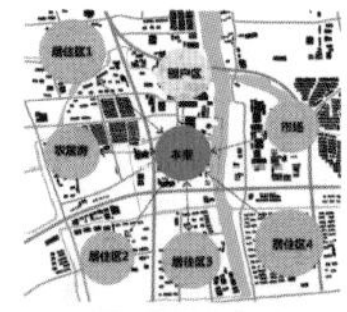

地块分析：

我们在设计地块周边选取了7个比较有代表性的点作为研究对象。其中4个为现代的居住小区，剩下一个为拆迁农居房，一个为低档棚户区，一个为批发市场，其中棚户区由于居住的居民较少，因此在后期的过程中予以忽略。

综合来看，现代居住小区融合度较高，本案与市场区则处于一个较低的水平。

农居房区域由于其内部大多为租住外来务工人员，因此其经济与文化融合度较低，但是心里与社会融合度却较高；

虽然单个小区在融合度上具有较高水平，但是综合整个研究范围看，处于较低的综合度水准。

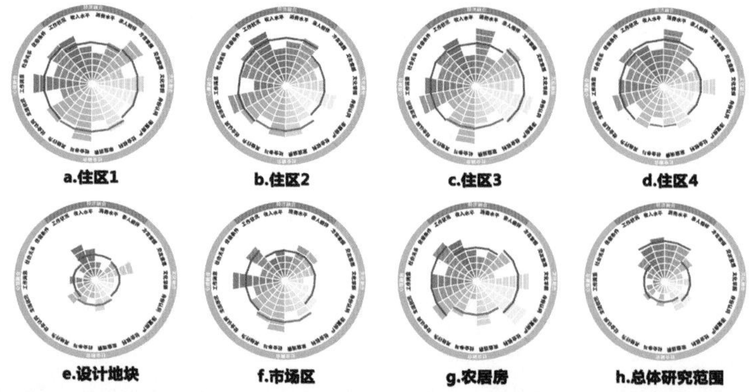

Ⅵ 人群分析

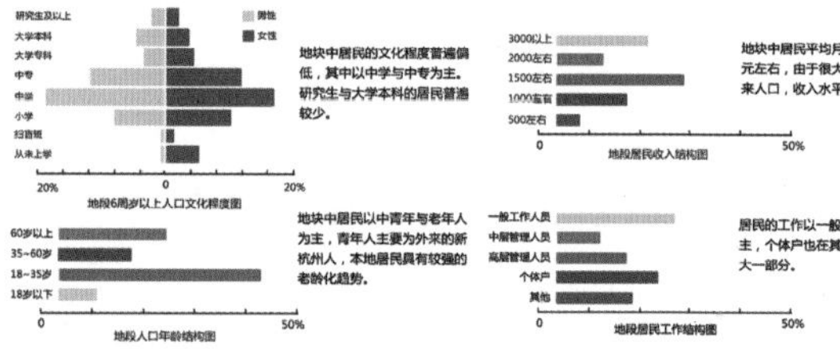

地块中居民的文化程度普遍偏低，其中以中学与中专为主。研究生与大学本科的居民普遍较少。

地块中居民平均月收入为1500元左右，由于很大一部分为外来人口，收入水平低。

地块中居民以中青年与老年人为主，青年人主要为外来的新杭州人，本地居民具有较强的老龄化趋势。

居民的工作以一般工作人员为主，个体户也在其中占有了很大一部分。

Ⅵ 问题总结

道路交通问题
- 等级混乱，机动车难以通行
- 断头路较多，通达性较差

视觉空间问题
- 视觉通透性较差，缺乏系统性
- 部分空间不合理，使人感觉压抑

建筑构造问题
- 形式杂乱，修缮不一，缺乏系统性
- 部分房屋简陋，生活环境差

环境问题
- 内部环境较为脏乱，缺乏治理
- 原有公园、水体污染严重

肌理问题
- 建筑肌理混乱，相互间缺乏联系性
- 整体空间肌理缺乏系统性，较为散乱

滨水空间问题
- 运河及其支流未得到有效的开发利用
- 河岸线处理生硬，缺乏交往空间

基础设施问题
- 现有的基础设施维护较差
- 缺乏一些必要的基础设施

交往空间问题
- 缺乏良好、优质的交往空间
- 现有空间较为脏、乱、差，缺乏吸引力

Ⅶ SWOT分析

Strength 优势
- 运河新城，发展潜力大
- 临近运河，文化底蕴深厚
- 具有良好的工业文化遗址

Weakness 劣势
- 内部原有公园污染严重
- 农田等几乎消失
- 原有肌理被破坏严重

Oppotunity 机遇
- 位于拱墅区，发展潜力大
- 北侧即为杭州运河新城
- 京杭运河申遗成功

Threat 挑战
- 环境问题亟待解决
- 不同人群间的融合
- 新旧理念间的交融

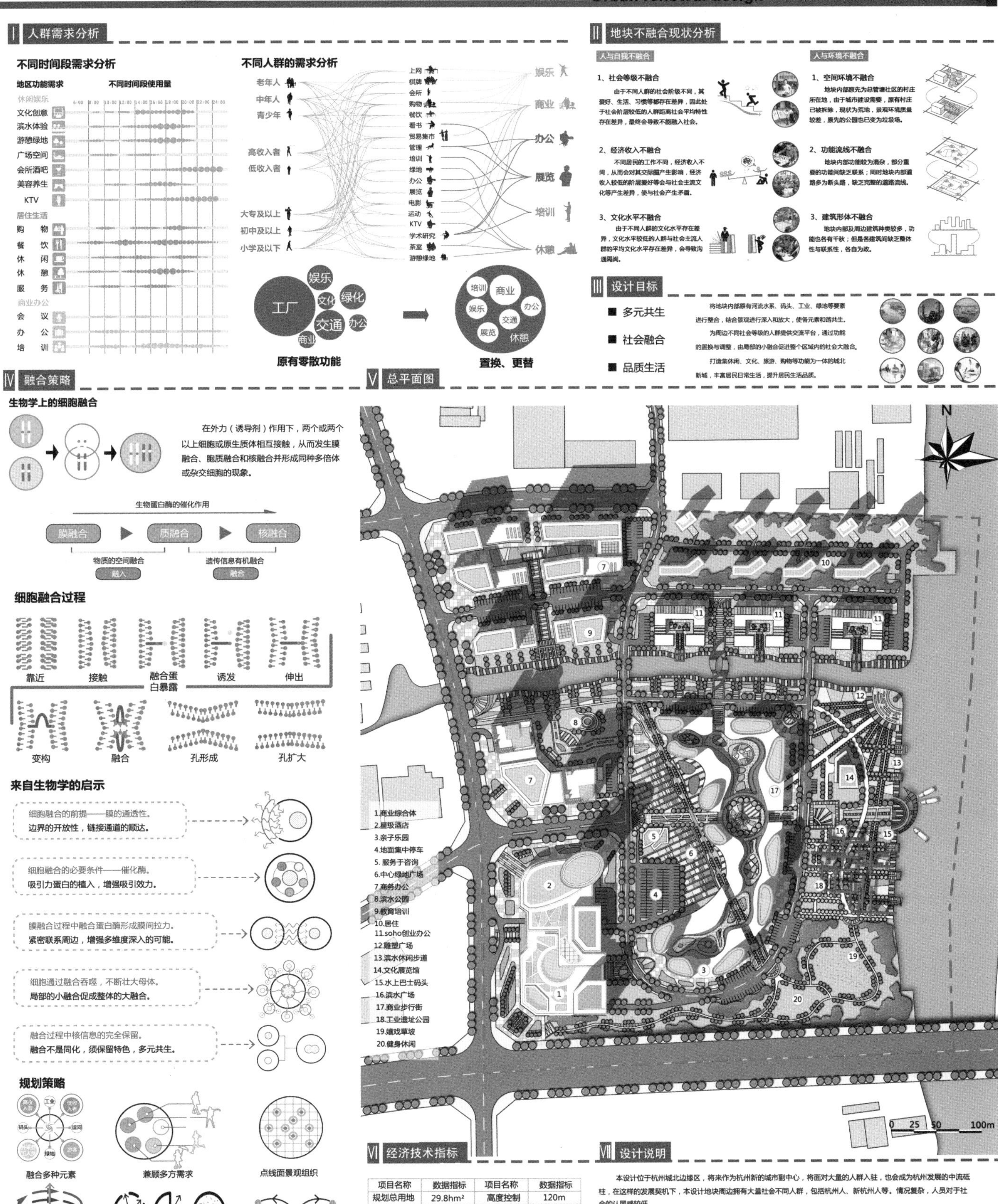
新新向融
——基于细胞融合理论的杭州城北中心区城市设计
Urban renewal design
2
Ⅰ 人群需求分析
不同时间段需求分析
地区功能需求
不同时间段使用量
休闲娱乐
文化创意
滨水体验
游憩绿地
广场空间
会所酒吧
美容养生
KTV
居住生活
购物
餐饮
休闲
休憩
服务
商业办公
会议
办公
培训
不同人群的需求分析
老年人
中年人
青少年
高收入者
低收入者
大专及以上
初中及以上
小学及以下
娱乐
商业
办公
展览
培训
休憩
工厂
娱乐
文化
绿化
交通
办公
商业
原有零散功能
置换、更替
Ⅱ 地块不融合现状分析
人与自我不融合
1、社会等级不融合
由于不同人群的社会阶级不同，其爱好、生活、习惯等都存在差异，因此处于社会阶层较低的人群距离社会平均特性存在差异，最终会导致不能融入社会。
2、经济收入不融合
不同居民的工作不同，经济收入不同，从而会对其交际圈产生影响，经济收入较低的阶层爱好等会与社会主流文化等产生差异，使与社会产生矛盾。
3、文化水平不融合
由于不同人群的文化水平存在差异，文化水平较低的人群与社会主流人群的平均文化水平存在差异，会导致沟通隔阂。
人与环境不融合
1、空间环境不融合
地块内部原先为总管塘社区的村庄所在地，由于城市建设需要，原有村庄已被拆除，现状为荒地，景观环境质量较差，原先的公园也已变为垃圾场。
2、功能流线不融合
地块内部功能较为混杂，部分重要的功能间缺乏联系；同时地块内部道路多为断头路，缺乏完整的道路流线。
3、建筑形体不融合
地块内部及周边建筑种类较多，功能也各有千秋；但是各建筑间缺乏整体性与联系性，各自为政。
Ⅲ 设计目标
多元共生
社会融合
品质生活
将地块内部原有河流水系、码头、工业、绿地等要素进行整合，结合景观进行深入和放大，使各元素和谐共生。
为周边不同社会等级的人群提供交流平台，通过功能的置换与调整，由局部的小融合促进整个区域内的社会大融合。
打造集休闲、文化、旅游、购物等功能为一体的城北新城，丰富居民日常生活，提升居民生活品质。
Ⅳ 融合策略
生物学上的细胞融合
在外力（诱导剂）作用下，两个或两个以上细胞或原生质体相互接触，从而发生膜融合、胞质融合和核融合并形成同种多倍体或杂交细胞的现象。
生物蛋白酶的催化作用
膜融合
质融合
核融合
物质的空间融合
融入
遗传信息有机融合
融合
细胞融合过程
靠近
接触
融合蛋白暴露
诱发
伸出
变构
融合
孔形成
孔扩大
来自生物学的启示
细胞融合的前提——膜的通透性。
边界的开放性，链接通道的顺达。
细胞融合的必要条件——催化酶。
吸引力蛋白的植入，增强吸引效力。
膜融合过程中融合蛋白酶形成膜间拉力。
紧密联系周边，增强多维度深入的可能。
细胞通过融合吞噬，不断壮大母体。
局部的小融合促成整体的大融合。
融合过程中核信息的完全保留。
融合不是同化，须保留特色，多元共生。
规划策略
融合多种元素
兼顾多方需求
点线面景观组织
多维度交通联系
多样空间组合
一体化的步行空间
Ⅴ 总平面图
N
1.商业综合体
2.星级酒店
3.亲子乐园
4.地面集中停车
5.服务于咨询
6.中心绿地广场
7.商务办公
8.滨水公园
9.教育培训
10.居住
11.soho创业办公
12.雕塑广场
13.滨水休闲步道
14.文化展览馆
15.水上巴士码头
16.滨水广场
17.商业步行街
18.工业遗址公园
19.嬉戏草坡
20.健身休闲
0 25 50 100m

Ⅵ 经济技术指标

项目名称	数据指标	项目名称	数据指标
规划总用地	29.8hm²	高度控制	120m
道路面积	3.2hm²	建筑密度	23%
广场面积	3.0hm²	容积率	1.8
水体面积	4.2hm²	绿地率	42%
建筑占地面积	6.8hm²	地面停车位	280个

Ⅶ 设计说明

本设计位于杭州城北边缘区，将来作为杭州新的城市副中心，将面对大量的人群入驻，也会成为杭州发展的中流砥柱，在这样的发展契机下，本设计地块周边拥有大量社会不同人群，包括杭州人、新杭州人等。情况复杂，人员对于社会的认同感较低。

基于社会融合的基本理念，通过对于设计地块的改造，力求将周边不同经济收入、不同社会地位，不同文化程度的居民聚集起来，在设计地块中通过多样的活动策划、合理的用地分布，改变居民间缺乏沟通缺乏交往的社会现状，促进人与人之间警戒的不良状态，同时保留 地块本身特色，打造一个集休闲娱乐、文化设施以及商务办公为一体的新兴城市次中心。

多元共生 社会融合

新新向融——基于细胞融合理论的杭州城北中心区城市设计 3

Urban renewal design

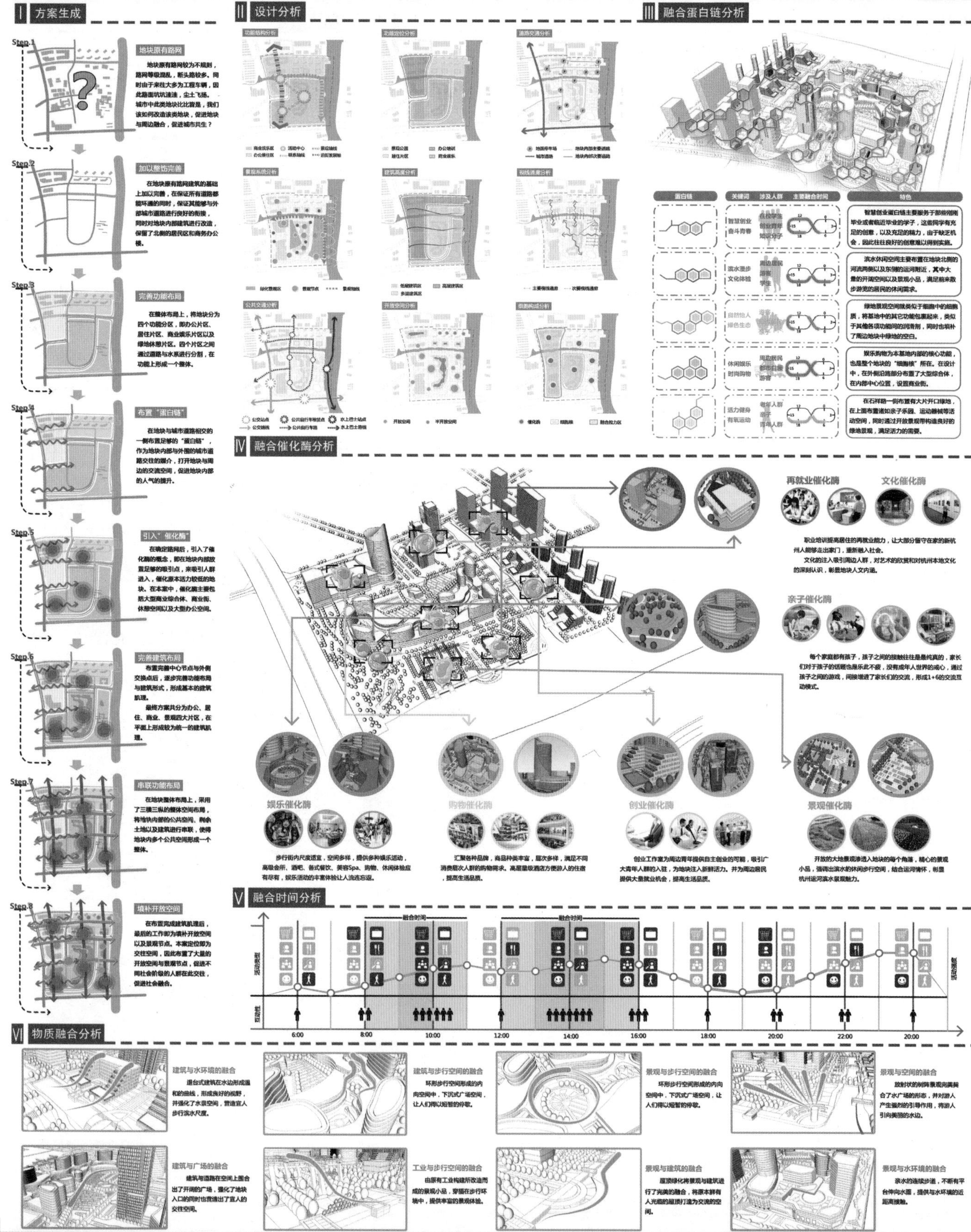

新新向融
——基于细胞融合理论的杭州城北中心区城市设计
Urban renewal design
4
Ⅰ 鸟瞰图
Ⅱ 人群游线分析
Ⅲ 步行街形体生成
原生细胞
排列
融合
裂变
联系
增殖
效果图
平面图
Ⅳ 局部透视图
Ⅴ 景观改造
现状工业构筑物
提取
重复
旋转
拼合
重复+排列
Ⅵ 总体设计立面
东北立面图
西立面图
多元共生 社会融合

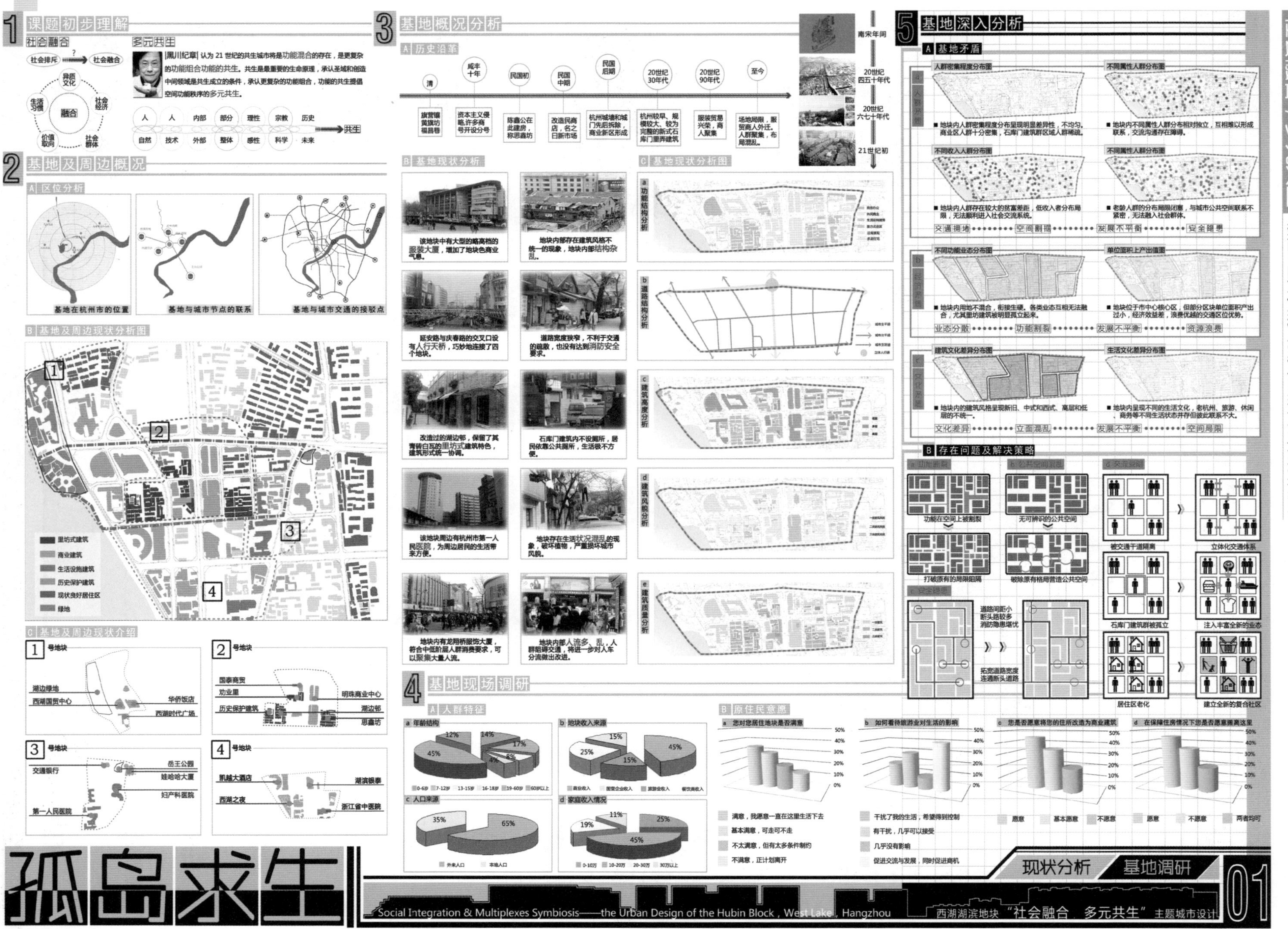
1 课题初步理解
社会融合
多元共生
2 基地及周边概况
A 区位分析
基地在杭州市的位置
基地与城市节点的联系
基地与城市交通的接驳点
B 基地及周边现状分析图
C 基地及周边现状介绍
3 基地概况分析
A 历史沿革
B 基地现状分析
C 基地现状分析图
4 基地现场调研
A 人群特征
B 原住民意愿
5 基地深入分析
A 基地矛盾
B 存在问题及解决策略
孤岛求生
现状分析
基地调研
01
Social Integration & Multiplexes Symbiosis——the Urban Design of the Hubin Block, West Lake, Hangzhou
西湖湖滨地块“社会融合 多元共生”主题城市设计

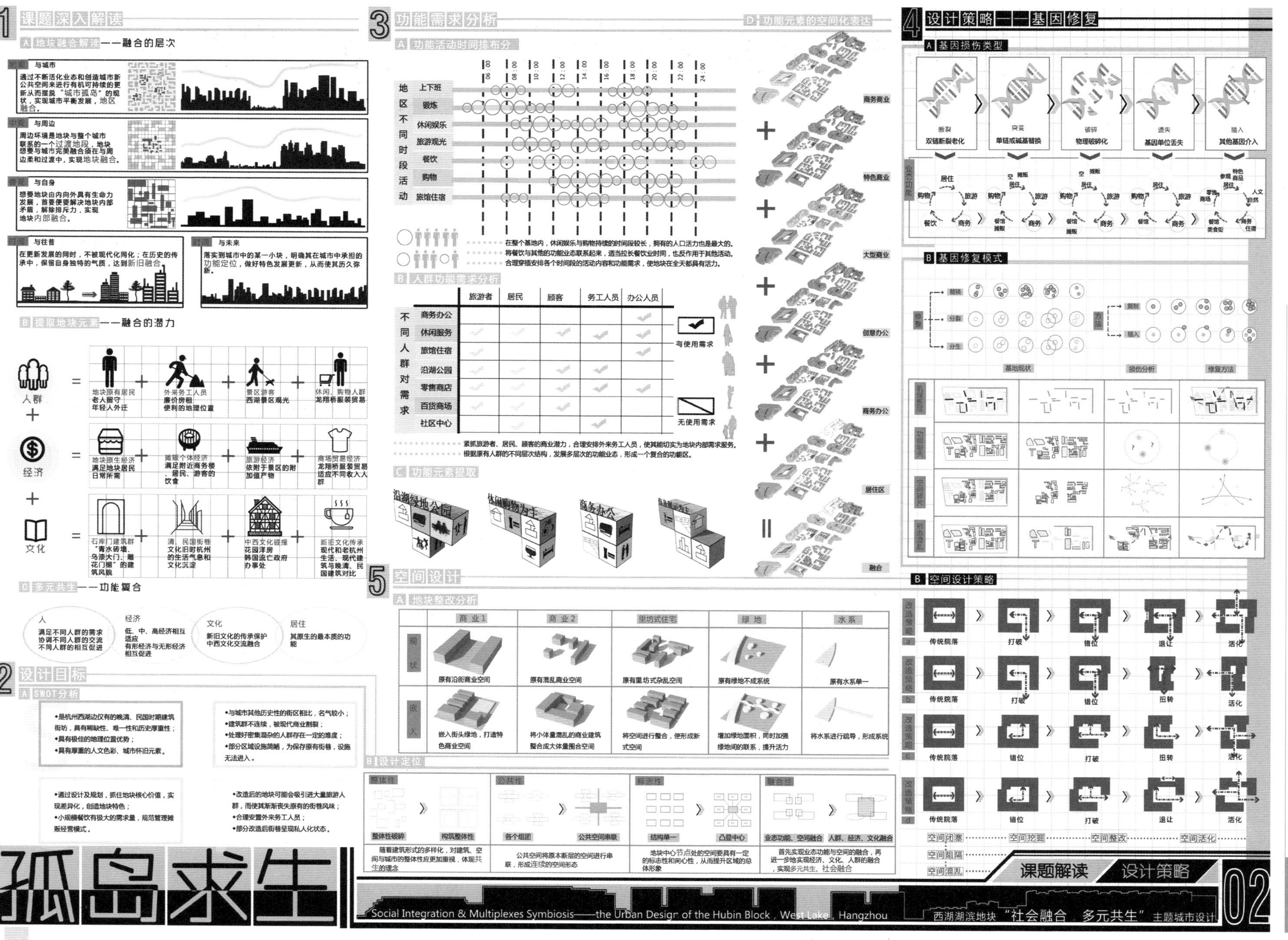
1 课题深入解读
A 地块融合解读——融合的层次
与城市
通过不断活化业态和创造城市新公共空间来进行有机可持续的更新从而摆脱“城市孤岛”的现状，实现城市平衡发展，地区融合。
与周边
周边环境是地块与整个城市联系的一个过渡地段，地块想要与城市完美融合须在与周边来和过渡中，实现地块融合。
与自身
想要地块由内向外具有生命力发展，首要便要解决地块内部矛盾，解除排斥力，实现地块内部融合。
与往昔
在更新发展的同时，不被现代化同化；在历史的传承中，保留自身独特的气质，达到新旧融合。
与未来
落实到城市中的某一小块，明确其在城市中承担的功能定位，做好特色发展更新，从而使其历久弥新。
B 提取地块元素——融合的潜力
人群
地块原有居民 老人留守 年轻人外迁
外来务工人员 廉价房租 便利的地理位置
景区游客 西湖景区观光
休闲、购物人群 龙翔桥服装贸易
经济
地块原生经济 满足地块居民日常所需
摊贩个体经济 满足附近商务楼、居民、游客的饮食
旅游经济 依附于景区的附加值产物
商场贸易经济 龙翔桥服装贸易 适应不同收入人群
文化
石库门建筑群 “青水砖墙、乌漆大门、雕花门楣”的建筑风貌
清、民国街巷 文化旧时杭州的生活气息和文化沉淀
中西文化碰撞 花园洋房 韩国流亡政府办事处
新旧文化传承 现代和老杭州生活、现代建筑与晚清、民国建筑对比
C 多元共生——功能复合
人 满足不同人群的需求 协调不同人群的交流 不同人群的相互促进
经济 低、中、高经济相互适应 有形经济与无形经济相互促进
文化 新旧文化的传承保护 中西文化交流融合
居住 其原生的最本质的功能
2 设计目标
A SWOT分析
•是杭州西湖边仅有的晚清、民国时期建筑街坊，具有稀缺性、唯一性和历史厚重性；
•具有极佳的地理位置优势；
•具有厚重的人文色彩、城市怀旧元素。
•与城市其他历史性的街区相比，名气较小；
•建筑群不连续，被现代商业割裂；
•处理好密集混杂的人群存在一定的难度；
•部分区域设施简陋，为保存原有街巷，设施无法进入。
•通过设计及规划，抓住地块核心价值，实现差异化，创造地块特色；
•小规模餐饮有极大的需求量，规范管理摊贩经营模式。
•改造后的地块可能会吸引进大量旅游人群，而使其渐渐丧失原有的街巷风味；
•合理安置外来务工人员；
•部分改造后街巷呈现私人化状态。
3 功能需求分析
A 功能活动时间排布分
地区不同时段活动
上下班 锻炼 休闲娱乐 旅游观光 餐饮 购物 旅馆住宿
06:00 08:00 10:00 12:00 14:00 16:00 18:00 20:00 22:00 24:00
在整个基地内，休闲娱乐与购物持续的时间段较长，拥有的人口活力也是最大的。将餐饮与其他的功能业态联系起来，适当拉长餐饮业时间，也反作用于其他活动。合理穿插安排各个时间段的活动内容和功能需求，使地块在全天都具有活力。
B 人群功能需求分析
不同人群对需求
旅游者 居民 顾客 务工人员 办公人员
商务办公 休闲服务 旅馆住宿 沿湖公园 零售商店 百货商场 社区中心
有使用需求
无使用需求
紧抓旅游者、居民、顾客的商业潜力，合理安排外来务工人员，使其能切实为地块内部需求服务。根据原有人群的不同层次结构，发展多层次的功能业态，形成一个复合的功能区。
C 功能元素提取
沿湖绿地公园
休闲购物为主
商务办公
D 功能元素的空间化表达
商务商业
特色商业
大型商业
创意办公
商务办公
居住区
融合
4 设计策略——基因修复
A 基因损伤类型
断裂 双链断裂老化
突变 单链或碱基替换
破碎 物理破碎化
遗失 基因单位丢失
插入 其他基因介入
业态功能
居住 购物 旅游 餐饮 商务
B 基因修复模式
修复 替换 分裂 分生
方法 复制 插入
基地现状 损伤分析 修复方法
5 空间设计
A 地块整改分析
商业1 商业2 里坊式住宅 绿地 水系
现状
原有沿街商业空间
原有混乱商业空间
原有里坊式杂乱空间
原有绿地不成系统
原有水系单一
嵌入
嵌入街头绿地，打造特色商业空间
将小体量混乱的商业建筑整合成大体量围合空间
将空间进行整合，使形成新式空间
增加绿地面积，同时加强绿地间的联系，提升活力
将水系进行疏导，形成系统
B 设计定位
整体性 整体性破碎 构筑整体性
随着建筑形式的多样化，对建筑、空间与城市的整体性应更加重视，体现共生的理念
公共性 各个组团 公共空间串联
公共空间将原本断层的空间进行串联，形成连续的空间形态
标志性 结构单一 凸显中心
地块中心节点处的空间要具有一定的标志性和向心性，从而提升区域的总体形象
融合性 业态功能、空间融合 人群、经济、文化融合
首先实现业态功能与空间的融合，再进一步地实现经济、文化、人群的融合，实现多元共生、社会融合
B 空间设计策略
改造策略a 传统院落 打破 错位 退让 活化
改造策略b 传统院落 打破 错位 扭转 活化
改造策略c 传统院落 错位 打破 扭转 活化
改造策略d 传统院落 错位 打破 退让 活化
空间闭塞 空间阻隔 空间混乱 空间挖掘 空间整改 空间活化
孤岛求生
课题解读
设计策略
02
Social Integration & Multiplexes Symbiosis——the Urban Design of the Hubin Block, West Lake, Hangzhou
西湖湖滨地块“社会融合 多元共生”主题城市设计

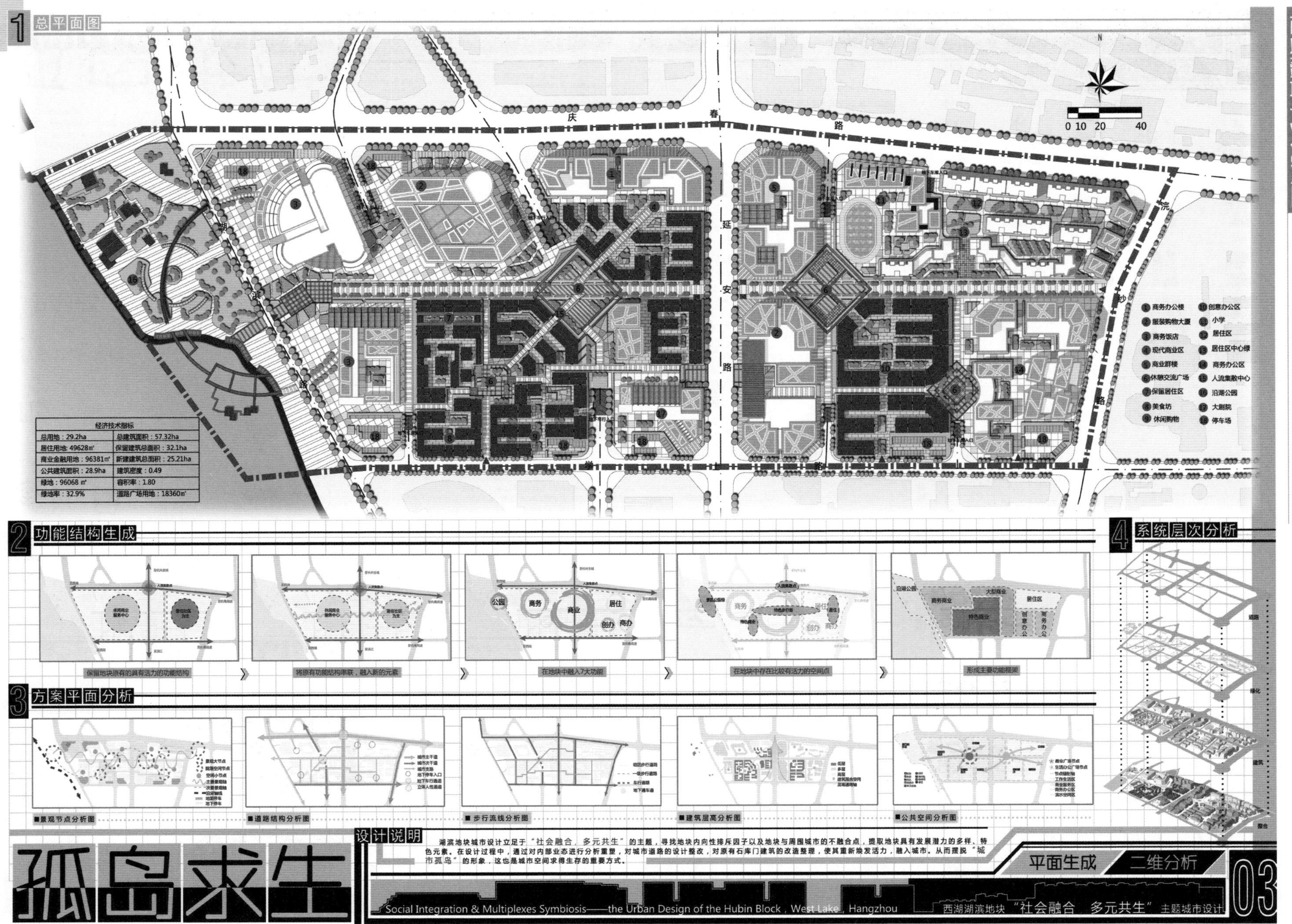
1 总平面图
庆春路
延安路
学士路
湖滨路
浣纱路
0 10 20 40
1 商务办公楼
2 服装购物大厦
3 商务饭店
4 现代商业区
5 商业群楼
6 休憩交流广场
7 保留居住区
8 美食坊
9 休闲购物
10 创意办公区
11 小学
12 居住区
13 居住区中心绿
14 商务办公区
15 人流集散中心
16 沿湖公园
17 大剧院
18 停车场
经济技术指标
总用地：29.2ha
总建筑面积：57.32ha
居住用地：49628㎡
保留建筑总面积：32.1ha
商业金融用地：96381㎡
新建建筑总面积：25.21ha
公共建筑面积：28.9ha
建筑密度：0.49
绿地：96068㎡
容积率：1.80
绿地率：32.9%
道路广场用地：18360㎡
2 功能结构生成
保留地块原有的具有活力的功能结构
将原有功能结构串联，融入新的元素
在地块中融入7大功能
在地块中存在比较有活力的空间点
形成主要功能框架
公园
商务
商业
居住
创办
沿湖公园
商务商业
大型商业
居住区
特色商业
创意办公
商务办公
3 方案平面分析
■景观节点分析图
■道路结构分析图
■步行流线分析图
■建筑层高分析图
■公共空间分析图
4 系统层次分析
道路
绿化
建筑
聚合
设计说明
湖滨地块城市设计立足于“社会融合，多元共生”的主题，寻找地块内向性排斥因子以及地块与周围城市的不融合点，提取地块具有发展潜力的多样、特色元素。在设计过程中，通过对内部业态进行分析重塑，对城市道路的设计整改，对原有石库门建筑的改造整理，使其重新焕发活力，融入城市，从而摆脱“城市孤岛”的形象，这也是城市空间求得生存的重要方式。
孤岛求生
平面生成
二维分析
03
Social Integration & Multiplexes Symbiosis——the Urban Design of the Hubin Block，West Lake，Hangzhou
西湖湖滨地块“社会融合 多元共生”主题城市设计

孤岛求生
04
三维效果
行为分析
西湖湖滨地块“社会融合，多元共生”主题城市设计
Social Integration & Multiplexes Symbiosis——the Urban Design of the Hubin Block, West Lake, Hangzhou
1 鸟瞰图
2 节点透视
中心节点
湖边筑、妨业里节点
迈翔桥服贸商场节点
思襄坊节点
3 人群行为分析
A 普通游客
B 普通市民
C 附近工作者
D 商务人士
4 城市设计立面图
东立面
西立面
南立面
北立面

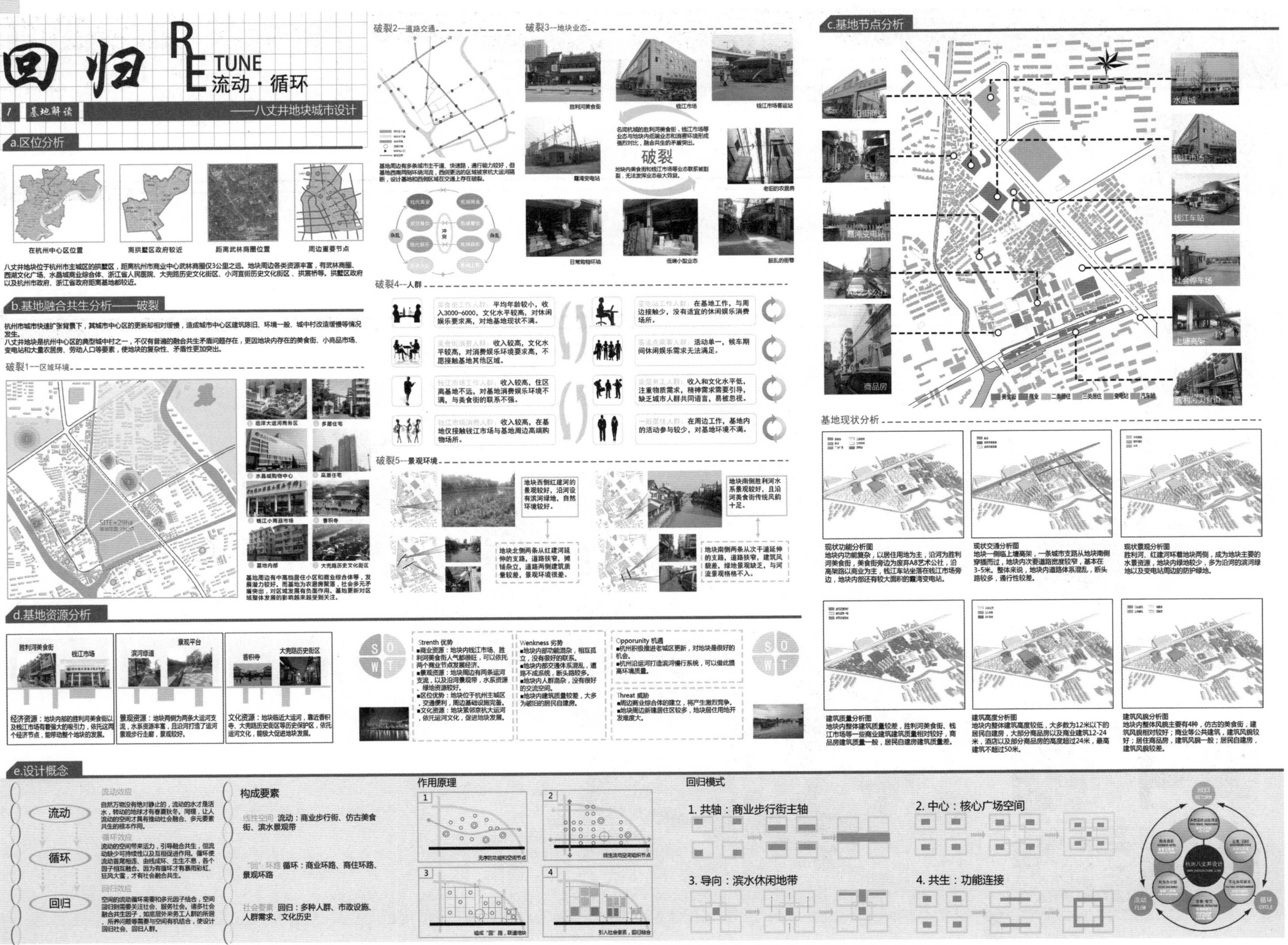

回归
RE TUNE
流动·循环
1 基地解读
——八丈井地块城市设计
a.区位分析
在杭州中心区位置
离拱墅区政府较近
距离武林商圈位置
周边重要节点
八丈井地块位于杭州市主城区的拱墅区，距离杭州市商业中心武林商圈仅3公里之远。地块周边各类资源丰富，有武林商圈、西湖文化广场、水晶城商业综合体、浙江省人民医院、大兜路历史文化街区、小河直街历史文化街区、拱宸桥等。拱墅区政府以及杭州市政府、浙江省政府距离基地都较近。
b.基地融合共生分析——破裂
破裂1--区域环境
破裂2--道路交通
破裂3--地块业态
破裂
破裂4--人群
破裂5--景观环境
c.基地节点分析
水晶城
钱江市场
钱江车站
社会停车场
上塘高架
胜利河美食街
商品房
基地现状分析
现状功能分析图
现状交通分析图
现状景观分析图
建筑质量分析图
建筑高度分析图
建筑风貌分析图
d.基地资源分析
胜利河美食街
钱江市场
滨河绿道
景观平台
香积寺
大兜路历史街区
Strenth 优势
Wenkness 劣势
Opporunity 机遇
Threat 威胁
e.设计概念
流动
循环
回归
构成要素
线性空间 流动：商业步行街、仿古美食街、滨水景观带
“回”环路 循环：商业环路、商住环路、景观环路
社会要素 回归：多种人群、市政设施、人群需求、文化历史
作用原理
回归模式
1. 共轴：商业步行街主轴
2. 中心：核心广场空间
3. 导向：滨水休闲地带
4. 共生：功能连接
回归 RETURN
流动 FLOW
循环 CYCLE

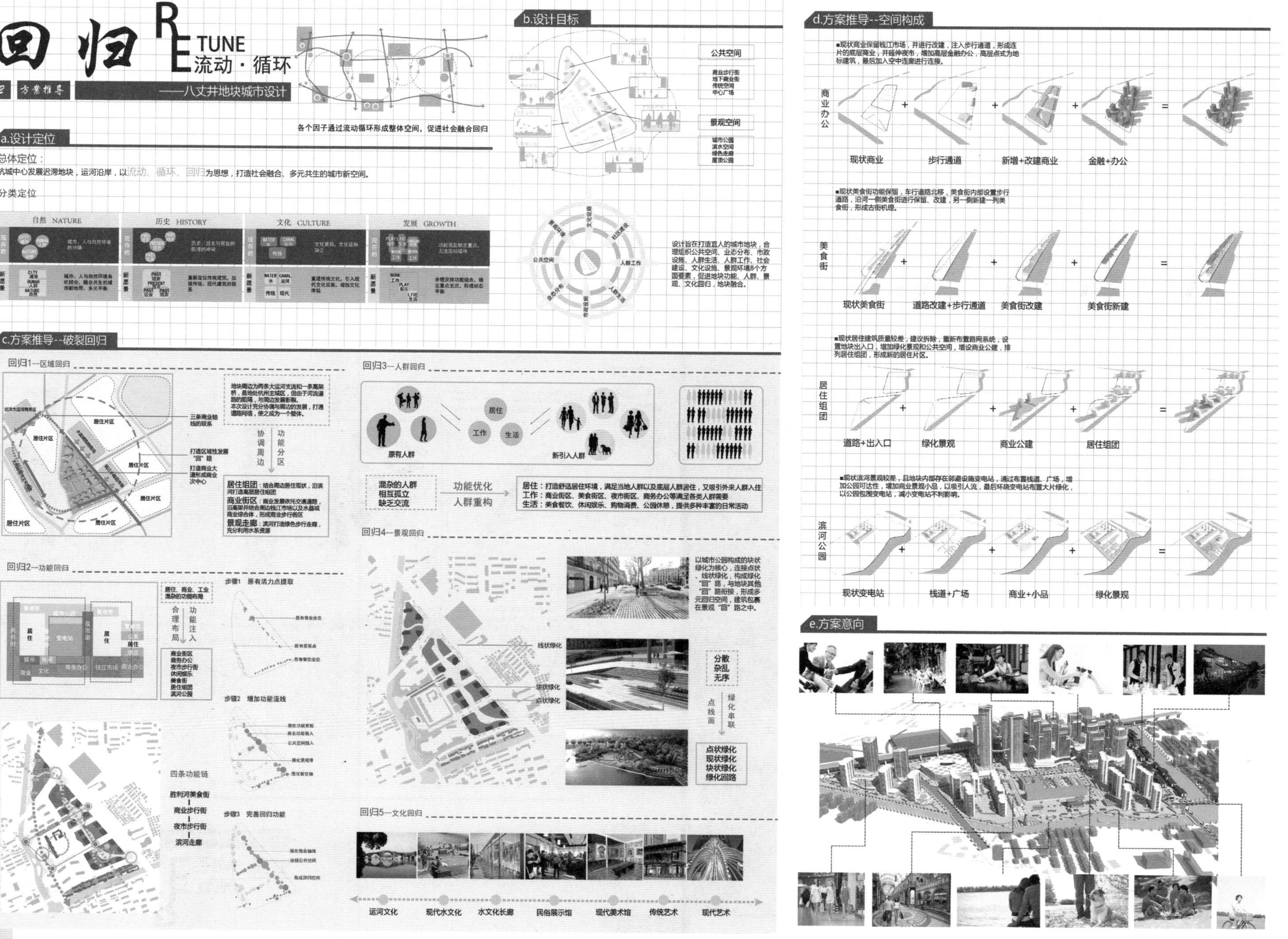
回归 RETUNE 流动·循环
2 方案推导
——八丈井地块城市设计
各个因子通过流动循环形成整体空间，促进社会融合回归
a.设计定位
总体定位：
杭城中心发展迟滞地块，运河沿岸，以流动、循环、回归为思想，打造社会融合、多元共生的城市新空间。
分类定位
自然 NATURE
历史 HISTORY
文化 CULTURE
发展 GROWTH
b.设计目标
公共空间
商业步行街
地下商业街
传统空间
中心广场
景观空间
城市公园
滨水空间
绿色走廊
屋顶公园
设计旨在打造宜人的城市地块，合理组织公共空间、业态分布、市政设施、人群生活、人群工作、社会建设、文化设施、景观环境8个方面要素，促进地块功能、人群、景观、文化回归，地块融合。
c.方案推导--破裂回归
回归1--区域回归
居住片区
三条商业轴线的联系
打造区域性发展"回"路
打造商业大道形成商业次中心
地块周边为两条大运河支流和一条高架桥，是地处杭州主城区，但由于河流道路的阻隔，与周边发展割裂。本次设计充分协调与周边的发展，打通道路网络，使之成为一个整体。
协调周边
功能分区
居住组团：结合周边居住现状，沿滨河打造高层居住组团
商业街区：商业发展依托交通道路，沿高架并结合周边钱江市场以及水晶城商业综合体，形成商业步行街区
景观走廊：滨河打造绿色步行走廊，充分利用水系资源
回归2--功能回归
居住、商业、工业混杂的功能布局
合理布局
功能注入
商业街区
商务办公
夜市步行街
休闲娱乐
美食街
居住组团
滨河公园
步骤1 原有活力点提取
步骤2 增加功能流线
步骤3 完善回归功能
四条功能链
胜利河美食街
商业步行街
夜市步行街
滨河走廊
回归3--人群回归
原有人群
居住
工作
生活
新引入人群
混杂的人群
相互孤立
缺乏交流
功能优化
人群重构
居住：打造舒适居住环境，满足当地人群以及底层人群居住，又吸引外来人群入住
工作：商业街区、美食街区、夜市街区、商务办公等满足各类人群需要
生活：美食餐饮、休闲娱乐、购物消费、公园休憩，提供多种丰富的日常活动
回归4--景观回归
线状绿化
块状绿化
点状绿化
以城市公园构成的块状绿化为核心，连接点状、线状绿化，构成绿化"回"路，与地块其他"回"路衔接，形成多元回归空间，建筑包裹在景观"回"路之中。
分散
杂乱
无序
点线面
绿化串联
点状绿化
现状绿化
块状绿化
绿化回路
回归5--文化回归
运河文化
现代水文化
水文化长廊
民俗展示馆
现代美术馆
传统艺术
现代艺术
d.方案推导--空间构成
商业办公
■现状商业保留钱江市场，并进行改建，注入步行通道，形成连片的底层商业，并延伸夜市，增加高层金融办公，高层点式为地标建筑，最后加入空中连廊进行连接。
现状商业 + 步行通道 + 新增+改建商业 + 金融+办公 =
美食街
■现状美食街功能保留，车行道路北移，美食街内部设置步行道路，沿河一侧美食街进行保留、改建，另一侧新建一列美食街，形成古街机理。
现状美食街 + 道路改建+步行通道 + 美食街改建 + 美食街新建 =
居住组团
■现状居住建筑质量较差，建议拆除，重新布置路网系统，设置地块出入口，增加绿化景观和公共空间，增设商业公建，排列居住组团，形成新的居住片区。
道路+出入口 + 绿化景观 + 商业公建 + 居住组团 =
滨河公园
■现状滨河景观较差，且地块内部存在邻避设施变电站，通过布置栈道、广场，增加公园可达性，增加商业景观小品，以吸引人流，最后环绕变电站布置大片绿化，以公园包围变电站，减小变电站不利影响。
现状变电站 + 栈道+广场 + 商业+小品 + 绿化景观 =
e.方案意向

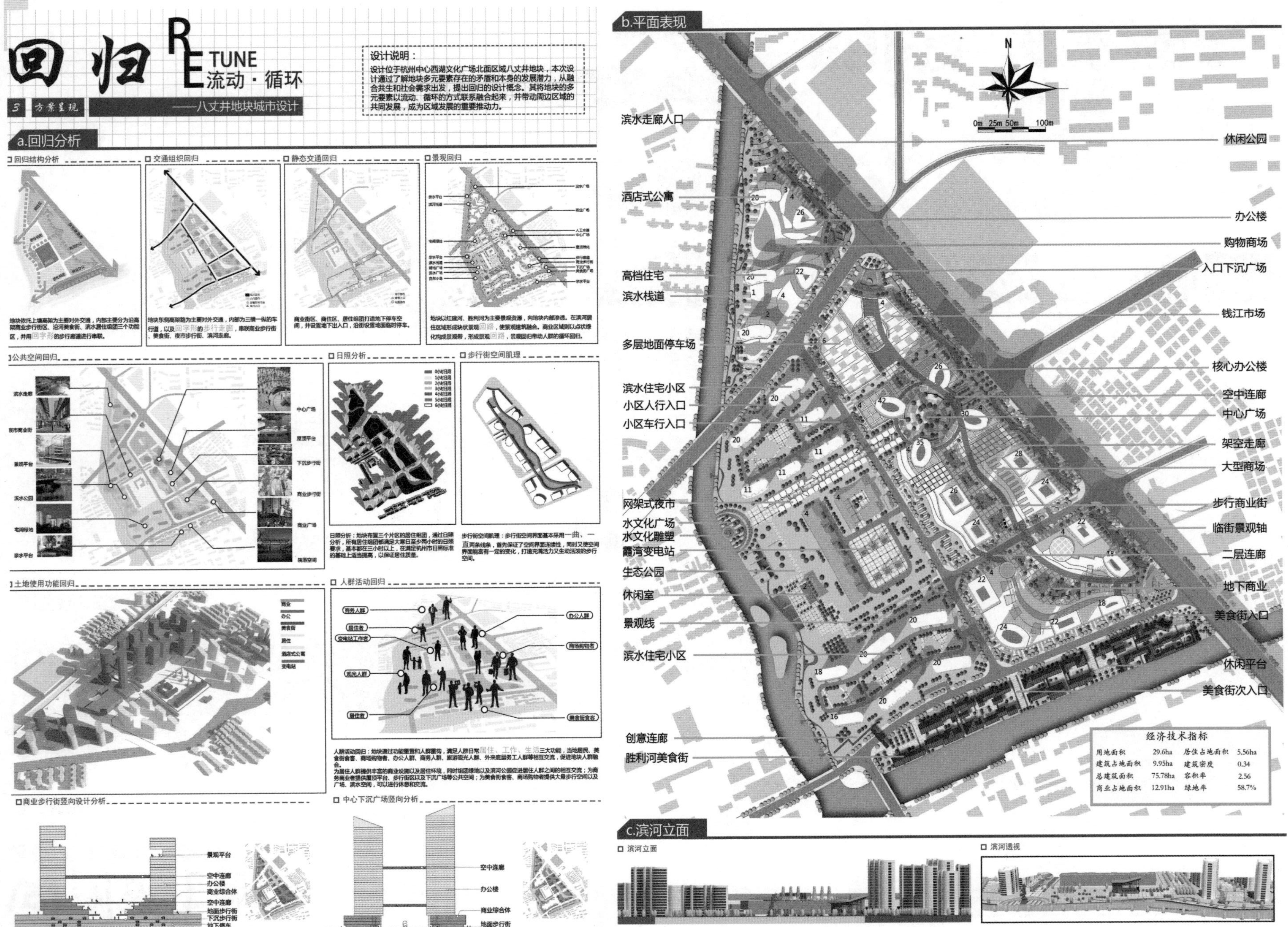

经济技术指标

用地面积	29.6ha	居住占地面积	5.56ha
建筑占地面积	9.95ha	建筑密度	0.34
总建筑面积	75.78ha	容积率	2.56
商业占地面积	12.91ha	绿地率	58.7%

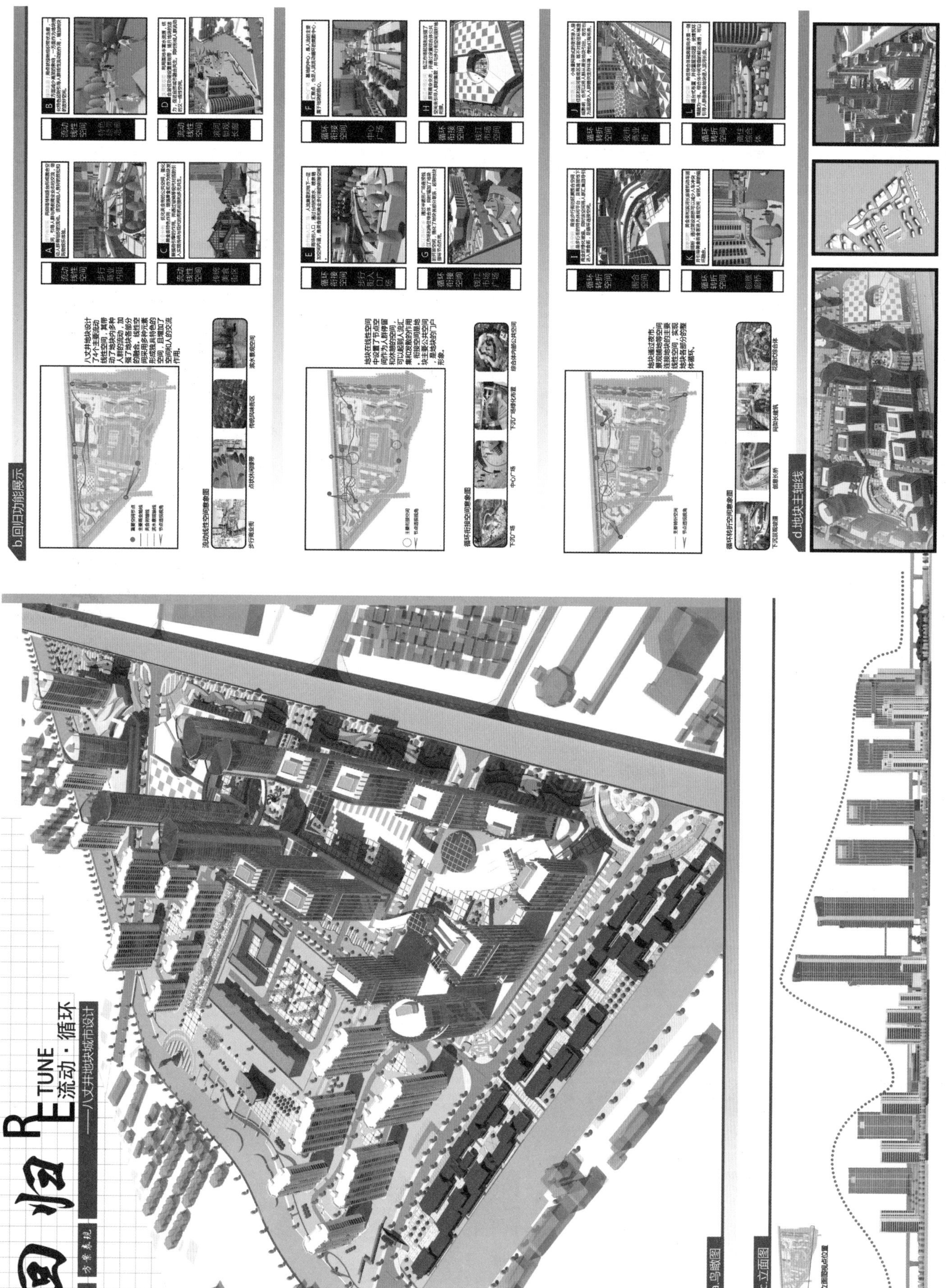
回归 RETUNE 流动·循环
——八丈井地块城市设计
a.鸟瞰图
b.回归功能展示
c.立面图
d.地块主轴线

城市更新与历史保护文脉保护并行。

THE POLE EFFECT

磁极效应

杭州市湖滨区块城市设计

城市规划1101 丁凤仪 郑晓虹

规划意向

在杭州最繁华的区域中，有一片石库门建筑群，那里集结了一群生活在极差住宅环境中的人们。即使是拥有古老的建筑底蕴，也被埋没在璀璨夺目的购物商场之中。繁华的街道，与历史无关。那些历史的痕迹，已然逐渐被玻璃与混凝土替代，那些传统文化的意蕴，缓缓流逝而去……

规划背景阐述

在1960年日本的东京国际设计会议上，受丹下健三影响，青年建筑师黑川纪章与菊竹清训、川添登等提出了“新陈代谢论”。随后，大高正人、槙文彦也参加了这一运动。新陈代谢论将生物学的进化论和再生过程引入建筑设计与城市设计，向现代主义的国际主义风格提出了挑战。

黑川纪章城市设计理论包括时代的转变、共生思想、引入热力学平衡概念的城市论、城市功能的综合化、从树型结构向根茎与网状系统转换、街道空间的意义、子整体结构的城市观，以及世界城市与超级城市等8个方面。本次规划重点借鉴了黑川纪章的理论思想，主要以拓展街道空间的中间领域，将树型结构向根茎或是网状结构转换，使街道赋予传统活力。如右图富有公共空间活力的清明上河图；使城市维持热力学平衡，不打破原有平衡，不对古迹进行建设性的破坏；城市功能综合化，不单一的用地布局可以保证人群的交流频繁、促进人与人的互动。以以上技术手段为依据，实施本次规划设计。

清明上河图局部　黑川设计的东京中银舱体楼

区位分析示意

杭州是浙江省省会城市，也是文化旅游名城，其西湖景观享誉中外，是中国大陆首批国家重点风景名胜区和中国十大风景名胜之一。它是中国大陆主要的观赏性淡水湖泊之一，也是现今《世界遗产名录》中少数几个和中国唯一一个湖泊类文化遗产。基地位于杭州西子湖畔，拥有良好的区位条件以及文化旅游资源。基地内著名石库门建筑群思鑫坊清为旗营镶黄旗坊福昌巷，民国初陈鑫公在此建房，称思鑫坊。

基地历史沿革

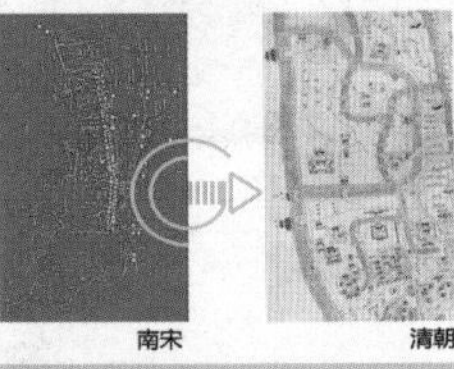

南宋

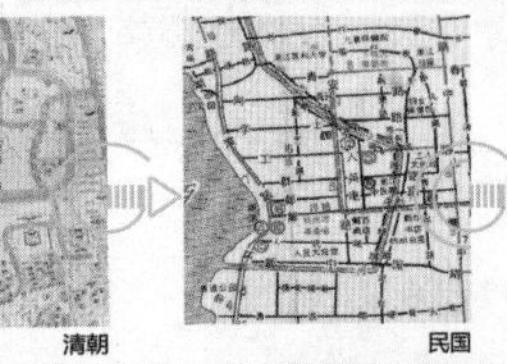

清朝

民国

近代

课题选择沿学士路两侧地带，是杭州主城区重要的旅游地段，以江学士桥得名。民国时建路。基地南宋时代主要为居民居住区，发展到了清朝时驻扎了旗营。至民国时逐渐发展起来，思鑫坊等基地内历史建筑群主要在清末民初时建造。同时基地内还保留了韩国临时政府旧址，1932年杭州市政府历时五年修建了大韩民国临时政府杭州旧址纪念馆。为纪念唐杭州刺史白居易，南宋抗金名将蕲王韩世忠，命名道路为白傅路、蕲王路。基地内历史文化深厚，记载了杭州的历史发展。

区域研究

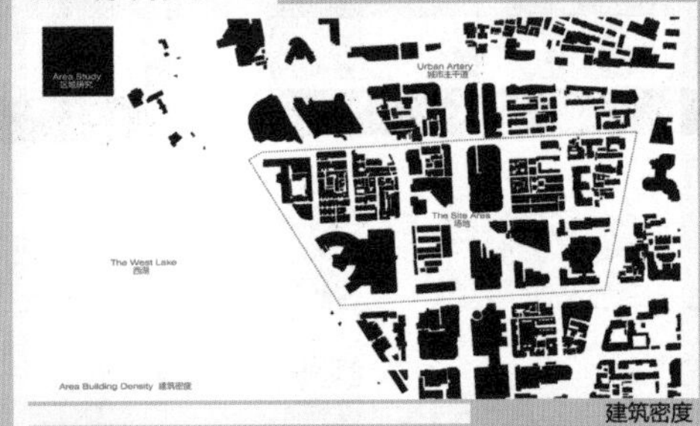

建筑密度

自然系统

交通组织

基地特征分析

■功能特征

图例

商业服务业设施用地	居住用地
公共管理与公共服务设施用地	(文物古迹用地)
公用设施用地	绿地与广场用地

基地内以商业功能为主，并混合以居住、公共设施、绿化等使用功能，整体上具备多样性的优势，但缺乏系统联系。同时由于居住质量交差、绿地系统分布不均匀，使基地出现明显的“动静之分”，部分区域丧失应有的活力。

■建筑特征

建筑质量

建筑风貌

建筑高度

保留改造

基地内建筑质量、风貌、高度差异颇大。其中近代建筑大部分质量较好、风貌一般，适宜保留；历史建筑质量较差、风貌较好，适宜改造。部分区域由于质量和风貌均不佳需要拆除。建筑高度上近代建筑较高，导致历史建筑的视野不佳。

■历史文化资源特征

学士坊别墅建筑

学士路3号建筑

劝业里胡宅

天德坊　韩国临时政府旧址　思鑫坊建筑群　古钱塘门碑

基地历史文化积淀深厚，拥有诸多历史保护建筑。重点保护建筑集中在学士路以北，建筑以石库门为主要风格，保留状况较差，目前多以居住用途为主。

基地特征分析

■行为活动空间特征

采用跟踪记录的方法，以5分钟为间隔，记录下10个地点各时辰的人数。

采用观察、访谈的方法调查基地及其周边两类人群的活动路径以及行为活动。其中外来人群活动路径以东坡路、延安路南北向为主，原住民活动路径集中在东西向道路以及街巷小道。基地现状的行为活动较丰富。以购物、旅游、餐饮为主。活动主体主要为外来人群。而原住民的活动行为表现为稳定、规律，活动空间较为局限，与外界交流较少。

活动轨迹分布图

现状活动发生频率统计表

现状活动行为分析图

基地矛盾分析

■宏观矛盾

■破旧的民房和璀璨的商业建筑　■冷清衰败的街巷和人潮汹涌的闹市

■街景“遮羞布”

- 部分与整体矛盾　部分指代保护不佳的历史民居以及20世纪70年代建造的居住小区，整体是指繁华的湖滨沿线商业区域。
- 人与人的矛盾　两种人包括原住民和外来旅游人群。这两类人在活动空间有明显的隔离，活动行为有明显的区别。
- 传统文化和现代文化的矛盾　传统文化如清代旗营等在基地内逐渐消逝而现代文化异常活跃。这两种文化在基地内是排斥的，不相融合的。

■微观矛盾

居民生活质量以及建成环境都呈现低档化，历史的街巷已难以满足现代生活的需要，原有的活力已经逐渐丧失。

通过图底转换发现主要的道路分级明确并呈网状分布，历史建筑中街巷尺度较小、没有体系。

■矛盾综述

历史街区环境质量差是不争的事实，低档化的居民生活难以维持街区活力。虽然具有活力极强的商业元素，但新老街区空间消极化，外来人群和原住民隔离。

由此可见，本次规划的重点在于解决新旧矛盾，促进历史与现代的融合。

THE POLE EFFECT

磁极效应 2

城市更新与历史保护文脉保护并行。

杭州市湖滨区块城市设计

城市规划1101 丁凤仪 郑晓虹

基地内杭州原住民、游客、高消费人群大量共存，彼此缺乏交流；历史建筑、破败临时建筑、高楼大厦比邻而居，影响街面市容景观，里坊街道狭小混乱；基地人流量极大，十字路口交通繁忙，人车混行，交通拥堵，容易发生交通事故。

方案概念

磁感线分布图

同名磁极相排斥，异名磁极相吸引。磁体间的相互作用以磁场作为媒介，能够叠加或削弱。

充分利用原有的历史建筑，开发历史文化产业，形成**文化磁极**；打通商业地下层，形成连贯的商业步行街，作为**商业磁极**，异名磁极相互吸引，加强了基地的“磁场强度”，吸引更多人群集聚，促进不同类型人群交流融合，带动经济发展。

文化磁极与商业磁极如同两块磁铁，内部散落着各类磁性因子，如院落、街巷等，各种磁性因子交织重叠，形成磁性空间，吸引着各类人群，促进不同人群的聚集交流，是人们相互沟通和理解的重要介质。方案中我们提出了以下策略：

（1）社会阶层融合（2）建筑元素融合（3）用地功能融合（4）磁性因子塑造

社会阶层融合

文化
商业
小广场
消费
庭院

原社会阶层　磁极与磁性因子　原住民获利　各人群沟通交流　社会阶层融合

基地原社会阶层主要有四类人群：老杭州市民、外来租户、游客、高收入人群，在文化磁极的作用下，基地内聚集大量游客，原住民能够通过将房屋改造为民宿、茶座或对外出租房屋等方式提高收入；外来租户能够就近找到更多工作，从而两大群体能够提高消费水平，改善生活状况，降低低收入人群与高收入人群之间的阶层敌视。

同时在磁极效益与磁性因子的作用下，不同人群的交流机会大量增加，沟通促进彼此的理解，使各社会阶层不同人群关系融洽，阶层融合。

建筑元素融合

基地内建筑质量参差不齐，有现代建筑、历史建筑，还有破旧的临时建筑。临时建筑亟待整改，而历史建筑根据建筑质量、建筑年代与保留价值进行改造，保留建筑质量较好的部分，提取主要历史建筑元素，与现代建筑风格结合，实现不同建筑元素的融合。

用地功能融合

总结出地块内正在发生以及子系统可能发生的各种行为，归纳为4个行为子系统：购物休闲系统、艺术展示系统、历史记忆系统和集会系统。

根据每个系统中参与活动的人群数量、持续时间和发生频率，确定每个系统中各种行为的发生点（**包括现状存在和未来预测**），**以基地内的交通流线为基础，连接各个行为发生点绘制**每个系统的行为趋势线。

购物休闲系统	艺术展示系统	历史传承系统	集会系统
01 购物	01 艺术工作	01 重建	01 聚会
02 酒吧	02 展览	02 历史讲解	02 看电影
03 咖啡&茶	03 拜访	03 保护	03 结婚
04 餐饮	04 街道展示		04 做礼拜
05 休息	05 小型拍卖会		

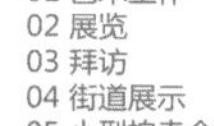
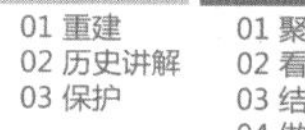

购物休闲系统　艺术展示系统　历史传承系统　集会系统

磁性空间塑造

儿童　磁性因子“公共活动空间”

我们想要更多玩的地方，地方大点、多点，最好有花有草的！

“见缝插针”设置广场、绿地等公共空间。

外地游客　磁性因子“历史文化步行街”

我们想看有本土特色的东西，要与众不同，如果能参与到本地市民生活中去，就更好啦！

保留历史建筑，开发民俗活态博物馆、民宿等文化体验场所。

都市丽人　磁性因子“商业街”

这里是市中心，我们经常来这逛街，但是车很多，我们想要连续集中、安全的商业街。

连接各商业中心，规划地面商业街与地下商业街，从地下穿越繁忙的十字路口，保证行人安全。

杭州市民　磁性因子“地下停车库”

我生在这里，长在这里，但是越来越觉得住的不方便，路弯弯绕绕的，开不进车，也没地方停。

连接各地下层，规划形成完善的地下停车系统。

磁性因子塑造

院落

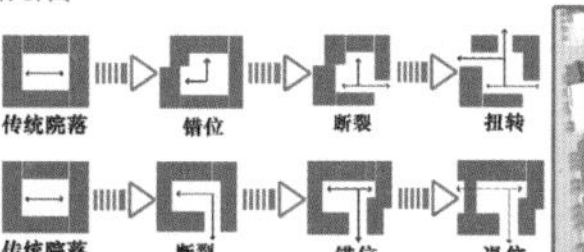
传统院落
错位
断裂
扭转
传统院落
断裂
错位
退位

保留质量较好、文化价值较高的建筑，对新建或改建的院落，主要通过以下四种方式：

断裂：提高院落开放性

错位：空间缩放富于变化

退位：过渡空间引入

扭转：内外环境融为一体

街巷

延续传统街巷曲径通幽的特点，整治道路，在平面上通过对景、节点、过渡的手法营造宜人的空间。

竖向上通过建筑层高的局部改变以及利用山墙来增加竖向的空间层次。

方案概念示意图

城市更新与历史保护文脉保护并行。
THE POLE EFFECT
磁极效应 3
杭州市湖滨区块城市设计
城市规划1101 丁凤仪 郑晓虹
保留质量较好且有一定文化价值的建筑，将街道的宽度控制在5米到6米，保持传统街道的空间尺度。
通过广场、标识物来突出步行街的入口空间，思鑫坊和湖滨银泰分别是历史、现代的体现。
沿街有节奏地呈现不同的建筑、构筑物，并通过空间的线性引导、收放与转折，形成丰富的视觉体验和时间呈现。
方案分析图
用地功能划分图
开放空间环境分析图
车行系统分析图
步行系统分析图
融合方式一 置换
融合方式二 扩散
针对基地内功能划分现状，进一步推动文化产业发展，置换不融合的产业功能，融入更多服务功能，例如演艺、商业、住宿等。加强文化磁极强度，改善原住民居住条件，提高文化旅游质量。
宾馆
曲艺表演
文化娱乐
休闲 艺术
商业服务
演艺
商业街区
餐饮休闲
休闲 运动
文化步行街分析图
地下空间分析图
地下停车空间
地下商业空间
地铁空间
地下商业街
下沉广场
车辆停车路线
地下空间意向图
功能分析图
空间分析图
融合方式一 改造
融合方式一 新建
总平面图
1 大韩民国临时政府旧址
2 劝业里胡宅
3 星远里历史建筑群
4 大庆里历史建筑群
5 劝业里历史建筑群
6 龙翔服饰城
7 天长小学
8 思鑫坊历史建筑群
9 杭州市卫生局
10 学士路3号历史建筑
11 杭州市第一人民医院
12 文化综合体
13 酒店
14 工联大厦购物中心
15 湖滨银泰
16 利星名品广场
17 凯越大酒店
0m 20m 40m 60m 80m 100m
地下空间分析图
地下停车空间
地下商业空间
地下商业街
地铁空间
下沉广场

THE POLE EFFECT

城市更新与历史保护文脉保护并行。

磁极效应 4

杭州市湖滨区块城市设计

城市规划1101 丁凤仪 郑晓虹

"文化磁极"通过四个方面来营造空间：磁极公共活力空间、磁极街巷空间、磁极竖向空间以及磁极小品。磁极空间内相互作用、影响，通过改造磁性要素来达到社会融合、多元共生的目的。

磁极公共活力空间

■建筑特征

购物 休闲 亲子 运动 旅游 艺术 教育

- 下沉广场与商业LED大屏
- 地下商业街2号下沉入口
- 石库门博物馆与商业综合建筑群

磁极院落空间

将建筑中乱搭乱建的建筑物和构筑物拆除，恢复基地内原有的机理形态。

对原有的 院落空间进行空间整合，对个别建筑单体进行形态修改，恢复传统院落空间。构筑磁性空间。

对传统个院落空间进行重组，单个院落空间有机结合。形成一种新型的复合院落。

- 湖边村建筑群
- 思鑫坊建筑群
- 龙翔思鑫坊连接

磁极街巷空间设计中强调路网链接顺畅，创造一个多样化的磁场空间。提高磁场活力指数。

磁极竖向空间

■建筑特点

入口处改造为可公共共享的灰空间，也可作商户用途。

学士路改造民居。保留地块石库门风格的特性，将学士路破旧民居改造为石库门别墅。

■建筑细部

建筑细部主要雕花体现为欧式风格，而建筑构建又有传统建筑的意蕴。

保留现状的基础上增加立面石库门元素，改造乱搭乱建部分。重新处理混乱的沿街立面，使里面富有石库门风貌，提高地块吸引力。

将思鑫坊独有的石库元素提取、演化，将之演变成独特的道路立面，可成为城市中独特的一道风景线，同时可促进商业，增加地块人气。

强调建筑美学的同时应保证地块的宜居性，打造适宜原住民生活、生产的活力地块。

鸟瞰图

磁极小品

■磁极小盒 景观小品包括传统意向小品与现代意向小品，两者相为融合。

■墙面绿化

绿化强调和谐统一，可持续发展。

■街巷美化

在巷道内设置花架，可美化巷道。

建筑立面分析

•菩提寺路东立面图

基地中建筑高度受控制，均在30米以下。通过建筑的节奏使立面富有变化。在设计中，特别控制了建筑的高度，使整体协调统一。

•平海路南立面图

新心向荣 01

杭州市第二棉纺织厂地段城市更新设计

历史沿革

杭州第二棉纺织厂位于秀丽壮观的钱塘江之滨，始建于1958年，是浙江省最大的棉纺织厂，也是纺织工业部的重点企业。全厂现有职工9000人。厂区占地面积41万平方米,其中建筑面积29万平方米。

1958年11月23日,萧山棉纺织厂正式成立。

1968年8月8日，萧山棉纺织厂更名为杭州第二棉纺织厂，隶属于杭州市纺织工业局。南织车间投产后，"杭二棉"形成了两纺两织比较合理的生产布局，被列为国家大型企业，是浙江省和杭州市主要纺织品生产和出口基地。

1998年，政府决定对"杭二棉"实施压锭、破产、调整、重组。但随着国有企业改革的深入，其国有独资性质暴露出的产权制度不明晰、经营机制不活、劳动用工制度陈旧等弊端，已成为企业在市场经济中不断发展壮大的障碍。

充分发挥纺织城位于萧山中心城区的区位优势，大交通优势，人居环境优势和发展空间优势，对纺织城原有不适应现代化发展的产业进行有机置换，使之现代居住服务业高度聚集，就业岗位充裕，实现纺织城复兴。

地理位置

杭二棉单位大院地块位于浙江省杭州市萧山新城的中心位置，由于优越的地理位置，杭二棉单位大院地块将成为整个萧山区的新中心，其功能是吸引旧城人口在新城集聚，打造新的商业、商务、休闲中心。

区位分析

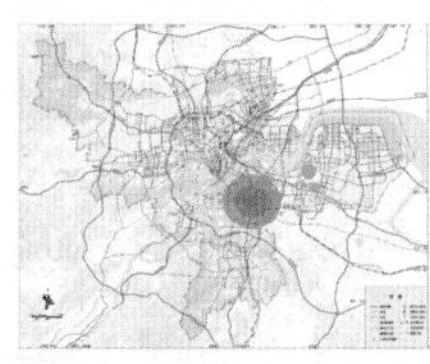

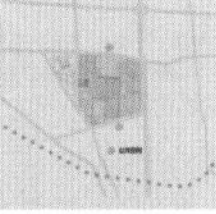

公共空间分析

公共设施分析

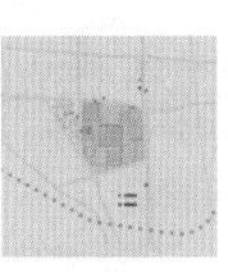

道路交通分析

地块周边公共空间较少且散乱，需要设置一个公共空间，保障周边居住区的生活需求。

地块北侧为恒隆广场——现代商业综合体，南侧为萧山新天地——红砖商业中心，地块南北与商贸中心相连接，形成商业中心。

地铁2号线于地块东侧通过，在南侧新天地处设置杭发厂站，需要将人流引入地块内部。

用地现状

居住用地
教育用地
文化艺术中心
商贸中心
地块内工业厂房
厂房仓库

现状用地性质图

建筑高度评价图

用地现状

建筑质量评价图

建筑历史文化价值评价图

工业遗产定位

自上而下

区位环境分析

城市功能分析

城市事件驱动

城市工业遗产保护与有机更新的功能定位

本体评价

公众参与

自下而上

SWOT分析

	宏观	中观	微观
优势	用地位于萧山区中心城区，周边地块建设发展状况较好，地理位置较好。	用地处于萧山区中心城区的交通枢纽处，地铁2号线和未来地铁5号线经过地块位置，交通十分便利。	基地内部可通过创意产业置换原有的纺织产业，进行功能置换后仍然可以发挥区位优势。
劣势	纺织厂的纺织产业发展滞销，在整体上产业的市场竞争力不足。	用地内缺少相应配套的服务设施，曾经的大院生活质量下降，工人居住环境较差。	现今创意园区的设计理念较多，在地块周边已有一些创意园区建立起来，纺织厂与周围各产业的联系不大，对其发展造成制约。
机遇	随着杭州市第三产业的大力发展，在进行重新设计整顿之后，势必能有效推动地块的土地升值。	三改一拆在萧山进行，对于旧厂区，萧山区选择"退二进三"，成为文创产业园，或是产业提升、"腾笼换鸟"的阵地，提升产业结构。	纺织厂文化创意休闲产业的兴起将给规划区域带来新的振兴元素，由此带来的潜在人群，为地段的发展带来活力。
挑战	随着周边地铁等交通枢纽的建立，其中心片区的地段价值将上升，高地价的支付能力，是否仍能吸引设计师或艺术家的入驻，是我们不得不考虑的问题。	纺织厂在经历倒闭和重组之后，由国营企业转变成民营企业，在结构调整后，原先的纺织职工的就业问题，以及纺织厂老员工居住问题等社会问题**成为焦点**。	在进行功能置换、有机更新的基础上，怎样在新一轮的建设中保留原有特色是值得思考的问题。

规划定位

	现状发展	社会需求	目标对策
经济复兴	处于靠近萧山区主城区位置，空间和产业上都各自为政，不利于带动经济发展。	杭二棉纺织厂需要对其整个地块土地开发，带动其本身发展以及周边发展。	商贸业、创意产业、文化休闲业来置换现有产业，加大就业扶持。
文化重塑	曾经杭州最大的棉纺织基地如今衰落，创意产业方兴未艾。	通过文化和工业遗产带动城市衰败地区的文化复兴，为该地区注入新的活力。	充分利用所有价值,将工业建筑进行改造，注入新的功能使该地区拥有新的文化氛围。
社区发展	规划地块内基础设施不完善，环境质量较差，相对于周边地块已处于落后低位。	纺织城片区需要一个公共文化活动中心，并围绕此展开公共生活。	建立有特色的公共中心，改善片区环境，吸引人群进入，与周边的恒隆广场结合形成萧山主城区的一个创意休闲文化中心。

小组成员：冯佳意、李玉莲 指导老师：龚强、赵峰、陈怀宁

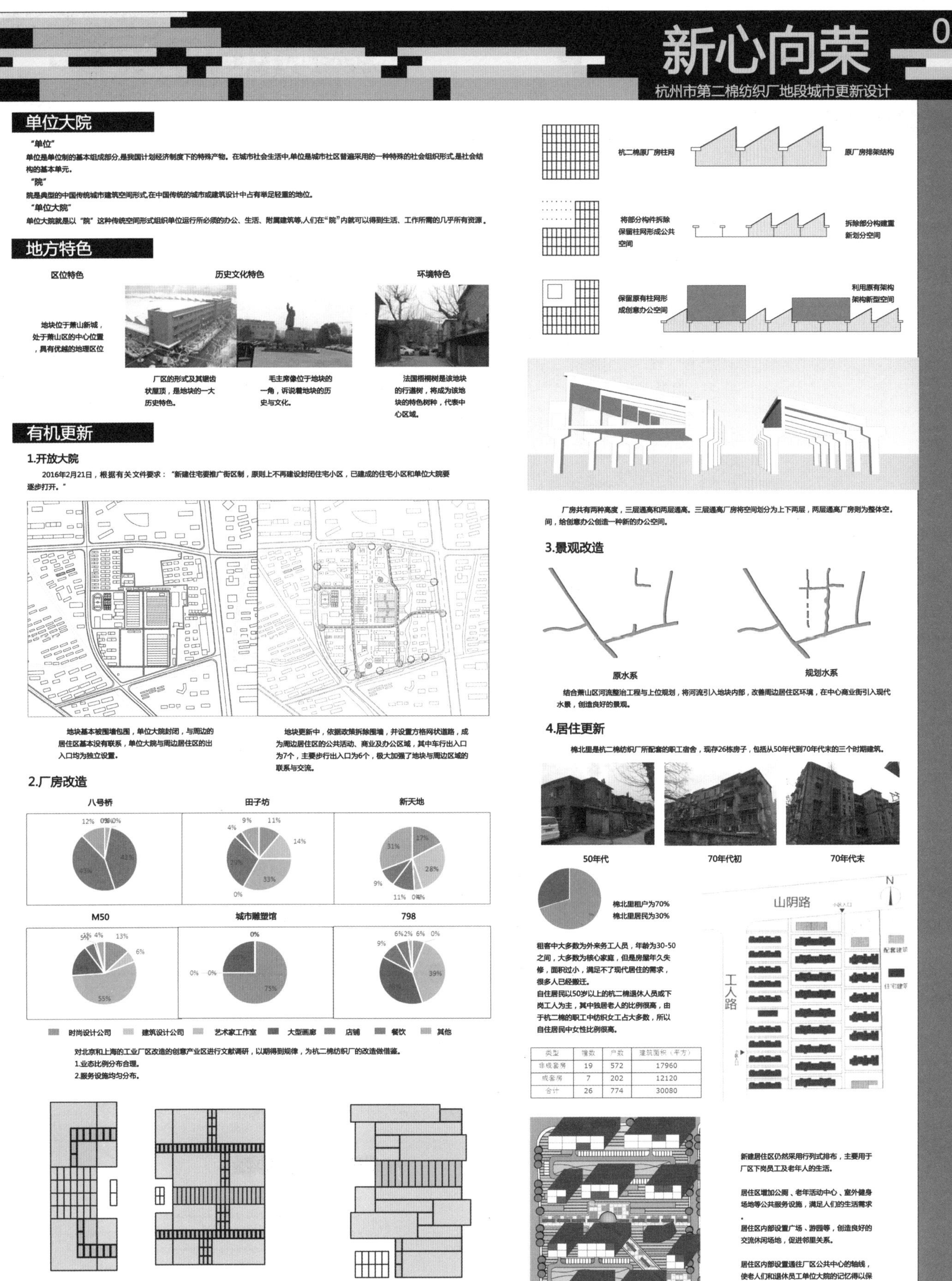
新心向荣
02
杭州市第二棉纺织厂地段城市更新设计
单位大院
“单位”
单位是单位制的基本组成部分,是我国计划经济制度下的特殊产物。在城市社会生活中,单位是城市社区普遍采用的一种特殊的社会组织形式,是社会结构的基本单元。
“院”
院是典型的中国传统城市建筑空间形式,在中国传统的城市或建筑设计中占有举足轻重的地位。
“单位大院”
单位大院就是以“院”这种传统空间形式组织单位运行所必须的办公、生活、附属建筑等,人们在“院”内就可以得到生活、工作所需的几乎所有资源。
地方特色
区位特色
历史文化特色
环境特色
地块位于萧山新城,处于萧山区的中心位置,具有优越的地理区位
厂区的形式及其锯齿状屋顶,是地块的一大历史特色。
毛主席像位于地块的一角,诉说着地块的历史与文化。
法国梧桐树是该地块的行道树,将成为该地块的特色树种,代表中心区域。
有机更新
1.开放大院
2016年2月21日,根据有关文件要求:“新建住宅要推广街区制,原则上不再建设封闭住宅小区,已建成的住宅小区和单位大院要逐步打开。”
地块基本被围墙包围,单位大院封闭,与周边的居住区基本没有联系,单位大院与周边居住区的出入口均为独立设置。
地块更新中,依据政策拆除围墙,并设置方格网状道路,成为周边居住区的公共活动、商业及办公区域,其中车行出入口为7个,主要步行出入口为6个,极大加强了地块与周边区域的联系与交流。
2.厂房改造
八号桥
田子坊
新天地
M50
城市雕塑馆
798
时尚设计公司
建筑设计公司
艺术家工作室
大型画廊
店铺
餐饮
其他
对北京和上海的工业厂区改造的创意产业区进行文献调研,以期得到规律,为杭二棉纺织厂的改造做借鉴。
1.业态比例分布合理。
2.服务设施均匀分布。
中心综合区厂房平面功能
南侧入口厂房平面功能
展示空间
工作空间
公共空间
艺术体验
商业空间
过道空间
对原杭二棉纺织厂进行功能的置换,形成创意产业园区,并形成商业街,以及为周边的居住区提供公共活动的空间。
杭二棉原厂房柱网
原厂房排架结构
将部分构件拆除保留柱网形成公共空间
拆除部分构建重新划分空间
保留原有柱网形成创意办公空间
利用原有架构架构新型空间
厂房共有两种高度,三层通高和两层通高。三层通高厂房将空间划分为上下两层,两层通高厂房则为整体空间,给创意办公创造一种新的办公空间。
3.景观改造
原水系
规划水系
结合萧山区河流整治工程与上位规划,将河流引入地块内部,改善周边居住区环境,在中心商业街引入现代水景,创造良好的景观。
4.居住更新
棉北里是杭二棉纺织厂所配套的职工宿舍,现存26栋房子,包括从50年代到70年代末的三个时期建筑。
50年代
70年代初
70年代末
棉北里租户为70%
棉北里居民为30%
租客中大多数为外来务工人员,年龄为30-50之间,大多数为核心家庭,但是房屋年久失修,面积过小,满足不了现代居住的需求,很多人已经搬迁。
自住居民以50岁以上的杭二棉退休人员或下岗工人为主,其中独居老人的比例很高,由于杭二棉的职工中纺织女工占大多数,所以自住居民中女性比例很高。
山阴路
工人路
N
新建居住区仍然采用行列式排布,主要用于厂区下岗员工及老年人的生活。
居住区增加公寓、老年活动中心、室外健身场地等公共服务设施,满足人们的生活需求。
居住区内部设置广场、游园等,创造良好的交流休闲场地,促进邻里关系。
居住区内部设置通往厂区公共中心的轴线,使老人们和退休员工单位大院的记忆得以保留。
小组成员:冯佳意、李玉莲
指导老师:龚强、赵峰、陈怀宁

类型	幢数	户数	建筑面积(平方)
非成套房	19	572	17960
成套房	7	202	12120
合计	26	774	30080

新心向荣 03

杭州市第二棉纺织厂地段城市更新设计

总体布局

1.地面集中停车位 2.入口广场 3.商业综合体 4.文化艺术中心 5.商务办公 6.办公用地 7.公园 8.滨河餐厅
9.商业办公 10.滨河公园 11.步行街 12.文化办公 13.滨河广场 14.休闲会所 15.商业办公 16.居住小区
17.商业娱乐 18.居住小区 19.文化办公 20.商贸文化 21.居住小区 2.雕塑广场 23.单身公寓 24.小学
25.开放小区 26.老年活动中心

分析图

用地功能结构图

流线分析图

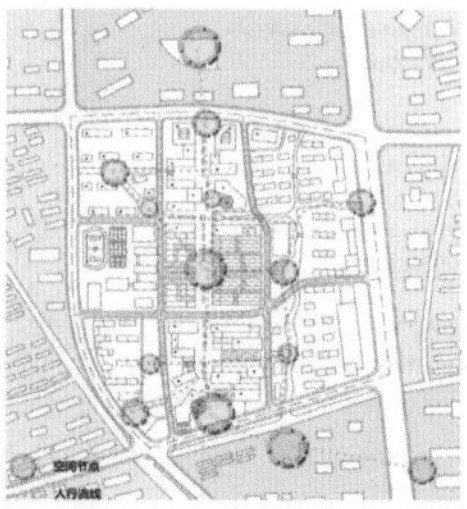

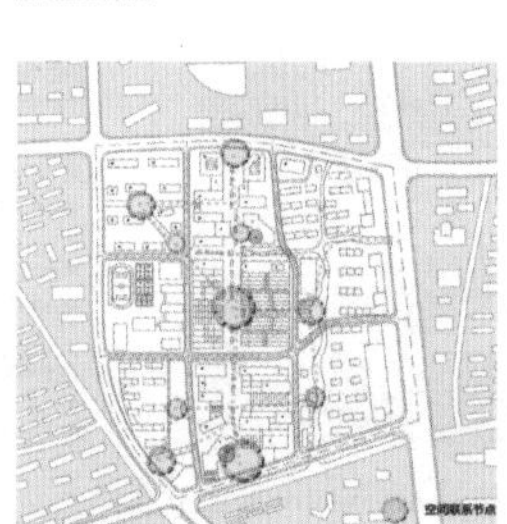
节点分析图

周边空间关系图

公共空间分析图

经济技术指标

项目名称	数据指标	项目名称	数据指标
规划总用地	24ha	高度控制	60m
道路面积	2.8ha	建筑密度	26.7%
广场面积	3.8ha	容积率	2.1
水体面积	2.1ha	绿地率	36%
建筑占地面积	6.4ha	地面停车位	500个

设计说明

本设计地块位于杭州市萧山区主城区位置，作为未来萧山城区的发展中心，将面对服务不同人群，以及原杭二棉纺织厂的退休工人、周边居民以及游客等。情况复杂，需要针对人群的服务需要对地段进行设计改造。

考虑到纺织城有其历史文化背景，通过文化和工业遗产带动该地段衰败的地区文化，注入新的活力，并充分利用厂房建筑进行改造，注入新的功能使原本衰败的地区文化和经济再次得以复苏和发展，使得新的元素和其本身的中心地段位置相融合、适应，并保留地块本身特色，打造一个休闲文化、办公商务于一体的城市中心多元综合体。

小组成员：冯佳意、李玉莲 指导老师：龚强、赵峰、陈怀宁

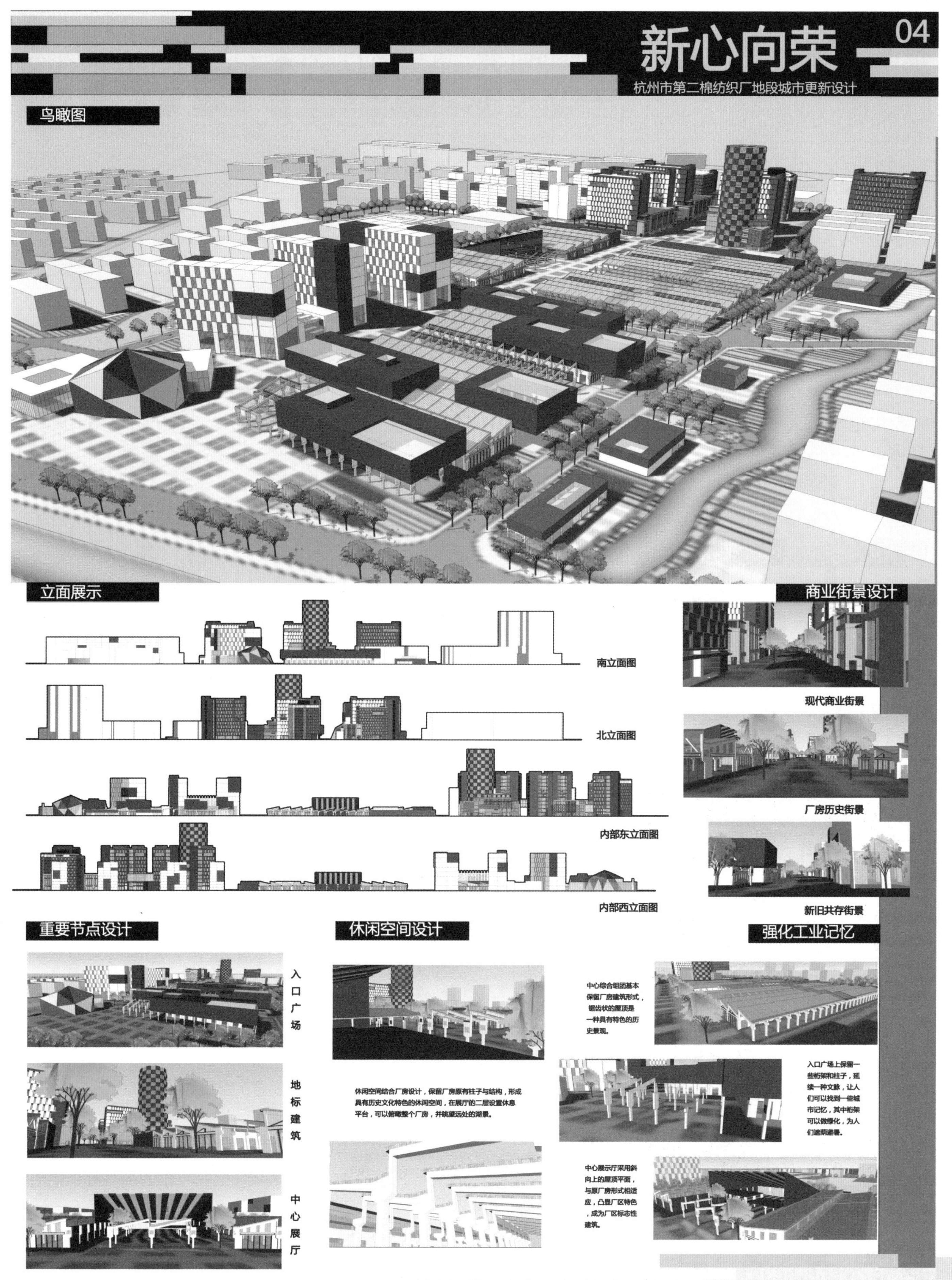
新心向荣
04
杭州市第二棉纺织厂地段城市更新设计
鸟瞰图
立面展示
南立面图
北立面图
内部东立面图
内部西立面图
商业街景设计
现代商业街景
厂房历史街景
新旧共存街景
重要节点设计
入口广场
地标建筑
中心展厅
休闲空间设计
休闲空间结合厂房设计，保留厂房原有柱子与结构，形成具有历史文化特色的休闲空间，在展厅的二层设置休息平台，可以俯瞰整个厂房，并眺望远处的湖景。
强化工业记忆
中心综合组团基本保留厂房建筑形式，锯齿状的屋顶是一种具有特色的历史景观。
入口广场上保留一些桁架和柱子，延续一种文脉，让人们可以找到一些城市记忆，其中桁架可以做绿化，为人们遮荫避暑。
中心展示厅采用斜向上的屋顶平面，与原厂房形式相适应，凸显厂区特色，成为厂区标志性建筑。

小组成员：冯佳意、李玉莲　　指导老师：龚强、赵峰、陈怀宁

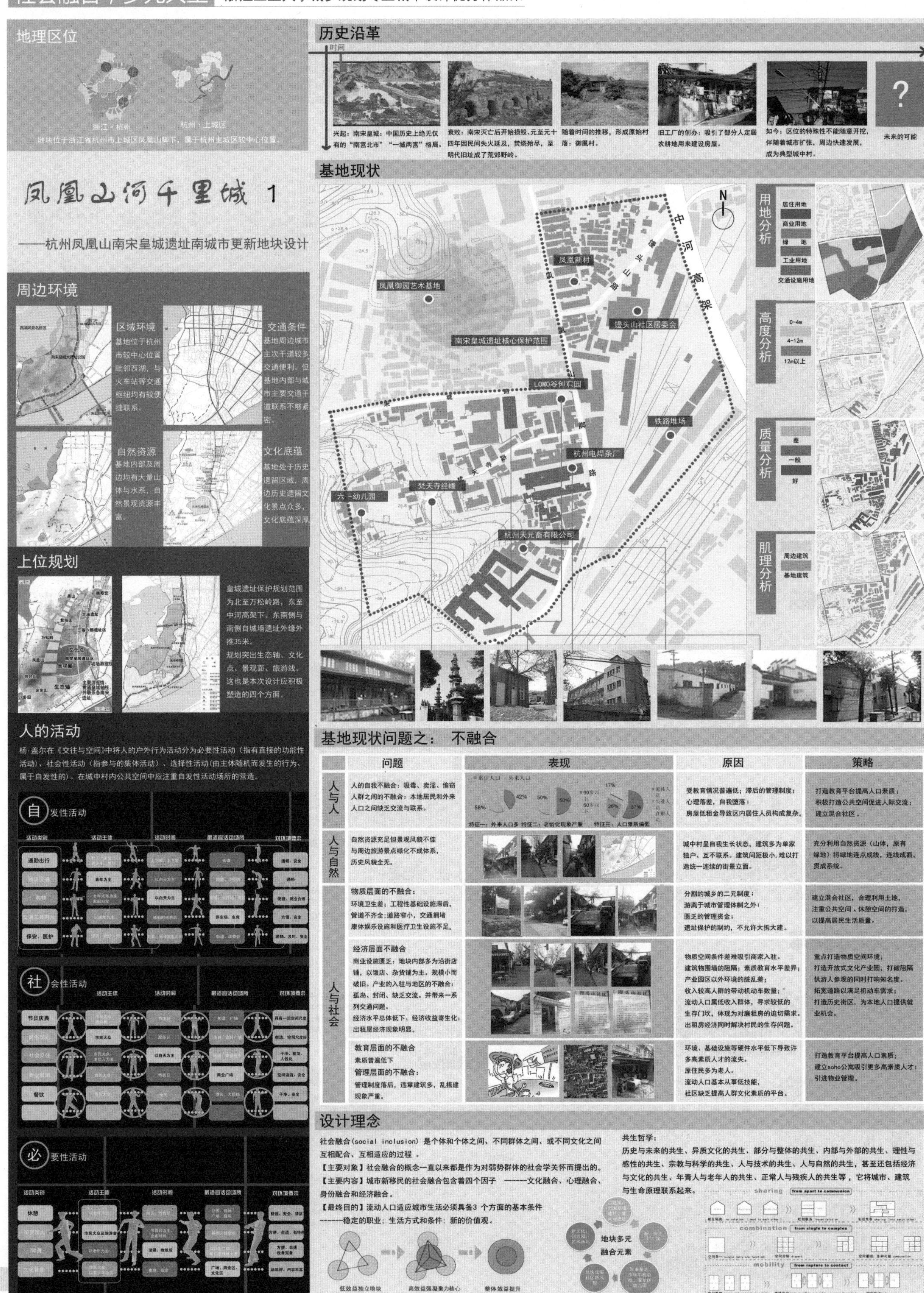

地理区位
浙江·杭州
杭州·上城区
地块位于浙江省杭州市上城区凤凰山脚下，属于杭州主城区较中心位置。
凤凰山河千里城 1
——杭州凤凰山南宋皇城遗址南城市更新地块设计
周边环境
区域环境
基地位于杭州市较中心位置毗邻西湖，与火车站等交通枢纽均有较便捷联系。
交通条件
基地周边城市主次干道较多交通便利。但基地内部与城市主要交通干道联系不够紧密。
自然资源
基地内部及周边均有大量山体与水系，自然景观资源丰富。
文化底蕴
基地处于历史遗留区域，周边历史遗留文化景点众多，文化底蕴深厚。
上位规划
皇城遗址保护规划范围为北至万松岭路，东至中河高架下。东南侧与南侧自城墙遗址外缘外推35米。
规划突出生态轴、文化点、景观面、旅游线。这也是本次设计应积极塑造的四个方面。
人的活动
杨·盖尔在《交往与空间》中将人的户外行为活动分为必要性活动（指有直接的功能性活动）、社会性活动（指参与的集体活动）、选择性活动(由主体随机而发生的行为、属于自发性的)。在城中村内公共空间中应注重自发性活动场所的营造。
自发性活动
社会性活动
必要性活动
历史沿革
时间
兴起：南宋皇城：中国历史上绝无仅有的“南宫北市”“一城两宫”格局。
衰败：南宋灭亡后开始损毁、元至元十四年因民间失火延及，焚烧殆尽，至明代旧址成了荒郊野岭。
随着时间的推移，形成原始村落：御凰村。
旧工厂的创办：吸引了部分人定居农耕地用来建设房屋。
如今：区位的特殊性不能随意开挖，伴随着城市扩张，周边快速发展，成为典型城中村。
未来的可能
?
基地现状
凤凰御园艺术基地
南宋皇城遗址核心保护范围
凤凰新村
馒头山社区居委会
LOMO谷创意园
铁路堆场
杭州电焊条厂
梵天寺经幢
六一幼儿园
杭州天元畜有限公司
中河高架
N
用地分析
居住用地
商业用地
绿地
工业用地
交通设施用地
高度分析
0~4m
4~12m
12m以上
质量分析
差
一般
好
肌理分析
周边建筑
基地建筑
基地现状问题之： 不融合
问题
表现
原因
策略
人与人
人的自我不融合：吸毒、卖淫、偷窃
人群之间的不融合：本地居民和外来人口之间缺乏交流与联系。
特征一：外来人口多 特征二：老龄化现象严重 特征三：人口素质偏低
受教育情况普遍低；滞后的管理制度；心理落差，自我堕落；房屋低租金导致区内居住人员构成复杂。
打造教育平台提高人口素质；积极打造公共空间促进人际交流；建立混合社区。
人与自然
自然资源充足但景观风貌不佳
与周边旅游景点绿化不成体系，历史风貌全无。
城中村呈自我生长状态，建筑多为单家独户，互不联系，建筑间距极小，难以打造统一连续的街景立面。
充分利用自然资源（山体，原有绿地）将绿地连点成线，连线成面，贯成系统。
人与社会
物质层面的不融合：
环境卫生差；工程性基础设施滞后，管道不齐全；道路窄小，交通拥堵
康体娱乐设施和医疗卫生设施不足。
分割的城乡的二元制度；游离于城市管理体制之外；匮乏的管理资金；遗址保护的制约，不允许大拆大建。
建立混合社区，合理利用土地，注重公共空间、休憩空间的打造，以提高居民生活质量。
经济层面不融合
商业设施匮乏：地块内部多为沿街店铺，以饭店、杂货铺为主，规模小而破旧，产业的入驻与地区的不融合：孤岛，封闭，缺乏交流，并带来一系列交通问题。
经济水平总体低下、经济收益寄生化：出租屋经济现象明显。
物质空间条件差难吸引商家入驻。
建筑物围墙的阻隔；素质教育水平差异；产业园区以外环境的脏乱差；
收入较高人群的带动机动车数量；
流动人口属低收入群体，寻求较低的生存门坎，体现为对廉租房的迫切需求。出租房经济同时解决村民的生存问题。
重点打造物质空间环境；
打造开放式文化产业园，打破阻隔供游人参观的同时打响知名度；
拓宽道路以满足机动车需求；
打造历史街区，为本地人口提供就业机会。
教育层面的不融合
素质普遍低下
管理层面的不融合：
管理制度落后，违章建筑多，乱搭建现象严重。
环境、基础设施等硬件水平低下导致许多高素质人才的流失。
原住民多为老人。
流动人口基本从事低技能，
社区缺乏提高人群文化素质的平台。
打造教育平台提高人口素质；
建立soho公寓吸引更多高素质人才；
引进物业管理。
设计理念
社会融合(social inclusion) 是个体和个体之间、不同群体之间、或不同文化之间互相配合、互相适应的过程 。
【主要对象】社会融合的概念一直以来都是作为对弱势群体的社会学关怀而提出的。
【主要内容】城市新移民的社会融合包含着四个因子 ——文化融合、心理融合、身份融合和经济融合。
【最终目的】流动人口适应城市生活必须具备3 个方面的基本条件
——稳定的职业；生活方式和条件；新的价值观。
低效益独立地块
高效益强凝聚力核心
整体效益提升
地块多元融合元素
共生哲学：
历史与未来的共生、异质文化的共生、部分与整体的共生、内部与外部的共生、理性与感性的共生、宗教与科学的共生、人与技术的共生、人与自然的共生，甚至还包括经济与文化的共生、青年人与老年人的共生、正常人与残疾人的共生等，它将城市、建筑与生命原理联系起来。
sharing
combination
mobility

规划定位

结合上位规划对南宋皇城遗址公园“凤凰涅盘”的定位及未来杭城发展打出的“南宋牌”，规划地块则以“天城遗珠，创意名星”定位遗址公园的周边地区，以“宜居宜业，颐养天年”的原则指导历史街区、文创园和老年公寓的和谐共建。

彼之恢弘　今之疮痍　　古今荟萃　格调生活

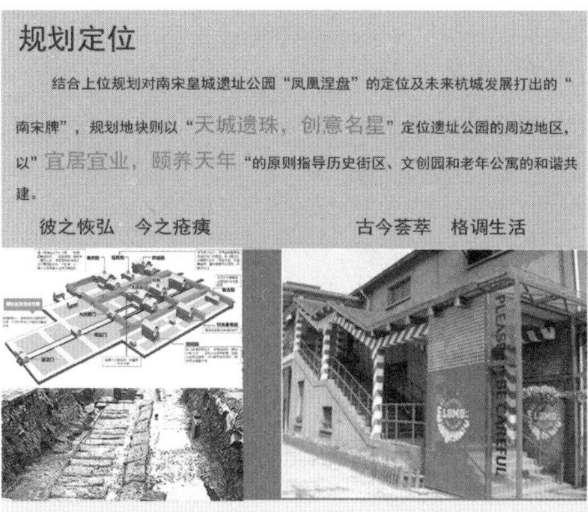

凤凰山河千里城2

——杭州凤凰山南宋皇城遗址南城市更新地块设计

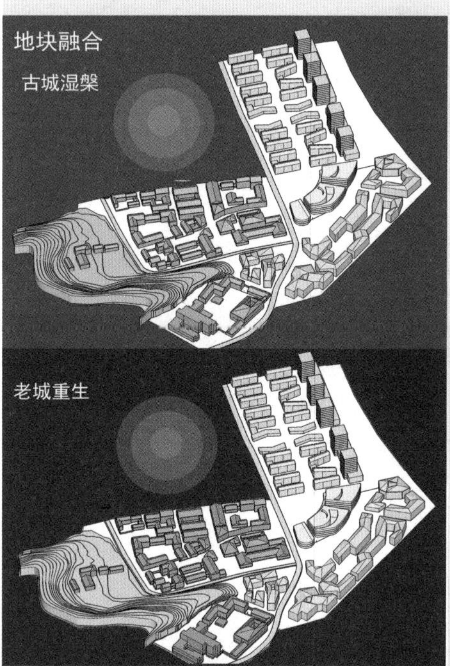
地块融合
古城湿槃
老城重生

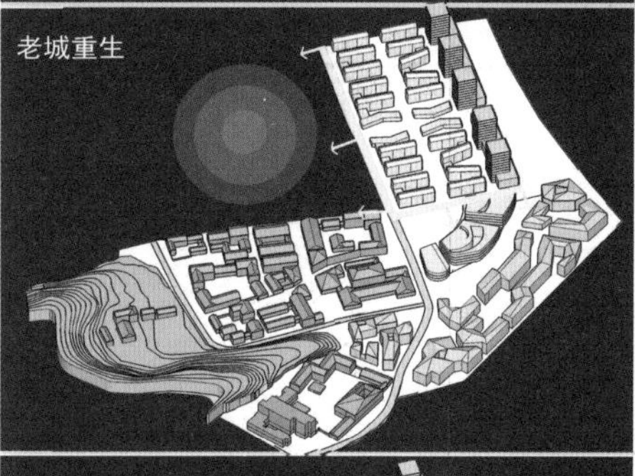
老城重生

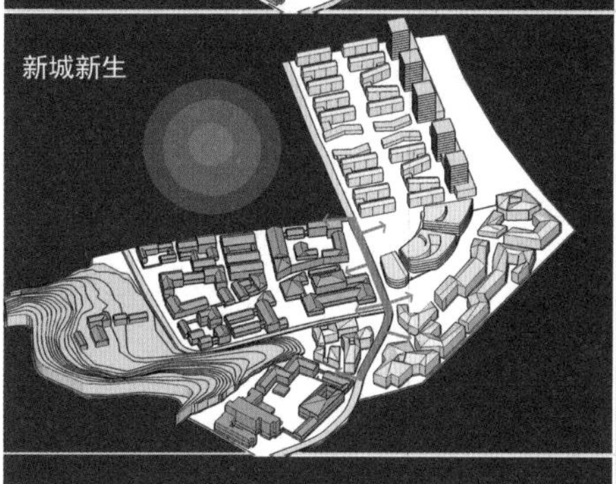
新城新生

设计理念

宏观上打破城中村边界的封闭空间，让其从边界开始向城市空间渗透，通过向内溶解孤岛，实现与城市的融合；微观上注重灰空间的营造，实现自身活跃度的提升。

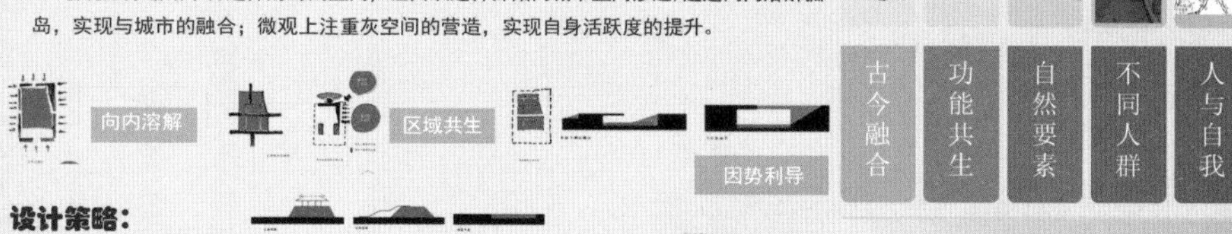
向内溶解
区域共生
因势利导
古今融合
功能共生
自然要素
不同人群
人与自我

设计策略：

皇城气势：大疏大密

依山坡地：高地高密，谷地低密

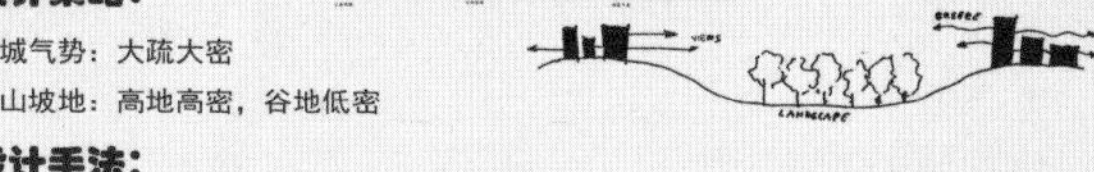

设计手法：

修旧如旧：对乡土文化进程挖掘，寻找城中村内文化的影子，对其原有的风貌，采取“修旧如旧”的方式。　场景还原 应考虑到原住民的心理需求，在设计中，用新型的材料和科技，去营造一种空间感受，创造出休闲娱乐、交流的空间。

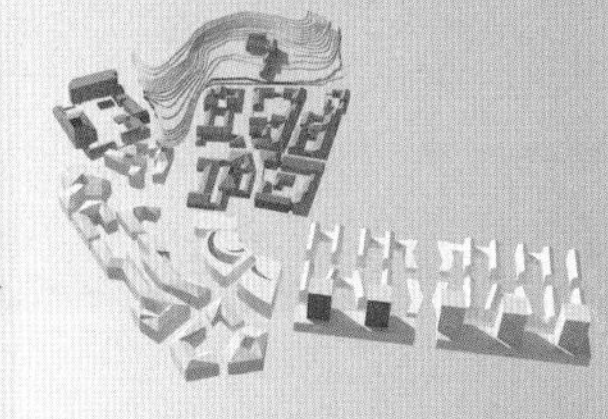

设计步骤：

步骤一：梳理设计要素

what we absorb? …… native uniquerens 基地分析，要素提取 —— 地域特色 / 文化特色 / 历史足迹

what we need? …… comprehensive function 功能复合，需求分析 —— 创意产业功能··集成与高效 / 观展休闲功能··意义和乐趣 / 生活居住功能··舒适与便捷

what we display? …… harmonious space 和谐空间 —— 共生 不同人群、不同功能、不同产业··· / 融合 人与人、人与自然、人与社会···

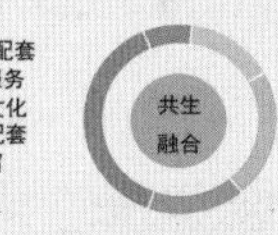
旅游及配套
公共服务
商业文化
居住配套
食宿
共生
融合

步骤二：建立共生网络

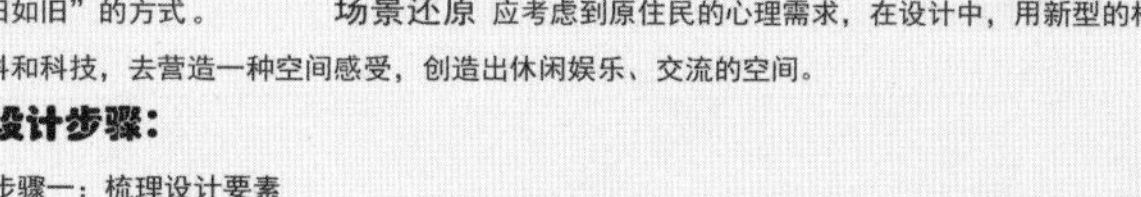

区域共生纽带 Bond of Areas
街巷共生重合 Overlay of Streels
灰空间融合联结 Gray spatial urge integration and link

步骤三：打破孤立创造融合

人与人的融合

打造教育平台，提升地块内人员素质。

社区公共活动中心 促进各层面人群交流

公建前的广场是基地的中心节点，兼集散广场功能，集聚人流，提高人气。

建立混合社区，soho公寓，吸引高素质人才入驻。在保持一定私密性的同时，开放空间的塑造增加了趣味性。

人与自然的融合：基地现状景观风貌较差，规划利用现有丰富的自然资源，因地制宜，打造宜人的休憩空间与公共空间。

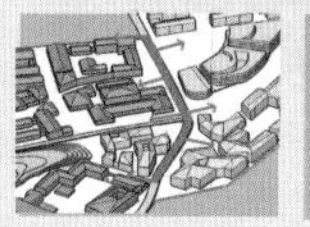

人与社会的融合：基地原先主要道路凤凰山脚路间距小，给交通带来了极大不便。在设计中进行了合理拓宽。

历史街区的打造在吸引外来游客，拉动经济的同时，为当地居民提供就业机会，并促进他们与外界的交流。

历史街区的打造在吸引外来游客，拉动经济的同时，为当地居民提供就业机会，并促进他们与外界的交流。

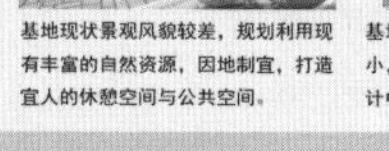

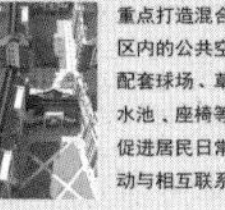

重点打造混合社区内的公共空间，配套绿场、草坪、水池、座椅等，促进居民日常活动与相互联系。

相关步骤：

拆迁居民就地安置

居民拆迁后，根据居民自身意愿，部分将被安置于基地内新建住房中，这样做有利于城市文化的延续和区域活力的重建，也符合居民参与城市建设的原则。

居住用地减少为6.5公顷，提高容积率，稀释城中村人口。建设老年公寓共安置480户当地居民soho小高层共110户。

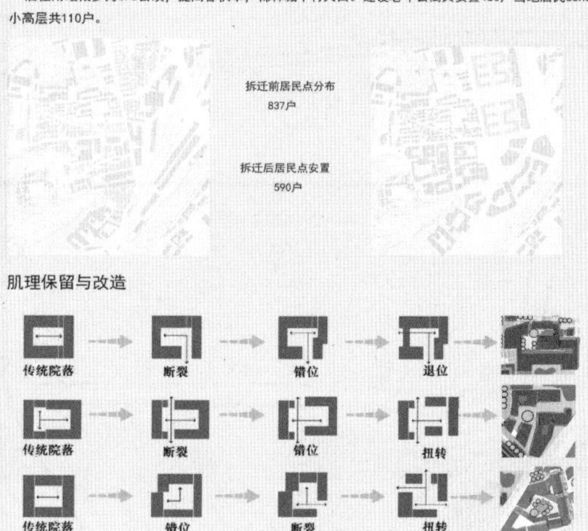
拆迁前居民点分布
837户
拆迁后居民点安置
590户

肌理保留与改造

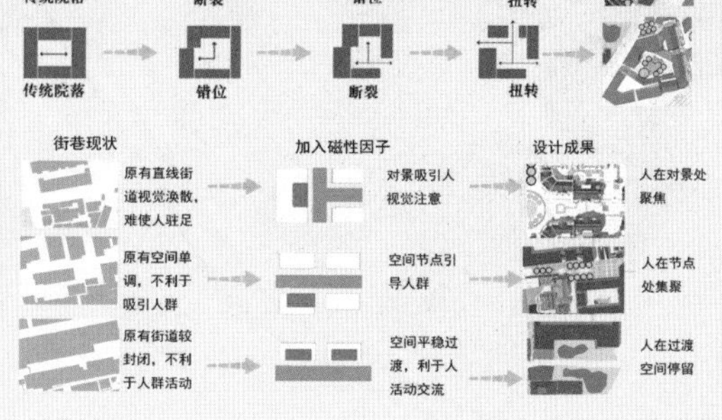
传统院落
断裂
错位
退位
扭转
街巷现状
加入磁性因子
设计成果
原有直线街道视觉涣散，难使人驻足
对景吸引人视觉注意
人在对景处聚集
原有空间单调，不利于吸引人群
空间节点引导人群
人在节点处集聚
原有街道较封闭，不利于人群活动
空间平稳过渡，利于人活动交流
人在过渡空间停留

构造步行网络满足不同人群需求

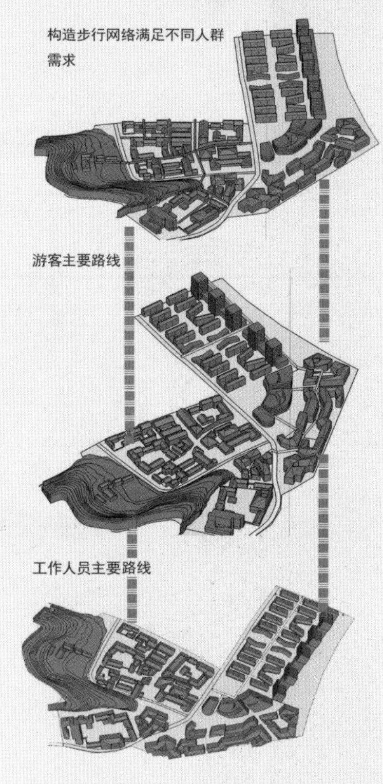
游客主要路线
工作人员主要路线
居民主要路线

共生能效体现
空间共生
区域共生
城野共生
建筑共生
时间共生
文化共生
记忆共生
功能共生
事件共生
产业共生
生活共生
规划结构分析图
景观属性分析图
用地布局分析图
绿化结构分析图
道路系统分析图
凤凰山河千里城 3
——杭州凤凰山南宋皇城遗址南城市更新地块设计
亲子学习
美好夕阳
亲密邻里
时尚商务
容纳外界
01 南宋皇城遗址
02 仿古街区主入口
03 乾宁斋
04 百戏名曲园
05 老工艺活体展示馆
06 雕版印刷体验区
07 纸墨笔砚府
08 藏书阁
09 锦绣殿
10 晚香堂
11 烽火台
12 茶坊
13 乐坊
14 花坊
15 空中观景台
16 曲水流觞亭
17 梵天寺遗址
18 摄影基地
19 酒楼餐饮
20 创新工坊
21 健身公园
22 旅游集散中心
23 混合安置住区
24 公共空间
25 沿街商业
26 防护绿地
27 中河高架
N
基地面积：24.6公顷
建筑面积：421781㎡
建筑密度：41.6%
容积率：1.71
绿化面积：86250㎡
绿化率：0.35

凤凰山河千里城 4

——杭州凤凰山南宋皇城遗址南城市更新地块设计

南立面

北立面

西立面

东立面

前 后

无序 有序

分散

闭塞 开放

混乱 和谐

建筑单体【亭、台、楼、阁、牌坊、连廊】——建筑组团【院落、街巷、厢坊】

后大学生活乐园
——基于滨江高教园区的商业街区更新
随着当前社会的高速发展，城市发展中产生的问题也日渐明显。一些城市中心区面临的突出问题是发展方向单一、结构混乱。城市形象千篇一律，形成“千城一面”的局面，造成这些问题的原因之一在于城市缺乏文化内涵，不能合理的利用城市的优势，发掘城市特有文化。因此城市中心区的建设往往陷入模式化而缺乏特色。这样的城市中心对市民缺乏吸引力，其价值也会随之受到影响。同时，目前我国多数大学仍旧是与社会几乎隔绝的象牙塔，围墙隔离了社会的飞速信息化，缺少社会引导与体验的大学生在毕业后因无法适应社会生活而产生一系列找工作难、工作后自我发展难的问题；另一方面，大学自给自足的模式缺乏与社会产业的互动，难以做到真正的产学研结合，亦无法促进社会经济的发展。在这样的背景下，我们试图探索城市中心区更新与大学共同发展的可能性，通过二者的结合相互弥补各自的缺陷，使城市中心区焕然一新。
基地区位分析
根据杭州城市总体规划，当前城市布局形态将形成“一主三副六组团”的开放式空间结构模式。江南城是杭州市的三个副中心之一，更是杭州从“西湖时代”走向“钱塘江时代”，实施跨江发展战略的重点区域。基地位于江南城西部，坐落于钱塘江大桥南岸，占地23.2公顷，是滨江高教园区著名的商业中心。
长三角——杭州
浙江——杭州
基地周边交通分析
周边学校分布
浙江中医药大学滨江学院
浙江机电职业技术学院
浙江艺术职业学院附中
浙江商业职业技术学院
浙江警察学院
浙江医学高等专科学校
规划地块
业态分析
商业
医疗
住宅
康馆
行政
办公
地块业态分析
居民
商家
学生
租客
地块人员构成分析
地块功能主要为商业和居住，大部分为居民及附近的学生，商业类型主要为餐饮和服装业。
零售业
餐饮业
服装业
文化娱乐
电子科技
饰品
商业业态分析
基地现状分析
建筑质量分析
场地车行交通分析
功能布局分析
场地人行交通分析
建筑高度分析
绿化景观分析
Part 1 场地分析篇
■ 基地位于杭州滨江高教园区内南部，是主要的商业娱乐中心，地块北面为浙江警察学院，学院北面为滨文路，西侧为浦沿路，在建的地铁四号线通过。地块中部许家河贯穿南北。
■ 基地内以低层民居底层沿街商铺建筑为主，道路混杂、无规则，内部建筑老旧，环境卫生状况不太理想。尤其是东部商业街，因其口口相传的名气，商业十分繁荣，也因此商业内部拥挤不堪，卫生状况不够理想，配套的停车场等设施不完备，其结构的升级与转换势在必行。
建筑质量：场地内建筑质量普遍较低，大多为　　，不符合规范，整体面貌有待更新。
建筑高度：基地内以　　为主，外围少量高层。
建筑功能：场地内建筑功能　　，未形成系统。
交通：由于建筑密集、散乱，场地内车行交通不便，存在比较大的消防隐患。
绿化：场地内绿化缺失，没有集中绿地。
SWOT分析
优势（strength）
1.杨家墩商业街又被叫做“垃圾街”，因其低廉的美食具有很高的名气，它的名字深入人心。
2.处于滨江高教园区内，毗邻6所高校，是区域商业中心。地理位置优越，地铁四号线通过，地块内部有水系贯穿。
劣势（weakness）
1.地块整体建筑散乱、分布无规则，建筑质量较差，人员混杂，不安全因素很多。
2.区块内商业部分的配套设施缺少，商业无序、缺乏管理。对现状商业的整理将是一大难题。
机遇（opportunity）
1.杭州市新一轮规划定位本地区为除主城外三副中的江南城，是重点发展的新城。
2.周边高校环境的文化环境可以作为地块升级的契机，多元文化的发展方向。
挑战（threats）
1.如何“不破坏”垃圾街“的名声，合理升级改造原有商业。
2.寻找大学与地块之间的联系，探索新的发展方向。
社会背景分析
在当前城市快速发展的特殊背景下，杨家墩商业街区的现状已不符合当前社会发展的趋势，并且日渐满足不了周围城市居民的日常生活需求。作为低级别商业街区的改造，带来了全新的发展机遇，其更新改造影响到整个城市和地区的长远发展。
浦沿路
规划的地铁四号线将要沿浦沿路开通，使得交通更加便捷
许家河
属于钱塘江分支的许家河南北贯穿地块，可作为改善景观的切入点
垃圾街
成为地区代名词的商业街，拥有超过其商业价值的人文价值
配套设施
由于商业街的快速发展，地块配套的设施已不能满足现状的需求
毕业后想留在这里，但是没有合适的发展空间。
店面小租金贵，生意不好做，只能提高售价。
上班的地方离这太远了，如果附近有合适的岗位就好了。
这平常散步遛狗的地方都没有。
缺少高档的就餐场所。
缺少娱乐设施。
人员太复杂，环境安全不够。
孩子教育学习的地方都没有。

后大学生活乐园
——基于滨江高教园区的商业街区更新
方案构思
大学生毕业
就业问题？
成功就业
奔波劳累
住所问题？
解决
创业
但大学生自主创业却始终未成气候，主要是由于创业环境不佳，社会里缺少为大学生创业者们量身定做的创业基地，也没有形成一个鼓励大学生创业的良好氛围，学校对学生的创业教育也不够，缺乏实践性。
大部分毕业的学生都希望毕业后能在学校周边工作，因为大学承载了太多他们美好的青春回忆。因此，在大学旁构建一个提供简单便捷的住宿，基本的创业设施、环境的创业社区乐活单元，将极大地缓解大学生的就业压力。
提出规划理念
本设计以“后大学生活乐园”作为总的设计理念。在满足大学生生活交往需求的基础上，同时为他们提供符合时代特征的创业环境。互联网时代，创业不再是高投入、高准备、高消耗的项目，多种形式的创业元素更符合大学生。
在原先混乱的布局基础上将商业进行整合缩减、民房拆迁，梳理交通流线，同时吸纳多种创业元素进行集合，统筹布置内部的空间功能，改善了地块原来脏乱无规则的环境，注入新的生命活力，提升经济、文化、艺术等各方面的综合水平，努力创造一个符合时代精神的后大学生活乐园。
提出规划措施
商业整合升级
注入新活力
空间功能转型更新
内部交通优化
产业引入
完善功能设施
绿化景观优化
地块元素分析
地块内多为居民自建的房子，建筑外立面陈旧，好坏参差不齐，有些甚至部分坍塌，拆迁改造迫在眉睫
地块内部绿化严重缺失，只有少部分道路绿化及行道树，中心地段有一小块供休息的绿地，内设一个亭子
地块内部的垃圾街颇具盛名，每日客流量大，生意繁荣，但配套设施不够完善，其价值需在改善更新的基础上开发利用
内部道路狭窄、无规则，巨大的客流量使得交通拥挤，环境也急需治理
空间组织分析
公共展示空间
绿地景观系统
零散
大学生创业基地
艺术Loft
商业
空间组织形成一个五角星的形态
有序
提出规划策略
原始元素
拉伸扩展
配对
组合
加入新元素
生活空间分析
大学生的生活空间讲求简单、方便、快捷，符合大学生的经济情况，多设一些灵巧的小型居住单元。
SOHO式公寓
酒店式公寓
创业公寓
商业整合
地块内部多为底层店面式的零售商业，不规则的分布在地块内各处，右上角为中心的商业综合楼——杨家墩商业大楼，其商业的杂乱分布导致内部交通拥堵，环境脏乱，其商业改造势在必行。
小吃街改造：将流动的商贩及分散的店家集中在一处，变更为单错单店面的形式。
新建商业步行街，由入口广场延伸进来，两边经营精品店及一些咖啡吧、服装店等。
交往空间分析
随着网络时代的席卷而来，各类通信设备迅速普及，大有取代人际交往之势。在象牙塔内，人际交往成为了大学生们所面临的首要问题，安逸平淡的校园生活使他们产生渴望交往的心声。
交往空间构成元素分析
交往的类型
1. 交往性活动：交往空间中主要的活动之一，是创造交往空间的主要目的所在。
2. 休息娱乐活动：其形式可能仅仅只是一两个人，也可能是许多人之间的聚会，所需空间的大小、形式也各不相同。
3. 创业交流、探讨：创业的方式不再是单纯的限定在独立空间里，各人之间的交流、探讨活动同样重要。
4. 展览、展示活动：展品陈列对营造创业气氛、相互借鉴学习有着很重要的作用，更在交往空间中创造了人们停留的因素，丰富了生活。
创业办公空间分析
共享区域
特征：
设备简单齐全
租赁方便
价格便宜
共享部分设施
灵活分割设置办公空间
后大学生活元素分析
创业基地
SOHO
公共交流空间
服务性设施
公共展示空间
青年公寓
艺术LOFT设计分析
演变形式：
块
层
洞
搭接
匀质街道
街道&广场
最终状态
效果图
Part 2 策略组建篇

后大学生活乐园
——基于滨江高教园区的商业街区更新
商业街透视
屋顶采光
室内影院
休闲娱乐城
游泳馆
连廊
室内体育馆
精品女装
精品男装
室内餐厅
屋顶绿化
书城
购物商场
广告牌
欧式风情
总平面分析
用地平衡表
名称 面积(ha)
规划用地 24.5
文化展示用地 1.54
商业用地 4.99
居住用地 1.34
创业办公用地 4.71
绿化广场用地 5.75
道路与停车用地 4.49
水系 1.68
地面停车场
青年公寓
创意园
产业园
展览馆
茶座
商业步行街
入口广场
保留的商业大楼
保留更新的商业
流动夜市摊
保留的小吃街
中心舞台
小型广场
商业购物综合楼
室内影院
地面停车场
娱乐城
休闲绿地
体育场馆
休闲时装店
西式风情
欧式风情
会展中心
个人工作室
咖啡吧
创意Loft
地面停车场
Part 3 方案生成篇
开放空间分析
围绕中心绿地向两侧延伸增加了多处节点，主要的节点均集中在步行街出口延伸至小吃街的范围内。
道路停车系统分析
根据功能分区及人流走向，沿主要道路分别设置三个地面停车场，以及另外设立了三个地下停车场，保证了地块交通流畅。
步行系统规划分析
以贯穿东西方向的轴线为主要的步道，左右两侧各有次要步道穿插过各个功能区块，保证趣味性
规划功能布局分析
规划功能布局满足大学生生活、交往、创业的需求，合理分配，使得三要素联系更为紧密。
保留建筑的更新
1.杨家墩综合大楼
在地块中的位置
更新后的建筑意向
A
B
C
D
部分拆除
保留部分
部分改造
部分新建
2.小吃街
在地块中的位置
对将活动摊点式的小吃街进行整治，进行店铺化的更新，使其有序整齐。
现状照片
更新后的建筑意向

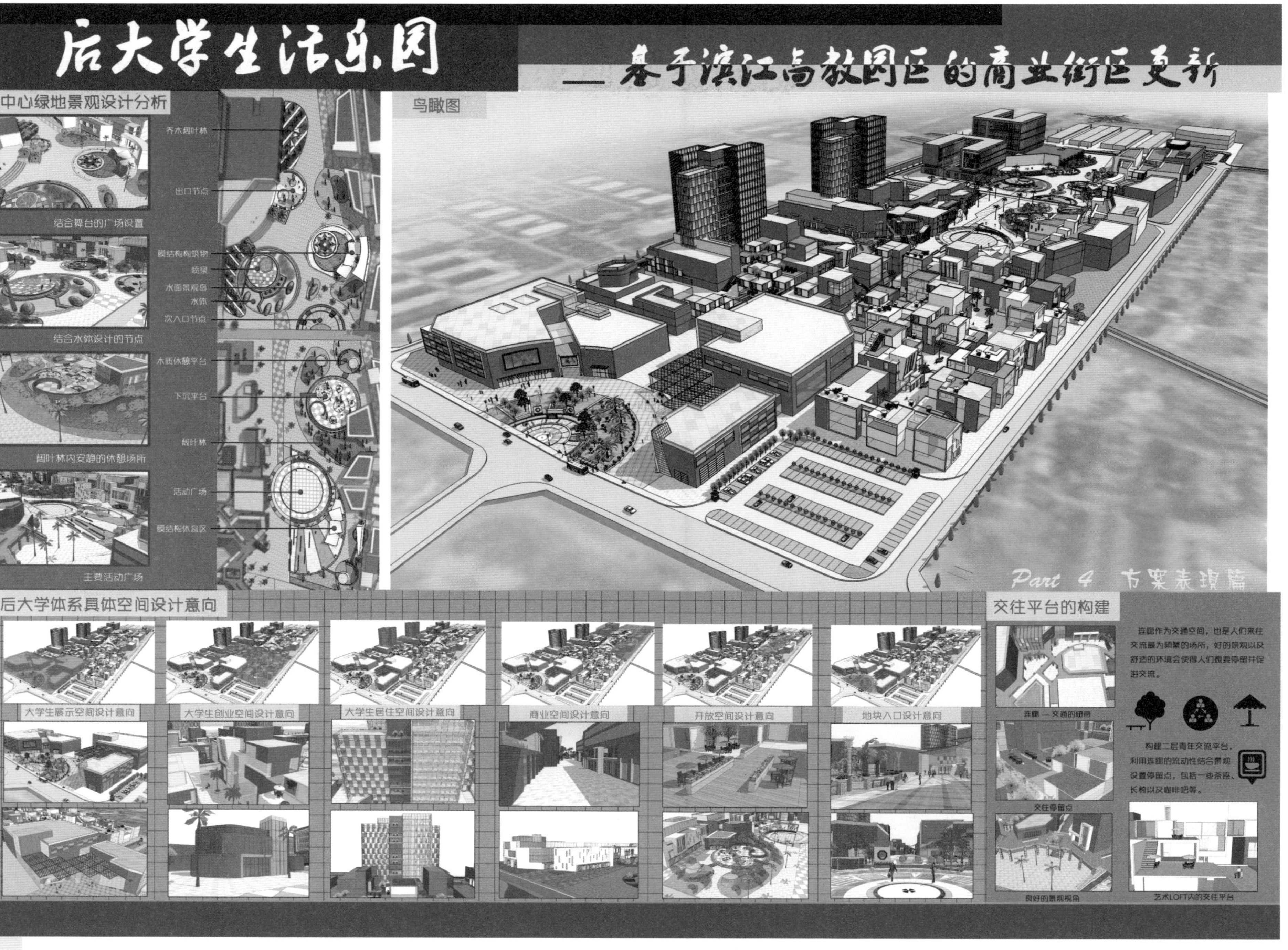
后大学生活乐园
——基于滨江高教园区的商业街区更新
中心绿地景观设计分析
乔木阔叶林
出口节点
结合舞台的广场设置
膜结构构筑物
喷泉
水面景观岛
水体
次入口节点
结合水体设计的节点
木质休憩平台
下沉平台
阔叶林
阔叶林内安静的休憩场所
活动广场
膜结构休息区
主要活动广场
鸟瞰图
Part 4 方案表现篇
后大学体系具体空间设计意向
大学生展示空间设计意向
大学生创业空间设计意向
大学生居住空间设计意向
商业空间设计意向
开放空间设计意向
地块入口设计意向
交往平台的构建
连廊作为交通空间，也是人们来往交流最为频繁的场所，好的景观以及舒适的环境会使得人们想要停留并促进交流。
构建二层青年交流平台，利用连廊的流动性结合景观设置停留点，包括一些茶座、长椅以及咖啡吧等。
连廊——交通的纽带
交往停留点
良好的景观视角
艺术LOFT内的交往平台

■ 2014 年城市设计课程任务书

1. 设计主题

全国高等学校城乡规划学科专业指导委员会 2014 年会主题为："新型城镇化与城乡规划教育（New Urbanization and Planning Education）"。本次年会城市设计课程作业评选将围绕这一年会主题展开，要求参赛者以独特、新颖的视角解析年会主题的内涵，以全面、系统的专业素质进行城市设计。专指委指定大会主题，不指定评选作业的题目；各学校可围绕"回归人本，溯源本土"的年会主题，自定规划基地及设计主题，构建有一定地域特色的城市空间。

2. 解读主题

改革开放以来，中国经历了世界历史上规模最大、速度最快的城镇化进程，城市发展波澜壮阔。城市永续的发展需要完善城市治理体系，提高城市治理能力，着力解决城市病等突出问题，建设和谐宜居、富有活力、各具特色的现代化城市，提高新型城镇化水平，走出一条中国特色城市发展道路。

城镇化新阶段呼唤"人本城市"建设，目前城市规模越来越大，拥有林立的高楼、豪华的商场、大片的绿地和宽阔的车道，但为什么人们总觉得"不宜居"？一切都感同身受，老人觉得上下楼困难，公共活动少，看病不方便；小孩觉得没有活动场地，缺乏公共空间和托管照顾；上班族觉得缺乏停车设施，文化休闲没有去处，整天宅在家里。现代化的城市面貌固然需要，但人们的日常生活基本需求却更为重要，"人本城市"应该让生活回归社区，让生活更有人情味，就需要引导老人安心在社区就近养老，引导儿童享受社区带来的有趣有益生活，引导上班族回归社区日常生活。

中国城市规划自上而下地进入到一个新的历史时期，城市发展不再简单追求速度与规模，而是更加重视质量与内涵。城市规划既要见物又要见人，城市"空间"、城市"空间"里"人"与"生活"都变得重要起来，"以人为本"再次成为城市规划的核心目标。与此同时，城市"空间"是城市复杂系统中经济、社会、环境、管理、文化等各个系统相互作用的载体，成为多学科的研究对象。因此，多学科领域共同关注的城市"空间"如何响应城市中各种人群的需求，并实现社会公平与可持续发展，成为新时期城市规划所面临的核心议题。在新的历史时期重新思考城市空间的意义和价值，城市空间的内涵，城市空间所承载的城市生活以及城市生活所包含的政治、经济、社会、环境、管理、文化、科技等方方面面。

新型城镇化的各项要求正在加紧部署和实施。在人本主义旗帜的指引下，城市建设既需要大刀阔斧、披荆斩棘的发展模式改革，也需要细致入微、精益求精的城市细部打造。"回归人本，溯源本土"的根本即是让人们更好地回归本土生活，享受本土良好环境带来的生活便利。

3. 重点关注问题

（1）本土富有特色的景观环境和文化内涵。应形成统一的滨水生态和具有特色的文脉形象。需确定整个区域的设计基调与规划原则，特别是与旅游相关的规划衔接。

（2）相互配合的建筑群体。对城市空间体系的主要环节——街道、广场、绿地水系做出设计，规定每一地块的建筑性质、大致的体量和高度，高层建筑群体之间应有良好的协调关系，形成变化有序的整体。

（3）系统协调的外部空间环境。通过外部空间环境设计，使各地块的外部公共空间能连成系统和协调的整体，提供变化丰富、尺度宜人的外部空间环境。

（4）合理流畅的交通流线安排。研究解决区域内的道路交通体系及其与外部道路的关系，结合各地块的交通组织，在区域内形成合理流畅的车行流线和系统方便的人行系统。

4. 设计地块概况

（1）杭州余杭街道历史街区西片区

基地位于杭州市余杭区街道，余杭街道即原余杭镇，地处杭州市主城区西部 23km。根据杭州总体规划，未来城市布局形体将成为“一主六副、六大组团”的开放式空间结构，余杭街道处于该核心结构中余杭组团的核心位置。

基地位于余杭历史街区保护范围的西侧，内部交通便捷，与数条城镇主干道和次干道连接，同时与南苕溪、南渠、南湖三大水系都有密切联系。基地东侧临通济路，南面南湖路与南湖，西接新桥路，北靠西险大塘与南苕溪，总面积约 10 公顷。

（2）海宁硖石镇干河街地块

干河街历史街区地块位于海宁市老城区内，是 1980 年代海宁市最具人气的商业地段。基地周边和内部省市级文物保护单位和历史建筑众多，为海宁最土要的历史文化街区，特别是徐志摩故居为整个街区增添了浓墨重彩的一笔。目前这一地区功能混杂、秩序混乱、路网不成系统、业态低端。本设计范围东至市河中心，西至建设路，南至工人路，北至硖石大道，总用地面积约为 8.81 公顷。

5. 重点解决问题

重点解决问题主要包括

（1）设计地块发展定位分析；

（2）基地内功能服务和文化休闲业态的构成与规模；

（3）设计基地内布局结构；

（4）设计基地内空间形态；

（5）设计基地内外道路交通组织；

（6）设计基地内形体环境设计，包括空间设计、实体设计、场景设计。

6. 设计成果要求

（1）用地规模：5 ~ 50 公顷；

（2）设计要求：紧扣主题、立意明确、构思巧妙、表达规范，鼓励具有创造性的思维与方法；

（3）表现形式：形式与方法自定；

（4）每份参评作品需提交：

①设计作业四张装裱好的 A1 图纸（84.1cm×59.4cm），一张 KT 板装裱一张图纸（勿留边，勿加框）；

②设计作业 JPG 格式电子文件 1 份（分辨率不低于 300dpi）；

③设计作业 PDF 格式电子文件 1 份（4 页，文件量大小不大于 6M）。

West Historical District Design in Yuhang, Hangzhou

溯源本土 洄归人本 龍船頭旅游門戶 1

余杭街道历史街区西片区城市设计

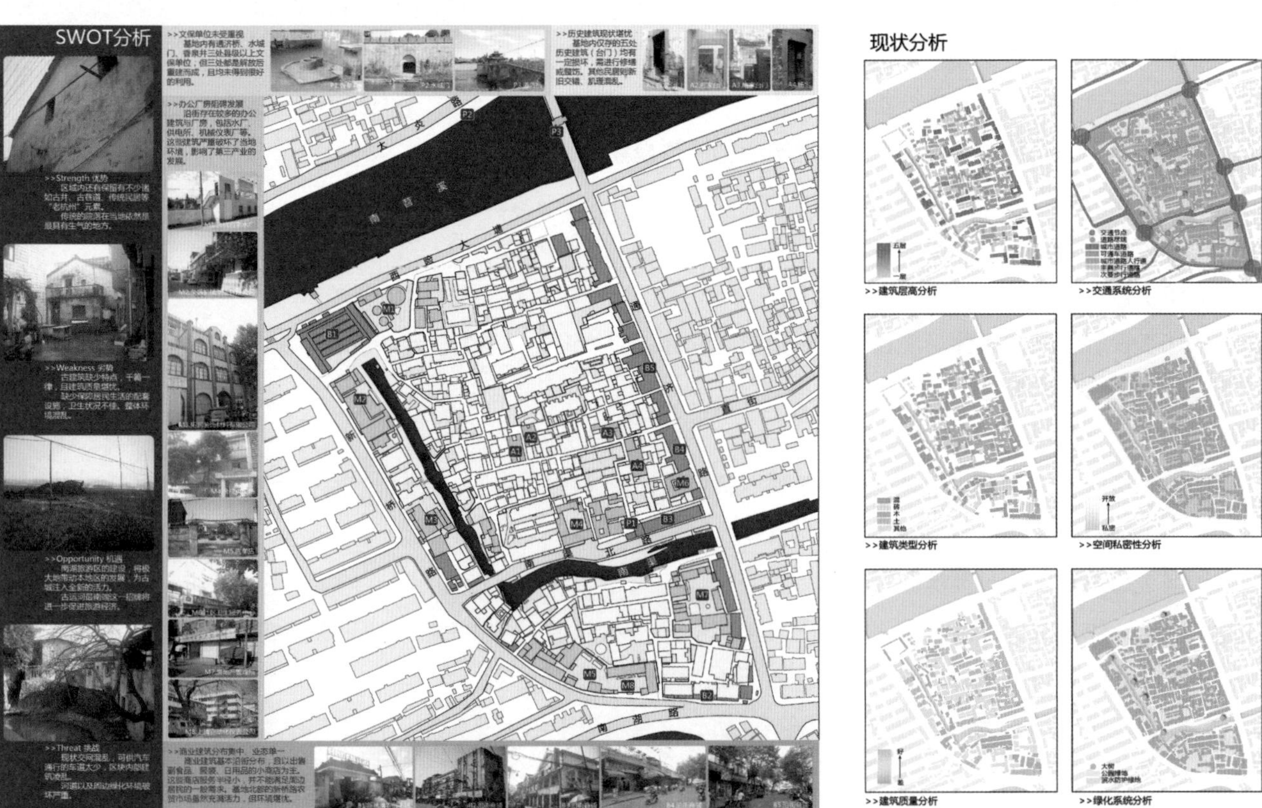

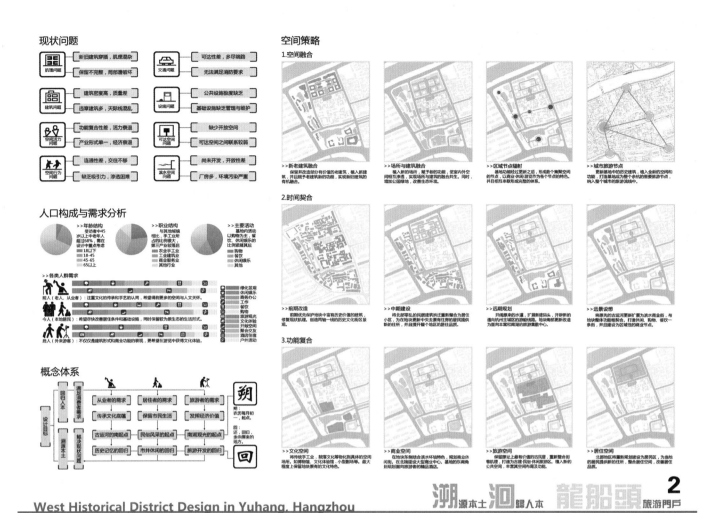

现状问题

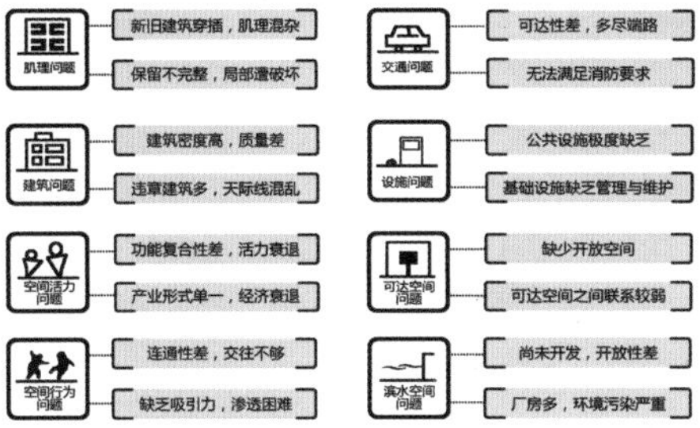

肌理问题
新旧建筑穿插，肌理混杂
保留不完整，局部遭破坏
交通问题
可达性差，多尽端路
无法满足消防要求
建筑问题
建筑密度高，质量差
违章建筑多，天际线混乱
设施问题
公共设施极度缺乏
基础设施缺乏管理与维护
空间活力问题
功能复合性差，活力衰退
产业形式单一，经济衰退
可达空间问题
缺少开放空间
可达空间之间联系较弱
空间行为问题
连通性差，交往不够
缺乏吸引力，渗透困难
滨水空间问题
尚未开发，开放性差
厂房多，环境污染严重

人口构成与需求分析

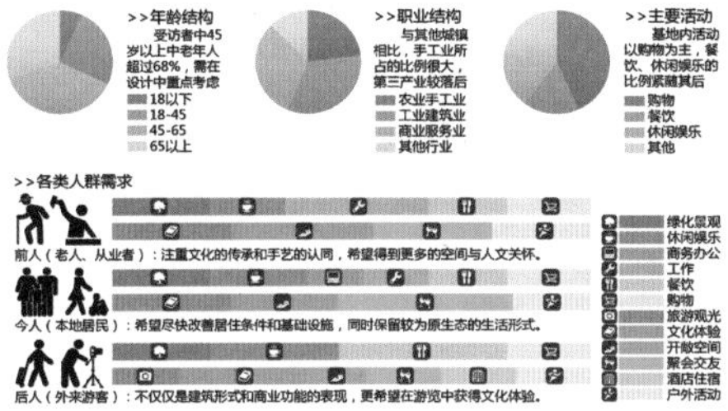

>>年龄结构
受访者中45岁以上中老年人超过68%，需在设计中重点考虑
18以下
18-45
45-65
65以上
>>职业结构
与其他城镇相比，手工业所占的比例很大，第三产业较落后
农业手工业
工业建筑业
商业服务业
其他行业
>>主要活动
基地内活动以购物为主，餐饮、休闲娱乐的比例紧随其后
购物
餐饮
休闲娱乐
其他
>>各类人群需求
前人（老人、从业者）：注重文化的传承和手艺的认同，希望得到更多的空间与人文关怀。
今人（本地居民）：希望尽快改善居住条件和基础设施，同时保留较为原生态的生活形式。
后人（外来游客）：不仅仅是建筑形式和商业功能的表现，更希望在游览中获得文化体验。
绿化景观
休闲娱乐
商务办公
工作
餐饮
购物
旅游观光
文化体验
开敞空间
聚会交友
酒店住宿
户外活动

概念体系

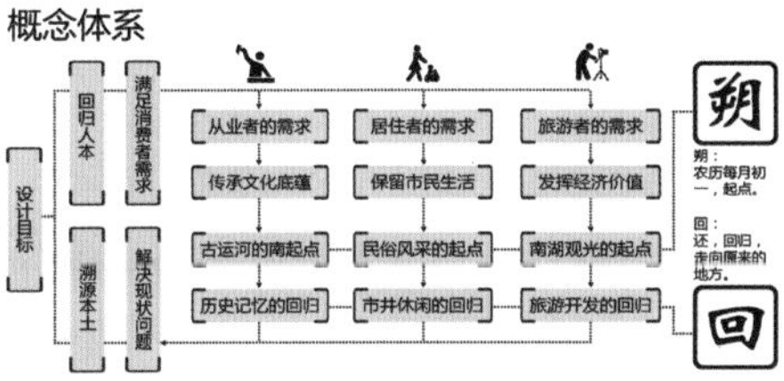

设计目标
回归人本
满足消费者需求
溯源本土
解决现状问题
从业者的需求
居住者的需求
旅游者的需求
传承文化底蕴
保留市民生活
发挥经济价值
古运河的南起点
民俗风采的起点
南湖观光的起点
历史记忆的回归
市井休闲的回归
旅游开发的回归
朔
朔：农历每月初一，起点。
回
回：还，回归，去而复来的地方。

空间策略

1.空间融合

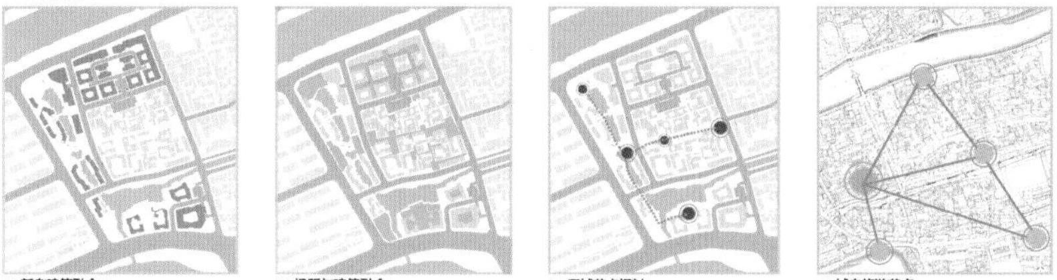

>>新老建筑融合
保留并改造部分有价值的老建筑，植入新建筑，并且赋予老建筑新的功能，实现新旧建筑的有机融合。

>>场所与建筑融合
植入新的场所，赋予新的功能，使室内外空间相互渗透，实现场所与建筑的融合共生。同时，增加公园绿地，改善生态环境。

>>区域节点辐射
基地功能经过更新之后，形成数个集聚空间的节点，以商业·休闲·游览作为各个节点的特色。并且相互串联形成完整的体系。

>>城市旅游节点
更新基地中的历史建筑，植入全新的空间和功能，打造基地成为整个余杭的重要旅游节点，纳入整个城市的旅游流线中。

2.时间契合

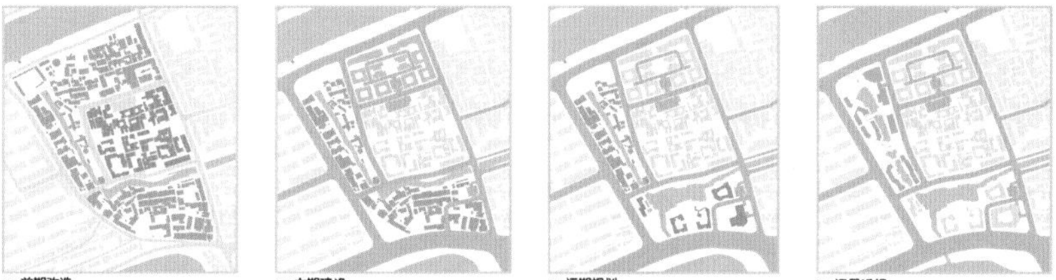

>>前期改造
前期优先保护地块中富有历史价值的建筑，修复现状肌理。创造两轴一线的历史文化街区景观。

>>中期建设
将北部零乱的民居建筑拆迁重新整合为居住小区，为在地块更新中失去原有住房的居民提供新的住所，并且提升整个地区的居住品质。

>>远期规划
开阔原来的水道，扩展新建码头，开辟新的通向杭州主城区的游船线路。地块南部更新改造为面向本案和南湖的旅游集散中心。

>>远景设想
将原先的古运河更新扩展为滨水商业街，与地块整体功能相契合。打造休闲、购物、餐饮一条街，并且建设为区域性的商业节点。

3.功能复合

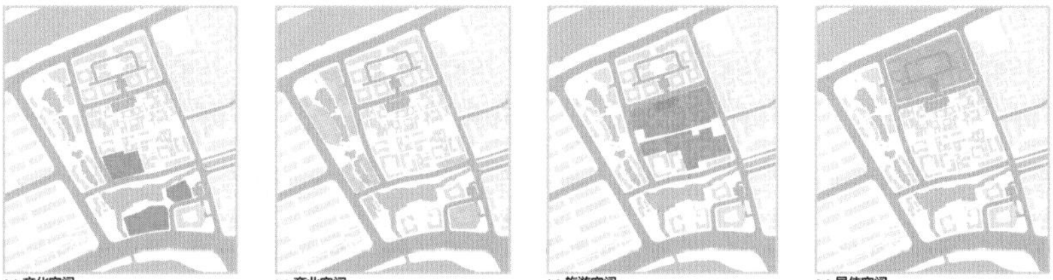

>>文化空间
将传统手工业、院落文化等物化到具体的空间场所。如博物馆、文化体验馆、小型剧场等。最大程度上保留地块原有的文化特色。

>>商业空间
在地块东侧结合滨水环境特色，规划商业休闲街。在北端建设大型商业中心。基地的东南角则规划面向旅游者的精品酒店。

>>旅游空间
保留原址上最有价值的古民居，重新整合街巷肌理，打造为古建·民俗·休闲旅游区。植入新的公共空间，丰富其空间布局及功能。

>>居住空间
北部地区将重新规划建设为居民区，为当地的居民提供新的住所，整合居住空间，改善居住品质。

溯源本土 洄歸人本 龍船頭旅游門戶 2

West Historical District Design in Yuhang, Hangzhou

余杭街道历史街区西片区城市设计

概念解析

溯 = 氵 + 朔

洄 = 氵 + 回

溯洄：三个起点、三重回归，即三朔、三回，组成"溯洄"，出自《诗经·国风·蒹葭》。取其"逆流而上"之意，旨在回归起点，将基地打造为余杭乃至整个杭州的归宿。

三个起点：古运河之朔　民俗风采之朔　南湖观光之朔

>>古运河之朔：京杭古运河南端，设置纪念墙、博物馆等。
>>民俗风采之朔：以戏台、手工艺体验馆为核心追溯民俗之源。
>>南湖观光之朔：以水上巴士码头为起点，开始南湖观光之旅。

before
after

三重回归：

>> 人和弄历史文化街
>> 历史记忆的回归

1. 将人和弄向南、向北延伸，南接龙船头，增加空间可达性。
2. 以博物馆、原真生活展示馆、书局为主题，营造历史文化街区。

before
after

>> 观音弄民俗风情街
>> 市井休闲的回归

1. 将观音弄与人和弄、龙船头进行连接，并增加开敞空间。
t2. 以文化体验、手工艺作坊为主题，打造民俗风情街。

before
after

>> 龙船头特色美食街
>> 旅游开发的回归

1. 拓宽水面，使南渠通航，并作为游船码头，增设水上巴士服务于杭州与余杭。
2. 开拓滨水空间，沿河设置特色美食街，以拓展娱乐休闲项目。
3. 布置酒店、商业综合体等满足不同个体的需求。

观音弄
before
after
人和弄
before
after
龙船头
before
after

保留建筑：
将建筑质量较好、且建筑肌理不影响城市空间的建筑予以保留。包括历史建筑。

修缮建筑：
将建筑质量一般、建筑肌理不影响城市空间的建筑进行修缮，并配备必要的基础设施。

整饰建筑：
将建筑质量较差，但仍有一定保留价值的建筑进行整饰，以保持建筑的原真性。

新建建筑：
对建筑质量差、没有保留价值的建筑进行拆除，并以此为基础新建建筑，以贴合肌理。

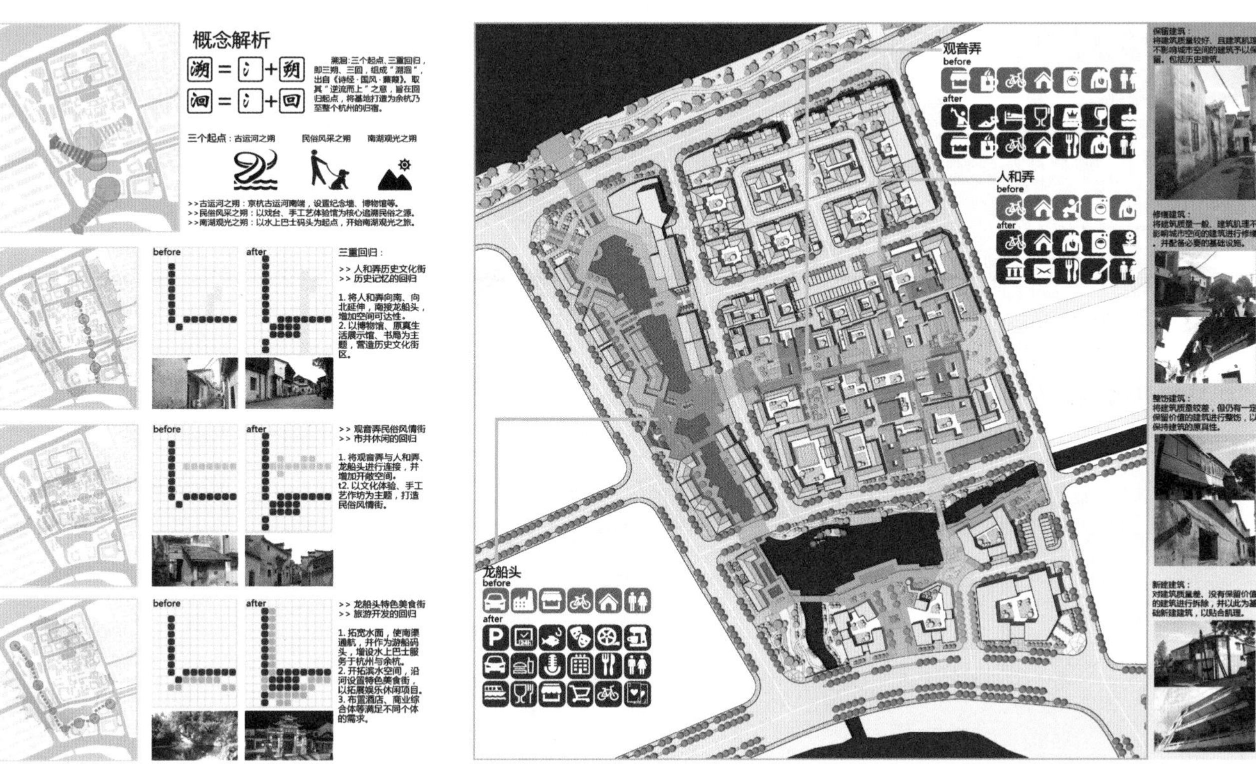

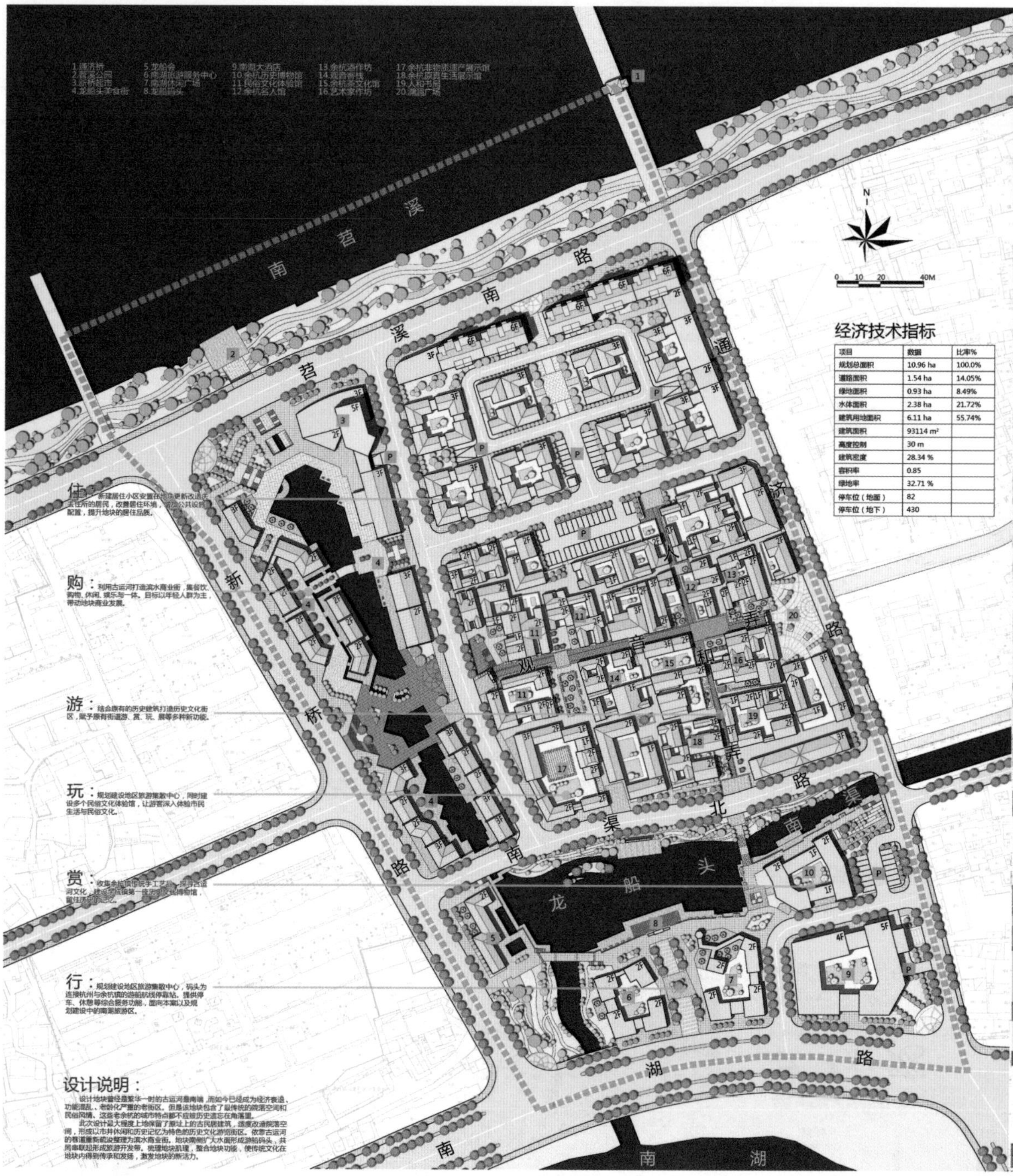

1.通济桥
2.苕溪公园
3.新桥超市
4.龙船头美食街
5.龙船会
6.南湖旅游服务中心
7.南湖休闲广场
8.龙船码头
9.南湖大酒店
10.余杭历史博物馆
11.民俗文化体验馆
12.余杭名人馆
13.余杭酒作坊
14.观音寺线
15.余杭茶文化馆
16.艺术家作坊
17.余杭非物质遗产展示馆
18.余杭原貌生活展示馆
19.人和书局
20.溯洄广场

南苕溪　南苕溪路　通济路　新桥路　南渠北路　龙船头　南湖路　南湖

0　10　20　40M

经济技术指标

项目	数据	比率%
规划总面积	10.96 ha	100.0%
道路面积	1.54 ha	14.05%
绿地面积	0.93 ha	8.49%
水体面积	2.38 ha	21.72%
建筑用地面积	6.11 ha	55.74%
建筑面积	93114 m²	
高度控制	30 m	
建筑密度	28.34 %	
容积率	0.85	
绿地率	32.71 %	
停车位（地面）	82	
停车位（地下）	430	

住：新建居住小区安置在地块更新改造中失去住所的居民，改善居住环境，增加公共设施配置，提升地块的居住品质。

购：利用古运河打造滨水商业街，集餐饮、购物、休闲、娱乐与一体。目标以年轻人群为主，带动地块商业发展。

游：结合原有的历史建筑打造历史文化街区，赋予原有街道游、赏、玩、展等多种新功能。

玩：规划建设地区旅游集散中心，同时建设多个民俗文化体验馆，让游客深入体验市民生活与民俗文化。

赏：收集余杭镇传统手工艺品，探寻古运河文化，建设余杭镇第一座历史文化博物馆，留住历史的记忆。

行：规划建设地区旅游集散中心，码头为连接杭州与余杭镇的游船航线停靠站。提供停车、休憩等综合服务功能，面向本案以及规划建设中的南湖旅游区。

设计说明：

设计地块曾经是繁华一时的古运河桑南端，而如今已经成为经济衰退、功能混乱、老龄化严重的老街区。但是该地块包含了最传统的院落空间和民俗风情，这些老余杭的城市特点都不应被历史遗忘在角落里。

此次设计最大程度上地保留了原址上的古民居建筑，适度改造院落空间，形成以市井休闲和历史记忆为特色的历史文化游览街区。依靠古运河的巷道重新疏浚整理为滨水商业街。地块南侧扩大水面形成游船码头，共同串联起形成旅游开发带。梳理地块肌理，整合地块功能，使传统文化在地块内得到传承和发扬，激发地块的新活力。

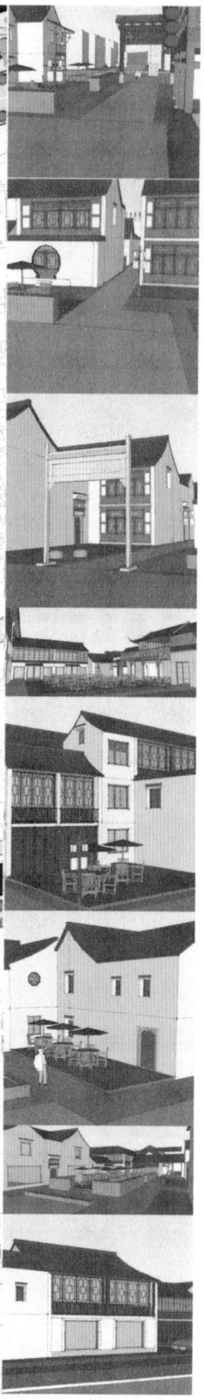

West Historical District Design in Yuhang, Hangzhou

溯源本土　洄歸人本　龍船頭旅游門戶　3

余杭街道历史街区西片区城市设计

交通流线分析

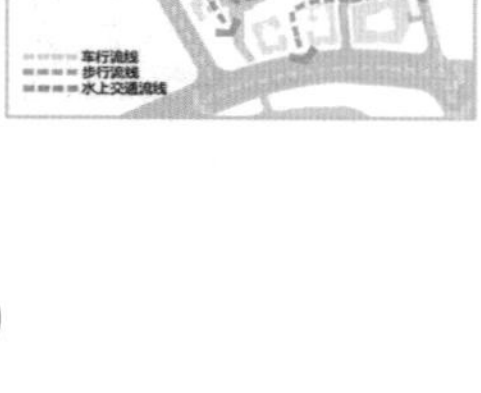

节点分析

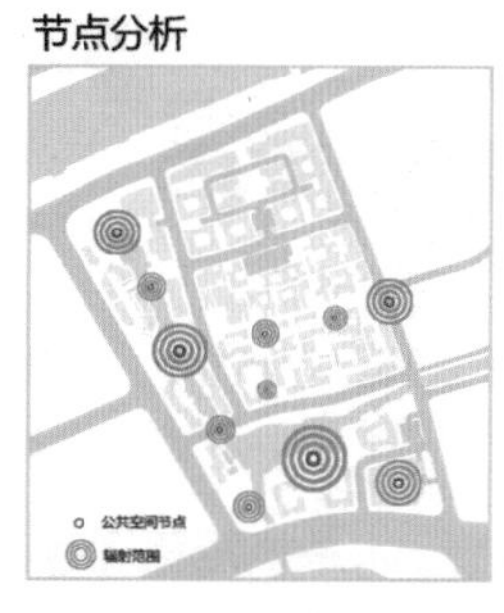

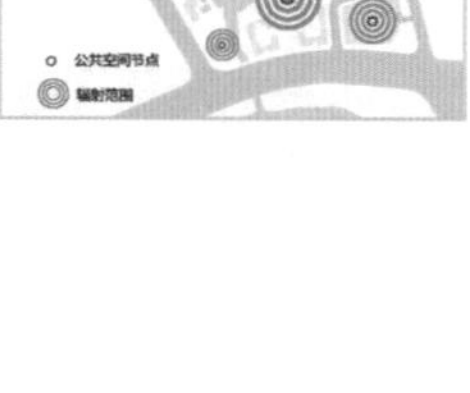

景观系统分析

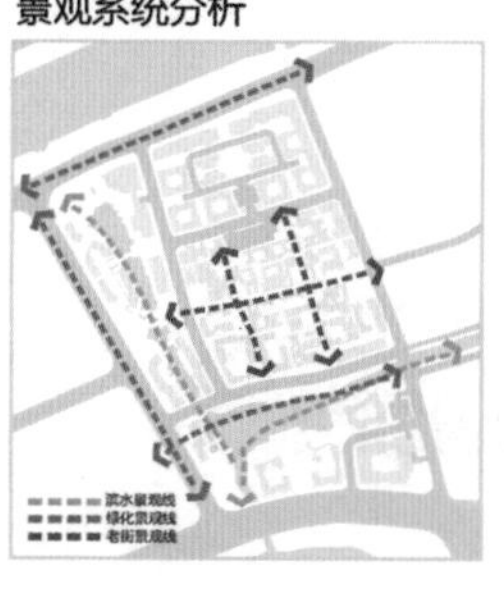

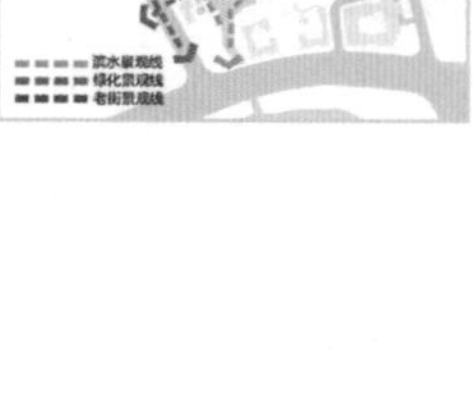

功能分析

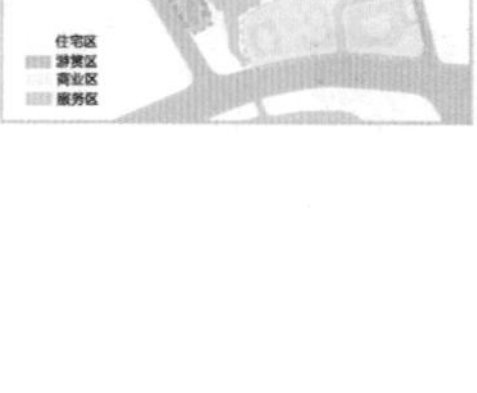

规划结构分析

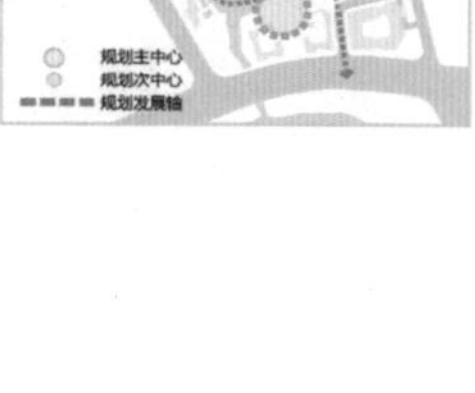

West Historical District Design in Yuhang, Hangzhou

溯源本土 洄歸人本 龍船頭 旅游門戶
4

余杭街道历史街区西片区城市设计

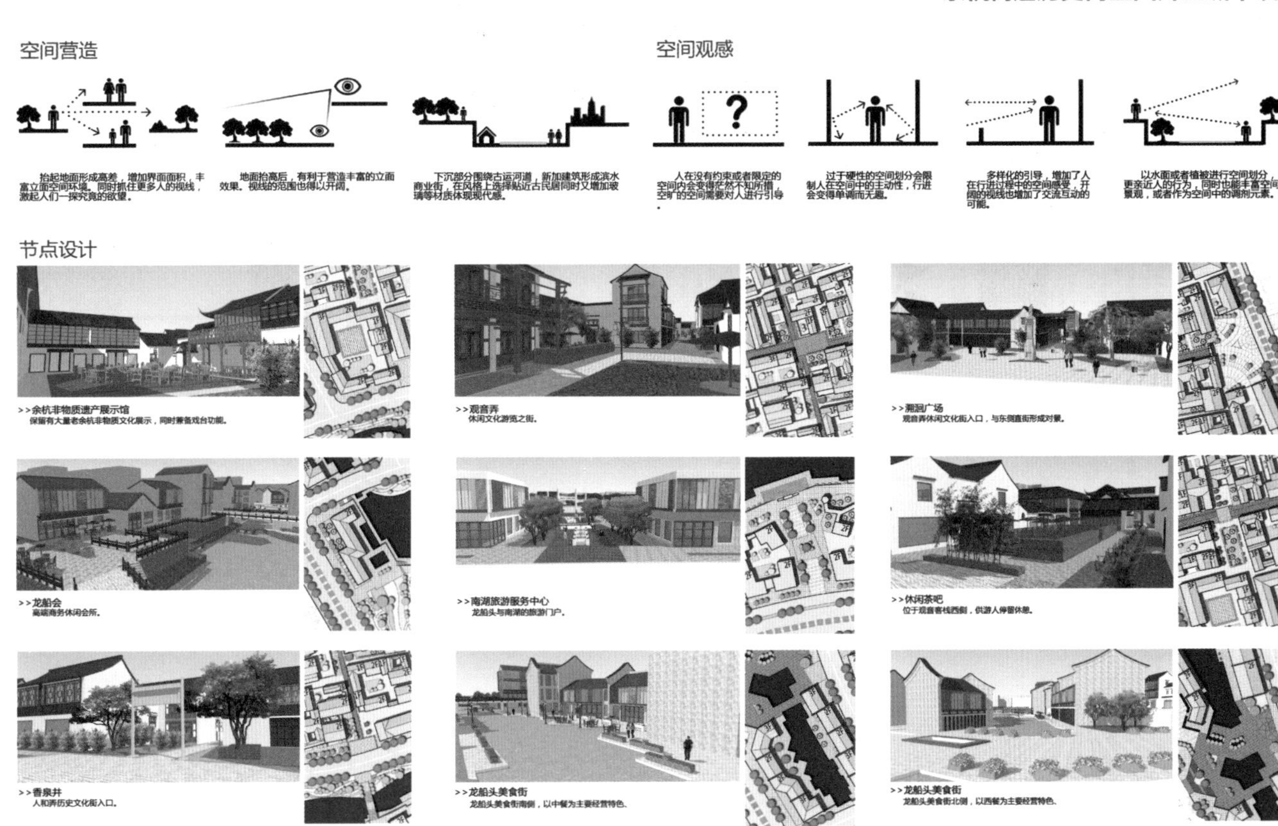
空间营造
抬起地面形成高差，增加界面面积，丰富立面空间环境。同时抓住更多人的视线，激起人们一探究竟的欲望。
地面抬高后，有利于营造丰富的立面效果。视线的范围也得以开阔。
下沉部分围绕古运河道，新加建筑形成滨水商业街，在风格上选择贴近古民居同时又增加玻璃等材质体现现代感。
空间观感
人在没有约束或者限定的空间内会变得茫然不知所措，空旷的空间需要对人进行引导。
过于硬性的空间划分会限制人在空间中的主动性，行进会变得单调而无趣。
多样化的引导，增加了人在行进过程中的空间感受，开阔的视线也增加了交流互动的可能。
以水面或者植被进行空间划分，更亲近人的行为，同时也能丰富空间景观，或者作为空间中的调剂元素。
节点设计
>>余杭非物质遗产展示馆
保留有大量老余杭非物质文化展示，同时兼备戏台功能。
>>观音弄
休闲文化游览之街。
>>溯洄广场
观音弄休闲文化街入口，与东侧直街形成对景。
>>龙船会
高端商务休闲会所。
>>南湖旅游服务中心
龙船头与南湖的旅游门户。
>>休闲茶吧
位于观音客栈西侧，供游人停留休憩。
>>香泉井
人和弄历史文化街入口。
>>龙船头美食街
龙船头美食街南侧，以中餐为主要经营特色。
>>龙船头美食街
龙船头美食街北侧，以西餐为主要经营特色。

三生缘 ——海宁硖石镇干河街地块改造设计【1】

【源】生 原生 缘生

注释：水流所从出的地方，事物之根由。

姓名：蔡安娜 吴松霖 班级：城市规划1001 指导老师：孟海宁 赵锋 完成日期：2014.6.17

总体思路

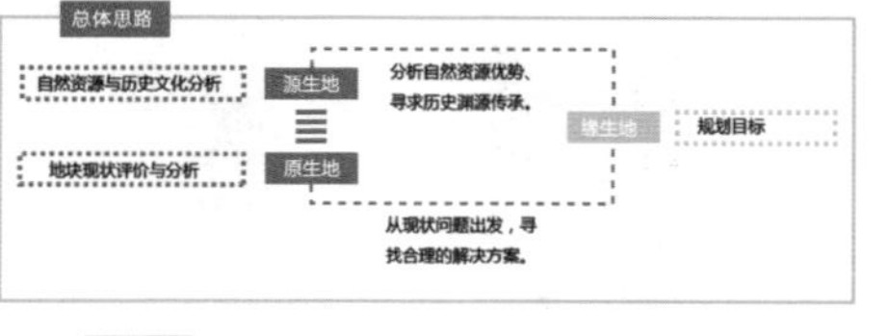

分析内容

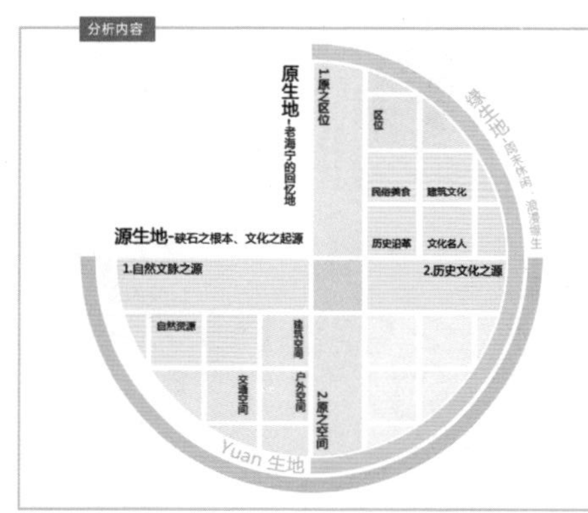

【源生地】Yuan sheng di

山水文脉之源

硖石是依山傍水而建的古城古镇。老海宁区域范围是指解放前两山两河，即西山、东山、市河、仓基河。地块位于老海宁两山夹一水的核心位置。

“水”在古时的生活中不可或缺。水边的建筑有临水、面水、跨水的建设手法。

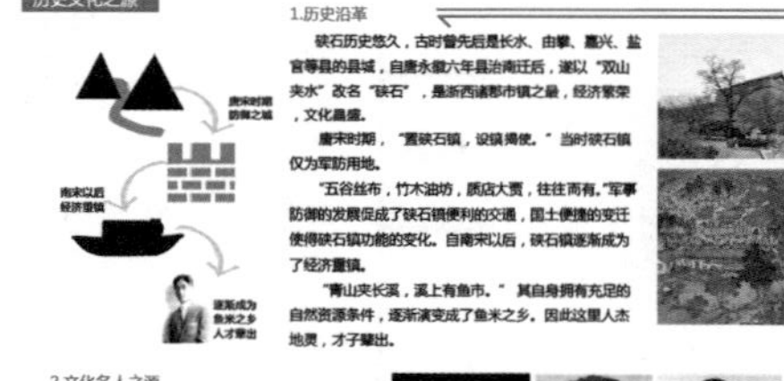

历史文化之源

1.历史沿革

硖石历史悠久，古时曾先后是长水、由拳、嘉兴、盐官等县的县域，自唐永徽六年县治南迁后，遂以“双山夹水”改名“硖石”，是浙西诸郡市镇之最，经济繁荣，文化昌盛。

唐宋时期，“置硖石镇，设镇遏使。”当时硖石镇仅为军防用地。

“五谷丝布，竹木油坊，质店大贾，往往而有。”军事防御的发展促成了硖石镇便利的交通，国土便捷的变迁使得硖石镇功能的变化。自南宋以后，硖石镇逐渐成为了经济重镇。

“青山夹长溪，溪上有鱼市。”其自身拥有充足的自然资源条件，逐渐演变成了鱼米之乡。因此这里人杰地灵，才子辈出。

2.文化名人之源

海宁人才辈出，如若繁星。东晋学者干宝，白居易的老师唐代诗人顾况，宋代女词人朱淑真，明代史学家谈迁，清代一门三阁老的陈之遴、陈元龙、陈世倌，藏书家蒋光煦，近代国学大师王国维，诗人徐志摩、穆旦，作家金庸、陈学昭，数学家李善兰，军事理论家蒋百里，佛学家太虚法师、印顺法师，学者书法家张宗祥，电影艺术家史东山，古书画鉴定家徐邦达，篆刻书画家钱君匋等一大批名人，积淀了海宁独特的地域名人文化。

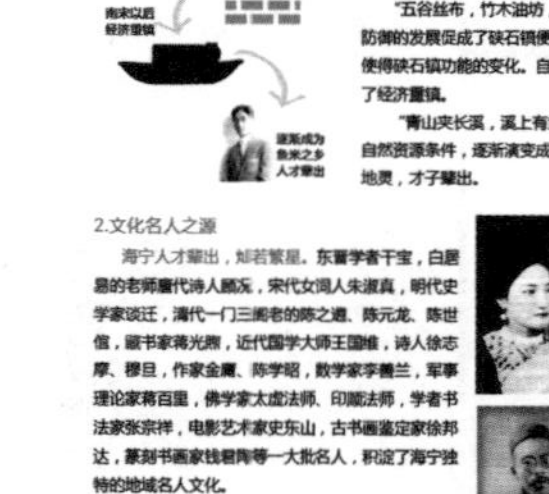

3.民俗美食之源

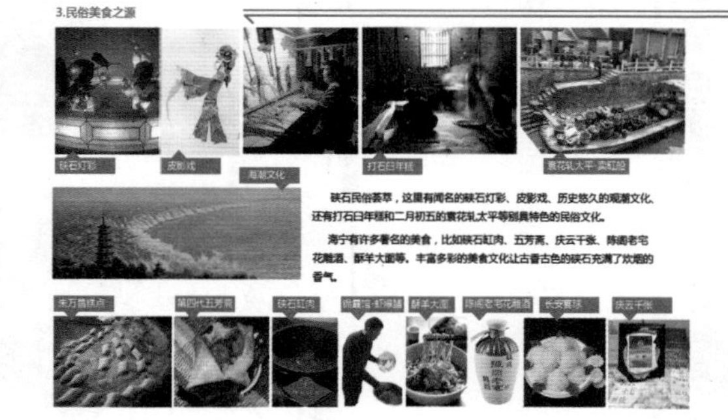

硖石民俗荟萃，这里有闻名的硖石灯彩、皮影戏、历史悠久的观潮文化、还有打石臼年糕和二月初五的黄花轧太平等别具特色的民俗文化。

海宁有许多著名的美食，比如硖石红肉、五芳斋、庆云千张、陈阁老宅花雕酒、酥羊大面等。丰富多彩的美食文化让古香古色的硖石充满了炊烟的香气。

4.历史建筑之源

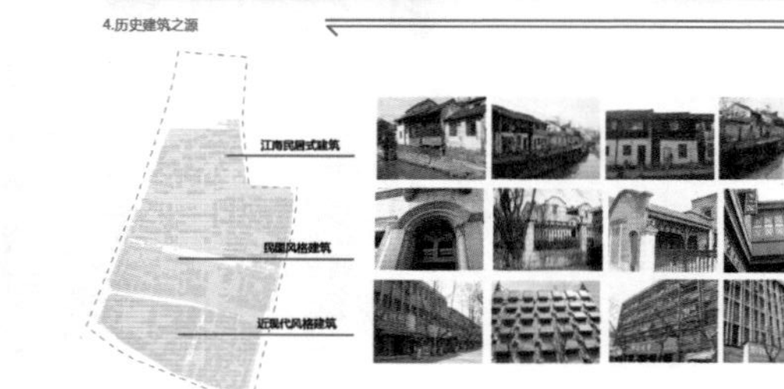

【源生地】Yuan sheng di

与“水”结缘

复兴水网，再现“燕子飞时，绿水人家绕”的古时记忆。

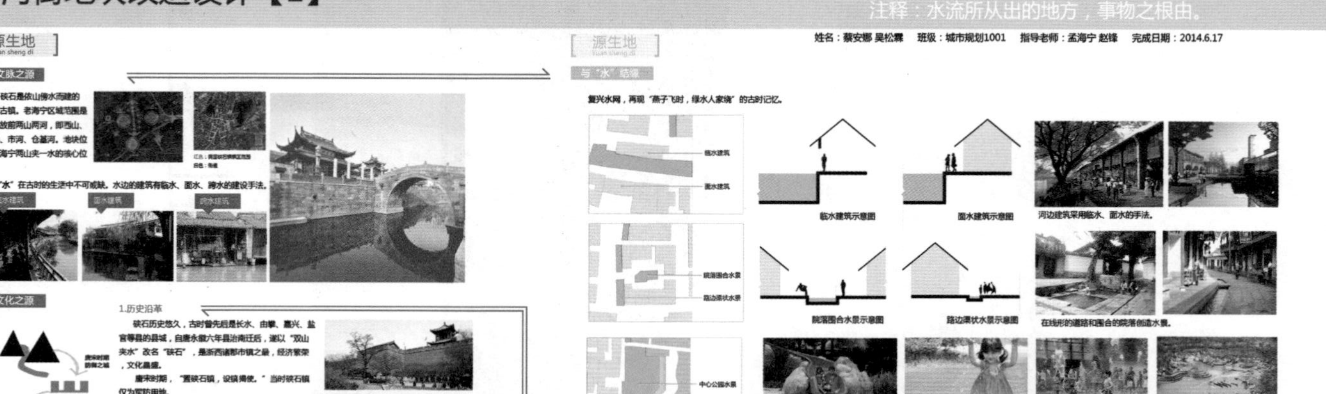

临水建筑示意图　面水建筑示意图

河边建筑采用临水、面水的手法。

院落围合水景示意图　路边渠状水景示意图

在线形的道路和围合的院落创造水景。

地块中央设计了一个较大的水池，行人游客在水池中游玩、享乐；在水池边上漫步或休憩。

与“历史文化”结缘

有人说徐志摩的诗是“花雪世界、风月无边”，他的浪漫如缤纷的花雨。诗人徐志摩在他的《猛虎集》序文中写道：“诗人也是一种痴鸟，他把他的柔软的心窝紧抵着蔷薇的花刺，口里不住地唱着星月的光辉与人类的希望，非到他的心血滴出来把白花染成大红他不住口。他的痛苦与快乐是深沉的一片。”

功能植入：硖石名人馆、徐志摩故居、徐志摩主题广场、许国璋故居、以“花雪世界、风月无边”主打的痴鸟公园等。

历史文化现状分析图　历史文化规划构思图

与“民俗美食”结缘

民俗分布分析图　民俗美食规划构思图

海宁的两大文化一是观潮文化，另一个便是灯彩文化。海宁南部已经着力打造以观潮文化为主要依托的盐官古城。因此我们想与其相辅相成，则以“硖石灯彩”为主要民俗特色，结合皮影戏、打石臼年糕和二月初五的黄花轧太平等别具特色的民俗文化区块。同时利用现有的美食文化，打造美食特色街。让本地的居民和游客都能享受到海宁地地道道的美食！

与“建筑”结缘

拆除

拆除随意搭建、不符风貌的建筑

加建

加建建筑，增强空间围合感

立面改造

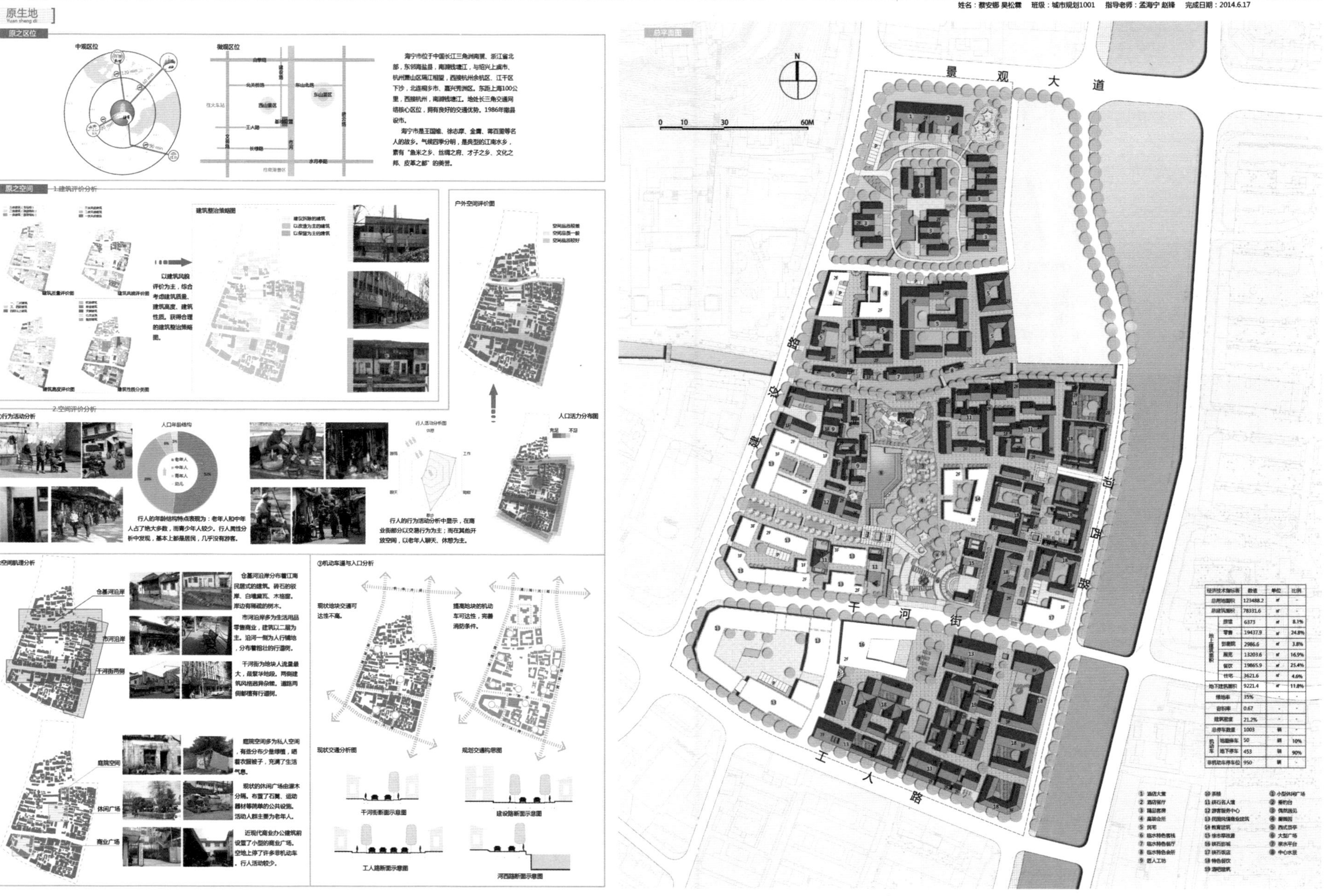

经济技术指标表		数值	单位	比例
总用地面积		123488.2	㎡	-
总建筑面积		78331.6	㎡	-
地上建筑面积	旅馆	6373	㎡	8.1%
	零售	19437.9	㎡	24.8%
	影剧院	2986.6	㎡	3.8%
	展览	13203.6	㎡	16.9%
	餐饮	19865.9	㎡	25.4%
	住宅	3621.6	㎡	4.6%
地下建筑面积		9221.4	㎡	11.8%
绿地率		35%	-	-
容积率		0.67	-	-
建筑密度		21.2%	-	-
总停车数量		1003	辆	-
机动车	地面停车	50	辆	10%
	地下停车	453	辆	90%
非机动车停车位		950	辆	-

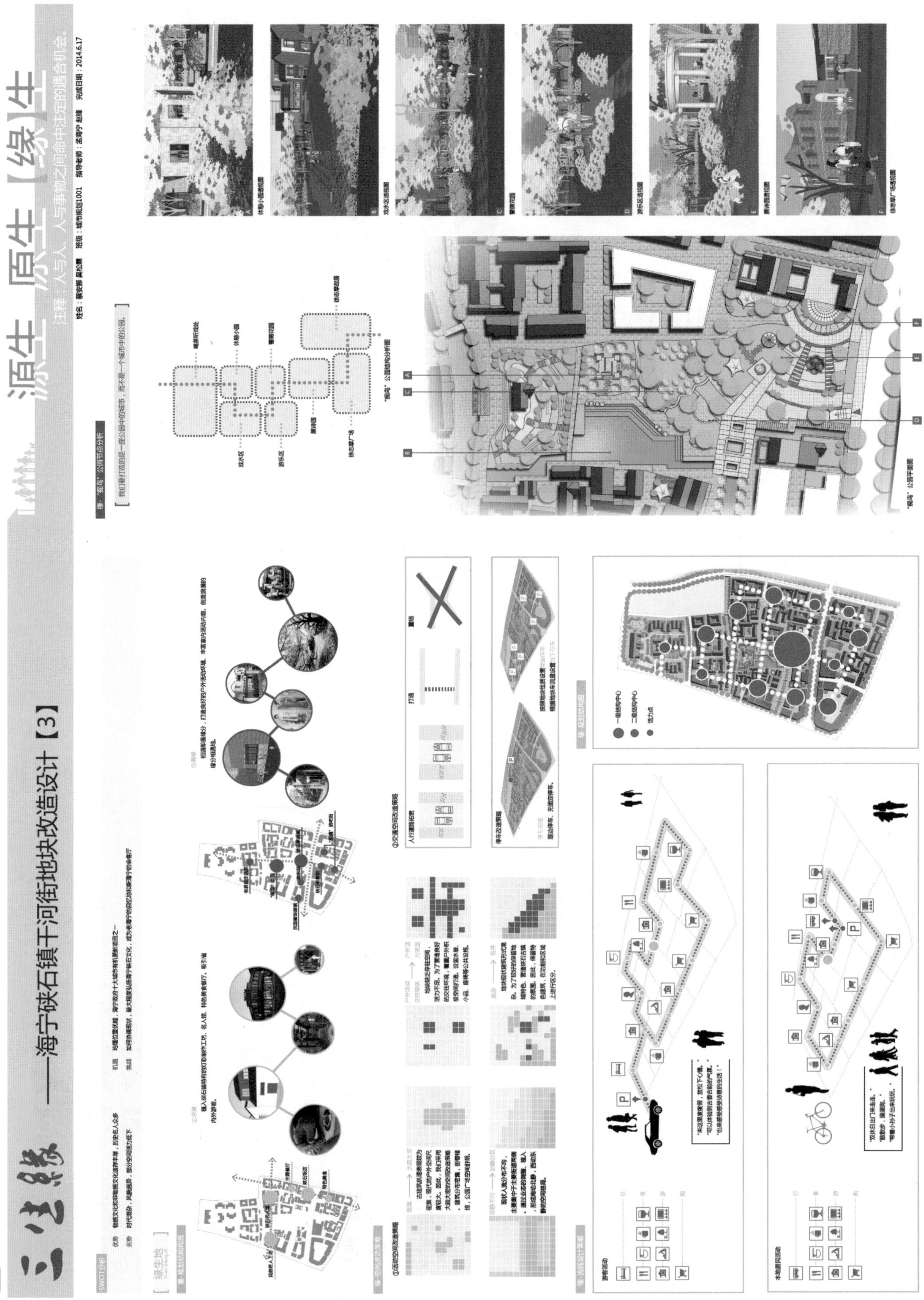

三生缘 ——海宁硖石镇干河街地块改造设计【3】

源生 原生【缘】生

注释：人与人、人与事物之间命中注定的遇合机会。

姓名：蔡安娜 吴松霖　班级：城市规划1001　指导老师：孟海宁 赵锋　完成日期：2014.6.17

SWOT分析

优势　物质文化和非物质文化遗存丰厚，历史名人众多

劣势　时代混杂，风貌迥异，部分空间活力低下

机遇　地理位置优越，海宁政府十大城市有机更新项目之一

挑战　如何协调现状，最大程度弘扬海宁硖石文化，成为老海宁的回忆地和新海宁的会客厅

缘生地

Yuan sheng di

缘-规划结构构思

①求缘

植入硖石镇特有的灯彩制作工坊、名人馆、特色美食餐厅。吸引省内外游客。

②遇缘

相遇即是缘分，打造良好的户外活动环境、丰富室内活动内容。创造浪漫的缘分相遇地。

缘-空间改造策略

①活动空间改造策略

密集 ——→ 大疏大密

古建筑肌理表现较为密集，现代的户外空间尺度较大。因此，我们采用大疏大密的空间改造策略。建筑分布密集，街巷错综，公园广场空间舒朗。

户外活动交往缺失 ——→ 户外活力充足

地块缺乏停驻空间，活力不足。为了营造良好的交往环境，着重户外积极空间打造。设置水景、小品、座椅等公共设施。

动静不均 ——→ 动静分区

现状人流分布不均，主要集中于主要街道两侧。通过业态的调整、植入，形成南动北静，西动东静的空间格局。

混杂 ——→ 有序

地块现状建筑形式混杂。为了较好的保留地域特色、营造硖石古镇的氛围。因此，保留特色建筑，在功能和区域上进行区分。

②交通空间改造策略

人行道路拓宽　打通　重组

停车改造策略

停车困境
路边停车、无固定停车。

按照地块性质设置地面停车
根据地块车流量设置地下停车

缘-流线设计策略

游客活动

行　食　游　购

“来这里度度假，放松下心情。”
“可以体验到古香古韵的气氛。”
“也来感受感受诗意的生活！”

本地居民活动

行　食　游　购

“双休日出门来走走。”
“散散步，遛遛狗。”
“带着小孙子出来玩玩。”

缘-规划结构图

一级结构中心
二级结构中心
活力点

缘-“痴鸟”公园节点分析

[我们要打造的是一座公园中的城市，而不是一个城市中的公园。]

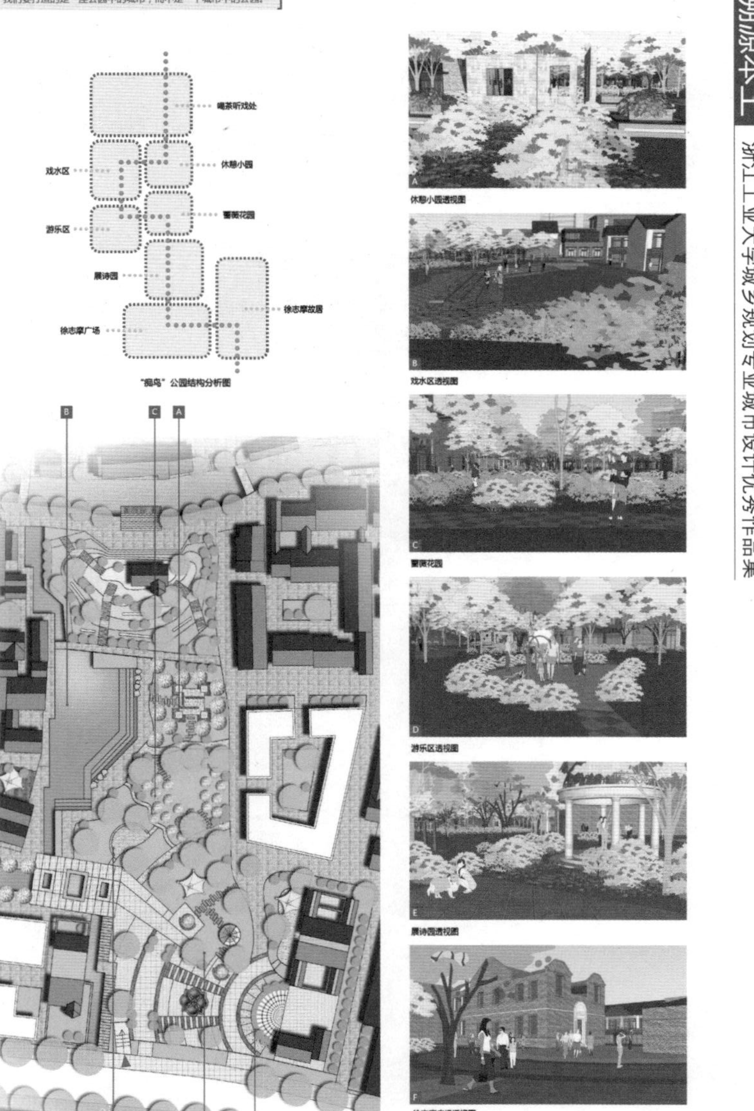

“痴鸟”公园结构分析图

“痴鸟”公园平面图

休憩小园透视图

戏水区透视图

蔷薇花园

游乐区透视图

展诗园透视图

徐志摩广场透视图

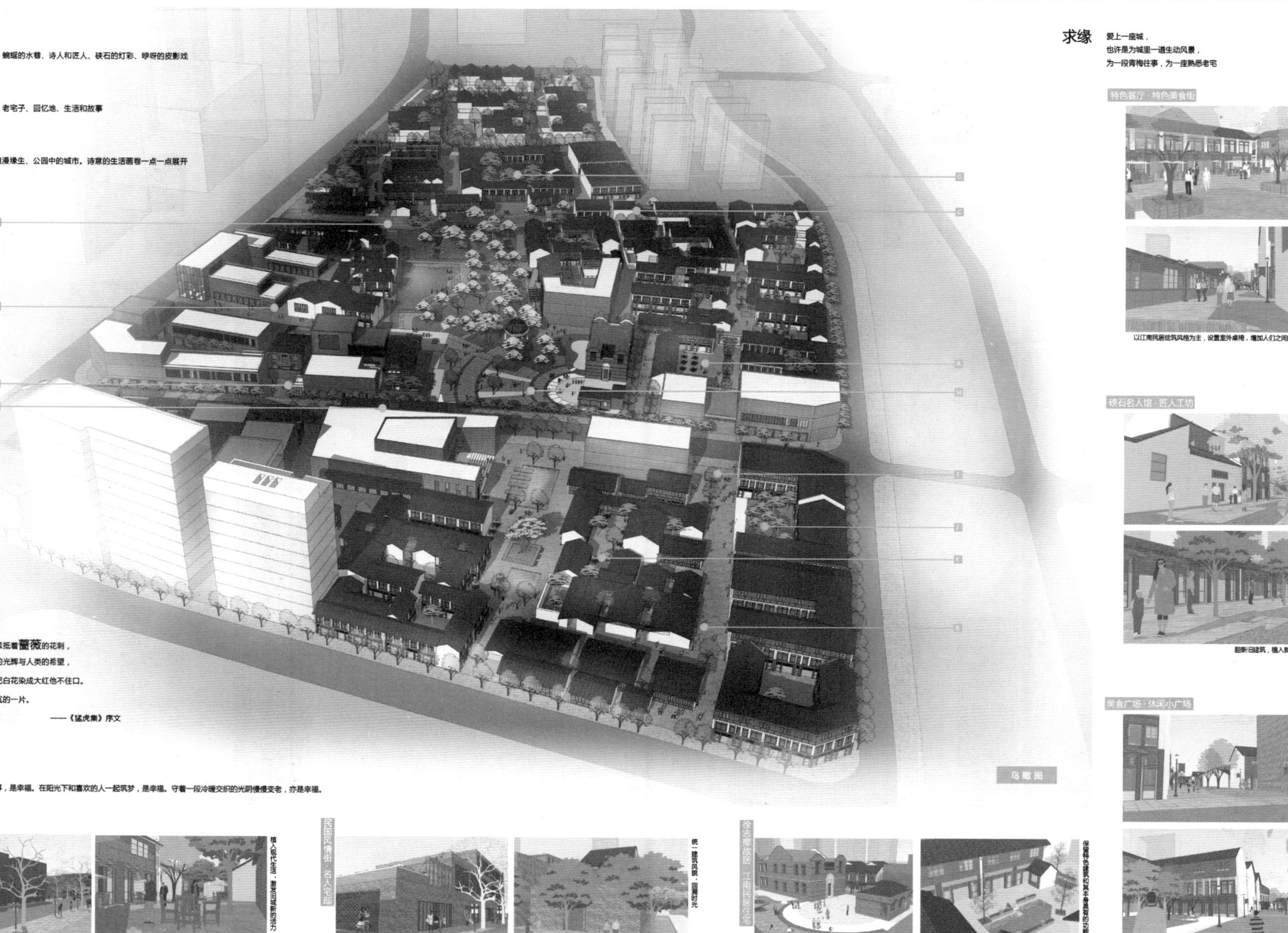
三生缘 ——海宁硖石镇干河街地块改造设计【4】
源生 原生【缘】生
注释：人与人、人与事物之间命中注定的遇合机会。
姓名：蔡安娜 吴松霖 班级：城市规划1001 指导老师：孟海宁 赵锋 完成日期：2014.6.17
源
斑驳的老墙、蜿蜒的水巷、诗人和匠人、硖石的灯彩、咿呀的皮影戏
……
原
徐志摩故居、老宅子、回忆地、生活和故事
……
缘
周末休闲、浪漫缘生、公园中的城市。诗意的生活画卷一点一点展开
……
求缘
爱上一座城，
也许是为城里一道生动风景，
为一段青梅往事，为一座熟悉老宅
特色餐厅·特色美食街
以江南民居建筑风格为主，设置室外桌椅，增加人们之间的交流
硖石名人馆·匠人工坊
翻新旧建筑，植入新功能
美食广场·休闲小广场
适应现代生活的街巷尺度，同时加入景观小品，丰富空间层次
诗人也是一种痴鸟，
他把他的柔软的心窝紧抵着蔷薇的花刺，
口里不住地唱着星月的光辉与人类的希望，
非到他的心血滴出来把白花染成大红他不住口。
他的痛苦与快乐是深沉的一片。
——《猛虎集》序文
遇缘
等待一场姹紫嫣红的花事，是幸福。在阳光下和喜欢的人一起筑梦，是幸福。守着一段冷暖交织的光阴慢慢变老，亦是幸福。
鸟瞰图
植入现代生活，激发旧城新的活力
统一建筑风貌，回溯时光

SPATIAL AND TEMPORAL CHANGES OF GRACE

织——时空变幻中的优雅转身

Part1
场地理解&分析

区位分析

硖石干河街历史文化街区，在今浙江省嘉兴市海宁，位于紫微山东侧，区块东为硖石市河，南至工人路，西至建设路，北至硖石大道，区域占地面积约8.13公顷。

综合现状图

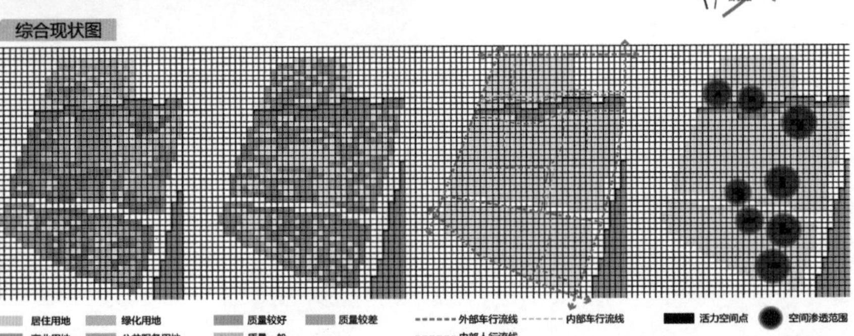

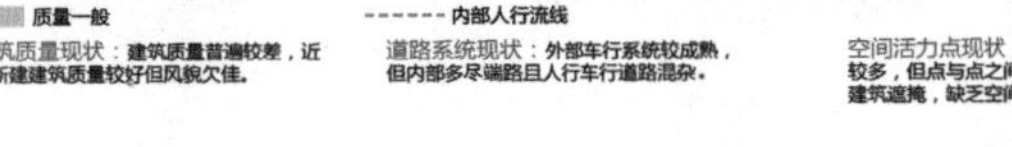

用地现状：用地功能混乱零碎，难以形成成体系的绿化环境系统或公共服务设施链。

建筑质量现状：建筑质量普遍较差，近代新建建筑质量较好但风貌欠佳。

道路系统现状：外部车行系统较成熟，但内部多尽端路且人行车行道路混杂。

空间活力点现状：地块内部空间活力点较多，但点与点之间缺乏必要联系，且多被建筑遮掩，缺乏空间渗透的动力。

社会生活

保留　改善　拆除

局部多层建筑　仓基河景　石桥　硖石电影院　徐家老宅　徐志摩故居　干河街街景　钱业公所

现状物质空间问题总结

地理特色 Zone	区位 Location	基地位于海宁的核心区域，西山公园山脚，且紧邻海宁商业最繁荣的工人路，地理位置优越。	内部交通：内部交通紊乱，没有成系统的交通网络，多尽端路。	出行方式：人车混行，地块内人、车流混杂缺乏合理规划引导和管制。
	交通 Traffic	周边道路纵横交错，交通便利，出行方式多样；内部道路空间曲折蜿转，因而营造出趣味叠生的游览心里感受。		
人文特色 Culture	区位 Former Home	徐志摩、许国璋等老宅元素分布于地块中，文学、教育、传统艺术的氛围有着良好的基础。	故居建筑：除徐志摩故居改造为展览馆外，其他故居保护现状较差，且较不可达。	历史建筑：民国建筑元素局部保留，但是整体建筑风貌不佳且缺乏生存活力
	历史 History	大量民国时期石库门建筑给人穿越时空的感觉，仿佛置身于花样年华的年代，细腻的民国风建筑元素保存情况较好。		
产业特色 Industry	居住 Resident	这里被喻为是老海宁最后的老房子，许多历史建筑仍为个人所有居住，是老海宁最后的记忆。	居住条件：建筑条件较差，人居环境不佳，虽有历史，但不符合现代人们对居住的需求。	商业发展：传统商业丢失，业态服务范围有限，难以支撑和带动地块的发展和蓬勃。
	商业 Business	商业主要沿着工人路和干河街展开，以个体零售业为主，也会有个人传统服务业，具有一定的包容性。		
生态特色 Culture	河网 River	有良好的水网系统基础，紧邻市河，更有仓基河流经地块。且地块本身，有着丰富的水网系统历史。	滨水空间：河流缺乏维护，滨水空间缺乏设计，空间感无法体现。	绿地系统：绿化用地较少，地块少绿意，人居环境欠佳。
	绿地 Green Land	绿地系统较少，但仍存在星点古木古树，搭配建筑较好的营造了地块的历史文化气息。		

历史沿革

硖石镇，依山而起，沿水生长。冒以前为嘉兴县治所在地，也是重要军事要塞；归属盐官县后仍作为海宁经济重镇的发展而兴起。唐代设市后逐步成为南北货物运输集散地之一，是海宁盐、布、丝绸、米等贸易中心。新中国成立前，商业以市河以东为中心，经济繁荣；至20世纪80年代，随着铁路的开通，电灯公司、电报公司、照相馆、大戏院、电影院等新兴产业加速繁荣硖石镇的发展。随着人们日益多元化的生活需求，硖石镇诸多历史遗迹被挖掘开发，历史名宅、民国建筑等逐渐清晰。而到了近现代，硖石镇的辉煌似乎没落于城市的发展当中，历史古迹也被掩盖在城市发展的废墟之中。

文化脉络

江潮文化	灯彩文化	名人文化
盐官成为主要的观潮城市，但在海宁似乎找不着江潮文化的印记。	传人较少，灯彩景象仅在节日展现，缺少文化延续动力和条件。	名人生活的印记除徐志摩纪念馆外几乎都被掩盖在旧街老建筑中，有些甚至在火灾中烧毁，旧居现状堪忧。

社会生活

丰富精彩的老生活：丰富的精神文化脉络支撑多彩的社会活动，从传统技艺的世代传承，到海宁休闲娱乐丰富的老生活，人们的社会生活丰富充实而且富有海宁的传统特色。

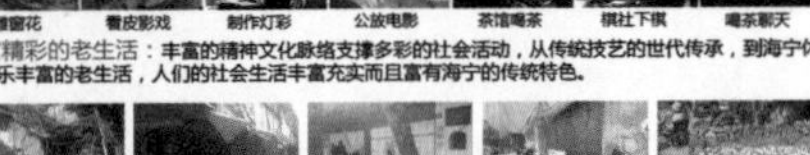

单调平淡的现状生活：现在的干河街历史街区已经全然不见文化和历史的踪迹，人们的社会生活也仅仅是围绕着生活本身而展开，传统生活的模式正在消亡，多样性的延续动力不足。所以，如何实现老生活和现状生活的无缝对接，如何织补现代生活的元素，是设计当中亟需解决的问题。

经济生活分析

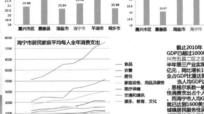

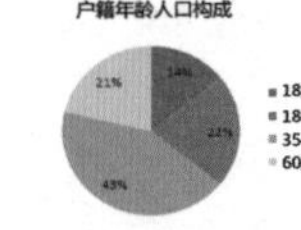

截止2013年底，海宁的人口总数为66.61万人，位于嘉兴市区、桐乡之后，但其农业人口的数量却位列嘉兴市的第一，约占全市总人口的66.5%，可见海宁市城市化脚步较慢，且不完全城市化没能带动人口的城市化进程。海宁市的城市格局未完全打开，城市化进程较慢，所以城市所需求的劳动力或是可提供的工作岗位相对较少，这也就导致了农民市民化的速度较慢。

结合数据分析，本地块应参考居住地老年人的需求，例如绿化、开敞空间、慢生活空间等，以及适宜年轻人娱乐的地方，例如酒吧、舞厅，以及具有活力的新兴产业。

60岁以上人口比率（%）

嘉兴市区	嘉善县	海盐市	海宁市	平湖市	桐乡市
20.88	23.21	20.64	21.19	21.88	20.68

18—35岁人口比率（%）

嘉兴市区	嘉善县	海盐市	海宁市	平湖市	桐乡市
22.13	20.07	21.17	21.85	20.93	20.94

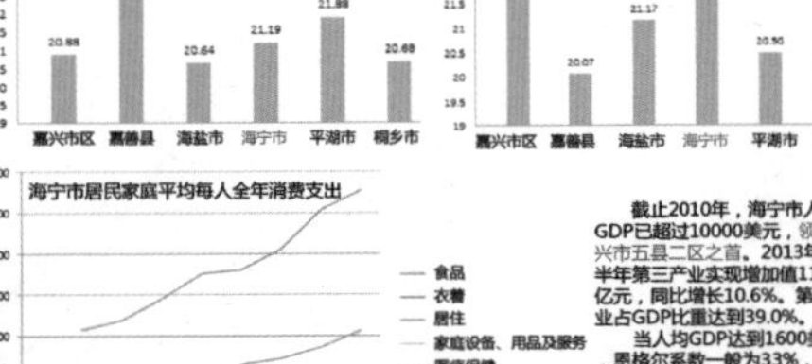

截止2010年，海宁市人均GDP已超过10000美元，领跑嘉兴市五县二区之首。2013年上半年第三产业实现增加值110.48亿元，同比增长10.6%，第三产业占GDP比重达到39.0%。

当人均GDP达到1600美元时，恩格尔系数一般为33%，服务性消费支出占个人消费支出50%。而海宁市人均GDP在2005年就已达到1600美元的水平，但城镇居民服务性消费支出仅占全部消费性支出的28%，预示着居民服务性消费将成为消费增长的主要空间。

由海宁市居民家庭平均每人全年消费支出趋势可以看出，海宁市居民除了对生活必需品之外，对于娱乐、教育、文化的支出远高于在家庭设备、医疗、交通、居住等方面的开销。这也引导我们的设计：为强化“退二进三”，且强化娱乐、教育、文化的影响力和推动力，本地块应集中文娱设施，及服务性场所，不仅提供大量的就业需求，完成农村居民市民化的意愿，同时也为满足居民对于文娱教功能的需求。

基地价值分析

历史价值：海宁市嘉兴市较古老的城市，有着千百年的历史；素有鱼米之乡、丝绸之府、才子之乡、文化之都、皮革之城的美名。

社会价值：毗邻海宁市最有包容性的商业街道工人路，且与海宁市传统商业区相连接。另外，基地内部丰富的历史文化遗迹奠定了基地沉淀的历史积淀。

经济价值：传统商业辉煌延续和新兴产业的崛起，为海宁市的经济发展奠定了雄厚的经济基础。

文化价值：海宁市正逐步发展旅游业，基地有着以徐志摩为主的名人故居、古桥、老街、流水等具有海宁特色的元素分布其中。

姓名：陈雪玮　蒋栋
指导老师：孟海宁　赵锋

织——时空变幻中的优雅转身

SPATIAL AND TEMPORAL CHANGES OF GRACE

Part2 理念概述

理论基础

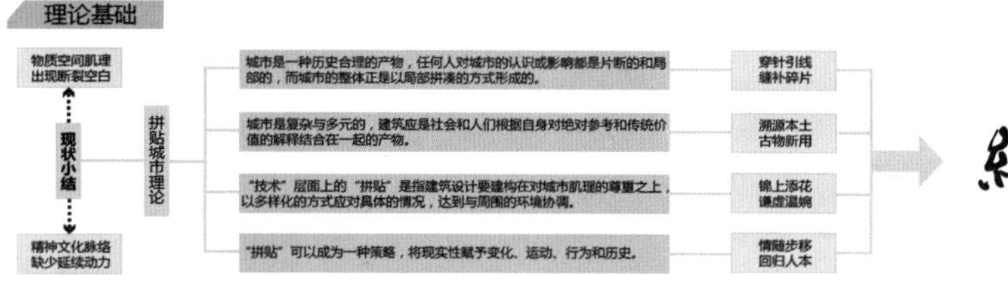

物质空间肌理出现断裂空白
现状小结
精神文化脉络缺少延续动力
拼贴城市理论
城市是一种历史合理的产物，任何人对城市的认识或影响都是片断的和局部的，而城市的整体正是以局部拼凑的方式形成的。
城市是复杂与多元的，建筑应是社会和人们根据自身对绝对参考和传统价值的解释结合在一起的产物。
"技术"层面上的"拼贴"是指建筑设计要建构在对城市肌理的尊重之上，以多样化的方式应对具体的情况，达到与周围的环境协调。
"拼贴"可以成为一种策略，将现实性赋予变化、运动、行为和历史。
穿针引线 缝补碎片
溯源本土 古物新用
锦上添花 遗废温婉
情随步移 回归人本

概念引入

海宁：这座有着千百年历史的江南古镇，被誉为"鱼米之乡，丝绸之府，才子之乡，文化之邦，皮革之城"。而对于蚕桑丝织业，更是早在汉代就闻名于世；宋宁宗年间，硖石所产的紫微绸更是被列为贡品，享有上等价钱；康熙、乾隆年间，海宁的蚕桑生产更是位居全国之冠。一颗颗细腻的蚕茧，经过一轮一轮的手工制作，最后呈现出华美光亮的绸缎锦绣，这样富有传统和历史文化韵味的制作过程，更是散发老海宁的丝丝气息。

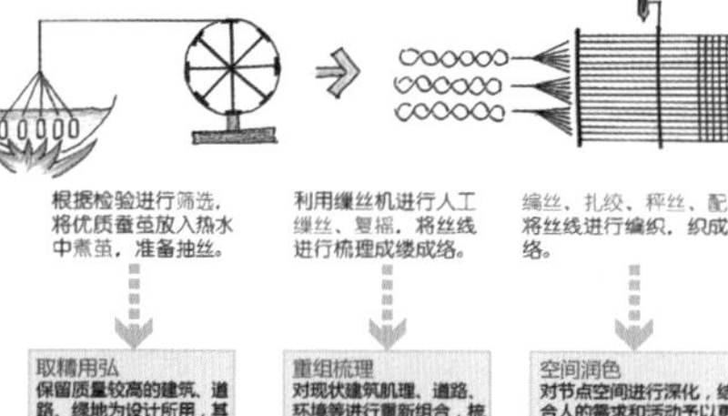

对成茧进行混茧、剥茧、进行检验比对，仔细观察挑选优质蚕茧。

根据检验进行筛选，将优质蚕茧放入热水中煮茧，准备抽丝。

利用缫丝机进行人工缫丝、复摇，将丝线进行梳理成绞成络。

编丝、扎绞、捻丝、配光，将丝线进行编织，织成锦络。

分析认知：对设计所需的各物质、精神要素进行细致分析和全面认知。

取精用弘：保留质量较高的建筑、道路、绿地为设计所用，其余进行修缮或拆除。

重组梳理：对现状建筑肌理、道路、环境等进行重新组合，梳理脉络，编织新脉络。

空间润色：对节点空间进行深化，结合人的需求和活动予以更细腻的空间设计。

规划策略

总体定位 穿越海宁旧梦的时空锦络，织补海宁人源生生活。

织补策略 以环境织补为先导，充分利用和改善现有环境资源，突出地方特色。

以产业、用地调整为契机，尊重现实，逐步优化城市格局。

以道路系统织补为重点，构筑人车分流、步行舒适的道路与交通系统。

以公共服务设施织补为带动，整合改善城市日常生活服务网路。

以城市核心项目为突出，支撑和延续城市的肌理和文脉，完善城市景观体系，构建富有都市氛围和地方建筑文化特色的城市形态。

以生活织补为目的，溯源本土，回归人本，缝合老海宁原本的日常生活方式。

步骤一：分析认知

元素基础	元素	形态图示	现状特征	特征描述	元素阐述
区域编织纽带	步行道		闭塞、冷清、混乱	开放、小憩、慢行、优雅、热闹、宜人	干河街和仓基河自然形成的轴线将基地分割，步道、水系、绿脉和时空是联系地块建最主要的脉络，正确认知元素为地块织补做准备。
	水系		单一、乏味、静止	共享、连续、丰富、流动、滨水、情趣	
	景观绿脉		匮乏、凌乱、凋零	树阵、草地、曲水、冲击、视觉、动人	
	历史脉络		断裂、脱节、零碎	保护、修缮、古树、跌水、新用、重生	
街巷空间织补	开放广场		单调、石凳、树荫	宽敞、开放、微风、节点、核心、古香	街巷空间的织补主要为织补各节点空间，丰富完地块景观体系。结合地块规划定位，融入基地历史文化氛围，为空间织补提供基本元素，打造空间织补脉络。
	绿道走廊		艳阳、干燥、炎热	繁茂、树荫、玩耍、散步、赏花、谈天	
	历史建筑		破败、空置、消亡	斑驳、沧桑、回忆、沉思、古木、砖瓦	
	滨水空间		古阶、古木、古屋	流水、树荫、石凳、挑台、休憩、停留	
	观光街巷		冷清、枯藤、曲折	市井、里坊、海宁、手工、色彩、购物	
元素编织策略	景观元素		单株、绿苔、藤蔓	水塘、流觞、盆栽、绿地、生活、休憩	在景观、建筑层面上编织进历史文化元素，并植入新功能和旅游标识，完善公共服务体系。
	建筑符号		民国、红砖、木制	统一、多样、浪漫、风格、气息、生活	
	旅游标识		贴牌、座椅、门票	引导、醒目、古风、特色、地域、记忆	
	功能更新		居住、商业、服务	新生、符合、文展、娱乐、生态、习俗	

步骤二：取精用弘

	建筑	道路	绿地
质量图示	新建质量较好；老宅风貌一般；木质构造老化；部分房屋倒毁	林荫路保留；停车空间扩建；嘛砖小道整饬；破碎尽端路重整	古树保护；纪念馆绿化完善；绿地节点延续；影响风貌绿地再生
筛选策略	对需要重点保护的历史建筑予以保留，质量较差的历史建筑予以修缮，而对于破损或影响城市风貌的建筑予以拆除重建，采取分层措施。	风貌现状较好的道路按原先方法营造，对基地内小里弄予以重点关注，恢复老城肌理；对于尽端路予以重建，或打通，或建筑，完善基地路网体系，创造舒适步行空间和体验。	对新建展馆周边设计的绿地空间进行适当保留，重建零碎绿地；对古树进行保护，在原基地上预留树木种植空间。

1 对建筑质量、现状道路、景观、文脉等进行分析理解。

2 分别确定需要保护、修缮和拆除的建筑，确定主要路网轴线，筛选需要细化的绿地和水网系统。

步骤四：空间润色

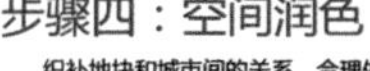

织补地块和城市间的关系，合理处理基地空间与外部环境的对接和相互利用，打造谦虚的城市设计；对空间进行细致的深化设计，着重从轴线入手，深入刻画轴线串联空间，塑造视觉通廊；对院落空间进行合理整合和重规划，针对不同的肌理采用不同的梳理手法，丰富基地内空间感受。

基地与城市衔接

如何做到基地与城市的无缝对接，如何做出谦虚的城市设计，如何让基地为城市塑造良好的城市景观，是本设计集中解决的问题，犹抱琵琶半遮面，虽嵌不见全貌，但引人入胜，虽为更新改造，但温婉谦虚，虽历史厚重，但激情洋溢。

▪绿林冲撞繁华商业街道 ▪绿林屏障，欲现还羞

▪连续硬质界面营造气氛 ▪水体对景

▪高密度建筑前开敞空间 ▪绿道引入，喷泉对景

视觉通廊塑造

纵横交织于基地中的轴线，不仅让基地整体结构更为有序，也为游客创造条条感官极佳的视觉通廊。身处廊道之中，近景、中景、远景有序搭配，创造富有层次且丰富的空间感受，一步步吸引游客进一步探寻。

▪主要轴线 ▪绿水楼阁，钟塔映衬

▪绿林屏障 ▪绿荫小道步步引入

▪绿道 ▪景随步移

院落织补策略

对于现状建筑风貌良好，并且有一定历史价值的老建筑，进行更新改造，通过一定取舍，选择性保护并再规划，给老建筑以新生命。

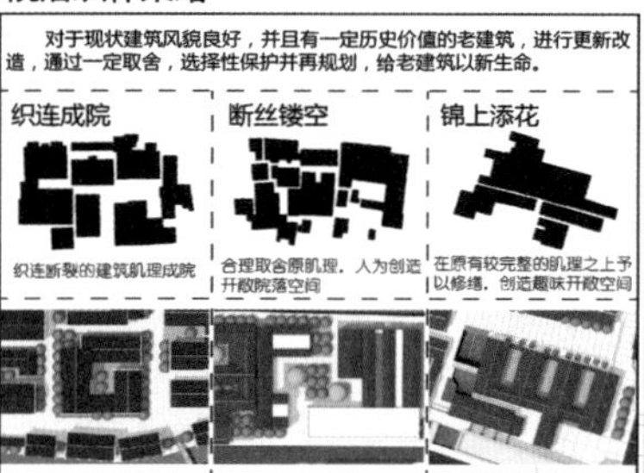

织连成院：织连断裂的建筑肌理成院

断丝镂空：合理取舍原肌理，人为创造开敞院落空间

锦上添花：在原有较完整的肌理之上予以修缮，创造趣味开敞空间

规划目标：织生活

海宁人的生活

	古生活——故梦旧忆	老海宁——花样年华	新生活——浮城新往
主打产品	剧院看戏；棋社下古棋；民宿；茶馆品茶	志摩书吧；志摩生活体验馆；书画展；民国舞厅跳舞	主题PUB；街道美咖啡；DIY手工体验馆；甜品小食店
业态构成	老建筑艺术鉴赏中心、中式古街、茶室、棋社、民宿、剧院等，游客可以在这里体验老海宁人的生活，溯源老海宁的休闲生活。	字画交流中心、文展馆、志摩生活体验馆纪念馆、志摩书屋、民国舞厅等以文化为主题的展馆，体验充满民国风情的文化和艺术世界。	酒吧、咖啡厅、DIY手工体验馆、甜品店、桌游吧等主要服务于年轻人的新兴业态植入，为地块注入新的活力，丰富业态构成。

来客的生活

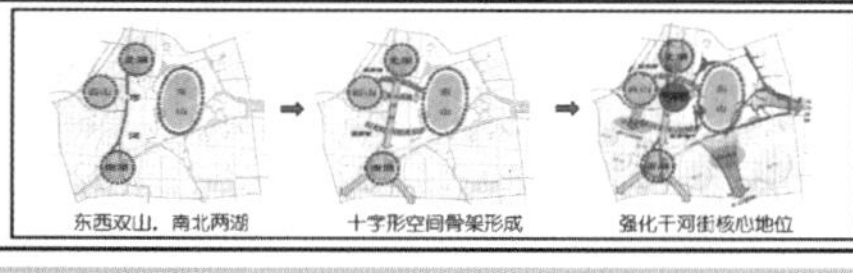

东西双山，南北两湖 → 十字形空间骨架形成 → 强化干河街核心地位

完善城市景观系统，强化干河街在城市核心区的作用，打造十字形空间骨架，织补城市景观网络，促进完善城市景观体系，为来海宁旅游的游客打造更加完善和丰富的游览路线，让海宁成为游客记忆中最优雅的回忆。

步骤三：重组梳理

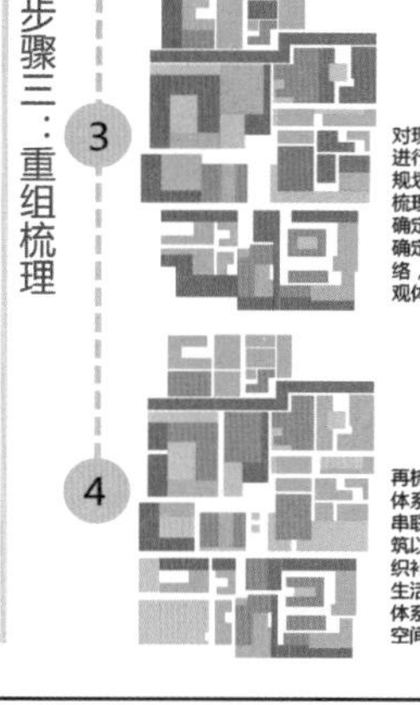

3 对现状建筑肌理进行重组，系统规划建筑肌理；梳理道路系统，确定主次干道；确定基本环境脉络，初步形成景观体系。

4 再梳理现有路网体系，主次干道串联支路；给建筑以全新定义，织补古、老、新生活；完善景观体系，丰富基地空间感受。

用地格局演变

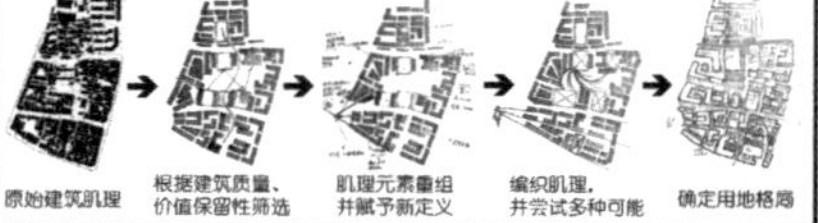

原始建筑肌理 → 根据建筑质量、价值保留性筛选 → 肌理元素重组并赋予新定义 → 编织肌理，并尝试多种可能 → 确定用地格局

历史碎片织补

建立 → 辐射 → 发散交织 → 织点成络

水系空间

原始：原始水系肌理 → 现状：现状水系肌理 → 穿引基地：恢复原始水系肌理，引水营造滨水空间

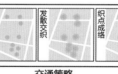

拍照留念；风雨长廊中休息闲谈；水边特色酒吧谈天吃饭

绿地空间

现状：现状绿地肌理 → 确定轴线：沿主轴确定绿地轴线 → 绕轴编织：依据轴线添加块状、点状绿地，丰富绿地

树阵下空间可供老人活动；树池提供休息座椅；小型草坪婚礼

交通策略

现状：仅沿河有较为系统的步行系统 → 一街百巷：织补道路肌理，形成一街百巷步行系统 → 串联支路：串联支路网络，增加道路趣味

参观民国建筑；休闲高档餐饮；娱乐PUB

姓名：陈雪玮 蒋栋
指导老师：孟海宁 赵锋

SPATIAL AND TEMPORAL CHANGES OF GRACE

织——时空变幻中的优雅转身

Part3
平面分析

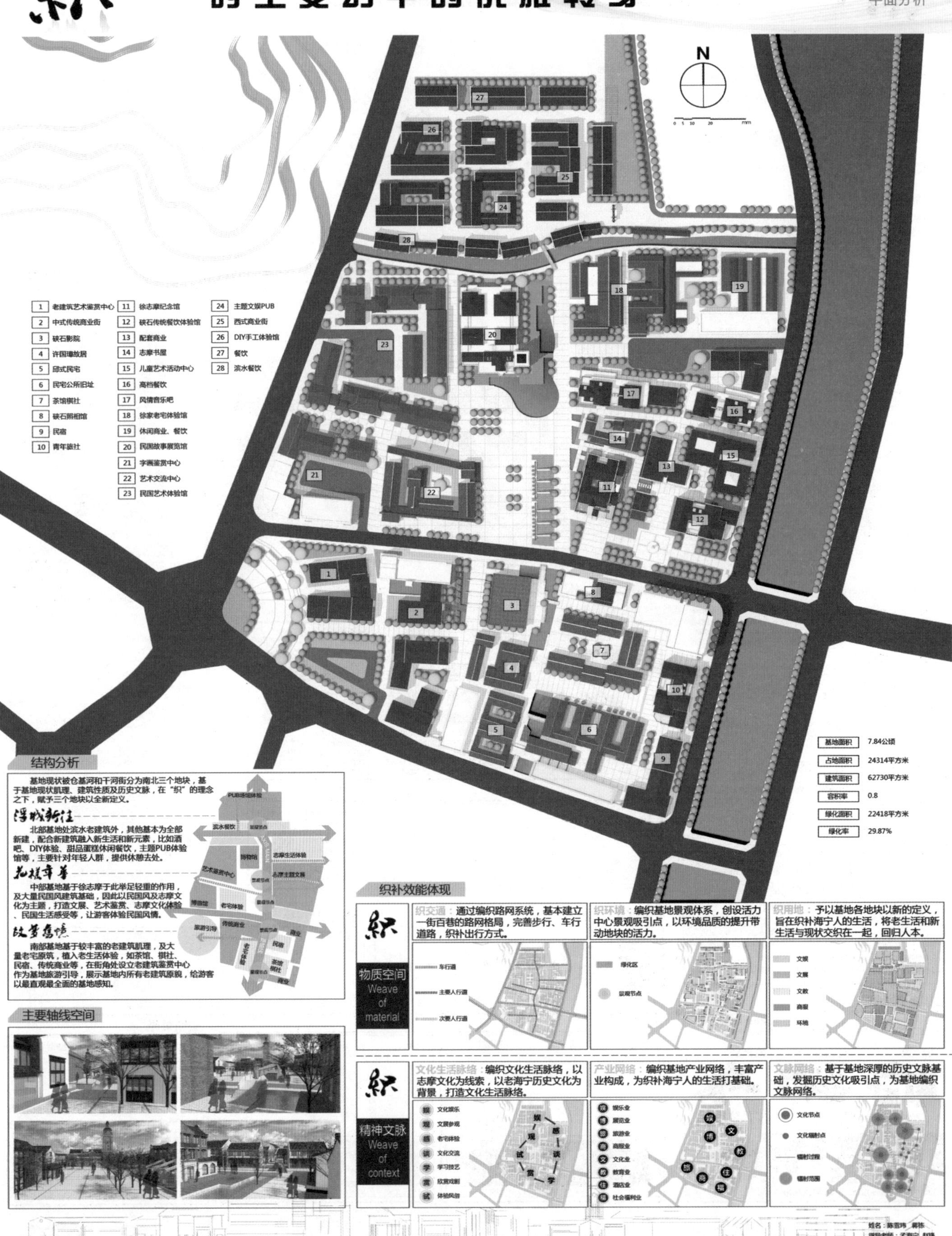

N
1 老建筑艺术鉴赏中心
2 中式传统商业街
3 硖石影院
4 许国璋故居
5 邱式民宅
6 民宅公所旧址
7 茶馆棋社
8 硖石照相馆
9 民宿
10 青年旅社
11 徐志摩纪念馆
12 硖石传统餐饮体验馆
13 配套商业
14 志摩书屋
15 儿童艺术活动中心
16 高档餐饮
17 风情音乐吧
18 徐家老宅体验馆
19 休闲商业、餐饮
20 民国故事展览馆
21 字画鉴赏中心
22 艺术交流中心
23 民国艺术体验馆
24 主题文娱PUB
25 西式商业街
26 DIY手工体验馆
27 餐饮
28 滨水餐饮
基地面积 7.84公顷
占地面积 24314平方米
建筑面积 62730平方米
容积率 0.8
绿化面积 22418平方米
绿化率 29.87%
结构分析
基地现状被仓基河和干河街分为南北三个地块，基于基地现状肌理、建筑性质及历史文脉，在“织”的理念之下，赋予三个地块以全新定义。
浮城新往
北部基地处滨水老建筑外，其他基本为全部新建，配合新建筑融入新生活和新元素，比如酒吧、DIY体验、甜品蛋糕休闲餐饮，主题PUB体验馆等，主要针对年轻人群，提供休憩去处。
花样年华
中部基地基于徐志摩于此举足轻重的作用，及大量民国风建筑基础，因此以民国风及志摩文化为主题，打造文展、艺术鉴赏、志摩文化体验、民国生活感受等，让游客体验民国风情。
故梦旧情
南部基地基于较丰富的老建筑肌理，及大量老宅原筑，植入老生活体验，如茶馆、棋社、民宿、传统商业等，在街角处设立老建筑鉴赏中心作为基地旅游引导，展示基地内所有老建筑原貌，给游客以最直观最全面的基地感知。
PUB场馆体验
滨水餐饮
博物馆
志摩生活体验
艺术鉴赏中心
志摩主题文展
老宅体验
旅游引导
传统商业
商业
民宿
茶馆棋社
AXIS MAIN
主要轴线空间
织补效能体现
织
物质空间
Weave of material
织交通：通过编织路网系统，基本建立一街百巷的路网格局，完善步行、车行道路，织补出行方式。
车行道
主要人行道
次要人行道
织环境：编织基地景观体系，创设活力中心景观吸引点，以环境品质的提升带动地块的活力。
绿化区
景观节点
织用地：予以基地各地块以新的定义，旨在织补海宁人的生活，将老生活和新生活与现状交织在一起，回归人本。
文娱
文展
文教
商服
环境
织
精神文脉
Weave of context
文化生活脉络：编织文化生活脉络，以志摩文化为线索，以老海宁历史文化为背景，打造文化生活脉络。
文化娱乐
文展参观
老宅体验
文化交流
学习技艺
欣赏戏剧
体验风俗
产业网络：编织基地产业网络，丰富产业构成，为织补海宁人的生活打基础。
娱乐业
展览业
旅游业
商服业
文化业
教育业
酒店业
社会福利业
文脉网络：基于基地深厚的历史文脉基础，发掘历史文化吸引点，为基地编织文脉网络。
文化节点
文化辐射点
辐射过程
辐射范围
姓名：陈雪玮 蒋栋
指导老师：孟海宁 赵锋

SPATIAL AND TEMPORAL CHANGES OF GRACE

织——时空变幻中的优雅转身

Part4
设计目标

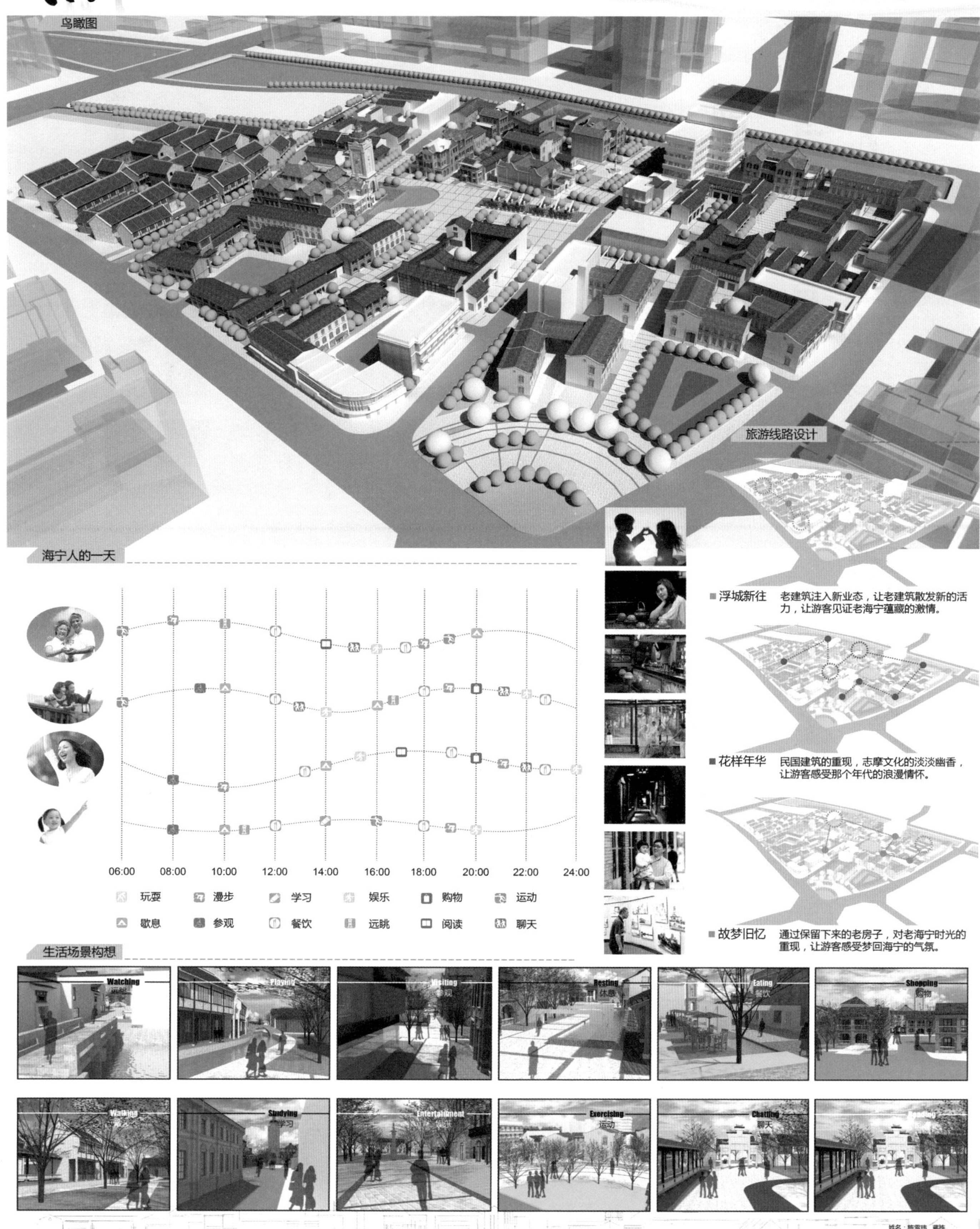

鸟瞰图
旅游线路设计
海宁人的一天
06:00
08:00
10:00
12:00
14:00
16:00
18:00
20:00
22:00
24:00
玩耍
漫步
学习
娱乐
购物
运动
歇息
参观
餐饮
远眺
阅读
聊天
■ 浮城新往 老建筑注入新业态，让老建筑散发新的活力，让游客见证老海宁蕴藏的激情。
■ 花样年华 民国建筑的重现，志摩文化的淡淡幽香，让游客感受那个年代的浪漫情怀。
■ 故梦旧忆 通过保留下来的老房子，对老海宁时光的重现，让游客感受梦回海宁的气氛。
生活场景构想
Watching
Playing
Visiting
参观
Resting
休憩
Eating
餐饮
Shopping
购物
Walking
Studying
学习
Entertainment
Exercising
运动
Chatting
聊天
Reading

姓名：陈雪玮 蒋栋
指导老师：孟海宁 赵锋

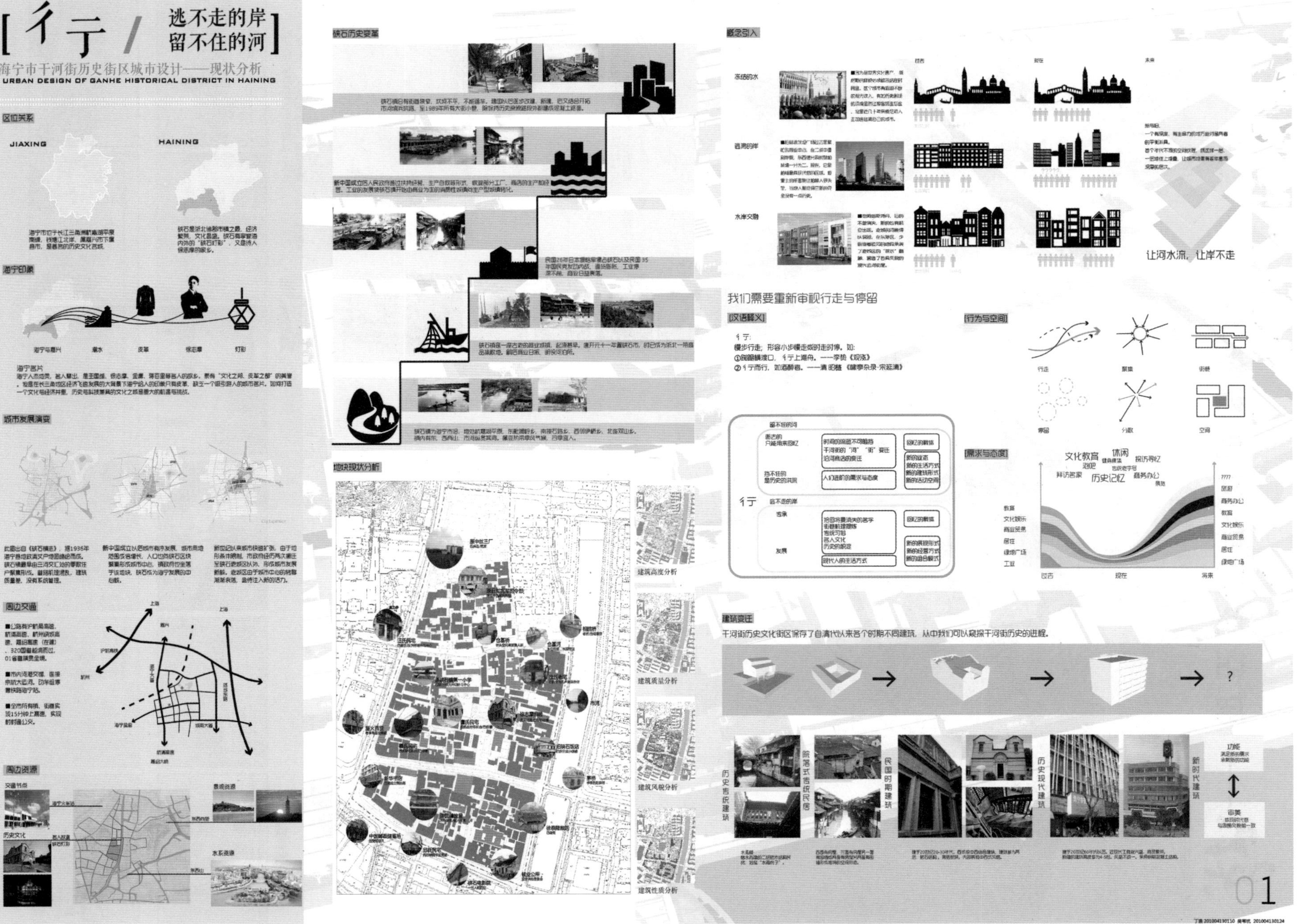
【亻亍 / 逃不走的岸 留不住的河】
海宁市干河街历史街区城市设计——现状分析
URBAN DESIGN OF GANHE HISTORICAL DISTRICT IN HAINING
区位关系
JIAXING
HAINING
海宁印象
城市发展演变
周边交通
周边资源
硖石历史变革
地块现状分析
建筑高度分析
建筑质量分析
建筑风貌分析
建筑性质分析
概念引入
让河水流，让岸不走
我们需要重新审视行走与停留
汉语释义
行为与空间
需求与态度
文化教育
休闲
历史记忆
过去
现在
将来
建筑变迁
干河街历史文化街区保存了自清代以来各个时期不同建筑，从中我们可以窥探干河街历史的进程。
历史传统建筑
院落式传统民居
民国时期建筑
历史现代建筑
新时代建筑
01

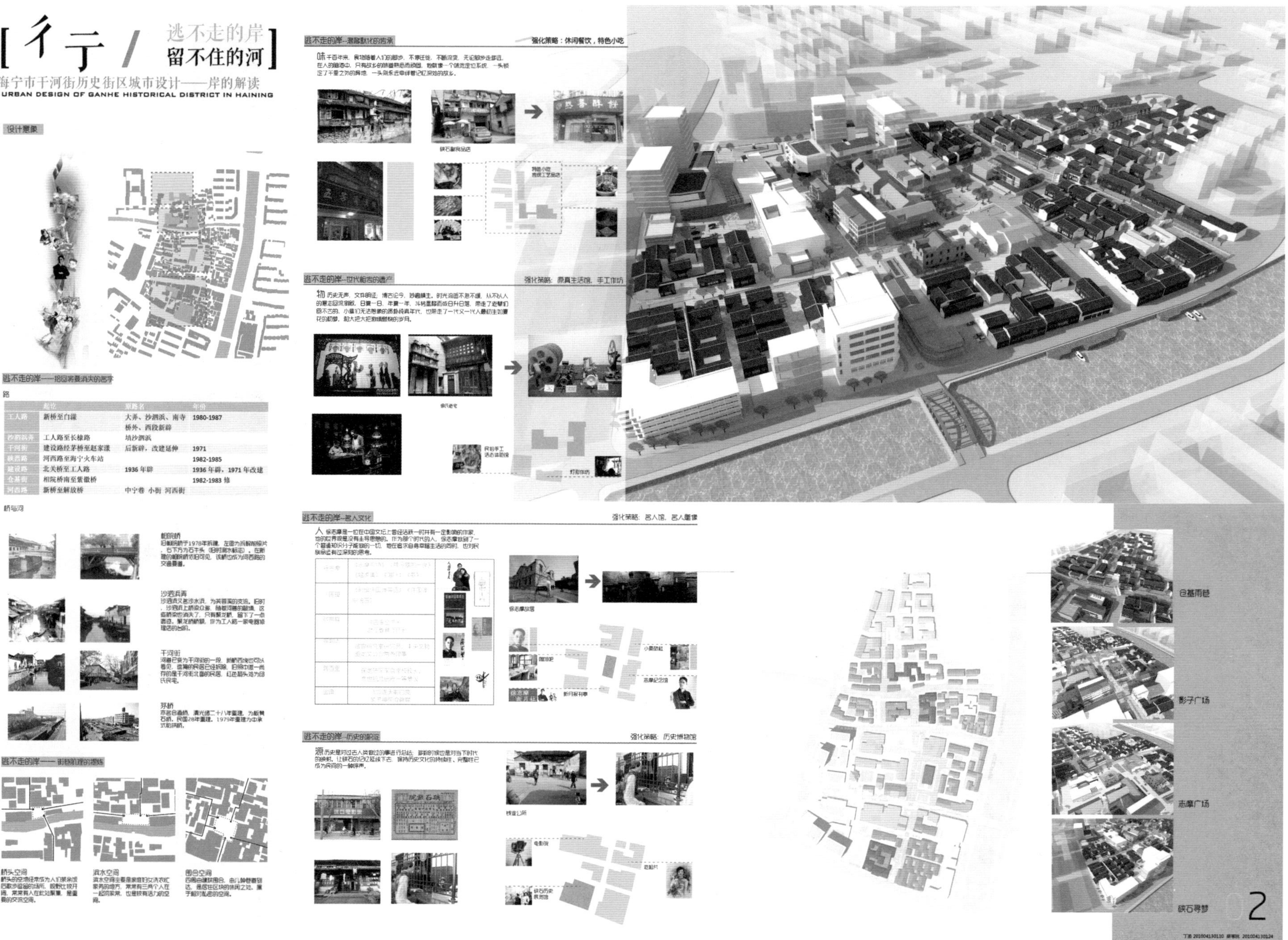

	起讫	原路名	年份
工人路	新桥至白漾	大弄、沙泗浜、南寺桥外、西段新辟	1980-1987
沙泗浜弄	工人路至长桥路	填沙泗浜	
干河街	建设路经茅桥至赵家漾	后新辟，改建延伸	1971
硖西路	河西路至海宁火车站		1982-1985
建设路	北关桥至工人路	1936 年辟	1936 年辟，1971 年改建
仓基街	相院桥南至紫微桥		1982-1983 修
河西路	新桥至解放桥	中宁巷 小街 河西街	

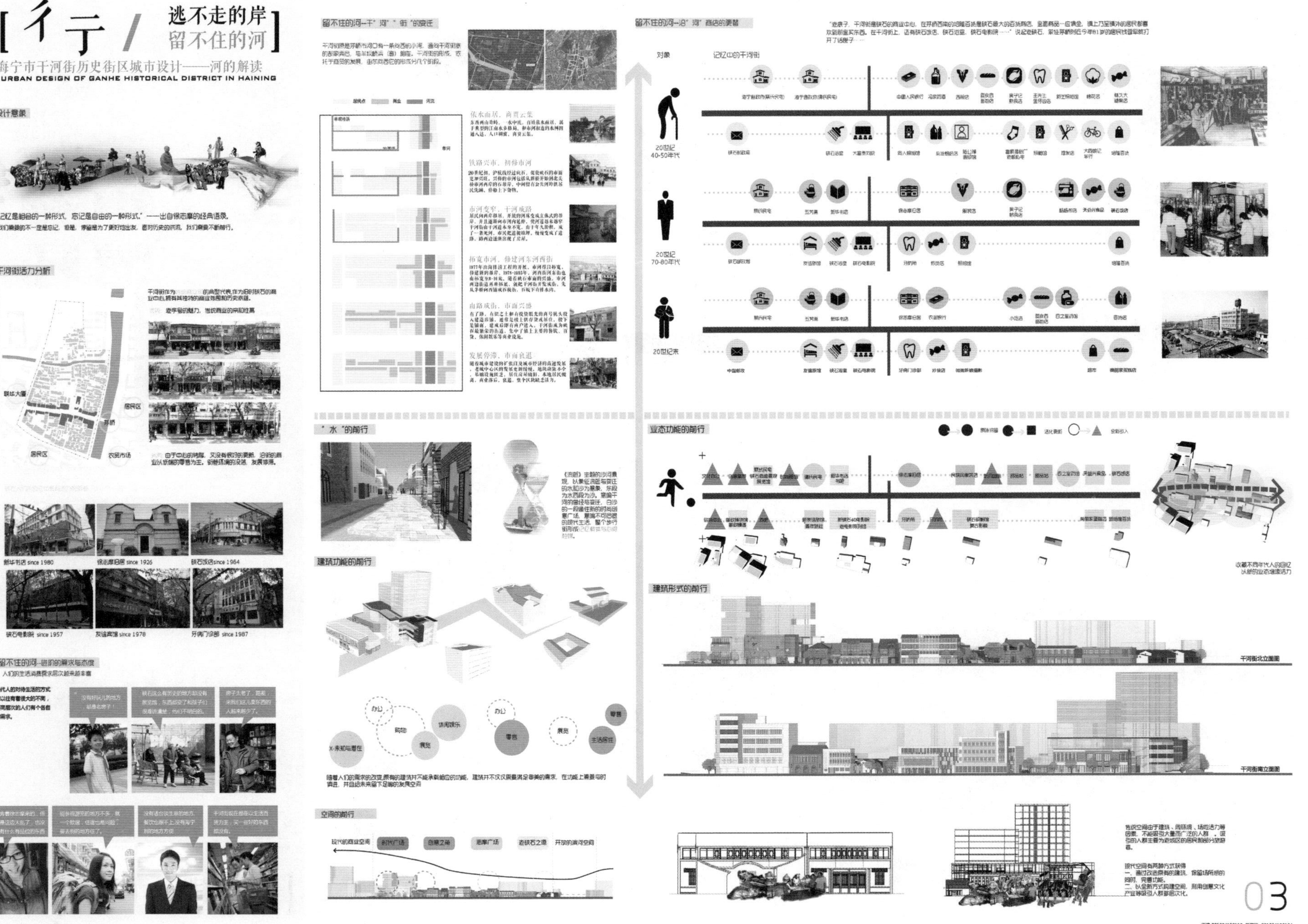
[行干 / 逃不走的岸
留不住的河]
海宁市干河街历史街区城市设计——河的解读
URBAN DESIGN OF GANHE HISTORICAL DISTRICT IN HAINING
设计意象
“记忆是相合的一种形式，忘记是自由的一种形式。”——出自纪伯伦的经典语录。
干河街活力分析
新华书店 since 1980
硖石电影院 since 1957
友谊宾馆 since 1978
留不住的河—“干 河”“街”的变迁
“水”的前行
建筑功能的前行
空间的前行
留不住的河—沿“河”商店的更替
对象
记忆中的干河街
20世纪
40-50年代
20世纪
70-80年代
20世纪末
业态功能的前行
建筑形式的前行
干河街北立面图
干河街南立面图
03

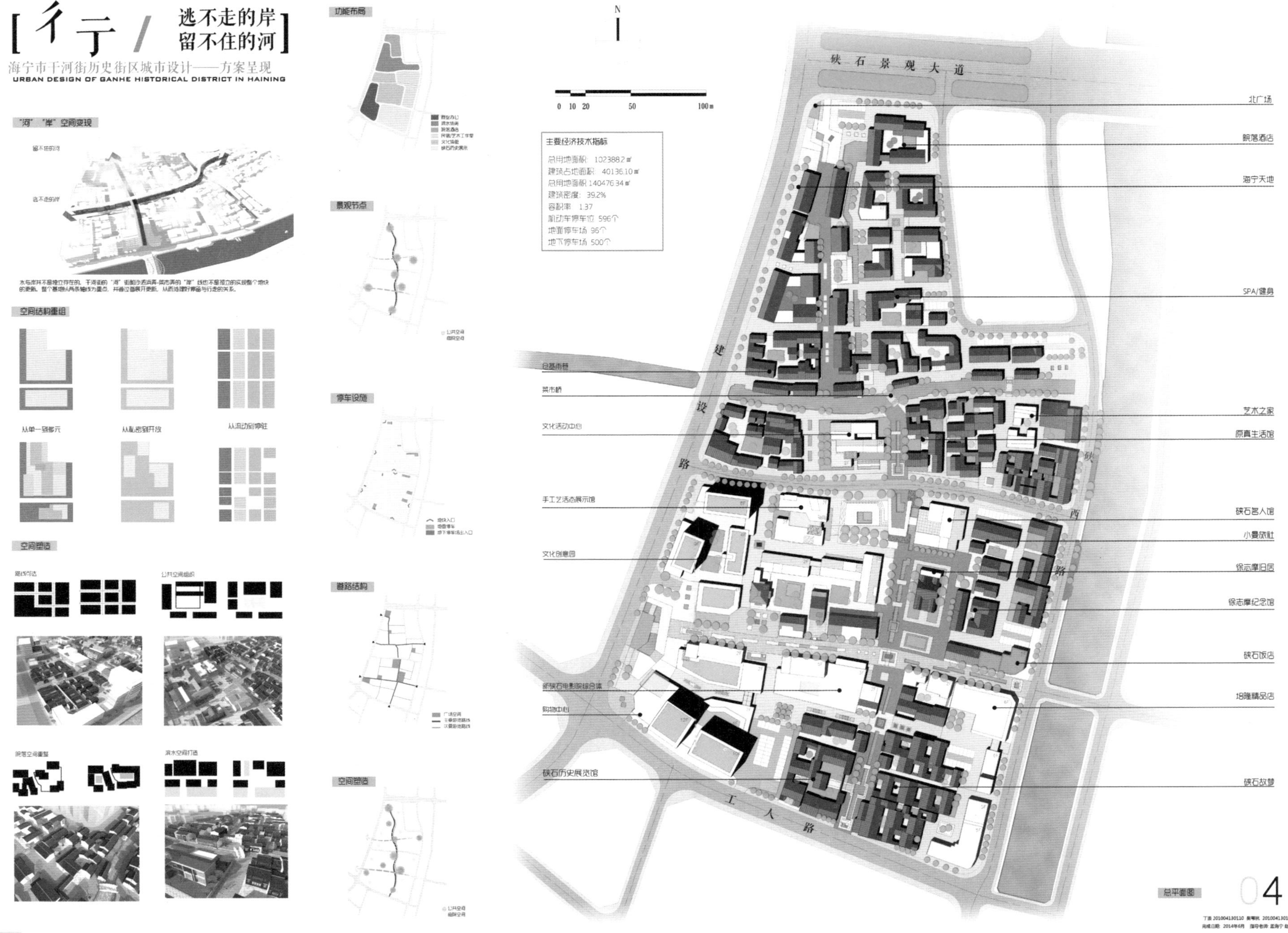
行 / 逃不走的岸 留不住的河
海宁市干河街历史街区城市设计——方案呈现
URBAN DESIGN OF GANHE HISTORICAL DISTRICT IN HAINING
"河" "岸" 空间变现
空间结构重组
从单一到多元
从私密到开放
从流动到停驻
空间塑造
功能布局
景观节点
停车设施
道路结构
空间塑造
硖石景观大道
建设路
硖西路
工人路
0 10 20 50 100m
主要经济技术指标
总用地面积：102388.2㎡
建筑占地面积：40136.10㎡
总用地面积 140476.34㎡
建筑密度：39.2%
容积率 1.37
机动车停车位 596个
地面停车场 96个
地下停车场 500个
北广场
皖落酒店
海宁天地
SPA/健身
艺术之家
原真生活馆
硖石名人馆
小曼旅社
徐志摩旧居
徐志摩纪念馆
硖石饭店
培隆精品店
硖石故梦
仓基雨巷
菜市桥
文化活动中心
手工艺活态展示馆
文化创意园
新硖石电影院综合体
购物中心
硖石历史展览馆
总平面图
04

■ 2013 年城市设计课程任务书

1. 设计主题

全国高等学校城市规划专业教育指导委员会 2013 年会主题为“美丽城乡，永续规划”。城市健康的发展需要重视可持续发展，将生态文明建设融入经济建设、政治建设、文化建设、社会建设各个方面和全过程，实现城市的永续发展。美丽城乡是环境之美、时代之美、生活之美、社会之美、百姓之美的总和。美丽城乡是美丽中国的重要组成部分，是建设美丽中国的重要载体。在快速的城镇化发展中，城乡的生态环境将面临极大限度的挑战。如何在新型城镇化过程中保护好生态文明建设，如何让“美丽城乡、永续发展”贯穿城市发展中，这些都是值得城市规划从业者深思和探寻的重要热点问题。

2. 解读主题

面对资源约束趋紧、环境污染严重、生态系统退化的严峻形势，必须树立尊重自然、顺应自然、保护自然的生态文明理念，把生态文明建设放在突出地位，融入经济建设、政治建设、文化建设、社会建设各方面和全过程，努力建设美丽中国，实现中华民族永续发展。

从美丽城乡到统筹城乡发展再到城乡一体化，其本质的核心内容就是新型城市化的建设发展，具有系统有序推进发展特征，最终达到解放和发展生产力，达到城乡居民同城同权，共创共享新型发展。城乡经济产业实现有利的循环，城乡经济互补，促进可持续发展，体现规划的前瞻性、合理性。

3. 重点关注问题

传统城市设计是以城市空间几何形体法则式的设计创造了雄伟的城市空间视觉特征，但这种单一的方式已不能完全满足现代功能的需要。现代城市设计更重要地应着眼于城市发展、保护、更新等形态设计，着眼于不同速度运动系统中空间视感，乃至行为心理对城市设计的影响。

现代城市设计是对城市体型环境所进行的规划设计，它实际上是城市规划在对城市总体、局部和细部进行性质、规模、布局、功能安排的同时，对城市空间体型环境在景观美学艺术上的规划设计。其包括两个层次的含义。首先，城市设计关心的是城市环境的建设问题。在城市环境的创造过程中，空间和物质实体组合而成的空间实体环境是其重点处理对象，这种空间环境的设计思想着重强调“公共性”和“公众性”。因为城市设计的着眼点是城市，而城市是公共的，因此，城市设计应该使公共空间资源得到应有的创造和维护。其次，城市设计创造的空间实体环境不仅直接改善我们的生产和生活环境质量，而且通过城市形象的改善，刺激了城市经济的进一步发展。对现代城市设计含义的理解使我们意识到不应为做城市设计而设计，城市设计应有更深刻的含义，特别是对第二层含义的认同，将有助于解决当前城市环境建设的观念问题。

在市场经济条件下，城市的功能发生了很大的变化，城市尤其是城市活力的衰退，成为人流、车流、物流、资金流和信息流的交换场所。优美的城市环境将吸引以上各种流源源不断流入，促进城市经济发展；相反，环境不好的城市，原有的各种流会倒流出去。所以好的城市设计的核心目的是创造以人为核心的高质量的公共环境，优良的城市环境能使生活在城市中的市民感受到安全、舒适、便捷、愉悦。

4. 设计地块概况

（1）杭州南宋皇城核心区地块

基地位于南宋皇城核心区，凤凰山景区山脚，杭州城南入口处，地理位置优越，拥有得天独厚的人文旅游基础。周边道路纵横交错，高架、主干道、河道山路齐全，交通便利，出行方式多样。基地内部大片皇城遗址完整保留在地下，未受到城市发展的影响保存较好，另基地内在历史上的火车站、烟厂、货运仓储、餐饮等多种功能都曾在这里留下历史痕迹，有较好的人文特征。此外在自然风貌环境方面，基地内凤凰山、馒头山有较好的自然风貌环境，原有自然景观提供了良好的景观基础。该地块的控规和南宋皇城大遗址公园设计导则确立了该地块作为“南宋牌”核心的地位。

（2）杭州武林路历史地段

转塘片区位于杭州市的主城区的西南面，是杭州市向西发展的必经通道，也是杭州西南部对外的一个重要门户。随着城市建设步伐进一步加快，交通条件的逐步改善，开发时机已经越来越成熟，为城市经济发展带来了一个新的机遇，同时给房地产市场提供了更多的发展空间。本次城市设计的地块为片区中心区的南区，用地规模为50公顷左右。基地周围有望江山、象山、狮子山和南部山脉，基地内有象山沿山渠经过，自然环境十分优美。目前在基地东南侧有320国道与绕城快速路的狮子口互通式立交，远期在基地内有杭州——富阳轨道交通出入口。基地规划定位为商业服务和文化休闲中心。

（3）杭州艮山门站地块

基地位于杭州市较为重要的铁路干线旁侧。杭州市下城区东侧，临近城市结合部，工业时期时代，基地中的艮山门货运站是杭州重要的铁路货运站场。基地北侧为建设中“城市之心”杭氧杭锅旅游综合体项目，紧邻地铁一号线商业综合体。交通方面基地内铁路流线贯穿整个地块，将地块与东侧居住片区隔断，仅靠地下通道维系步行交通，地块内部公交中心站带来公共交通的便利，同时也加剧了地段交通压力。

5. 重点解决问题

（1）历史文化街区的发展定位分析；

（2）保护原则及保护重点的确定；

（3）新功能的选择与注入；

（4）对原有空间肌理、界面的延续与拓展；

（5）道路交通的梳理和组织；

（6）历史街区空间设计（点、线、面空间体系，空间的形状、尺度、组合）；

（7）历史街区实体设计（各类建筑形体、体量、高度；设施、绿地、水体、山体设计；界面设计）；

（8）历史街区场景设计（场景构图的艺术性、视觉的秩序性和丰富性、活动的介入及人文性）。

6. 设计成果要求

（1）用地规模：5 ~ 50公顷；

（2）设计要求：紧扣主题、立意明确、构思巧妙、表达规范，鼓励具有创造性的思维与方法；

（3）表现形式与方法自定，每份作品需提交设计作业四张A1图纸。

共生·三城记

Commensalism — A Tale of Three Cities 1

地理区位

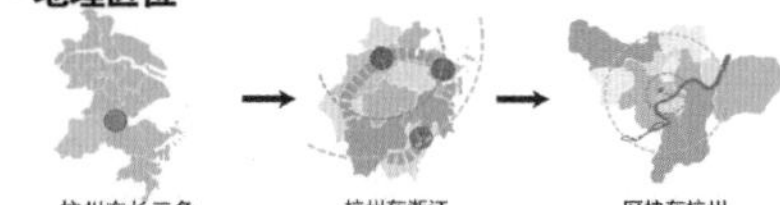
杭州在长三角
杭州在浙江
区块在杭州

上位规划

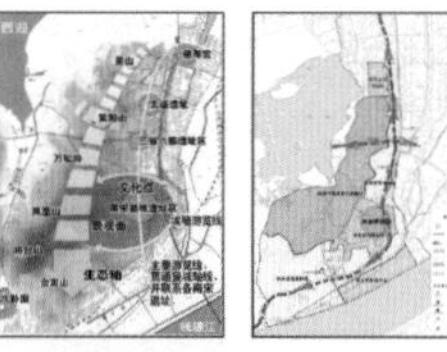

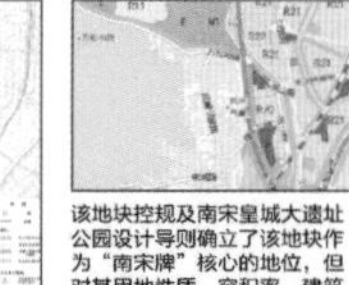

该地块控规及南宋皇城大遗址公园设计导则确立了该地块作为“南宋牌”核心的地位，但对其用地性质、容积率、建筑密度等未做明确要求

周边区域分析

区域环境 地块位于西湖、凤凰山景区周边，拥有得天独厚的人文旅游基础

现状分区 地块处于历史遗留区，是西湖风景区与现代城市区的过渡地带

周边设施 区域周边拥有丰富的配套设施，文教卫体一应俱全

文化环境 基地对外不仅交通便利，与周边的人文资源的联系也四通八达

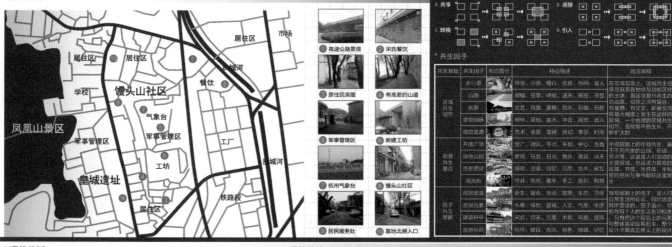

历史沿革

古城历史

“东南形胜，三吴都会，钱塘自古繁华”。早在唐代，杭州就已发展成为全国著名的城市，是白居易心中的“江南忆，最忆是杭州”

南宋定都临安后，择吴越皇宫故址建设皇宫，选址在山水之间，因山就势，天然浑成，巍峨壮丽，形成了绝无仅有的“南宫北市”、“一城两宫”的皇城格局

老城历史

100年前的南星桥小站台，如今已成为站台16座、装卸线15股的大货运站；当年的劳工肩挑背扛，如今已变成了工人们操作大型起重机现代化作业；当年的劳工们，住在老城中，仍保持着以往的生活习惯

车站已不对外进行客运服务，最后的绿皮火车，是铁路职工对这里的最后回忆

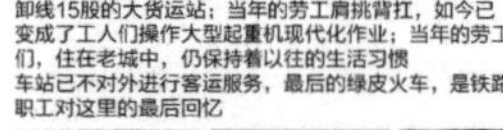

新城历史

馒头山见证了古老的方腊起义，也有着太平军凤山城门前战斗的传说。如今，这里是宋氏餐饮的最爱，中山南路的延伸、高架的修建，让这里变成四通八达的热土，周边是充满活力的新居住区，也是车辆从杭州南大门进入的必经之地

杭城发展历史

五代十国时期	杭州是吴越国的都城，吴越国王钱镠建宫室于凤凰山，先后两次扩建杭州城，并形成了与盐桥河并行的南北走向的城市中轴线
钱弘俶土归宋至北宋末年	杭州的社会、经济和文化有了长足的发展，成为柳永笔下“烟柳画桥，风帘翠幕，参差十万人家”的繁华都会
南宋定都时期	南宋绍兴八年，南宋定都临安，并选择吴越皇宫故址建设皇宫。朝廷固江堤、疏西湖、治内河、凿新井、建宫城、造御街、设瓦子、引百戏
宋末元初时期	公元1276年元军攻占杭州，为了加强统治下令拆除城墙，同年，南宋皇宫因大火焚烧殆尽，元朝统治者放弃了凤凰山麓以南地区，城市中心往北推进
明清时期	光绪三十三年，沪杭铁路贯通全城，此为拆城墙之始。民国二年，杭州开始大量拆除城墙，西湖被纳入城区，城市商业中心开始向西转移
总结	自宋以降，杭州城虽多次遭受战乱和火灾，但城市总体格局却没有发生大的改变，经济文化事业依然兴旺发达。明代名士游杭州留下“十里荷花两桨人”的诗赞，乾隆也感叹杭州山川之佳秀，民物之丰美

设计理念

共生哲学

自然界的共生案例举不胜举，如牙签鸟与鳄鱼、小丑鱼与海葵、根瘤菌与土豆，个体要实现自身的发展，必须通过对外界的贡献来实现

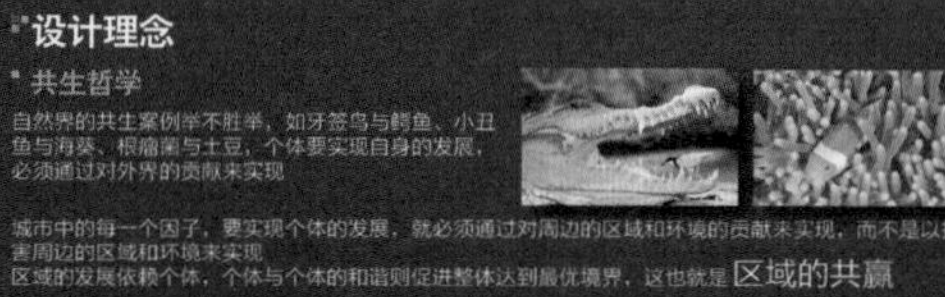

城市中的每一个因子，要实现个体的发展，就必须通过对周边的区域和环境的贡献来实现，而不是以损害周边的区域和环境来实现

区域的发展依赖个体，个体与个体的和谐则促进整体达到最优境界，这也就是**区域的共赢**

共生效应

多元因子共生效应是指在城市设计中，策略性利用引入新共生因子，与原有共生因子相互作用和影响，从而促进城市区域建设的成熟，推动该地块加速发展的方法

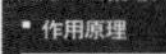

构成基础

区域共生纽带：游玩路径、景观渗透、交通方式

街巷共生重合：共享空间、景观节点、文化遗存

因子共生策略：碎片整合、历史信息、标识系统

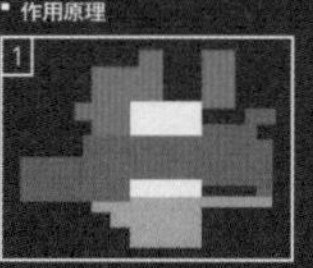

山林
自建住宅
单位宿舍
广场、营地
菜地
小街坊
废弃地
工业用地
共生效应

作用原理

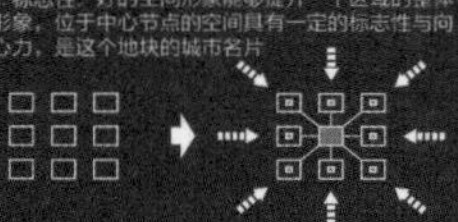

1 深入了解地块，整体分析构成要素，确定原有的自然人文基础与发展策略

2 植入新共生因子（纽带），改变部分场地、道路、景观的属性特征

3 基于纽带的肌理与历史文化的遗存，在街巷中构造空间与景观节点

共生原则与体现

A. 标志性：好的空间形象能够提升一个区域的整体形象，位于中心节点的空间具有一定的标志性与向心力，是这个地块的城市名片

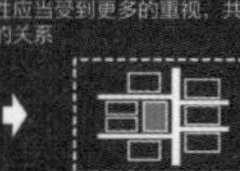

4 在周围的纽带、街巷的帮助下，原有共生因子在各自的区域内博采众长、彰显特色，展现出极其强大的辐射力与控制力

B. 整体性：在建筑形式日益多样化的今天，建筑、空间与城市的整体性应当受到更多的重视，共生更是要协调其与城市的关系

C. 公共性：公共空间营造的好坏已成为评价一个城市区域的重要指标，其不仅是社会进步的需求，更是市民精神在其中的反映

D. 人性化：为原住居民而设计的生活游览空间逐渐被大众所重视，生态、景观、设施、邻里已成为现今城市设计中不可或缺的一部分

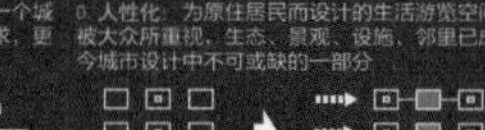

共生模式

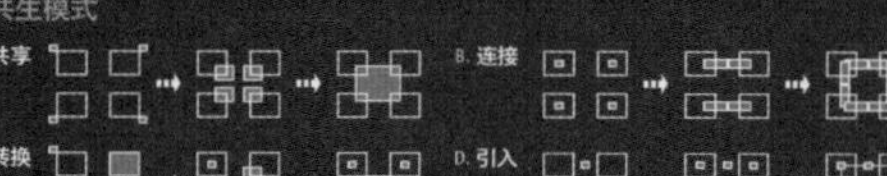
A. 共享
B. 连接
C. 转换
D. 引入

共生因子

共生基础	共生因子	形态图示	特征描述	效应阐释
区域共生纽带	步行道		开放、小憩、慢行、优雅、热闹、宜人	在宏观层面上，区域共生纽带是联系各地块与功能区块的主体，是区块复兴再生的启动器。纽带之间有复合，有重叠，有交叉，能量交流在最大程度上发生在这样的区域。一个合理的区域共生纽带，是能够不断生长、不断扩大的
	山路		蜿蜒、苍翠、崎岖、迷失、细密、背包	
	长廊		文艺、氛围、重檐、临水、彩画、石舫	
	景观绿脉		树林、草地、曲水、冲击、视觉、动人	
	视觉走廊		艺术、夜景、震撼、迷幻、享受、时尚	
街巷共生重合	开放广场		宽广、微风、节点、平坦、中心、古香	中观层面上的街巷共生，基于不同尺度的公园、街道、节点等，这里是人们活动的主要区域，也是活力最高的区域。开放、半开放、半私密的空间与事件都在这里发生
	绿地公园		繁茂、玩耍、日光、散步、赏花、谈天	
	历史遗迹		斑驳、沧桑、回忆、沉思、古木、砖瓦	
	观光街		市井、街坊、童年、手工、色彩、购物	
因子共生策略	民居改造		新生、复合、商业、故里、生态、习俗	微观层面上的因子，是人们日常生活所必需，同时也是其所塑造的。因子虽小，但却与每个人的生活密切相关，只有把这个层面上的元素与整体紧密联系起来，整个设计才算真正意义上的设计
	景观元素		水塘、绿地、盆栽、人文、气息、生活	
	建筑符号		宋式、仿宋、元素、木制、风格、挂饰	
	旅游标识		引导、醒目、古风、特色、地域、记忆	

基地图示

居住区
市场
居住区
居住区
学校
馒头山社区
餐饮
凤凰山景区
气象台
军事管理区
工厂
工坊
皇城遗址
铁路段
居住区

① 高速公路景观 ② 宋氏餐饮 ③ 原住民房屋 ④ 有高差的山道 ⑤ 军事管理区 ⑥ 新建工坊 ⑦ 杭州气象台 ⑧ 馒头山社区 ⑨ 居民服务处 ⑩ 基地北侧入口

现状分析

图例
居住区
工坊
皇城遗址
学校
军事管理区

现状分区

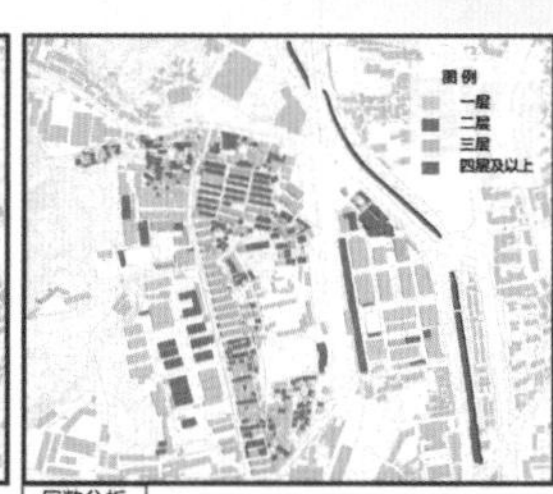
图例
一层
二层
三层
四层及以上

层数分析

坡度分析

图例
主要道路
支路
交通节点

交通分析

现状总结

基地特色整理			现存问题	对策方案
地理特色 Zone	区位 Location	基地位于南宋皇城核心区，凤凰山景区山脚，杭州城南入口处，地理位置优越	问题1 三个地块各自为政，缺少连接体，造成肌理分割现象	对策1 建立共生网络，增强地块之间连接性。设立共生纽带与通道，建设共生共享基础，增强区域连带作用。保持原有地块地域特色，百花齐放，共同发展
	交通 Traffic	周边道路纵横交错，高架、主干道、河道、山路齐全，交通便利，出行方式多样		
人文特色 Culture	皇城 Palace	大片皇城遗址完整保留在地下，由于市政设施的良好规划，并未对其造成过多的伤害	问题2 宫城常埋地下，亟需进行考古挖掘，充分考察历史价值	对策2 进行进一步的考古勘探，以皇城保护为首要目标框定皇城保护区，采取部分恢复方式重建皇城，配以纯宋氏建筑、仿宋建筑、现代建筑，彰显时代特色
	历史 History	火车站、烟厂、货运仓储、餐饮等多种功能都曾在这里留下了足迹，到处可闻历史气息		
产业特色 Industry	居住 Resident	这里被誉为杭州最后的老房子，馒头山上的老房子是杭州人对老杭州最后的记忆	问题3 住房老旧，部分住宅实为危房，整体街巷景观不良	对策3 对老住宅进行分级评估，采取修缮、重建、拆除等手段，以居民利益为核心，充分考虑方案的可实施性。通过景观纽带、生活沟通因子的建设增强原有邻里氛围
	商业 Business	这里的商业店铺虽然破败，但在一种邻里的氛围下，随着吆喝声，这里充满了活力		
生态特色 Ecology	山林 Forest	凤凰山、馒头山带来的是漫山遍野看不尽的风景，原有的树木为地块提供了良好的景观基础	问题4 山体房屋乱搭乱建现象严重，生态资源未有效利用	对策4 对山体房屋进行改建，增加道路通行能力，增强路网连通度围绕重点生态地段进行景观设计，同时为当地居民提供聚会生活的场所
	低碳 Low carbon	山林、水流、山道，都是一种悠闲生活态度的体现，没有过多城市病的烦扰		

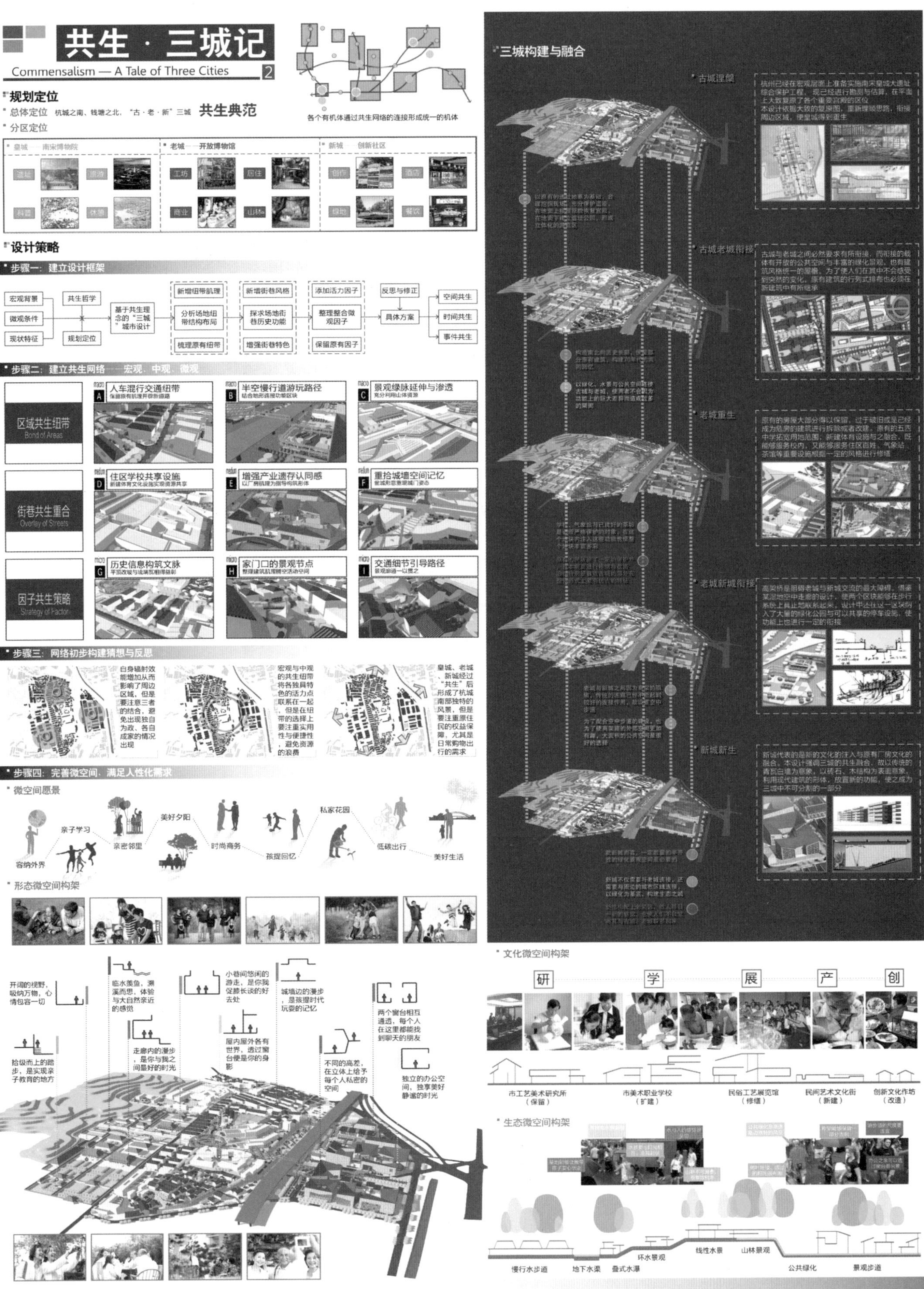

共生·三城记
Commensalism — A Tale of Three Cities 2
规划定位
总体定位 杭城之南、钱塘之北，"古·老·新"三城 共生典范
分区定位
各个有机体通过共生网络的连接形成统一的机体
皇城——南宋博物院
老城——开放博物馆
新城——创新社区
设计策略
步骤一：建立设计框架
宏观背景
微观条件
现状特征
共生哲学
规划定位
基于共生理念的"三城"城市设计
新增纽带肌理
分析场地纽带结构布局
梳理原有纽带
新增街巷风格
探求场地街巷历史功能
增强街巷特色
添加活力因子
整理整合微观因子
保留原有因子
反思与修正
具体方案
空间共生
时间共生
事件共生
步骤二：建立共生网络——宏观、中观、微观
区域共生纽带
街巷共生重合
因子共生策略
人车混行交通纽带
半空慢行道游玩路径
景观绿脉延伸与渗透
住区学校共享设施
增强产业遗存认同感
重拾城墙空间记忆
历史信息构筑文脉
家门口的景观节点
交通细节引导路径
步骤三：网络初步构建猜想与反思
步骤四：完善微空间、满足人性化需求
微空间愿景
容纳外界
亲子学习
亲密邻里
美好夕阳
时尚商务
孩提回忆
私家花园
低碳出行
美好生活
形态微空间构架
三城构建与融合
古城涅槃
古城老城衔接
老城重生
老城新城衔接
新城新生
文化微空间构架
研
学
展
产
创
市工艺美术研究所（保留）
市美术职业学校（扩建）
民俗工艺展览馆（修缮）
民间艺术文化街（新建）
创新文化作坊（改造）
生态微空间构架
慢行水步道
地下水渠
叠式水瀑
环水景观
线性水景
山林景观
公共绿化
景观步道

共生 · 三城记

Commensalism — A Tale of Three Cities 3

总平面图

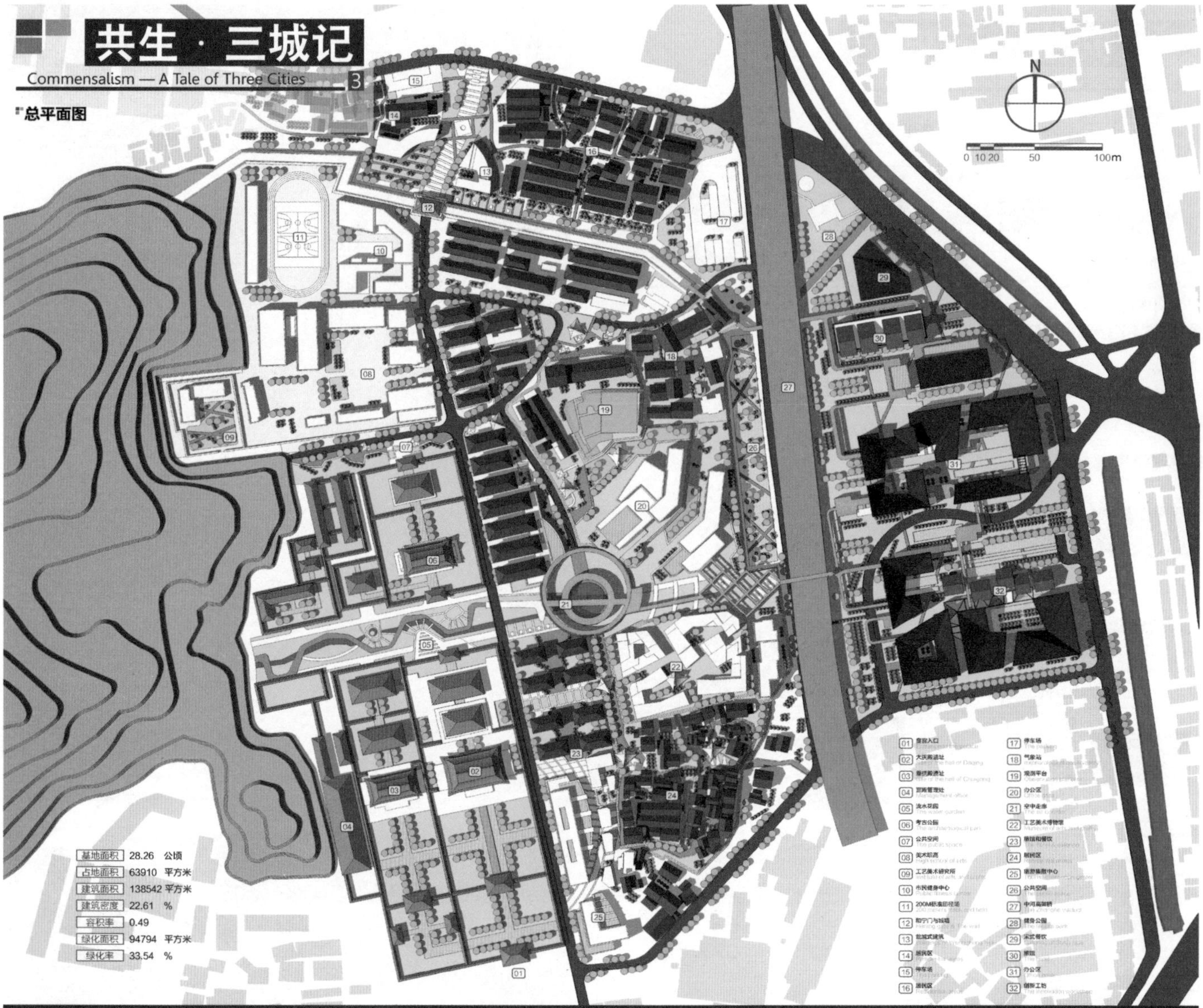

基地面积	28.26	公顷
占地面积	63910	平方米
建筑面积	138542	平方米
建筑密度	22.61	%
容积率	0.49	
绿化面积	94794	平方米
绿化率	33.54	%

01 皇宫入口
02 大庆殿遗址 Site of the hall of Daqing
03 垂拱殿遗址 Site of the hall of Chuigong
04 景区管理处 Management office
05 流水花园 The water garden
06 考古公园 The archaeological park
07 公共空间 The public space
08 美术职高 High school of arts
09 工艺美术研究所 Institute of arts and crafts
10 市民健身中心 Public fitness center
11 200M标准田径场 200 meters track and field
12 和宁门与城墙 Hening gate & The wall
13 台地式建筑
14 居民区
15 停车场
16 居民区
17 停车场 The parking
18 气象站
19 观测平台
20 办公区 Office area
21 空中走廊 The air corridor
22 工艺美术博物馆 Museum of arts and crafts
23 旅馆和餐饮
24 居民区
25 旅游集散中心
26 公共空间 The public space
27 中河高架桥 The Zhonghe viaduct
28 健身公园 The fitness park
29 宋式餐饮
30 旅馆 The hotel
31 办公区 Office area
32 创新工坊 The innovation workshop

规划分析

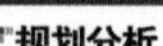

结构分析

地块独特的区位、地形与现状，决定了其不可能具有非常明晰的发展轴或是景观带

地块现状极其复杂，众多属性的个体存在给设计带来了很大的难度，正是因为这样才会选择共生作为基本理念

在共生的理念下，设计的结构是网状的、不规则的。这一结构也是多层次的，是结合不同交通方式与路网系统的。共生轴强调的是整体的共同提升，故其不会有明确的方向性

共生轴串联了不同的功能，使各个区域相互交融。轴与轴之间的相交，又产生了新的交集，使地块的功能进一步深化

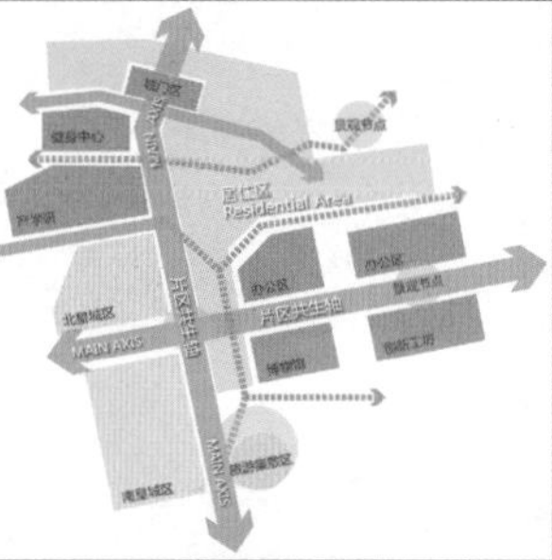

功能分析

交通分析

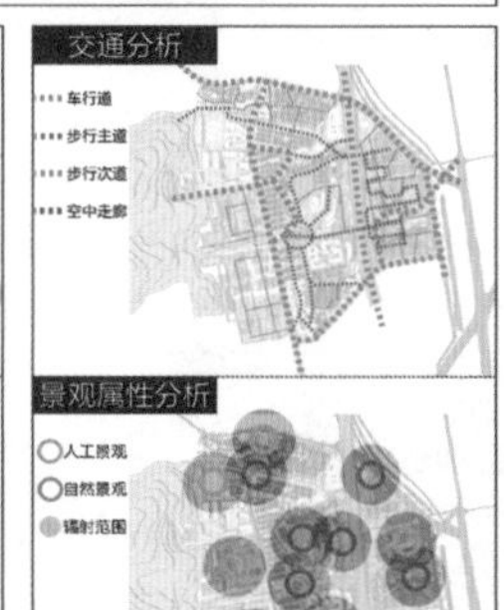

景观布局分析

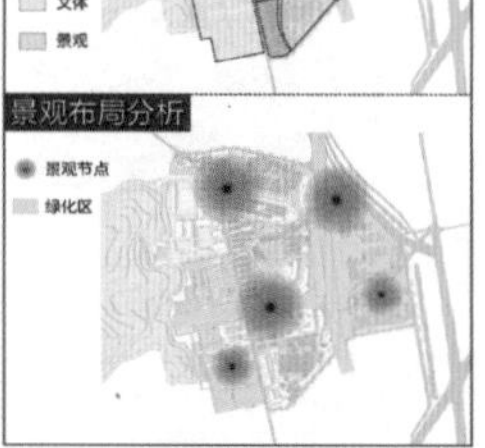

景观属性分析

共生效能体现

空间共生 Commensalism of Space

AREA A 区域共生：整个地块因共生而成为一个完整的体块，在有效集聚各要素特色后，不断向外辐射能量

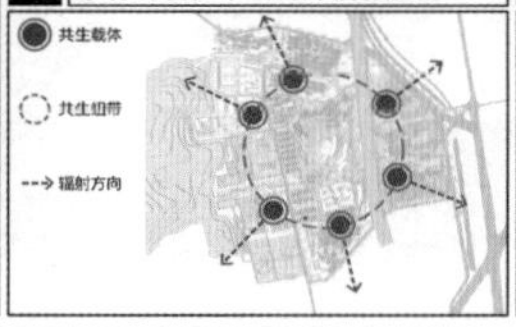

LINE B 城野共生：每一条街巷中，街道与绿化景观形成共生的整体，便如一句话：城在绿中，绿在城中

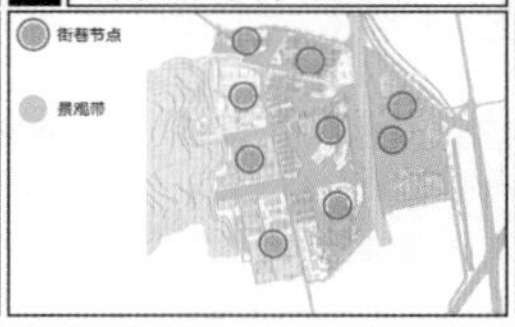

POINT C 建筑共生：地上地下的建筑，在考古挖掘后重新站在了一起，在共生理念下，两者共生融洽

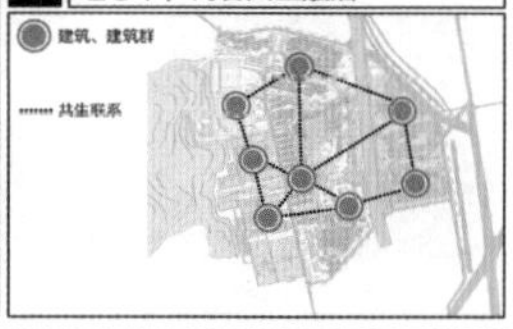

时间共生 Commensalism of Time

AREA D 文化共生：皇城的文化、老城的文化、新城的文化，三者重新焕发活力，影响周边区域

LINE E 记忆共生：这里之于居民，都是1970年代老城的回忆，而古城与厂房，也是追忆的一部分

POINT F 功能共生：居住、商业、办公、旅游、创意、教育，凡是能让人兴奋起来的功能，这里都有

事件共生 Commensalism of Event

AREA G 产业共生：旅游业、商业、居民服务业、办公业等，在人们脑海里不可能融合的行业却能够达到共生

LINE H 产学研共生：工艺美术的产学研在这里不仅能够得到满足，还因为"创"与"展"的加入变得更加丰富

POINT I 生活共生：人们居住的建筑的的确确发生了改变，但是原有的生活节奏却不会因此被打乱

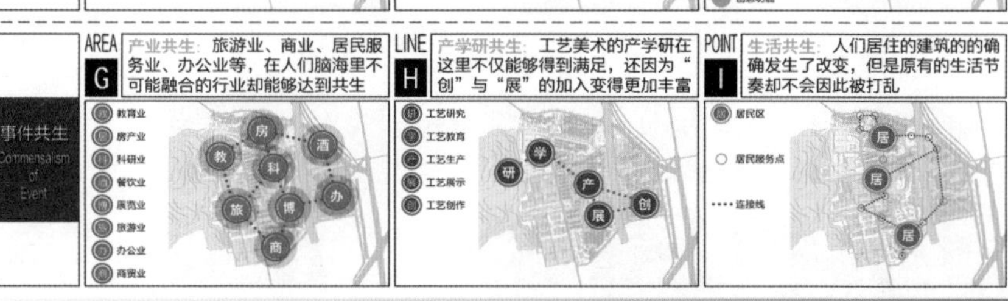

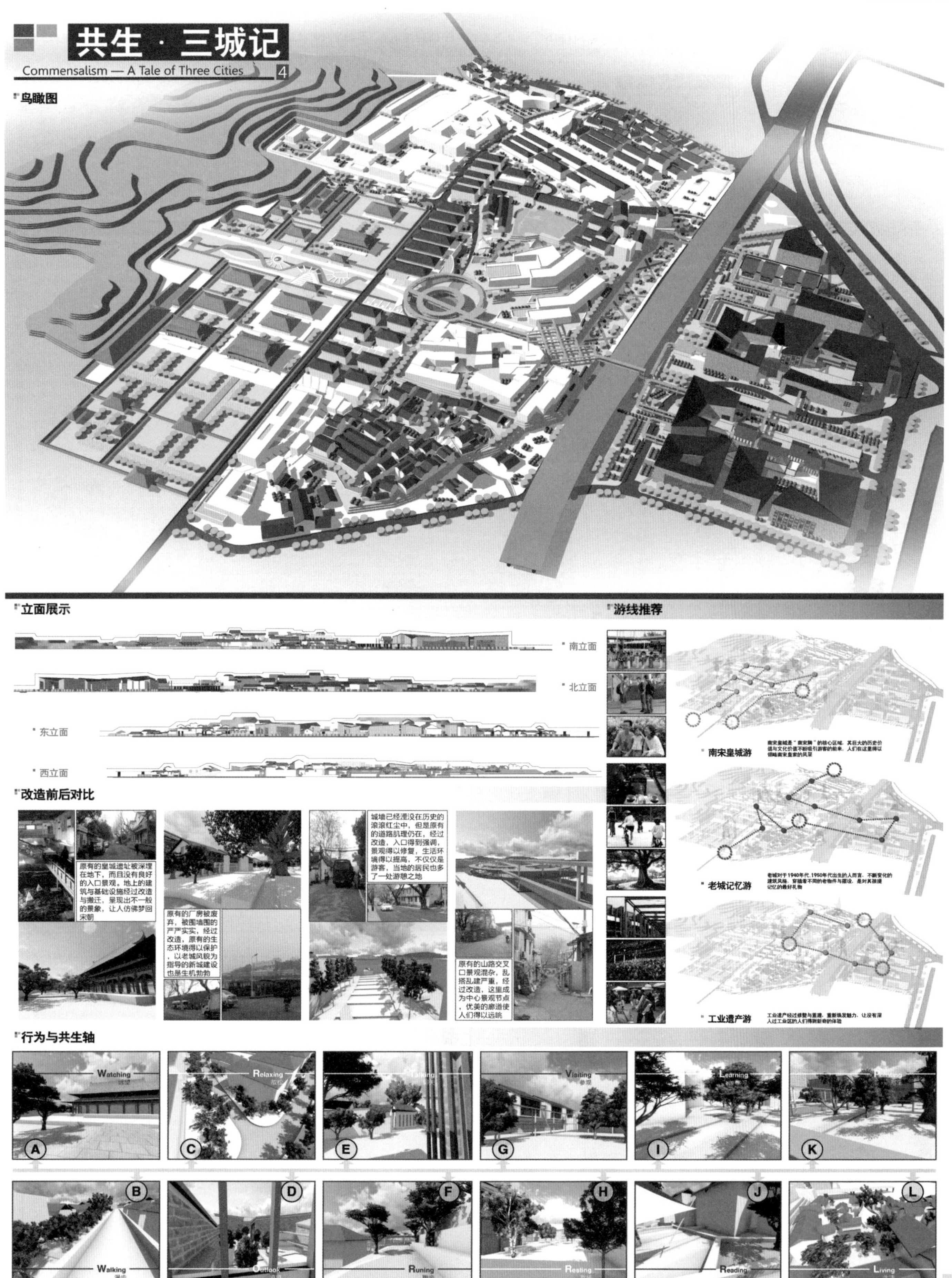
共生·三城记
Commensalism — A Tale of Three Cities
4
鸟瞰图
立面展示
南立面
北立面
东立面
西立面
改造前后对比
原有的皇城遗址被深埋在地下，而且没有良好的入口景观。地上的建筑与基础设施经过改造与搬迁，呈现出不一般的景象，让人仿佛梦回宋朝
原有的厂房被废弃，被围墙围的严严实实，经过改造，原有的生态环境得以保护，以老城风貌为指导的新城建设也是生机勃勃
城墙已经湮没在历史的滚滚红尘中，但是原有的道路肌理仍在，经过改造，入口得到强调，景观得以修复，生活环境得以提高，不仅仅是游客，当地的居民也多了一处游憩之地
原有的山路交叉口景观混杂，乱搭乱建严重，经过改造，这里成为中心景观节点，优美的廊道使人们得以远眺
游线推荐
南宋皇城游
南宋皇城是“南宋辨”的核心区域，其巨大的历史价值与文化价值不断吸引游客的前来，人们在这里得以领略南宋皇家的风采
老城记忆游
老城对于1940年代、1950年代出生的人而言，不断变化的建筑风格，穿插着不同的老物件与摆设，是对其孩提记忆的最好礼物
工业遗产游
工业遗产经过修整与重建，重新焕发魅力，让没有深入过工业区的人们得到新奇的体验
行为与共生轴
Watching
Relaxing
Visiting
参观
Learning
A
C
E
G
I
K
B
D
F
H
J
L
Walking
漫步
Outlook
Runing
跑步
Resting
Reading
Living
生活

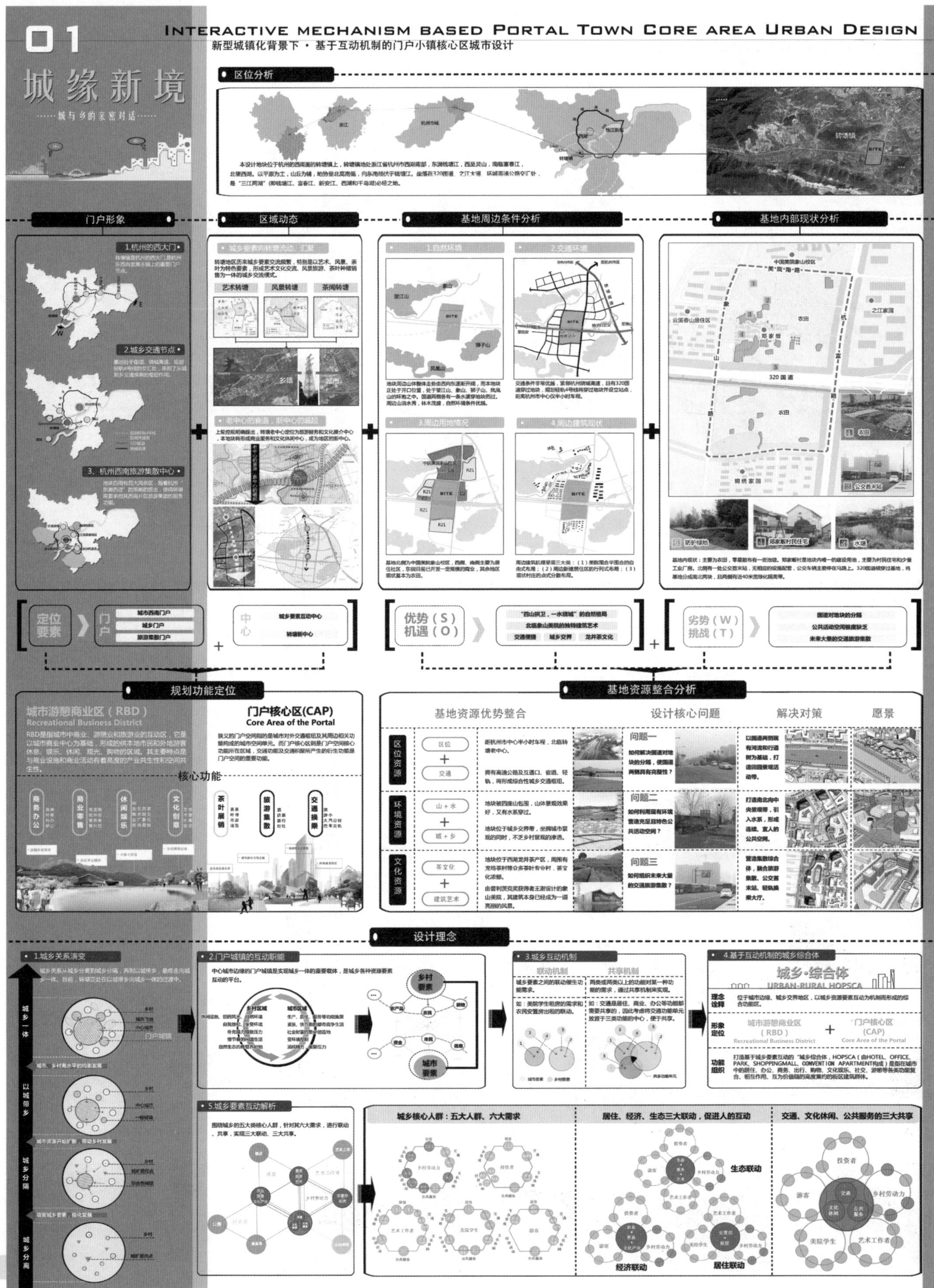
01
城缘新境
……城与乡的亲密对话……
INTERACTIVE MECHANISM BASED PORTAL TOWN CORE AREA URBAN DESIGN
新型城镇化背景下·基于互动机制的门户小镇核心区城市设计
区位分析
门户形象
区域动态
基地周边条件分析
基地内部现状分析
1.杭州的西大门
2.城乡交通节点
3、杭州西南旅游集散中心
艺术转塘
风景转塘
茶闲转塘
1.自然环境
2.交通环境
3.周边用地情况
4.周边建筑现状
定位要素
城市西南门户
城乡门户
旅游集散门户
城乡要素互动中心
转塘新中心
优势（S）
机遇（O）
劣势（W）
挑战（T）
规划功能定位
基地资源整合分析
城市游憩商业区（RBD）
Recreational Business District
门户核心区(CAP)
Core Area of the Portal
核心功能
基地资源优势整合
设计核心问题
解决对策
愿景
区位资源
环境资源
文化资源
问题一
问题二
问题三
设计理念
1.城乡关系演变
2.门户城镇的互动职能
3.城乡互动机制
4.基于互动机制的城乡综合体
城乡·综合体
URBAN-RURAL HOPSCA
5.城乡要素互动解析
城乡核心人群：五大人群、六大需求
居住、经济、生态三大联动，促进人的互动
交通、文化休闲、公共服务的三大共享
生态联动
经济联动
居住联动

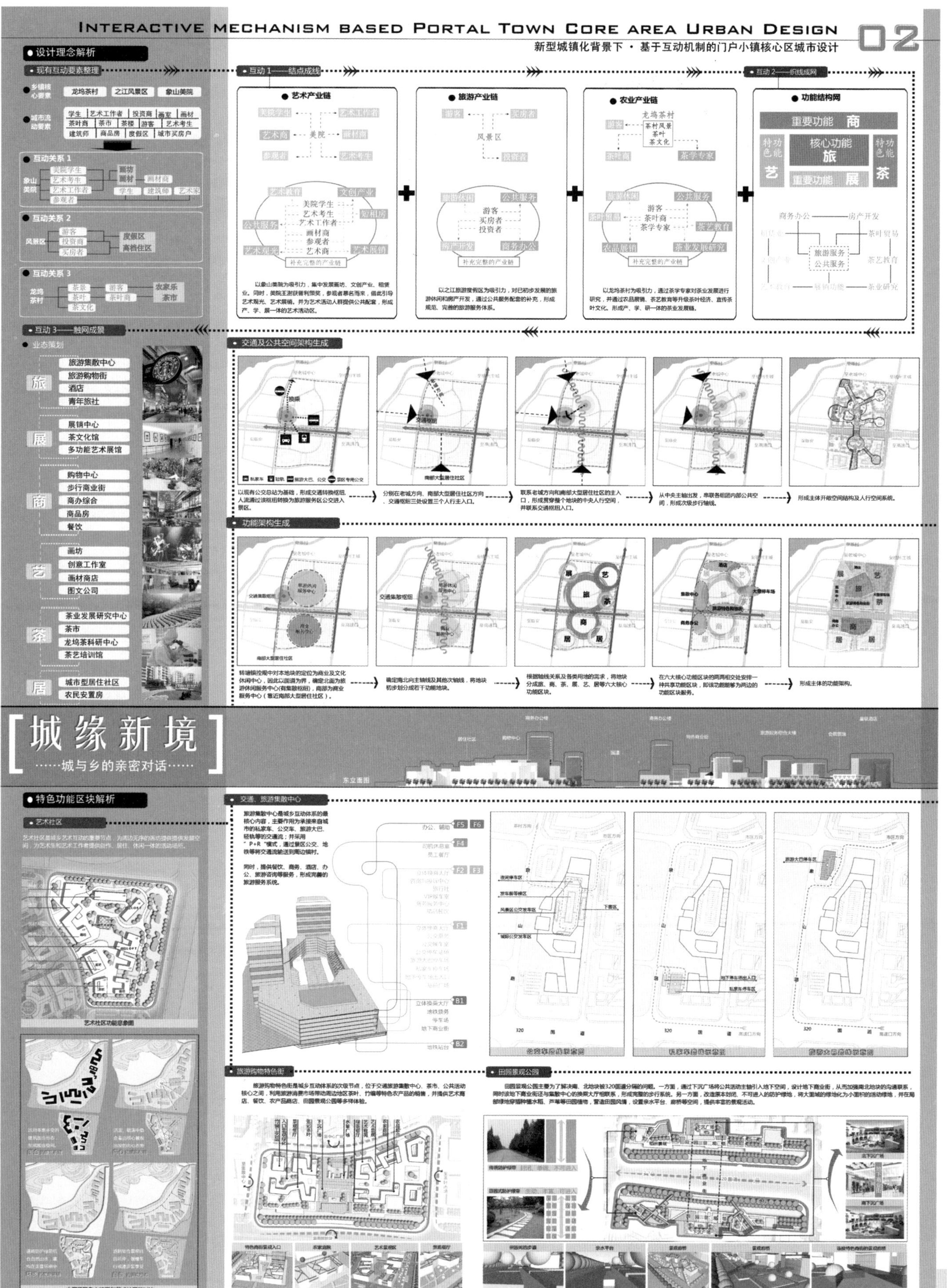
INTERACTIVE MECHANISM BASED PORTAL TOWN CORE AREA URBAN DESIGN
02
新型城镇化背景下・基于互动机制的门户小镇核心区城市设计
设计理念解析
现有互动要素整理
互动 1——结点成线
互动 2——织线成网
艺术产业链
旅游产业链
农业产业链
功能结构网
互动关系 1
互动关系 2
互动关系 3
互动 3——触网成景
业态策划
旅游集散中心
旅游购物街
酒店
青年旅社
展销中心
茶文化馆
多功能艺术展馆
购物中心
步行商业街
商办综合
商品房
餐饮
画坊
创意工作室
画材商店
图文公司
茶业发展研究中心
茶市
龙坞茶科研中心
茶艺培训馆
城市型居住社区
农民安置房
交通及公共空间架构生成
功能架构生成
城缘新境
……城与乡的亲密对话……
东立面图
特色功能区块解析
艺术社区
交通、旅游集散中心
旅游购物特色街
田园景观公园

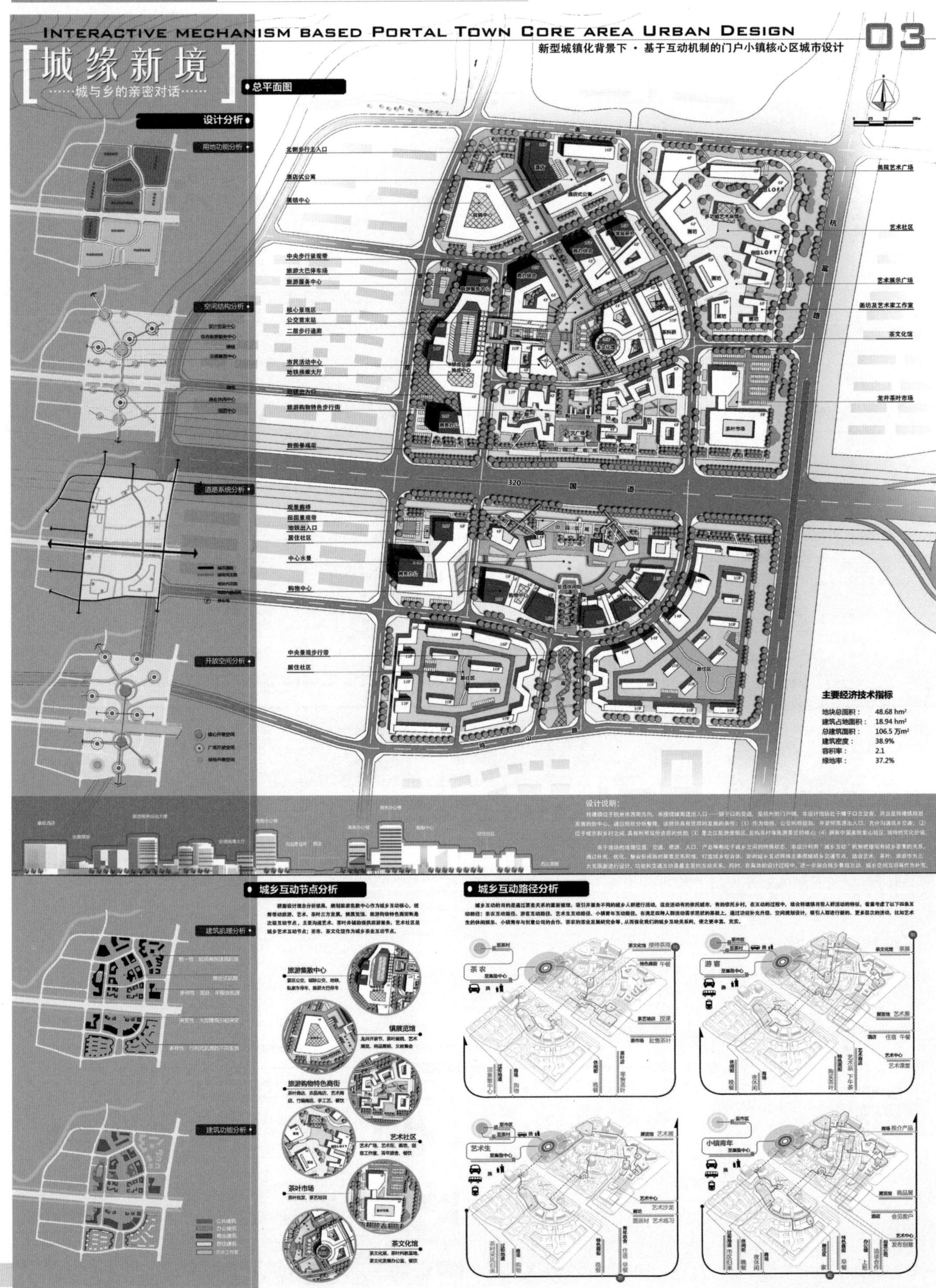

INTERACTIVE MECHANISM BASED PORTAL TOWN CORE AREA URBAN DESIGN
03
新型城镇化背景下 · 基于互动机制的门户小镇核心区城市设计
城缘新境
……城与乡的亲密对话……
总平面图
设计分析
用地功能分析
空间结构分析
道路系统分析
开放空间分析
主要经济技术指标
地块总面积： 48.68 hm²
建筑占地面积： 18.94 hm²
总建筑面积： 106.5 万m²
建筑密度： 38.9%
容积率： 2.1
绿地率： 37.2%
设计说明：
城乡互动节点分析
城乡互动路径分析
建筑肌理分析
建筑功能分析
旅游集散中心
镇展览馆
旅游购物特色商街
艺术社区
茶叶市场
茶文化馆
茶农
游客
艺术生
小镇青年

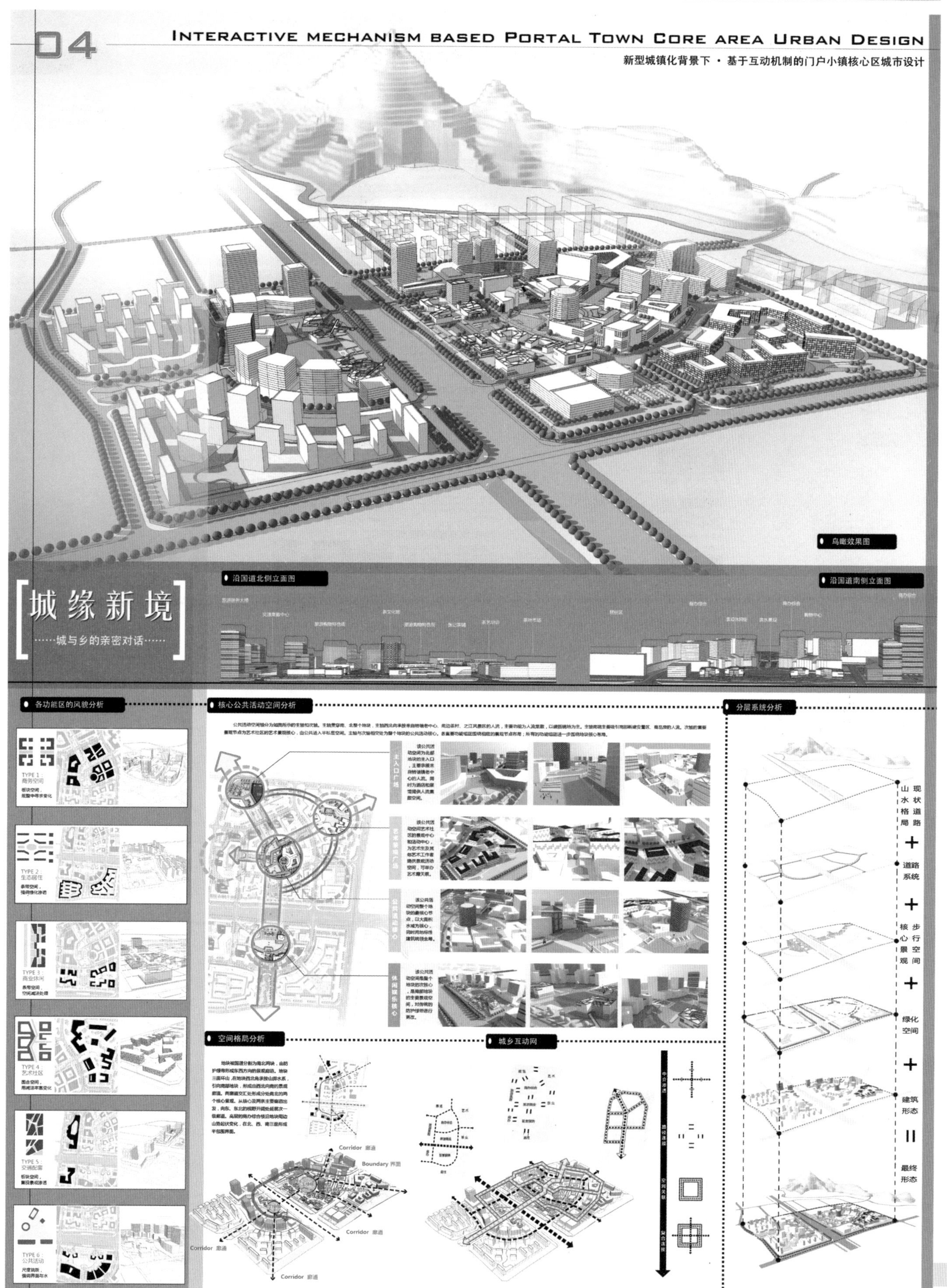
04
INTERACTIVE MECHANISM BASED PORTAL TOWN CORE AREA URBAN DESIGN
新型城镇化背景下 · 基于互动机制的门户小镇核心区城市设计
鸟瞰效果图
沿国道北侧立面图
沿国道南侧立面图
城缘新境
……城与乡的亲密对话……
各功能区的风貌分析
核心公共活动空间分析
分层系统分析
空间格局分析
城乡互动网
现状道路
山水格局
道路系统
步行空间
核心景观
绿化空间
建筑形态
最终形态
Corridor 廊道
Boundary 界面

大城小站——基于城市DNA修复效应的艮山门站地块更新设计

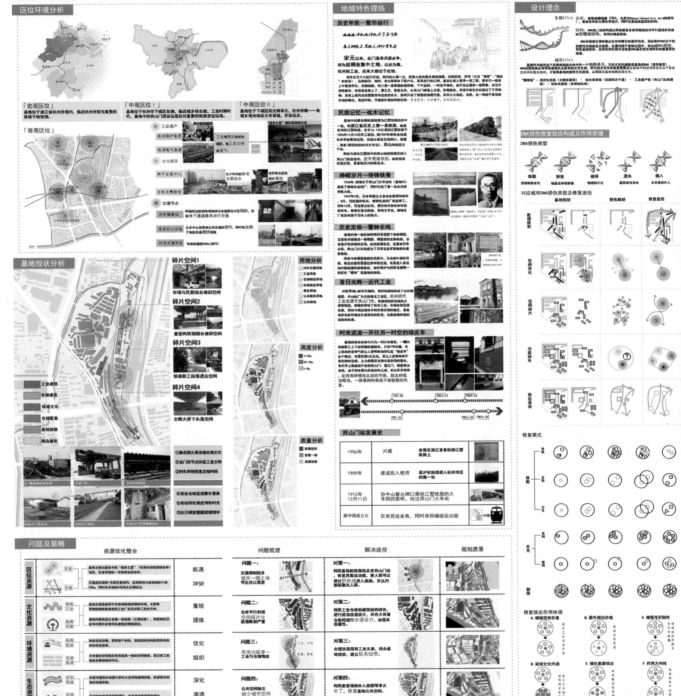

The urban design of the Genshanmen district

区位环境分析

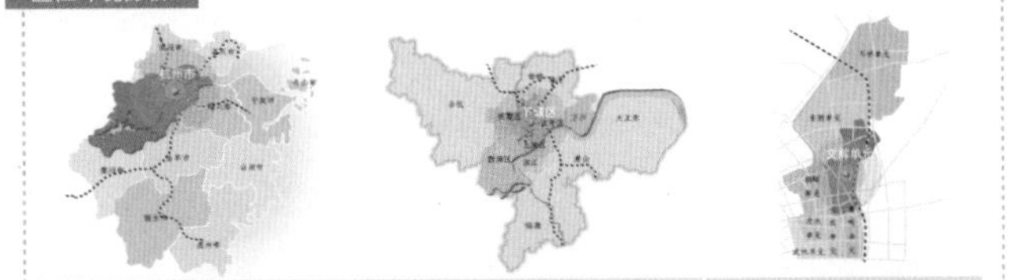

「宏观区位」基地位于浙江省杭州市境内，临近杭州市较为重要的铁路干线旁侧。

「中观区位Ⅰ」基地位于杭州市下城区东侧，临近城乡结合部，工业时期时代，基地中的艮山门货运站是杭州重要的铁路货运站场。

「中观区位Ⅱ」

「微观区位」

工业遗产　文化娱乐　交通节点

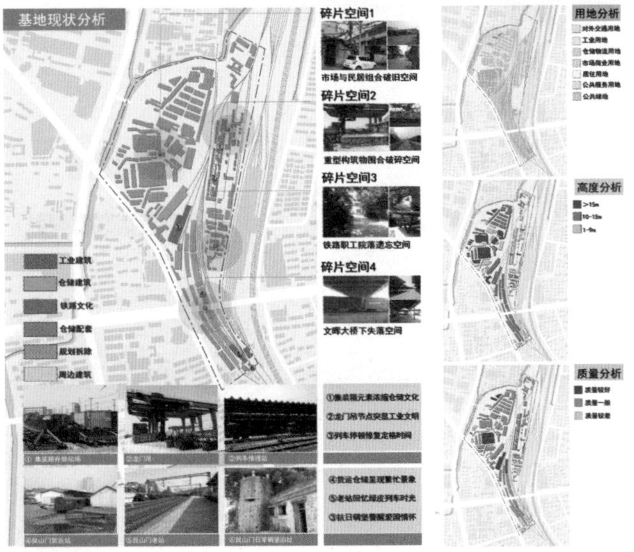

地域特色提炼

历史年轮—繁华丝行

宋元以来，此门虽非兵家必争，却为丝绸业集中之地。以此为豫，杭州的工业、后来大都出于此地。

民族记忆—枕木记忆

基地中的最东侧铁路线曾为江墅铁路的其中一段，而浙江省历史上第一条铁路，就是杭州的江墅铁路。全长16.135公里的江墅铁路于1906年11月14日开工建设，到1907年都告全线通车并开始客货运营，沿途从南至北设闸口、南星、清泰（即现在的杭州火车站）、艮山和拱宸五个站。

而如今原本江墅线中的艮山站的铁路已纳入艮山门货运站内，近乎荒废状态。

峥嵘岁月—铮铮铁骨

历史定格—警钟长鸣

昔日光辉—近代工业

时光逆流—开往另一时空的绿皮车

艮山门站发展史

年份	事件	说明
1906年	兴建	坐落在浙江首条铁路江墅铁路上
1909年	建成投入使用	是沪杭铁路进入杭州市区的第一站
1912年12月11日	孙中山曾从闸口乘经江墅铁路的火车到拱宸桥，经过艮山门火车站	
新中国成立后	仅有货运业务，同时承担编组站功能	

设计理念

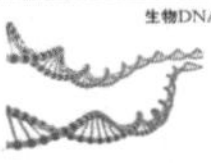

生物DNA　城市DNA

DNA损伤修复效应构成及作用原理

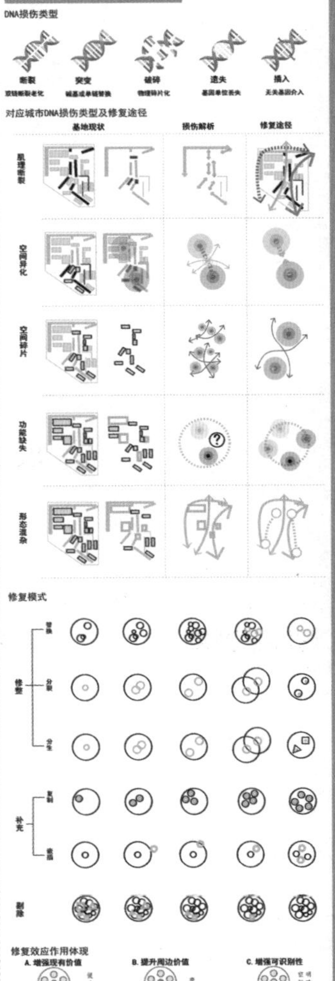

DNA损伤类型：断裂　突变　破碎　遗失　插入

对应城市DNA损伤类型及修复途径：基地现状　损伤解析　修复途径

肌理断裂　空间异化　空间碎片　功能缺失　形态混杂

修复模式：修复　补充　剔除

修复效应作用体现：A. 增强现有价值　B. 提升周边价值　C. 增强可识别性　D. 延续文化内涵　E. 强化集聚效应　F. 作用方向性

基地现状分析

碎片空间1 市场与民居组合破旧空间

碎片空间2 重型构筑物围合破碎空间

碎片空间3 铁路职工院落遗忘空间

碎片空间4 文晖大桥下失落空间

用地分析　高度分析　质量分析

工业建筑　仓储建筑　铁路文化　仓储配套　规划拆除　周边建筑

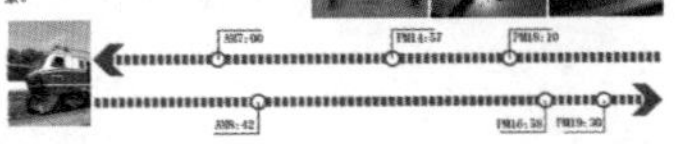

①集装箱元素浓缩仓储文化　②龙门吊节点突显工业文明　③列车停辆修复定格时间　④货运仓储呈现繁忙景象　⑤老站回忆绿皮列车时光　⑥抗日碉堡警醒爱国情怀

问题及策略

	资源优化整合		问题梳理	解决途径
区位资源	区位、交通	机遇　冲突	问题一：交通限制较多，城市一隅之地，可达性比较差	对策一：利用基地的铁路线及老艮山门站，恢复其客运功能，使人群可以通过轻轨线路进入基地，并从内部疏散出人群。
文化资源	钢铁工业、铁路经验	重组　提炼	问题二：仓库平行封闭，空间碎片化，肌理断裂严重	对策二：利用工业仓库的建筑结构特色，进行适当改造设计，并在大体量仓库间进行步道设计，加强其连通性。
环境资源	铁路肌理、仓储肌理	优化　组织	问题三：用地功能单一，工业与仓储物流	对策三：合理改造现有工业元素，结合基地现状，建立联系纽带。
生态资源	滨水绿道、家居慢行	深化　渗透	问题四：公共空间缺乏，缺少城市空间趣味	对策四：利用废弃场地补入游憩等元素补丁，修复基地公共空间。

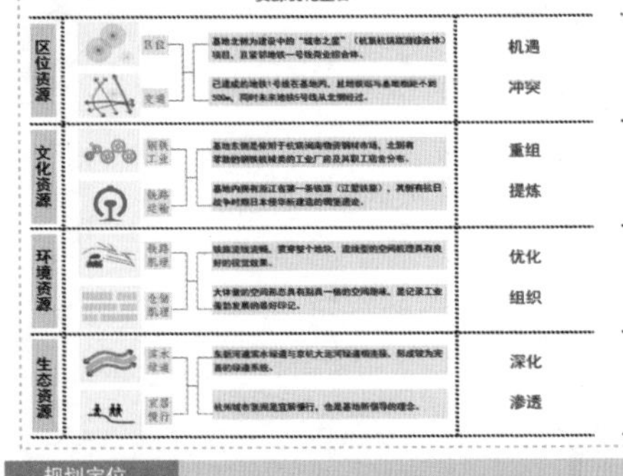

规划愿景

规划定位

线索CLUE：特色资源优化　RBD　旧工业改造更新　矛盾冲突化解

定位ORIENTATION：ENERGY CENTER 活力中心　THE CITY SHOW 城市形象展示区　HISTORIC DISTRICT OF INDUSTRY 印迹产业异地

任务FUNCTION：City function　City image　City memory

工业发展趋势　服务业发展趋势　未来产业展望

商务娱乐模块　景观休闲模块　创意文化模块　人群

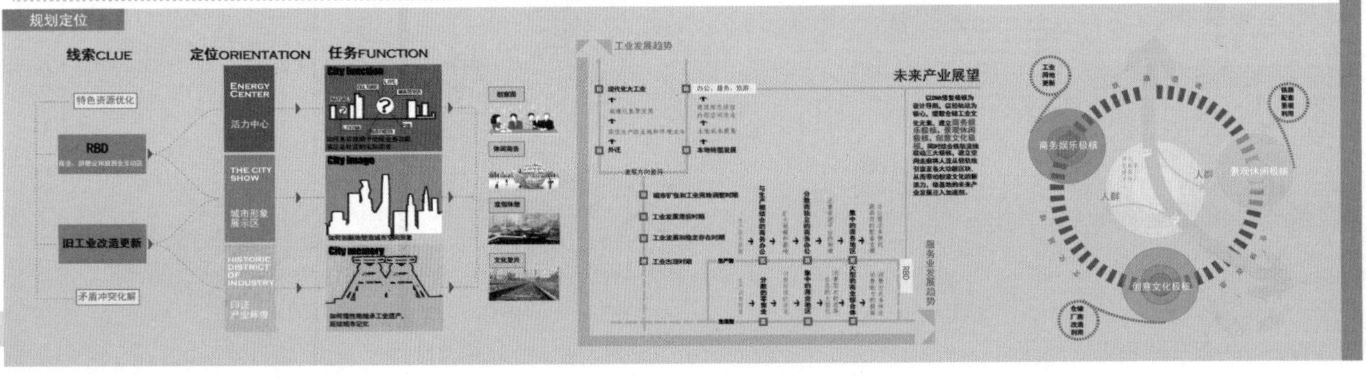

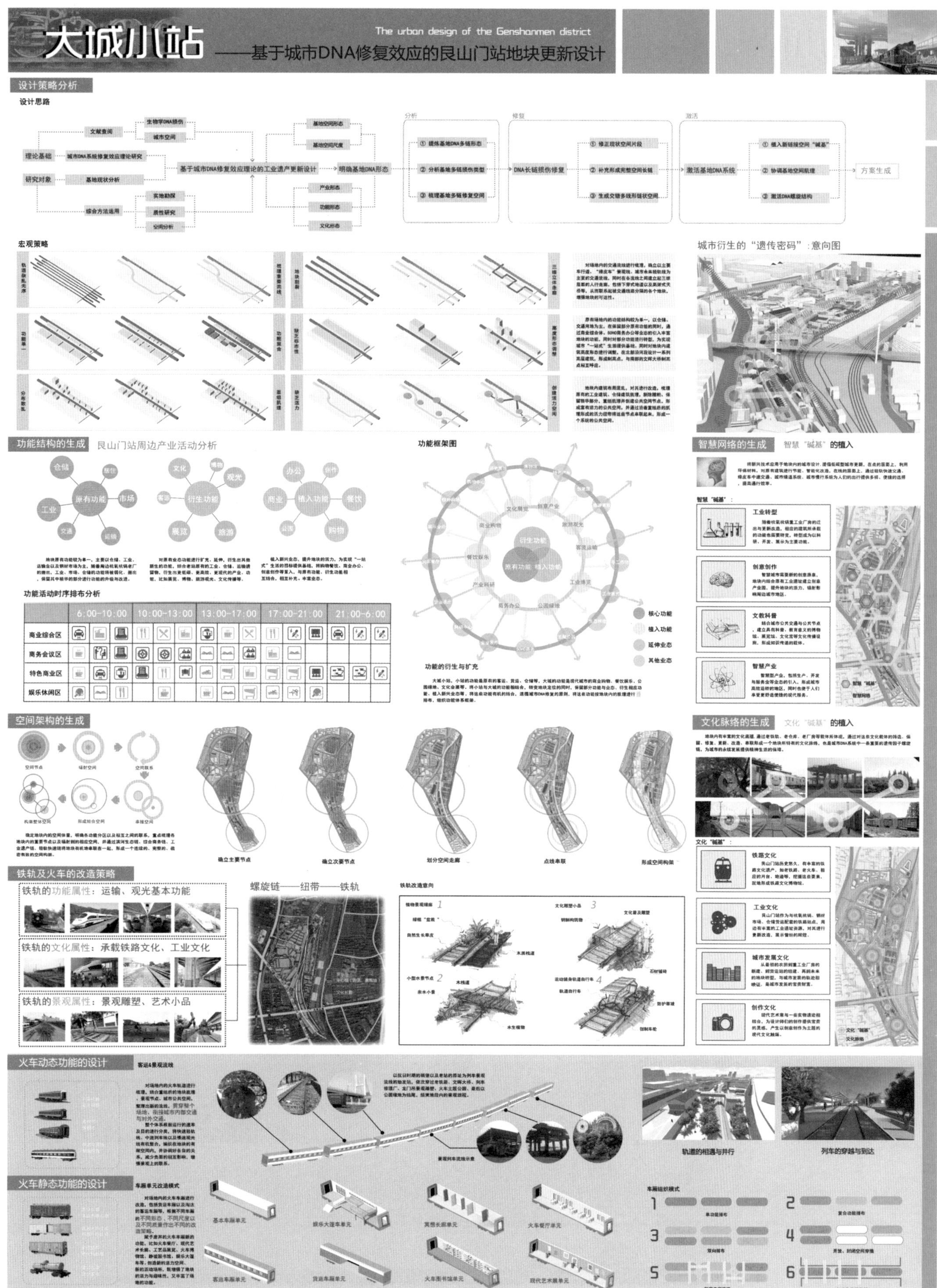
大城小站
The urban design of the Genshanmen district
——基于城市DNA修复效应的艮山门站地块更新设计
设计策略分析
设计思路
宏观策略
城市衍生的"遗传密码"：意向图
功能结构的生成 艮山门站周边产业活动分析
功能框架图
功能活动时序排布分析
智慧网络的生成 智慧"城基"的植入
空间架构的生成
文化脉络的生成 文化"城基"的植入
铁轨及火车的改造策略
铁轨的功能属性：运输、观光基本功能
铁轨的文化属性：承载铁路文化、工业文化
铁轨的景观属性：景观雕塑、艺术小品
螺旋链——纽带——铁轨
火车动态功能的设计
轨道的相遇与并行
列车的穿越与到达
火车静态功能的设计

大城小站——基于城市DNA修复效应的艮山门站地块更新设计

The urban design of the Genshanmen district

方案分析

功能结构

车流分析

地下停车场

公共交通

绿化系统

开放空间

建筑肌理

基地DNA长链解析

滨河长链 慢轨长链 轻轨长链

“互动”

将水系引入慢轨东侧地块，使长链之间通过线性空间相连，景观之间的互动，使地块融为一体。

输出 接纳

“重逢”

加速起航 再次接近

待过了轻轨站，慢轨也即将驶出慢行限区，两者速度均逐渐增加，慢轨上的绿皮火车保持着自己的缓慢速度跟随着轻轨驶向远方。

滨河空间

“联动”

滨河和慢轨之间的地用地和建筑进行了大修整，将原先破碎的两段DNA长链通过新的肌理更新重组。

轻轨小站

“共享”

构建于轻轨站和慢轨站之间的空中漫步道让两者之间的景观园区变成了共享的“后花园”。

重组 更新

车流 人流 漫步 减速

激活 辐射 空中偶遇 接触

快速 慢速 相距 遥望

商业综合体

滨河的商业商务等功能用地将在慢轨和轻轨的人流引入的作用下，打破自身所在地的交通局限性，共同激活地块价值。

轻轨慢轨线路逐渐分离，前者缓慢减速进站，后者始终保持着缓慢的“匀速运动”。

铁路博物馆

“相忆”

人潮 流动

静止 运动

“对望”

景观 客运 靠近 俯视

斑驳 崭新

慢慢走上构架在铁路博物馆边的空中人行走廊，逐渐靠近轻轨线，而此时的轻轨已攀上了一节高度，两者视线再次交错。

一列运动中的绿皮车，一列静止在枕木上的列车，彼此之间最熟悉的“暗号”就是当年的那声声鸣笛。

两列火车间的是由艮山门货运站的物流仓库改造的SOHO商业街，川流不息的人流和线性的观赏空间在两条空间长链中穿插前进。

穿越走廊

借助走廊，给两者一个视线的垂直空间距离，完成对望。

眺望 仰视

老火车走道

复原货运列车运货卸货时的空间结构，使人流能够轻易地从慢轨上下车进入SOHO商业街，并实现空间穿越。

慢轨中的绿皮火车在从艮山门站出发后，缓慢进入地块，而轻轨上的列车也由于即将进站而减速，两者处于相对平行的速度使此之间的空间此时平行前进，给了对方一个相互对视的“静止”空间。

慢轨艮山门站

老火车长链 慢轨长链 轻轨长链

基地DNA碱基

滨河空间

商业综合体

老火车走道

铁路博物馆

火车博物馆

穿越走廊

轻轨小站

平面图

N

慢轨（绿皮）
轻轨
商务办公
滨水酒店
现代艺术馆
创意工厂
轻轨站
丝织博物馆
空中漫廊
艺术家创作园
大型商业综合体
商业综合体
龙门吊
商业综合体
铁路博物馆
火车博物馆
文化创意园
穿越走廊
SOHO商业街
老火车时空轴
艮山门慢轨站
铁路碉堡

建筑肌理

植被肌理

道路肌理

主要经济技术指标

用地面积	44.3Ha
建筑面积	58.4万m²
建筑密度	40.1%
绿地率	38.5%
容积率	1.3

DNA长链时间活力点

7:00 8:00 9:00 10:00 11:00 12:00 13:00 14:00 15:00 16:00 17:00 18:00 19:00 20:00 21:00 22:00

通勤：清晨上班通勤的人们从轻轨线上涌散

来自乔司的菜农们从慢悠悠的慢轨绿皮上下车，要赶到附近的居民社区菜场，将当天自家种的新鲜水果蔬菜买卖

悠悠的慢轨线总是会在人们工作忙碌的时候勾走那颗疲惫的心，来慢轨线上小坐，不管会去哪儿，看着沿途的风景，总会给人带来愉悦的心情

开始：从各路公共交通聚散的人流，都逐渐涌向老火车和滨河长链，或是工作通勤的上班族，或是观光的游客，旧时代与新时代融合的商业气息吸引着不同的人群

忙碌：接近中的时光，往往是轻轨线最繁忙的时刻，中午休憩回家的脚步，去老火车滨河长链休闲餐饮的附近居民或是游客，通过轻轨，很快便能进入基地

悠闲：一边看着慢轨的鸣笛绿皮，戒速进站的轻轨列车，和停止时间的老火车，一边享受着老杭州的美食，实在是一份忙里偷闲的悠哉

卖完菜的菜农们三三两两地进入慢轨，搭上一天唯待的鸣汤班次，虽然满载赶集辛苦，但是这幸福的归途还是充满了满足

下午的时光短暂，却最为精彩，漫步老火车SOHO商业街，或是滨河现代商业，或是丝织博物馆，都是不错的选择

铁路博物馆、火车博物馆都记录了这个地块的铁路的历史变迁，近距离接触江墅线，让人们仿佛又听到了当年轻骑的欢呼庆祝

年久的铁轨上，悠闲地骑着人力车，或是乘坐电力小车，任凭火车从身旁飞速通过，沿着过去的线路，欣赏这傍晚时分的宁静

小高潮：夜城生活由此掀起

压轴：一天时光沉寂前的高潮在此时的商区业块掀起，购物、娱乐、聚会……不夜城的故事在这儿继续

归家：忙碌了一天，玩累了一天，坐上轻轨线，回到安心的港湾

三段基地DNA长链由空间组织形式和用地功能的更新重组，形成了相互连接的空间“碱基”，同时，在这些空间上的人的行为特征也构成了这些长链之间的人流“碱基”。

方案立面展示

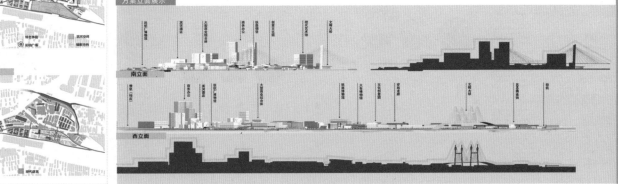

南立面

丝织厂博物馆 滨河酒店 大型商业综合体 商务办公 铁路碉堡 创意文化园 现代艺术馆 文晖大桥

西立面

慢轨（绿皮） 商务办公 滨河酒店 丝织厂博物馆 大型商业综合体 铁路博物馆 火车博物馆 文化创意园 穿越走廊 文晖大桥 艮山商业街 轻轨

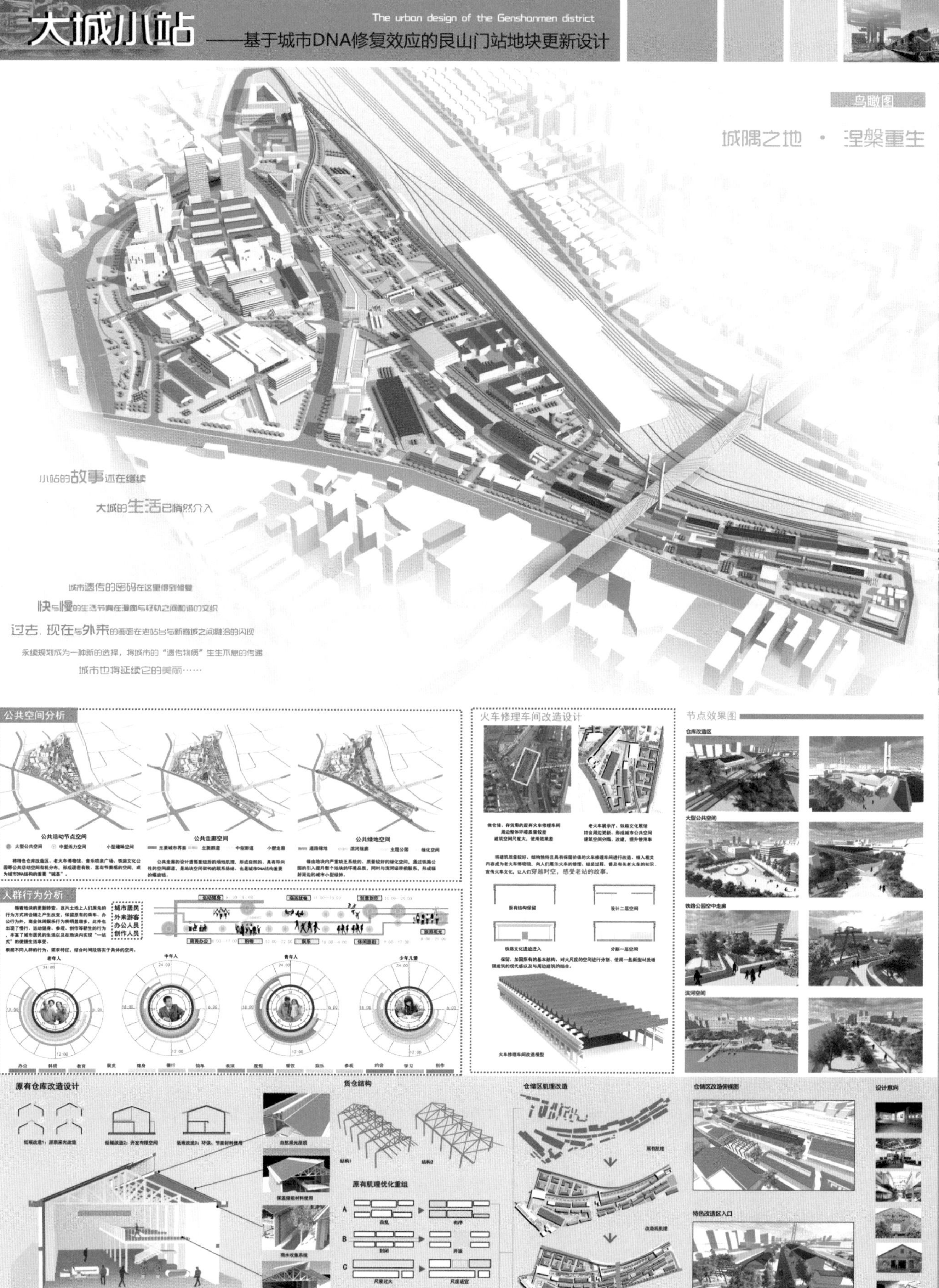
大城小站
The urban design of the Genshanmen district
——基于城市DNA修复效应的艮山门站地块更新设计
鸟瞰图
城隅之地 · 涅槃重生
小站的故事还在继续
大城的生活已悄然介入
城市遗传的密码在这里得到修复
快与慢的生活节奏在漫廊与轻轨之间和谐的交织
过去、现在与外来的画面在老站台与新商城之间融洽的闪现
永续规划成为一种新的选择，将城市的"遗传物质"生生不息的传递
城市也将延续它的美丽……
公共空间分析
公共活动节点空间
公共走廊空间
公共绿地空间
火车修理车间改造设计
节点效果图
仓库改造区
大型公共空间
铁路公园空中走廊
滨河空间
人群行为分析
城市居民
外来游客
办公人员
创作人员
老年人
中年人
青年人
少年儿童
原有仓库改造设计
货仓结构
仓储区肌理改造
仓储区改造透视图
设计意向
原有肌理优化重组
特色改造区入口
火车修理车间改造模型

■ 2012年城市设计课程任务书

1. 设计主题

近年来，随着我国城市化的进程，城市建设的步伐在不断加快，如何在规划、设计、建设中呈现出更加科学有效的可持续发展的社会效益，成为社会高度关注的热点，也是城市建设领域新的探索对象。本次课程设计基于“2012年度全国高等院校城市规划专业本科生课程作业（规划设计）交流评优”提出的“人文规划，创意转型”的城市设计宗旨，深入领悟城市历史、文化、生态、经济等综合价值，结合营造宜居宜业的总体目标，形成一系列改造策略，通过城市设计最终呈现，展现地块最佳价值，提升地块文化内涵以及环境品质。

2. 解读主题

本次课题设计主题，同学们从社会学、经济学、城市历史文化遗存保护方式的研究角度，立足空间规划的专业基础和引导“人的需求”的合理行为作为基本手段，观察城市、体验社会、发现问题、提出方案，继而丰富文化、和谐发展。将城市历史文化及经济产业转型升级以及人们的需求有机联系起来，一系列物质和非物质形式的城市价值有机保护利用的方式，主要包括：

（1）结合城市建设宜居城市及“中调”的战略目标，为地块的未来开发制定一系列的改造策略，并结合周边的自然、人文、历史环境，塑造体现岭南地方特征和历史文化内涵的城市文化娱乐场所，发掘并表现场地深层次的历史因素和即将消失的生活记忆。

（2）旧厂房改造为创意产业园：通过对现有旧厂房物业的改造和更新，利用厂房丰富的创意文化内涵，充分保留工业遗存，营造出有别于普通商务办公的特色办公环境。这种做法既保留了历史的时间痕迹，创造了经济利益，又充分利用了国土资源，满足了新的功能需求，防止资源浪费，而且有利于整体城市规划。关于这方面，北京、上海已有不少成功的范例，本次设计要充分学习国内外的成功改造成果，设计出具有城市独有的文化及风貌特色，且表现主题文化价值的创意产业园。

（3）功能用途：在保留部分工业功能、承袭原有工业文化传统的基础上，重新规划以供创意人士办公的创意办公楼；体现项目主题的文化娱乐设施，以及餐饮服务、特色零售等配套设施。

（4）空间整合：通过城市设计，整合南中轴线的空间结构，完善中轴线南段的总体布局，丰富城市公共活动空间。

（5）保证项目功能与绿化双重需求，其中，建筑密度控制在35%；绿地率不低于35%，需要保护基地内原有的具有保留价值的树木，设计具有庭园风格的生态景观。

（6）满足交通组织的要求，基地内部形成人车分流的道路系统，同时设置合理的车辆流线：地下停车按相关规划标准设置。

3. 重点关注问题

（1）富有特色的文脉保护

作为成片改造的工业遗产地块，应形成统一且具有特色的文脉形象。需确定整个区域的设计基调与规划原则，特别是与运河申遗相关的规划衔接。

（2）相互配合的建筑群体

对城市空间体系的主要环节——街道、广场、绿地做出设计，规定每一地块的建筑性质、大致的体量和高度，高层建筑群体之间应有良好的协调关系，形成变化有序的整体，尤其重要的是形成良好的街道景观。

（3）系统协调的外部空间环境

通过外部空间环境设计，使各地块的外部公共空间能连成系统和协调的整体，提供变化丰富、尺度宜人的外部空间环境。

（4）合理流畅的交通流线安排

研究解决区域内的道路交通体系及其与城市道路的关系，结合各地块的交通组织，在区域内形成合理流畅的车行流线和系统方便的人行系统。

4. 设计地块概况

（1）杭州半山工业区地块

基地位于杭州重工业基地半山工业区，半山地区位于杭州主城拱墅区的北部，是主城北面门户。根据新一轮总体规划，未来城市布局形体将形成“一主三副、双心双轴、六大组团、六条生态带”的开放式空间结构模式。半山地区正属于其中的“一主三副”的主城区。在当前城市快速发展的特殊背景下，产业结构与城市空间都处在快速调整阶段。作为传统工业的杭州玻璃厂外迁，带来了大片的空地和产业断链，其更新改造影响到整个城市和地区的长远发展。地块位于杭州正在建设的桃源综合体地块内部的北侧，是其重点保护的工业遗存，地块北面为金昌路，东侧为沈半路，南侧为规划中的云锦路，西面为运河的分流。

基地内以厂房特征明显的建筑为主，各种建筑、构筑物保存良好。水系污染、空间污染较为严重。现状用地结构与其作为桃源地块规划区的地位极不相符，其功能的置换和转型势在必行。

（2）绍兴柯桥纺织园地块

绍兴县柯桥街道地处浙江省并不富庶的绍虞平原，是绍兴大都市全新的城市副中心和现代外贸商务区，沪杭甬铁路、高速公路、104国道横穿境内，交通区位甚为优越。地块规划设计面积342.75公顷，地块北至万商路，南至轻纺城大道（104国道），东临迪扬路，西侧为育才路，浙东运河由东至西穿越地块内部。内部功能主要以居住功能为主，其余为工业用地及部分商住用地。地块内部水系条件较好，但其地块内部的连通性较差，渗透性不佳。交通方面受到地形条件限制，地块内部机动车通达性较差，同时公共空间步行的可达性不高。

（3）杭州重型机械加工业工厂地块

杭州下城区居杭州市核心位置，北依杭州市人民政府，南临秀丽的西子湖畔，西靠全省政治中心，东临古城河。规划地块位于杭州主城北门户地段，渗透着商业和旅游业多元化资源的地段。基地靠近杭州汽车北站，距规划的地铁线较近，交通较便利。地块紧贴于南北商贸景观带，西侧是石桥商贸物流经济圈，东边是城北体育公园生态休闲圈，南边有和平会展商圈，所处区位可塑造空间极大。基地原为杭州乃至浙江省重要的重型机械加工工业中心。地块内部具有鲜明的工业遗存特征环境，以工业建筑和构筑物为主。现状内部有大量的具有工业美学价值和历史文化价值的工业遗存。地块内部用地基本为工业用地，还有部分属于仓储用地及办公用地。基地西边和南部集中了部分绿地。北部有宽约 10 米的水系通过，此外还有少量水塘零散分布。

5. 重点解决问题

重点解决问题主要包括：

（1）地块发展定位分析；

（2）商业服务和文化休闲业态的构成与规模；

（3）设计基地内布局结构；

（4）设计基地内空间形态；

（5）设计基地内外道路交通组织；

（6）设计基地内形体环境设计：①空间设计（点、线、面空间体系；空间的形状、尺度、组合）②实体设计（各类建筑形体、体量、高度;设施、小品、绿地、水体、山体设计;界面设计）③场景设计（场景构图的艺术性、视觉的秩序性和丰富性、活动的介入及人文性）;

（7）地块控制性详细规划图则。

6. 设计成果要求

（1）用地规模：20~40 公顷；

（2）设计要求：紧扣主题、立意明确、构思巧妙、表达规范，鼓励具有创造性的思维与方法；

（3）表现形式：形式与方法自定，每份参评作品提交四张装裱好的 A1 图纸（84.1cm × 59.4cm），一张 KT 板装裱一张图纸（不留边），以及相应电子文件（JPG 格式，分辨率不低于 300dpi），并提交一份纸质 A4 版式（29.7cm × 21cm）的《教学大纲》及相应电子文件（*.doc 格式）。

（4）图纸内容：

——区位分析图；

——现状分析图（包括用地现状、建筑质量现状、建筑高度现状、建筑风貌现状）；

——总平面图（1：1000）；

——布局结构分析图、公共空间及绿地景观体系分析图、空间形态分析图、道路交通组织分析图、界面分析图；

——总体形体模型照片或 SketchUp 总体模型图，1~2 个节点图；

——自己认为有必要添加的图；

——简要说明。

上述内容排入 3~4 张 1 号图纸。

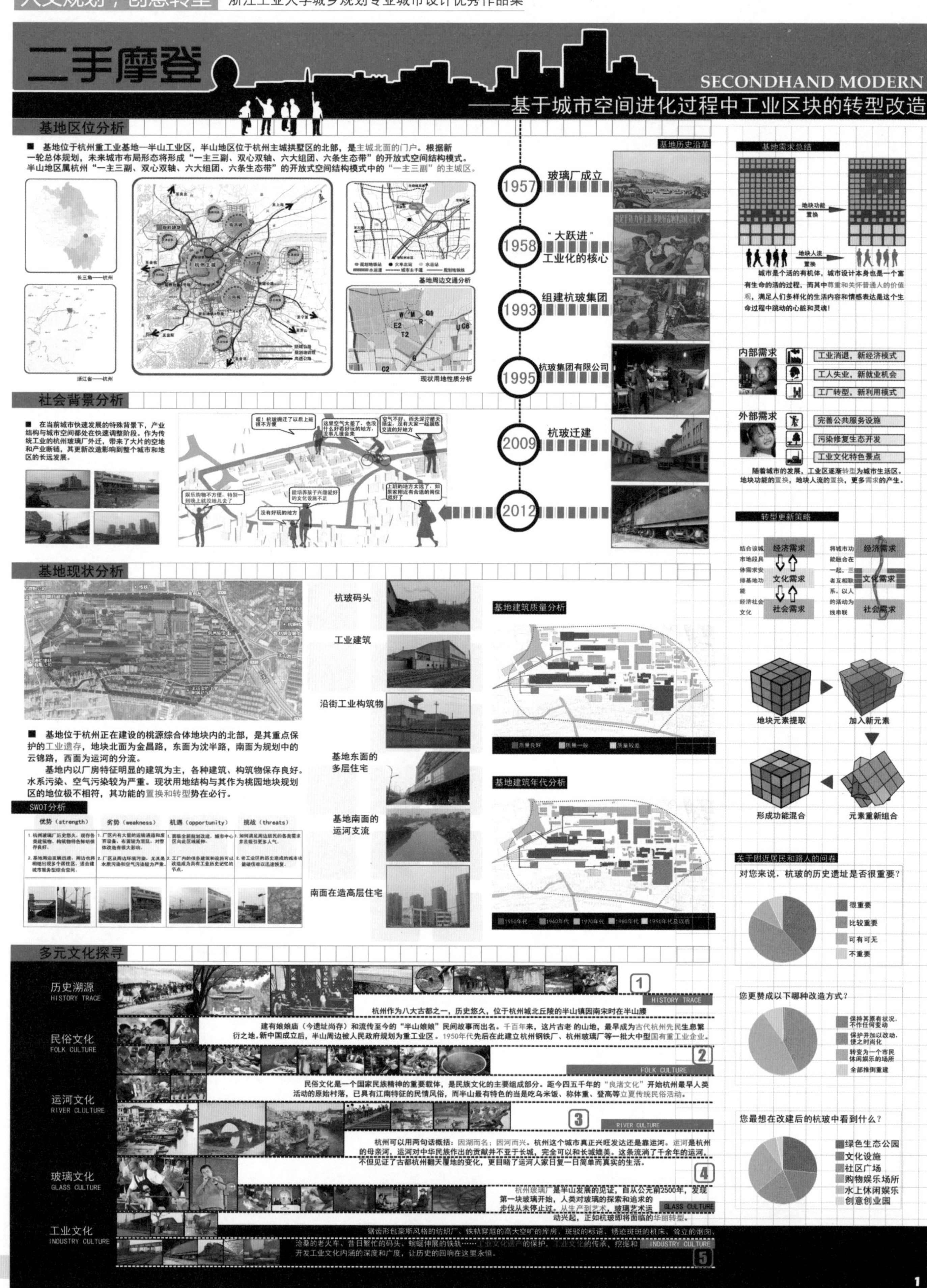

二手摩登
SECONDHAND MODERN
——基于城市空间进化过程中工业区块的转型改造
基地区位分析
■ 基地位于杭州重工业基地—半山工业区，半山地区位于杭州主城拱墅区的北部，是主城北面的门户。根据新一轮总体规划，未来城市布局形态将形成“一主三副、双心双轴、六大组团、六条生态带”的开放式空间结构模式。半山地区属杭州“一主三副、双心双轴、六大组团、六条生态带”的开放式空间结构模式中的“一主三副”的主城区。
长三角——杭州
浙江省——杭州
基地周边交通分析
现状用地性质分析
基地历史沿革
1957 玻璃厂成立
1958 “大跃进” 工业化的核心
1993 组建杭玻集团
1995 杭玻集团有限公司
2009 杭玻迁建
2012
社会背景分析
■ 在当前城市快速发展的特殊背景下，产业结构与城市空间都处在快速调整阶段。作为传统工业的杭州玻璃厂外迁，带来了大片的空地和产业断链，其更新改造影响到整个城市和地区的长远发展。
没有好玩的地方
基地现状分析
■ 基地位于杭州正在建设的桃源综合体地块内的北部，是其重点保护的工业遗存，地块北面为金昌路，东面为沈半路，南面为规划中的云锦路，西面为运河的分流。
基地内以厂房特征明显的建筑为主，各种建筑、构筑物保存良好。水系污染、空气污染较为严重。现状用地结构与其作为桃园地块规划区的地位极不相称，其功能的置换和转型势在必行。
SWOT分析
优势（strength）
劣势（weakness）
机遇（opportunity）
挑战（threats）
杭玻码头
工业建筑
沿街工业构筑物
基地东面的多层住宅
基地南面的运河支流
南面在造高层住宅
基地建筑质量分析
基地建筑年代分析
基地需求总结
地块功能置换
地块人流置换
城市是个活的有机体，城市设计本身也是一个富有生命的活的过程，而其中尊重和关怀普通人的价值观，满足人们多样化的生活内容和情感表达是这个生命过程中跳动的心脏和灵魂！
内部需求
工业消退，新经济模式
工人失业，新就业机会
工厂转型，新利用模式
外部需求
完善公共服务设施
污染修复生态开发
工业文化特色景点
随着城市的发展，工业区逐渐转型为城市生活区。地块功能的置换，地块人流的置换，更多需求的产生。
转型更新策略
经济需求
文化需求
社会需求
地块元素提取
加入新元素
元素重新组合
形成功能混合
关于附近居民和路人的问卷
对您来说，杭玻的历史遗址是否很重要？
很重要
比较重要
可有可无
不重要
您更赞成以下哪种改造方式？
您最想在改建后的杭玻中看到什么？
绿色生态公园
文化设施
社区广场
购物娱乐场所
水上休闲娱乐
创意创业园
多元文化探寻
历史溯源 HISTORY TRACE
民俗文化 FOLK CULTURE
运河文化 RIVER CULTURE
玻璃文化 GLASS CULTURE
工业文化 INDUSTRY CULTURE
1 HISTORY TRACE
杭州作为八大古都之一，历史悠久，位于杭州城北丘陵的半山镇因南宋时在半山腰建有娘娘庙（今遗址尚存）和流传至今的“半山娘娘”民间故事而出名。千百年来，这片古老的山地，最早成为古代杭州先民生息繁衍之地。新中国成立后，半山周边被人民政府规划为重工业区。1950年代先后在此建立杭州钢铁厂、杭州玻璃厂等一批大中型国有重工业企业。
2 FOLK CULTURE
民俗文化是一个国家民族精神的重要载体，是民族文化的主要组成部分。距今四五千年的“良渚文化”开始杭州最早人类活动的原始村落，已具有江南特征的民情风俗，而半山最有特色的当是吃乌米饭、称体重、登高等立夏传统民俗活动。
3 RIVER CULTURE
杭州可以用两句话概括：因湖而名；因河而兴。杭州这个城市真正兴旺发达还是靠运河。运河是杭州的母亲河，运河对中华民族作出的贡献并不亚于长城，完全可以和长城媲美。这条流淌了千余年的运河，不但见证了古都杭州翻天覆地的变化，更目睹了运河人家日复一日简单而真实的生活。
4 GLASS CULTURE
杭州玻璃厂是半山发展的见证，自从公元前2500年，发现第一块玻璃开始，人类对玻璃的探索和追求的步伐从未停止过，从生产到艺术，玻璃艺术运动兴起，正如杭玻即将面临的华丽转型。
5 INDUSTRY CULTURE
锯齿形包豪斯风格的纺织厂、铁轨穿越的高大空旷的库房、斑驳的标语、锈迹斑斑的机床、耸立的烟囱、沧桑的老火车、昔日繁忙的码头、蜿蜒伸展的铁轨……工业文化遗产的保护、工业文化的传承、挖掘和开发工业文化内涵的深度和广度，让历史的回响在这里永恒。
1

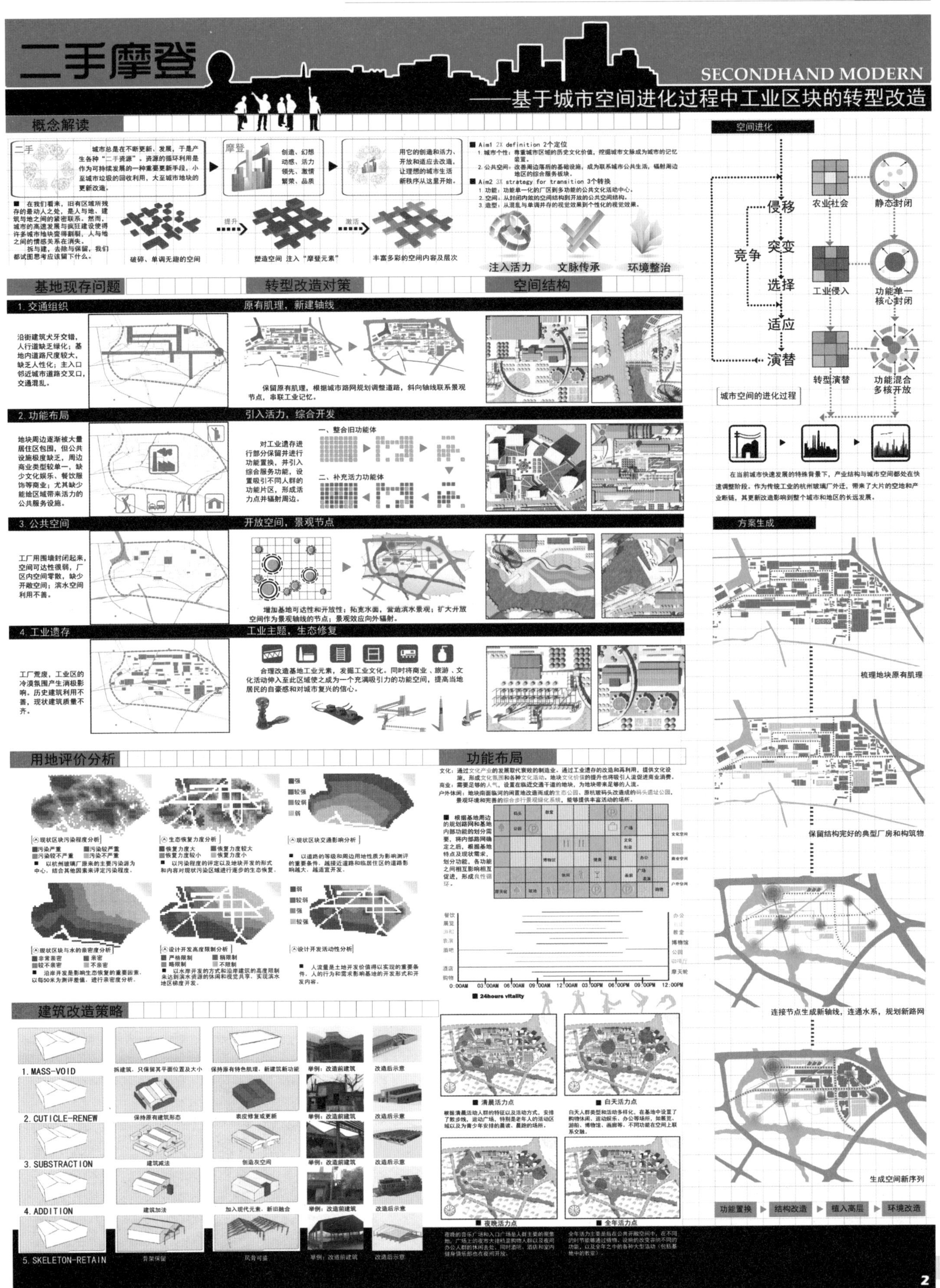
二手摩登
SECONDHAND MODERN
——基于城市空间进化过程中工业区块的转型改造
概念解读
空间进化
基地现存问题
转型改造对策
空间结构
1. 交通组织
原有肌理，新建轴线
2. 功能布局
引入活力，综合开发
3. 公共空间
开放空间，景观节点
4. 工业遗存
工业主题，生态修复
注入活力
文脉传承
环境整治
侵移
突变
竞争
选择
适应
演替
农业社会
静态封闭
工业侵入
功能单一核心封闭
转型演替
功能混合多核开放
城市空间的进化过程
方案生成
梳理地块原有肌理
保留结构完好的典型厂房和构筑物
连接节点生成新轴线，连通水系，规划新路网
生成空间新序列
功能置换
结构改造
植入高层
环境整造
用地评价分析
功能布局
建筑改造策略
1. MASS-VOID
2. CUTICLE-RENEW
3. SUBSTRACTION
4. ADDITION
5. SKELETON-RETAIN
24hours vitality
清晨活力点
白天活力点
夜晚活力点
全年活力点
2

二手摩登

SECONDHAND MODERN

——基于城市空间进化过程中工业区块的转型改造

总平面图

技术经济指标			
项目	单位	数量	
总用地面积	公顷ha	33.7	
总建筑面积	万平米	42	保留：1.98 新建：31.72
建筑占地面积	平方米㎡	90700	
容积率		1.25	
建筑密度	%	27	
绿地率	%	37	
停车位	个	3000	地上：300 地下：2700

用地平衡表		
项目	占地面积（㎡）	占百分率（%）
文化设施用地A2	83910	24.9
体育用地A4	23770	7.1
商业用地B1	29600	8.8
商务设施用地B2	30969	9.2
娱乐康体用地B3	27340	8.1
交通设施用地S	16730	5.0
绿地与广场G	124690	36.9

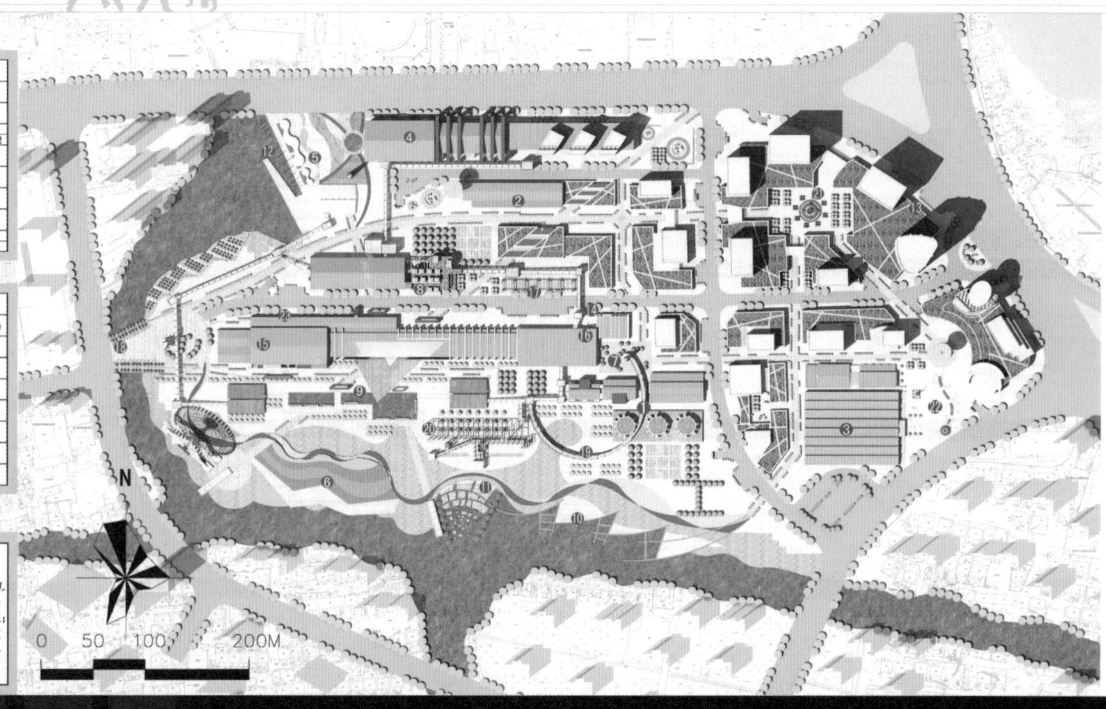
N
0
50
100
200M

规划概述：

通过对基地物态和业态的改造，使之成为一个功能交汇、富有多重涵义的场所—融合多种功能的活力中心；蕴含工业文化的旅游景点；展现城市风采的生态绿岛，成为促进人与人互动交流的催化剂和为周边居民至更广群体服务的有特色区域。

深度互动

旨在创造一个人与水、人与建筑、人与绿地以及人与人之间互动与共享的场所，以多种事件与空间的并存和交叉来实现互动，提高基地的活力和宽容度。

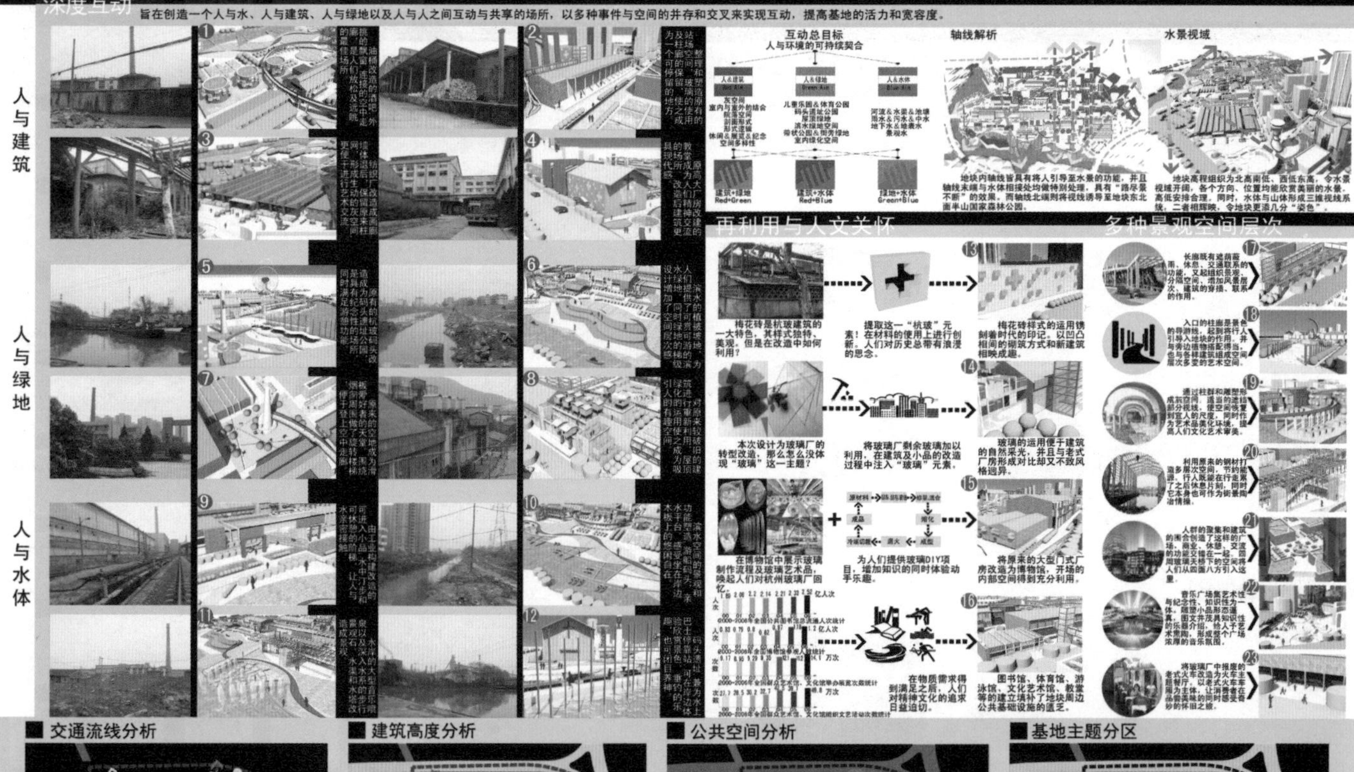
人与建筑
人与绿地
人与水体
互动总目标
人与环境的可持续契合
轴线解析
水景视域
再利用与人文关怀
多种景观空间层次

交通流线分析

空中走廊　步行道　地面停车点
车行道　地下车库出入口

建筑高度分析

高层建筑　低层建筑　多层建筑

公共空间分析

公共空间节点　节点辐射范围

基地主题分区

运动休闲区　生态休闲区　购物休闲区
主入口与信息中心区　商务酒店区　工业文化展示区
文化活动区

3

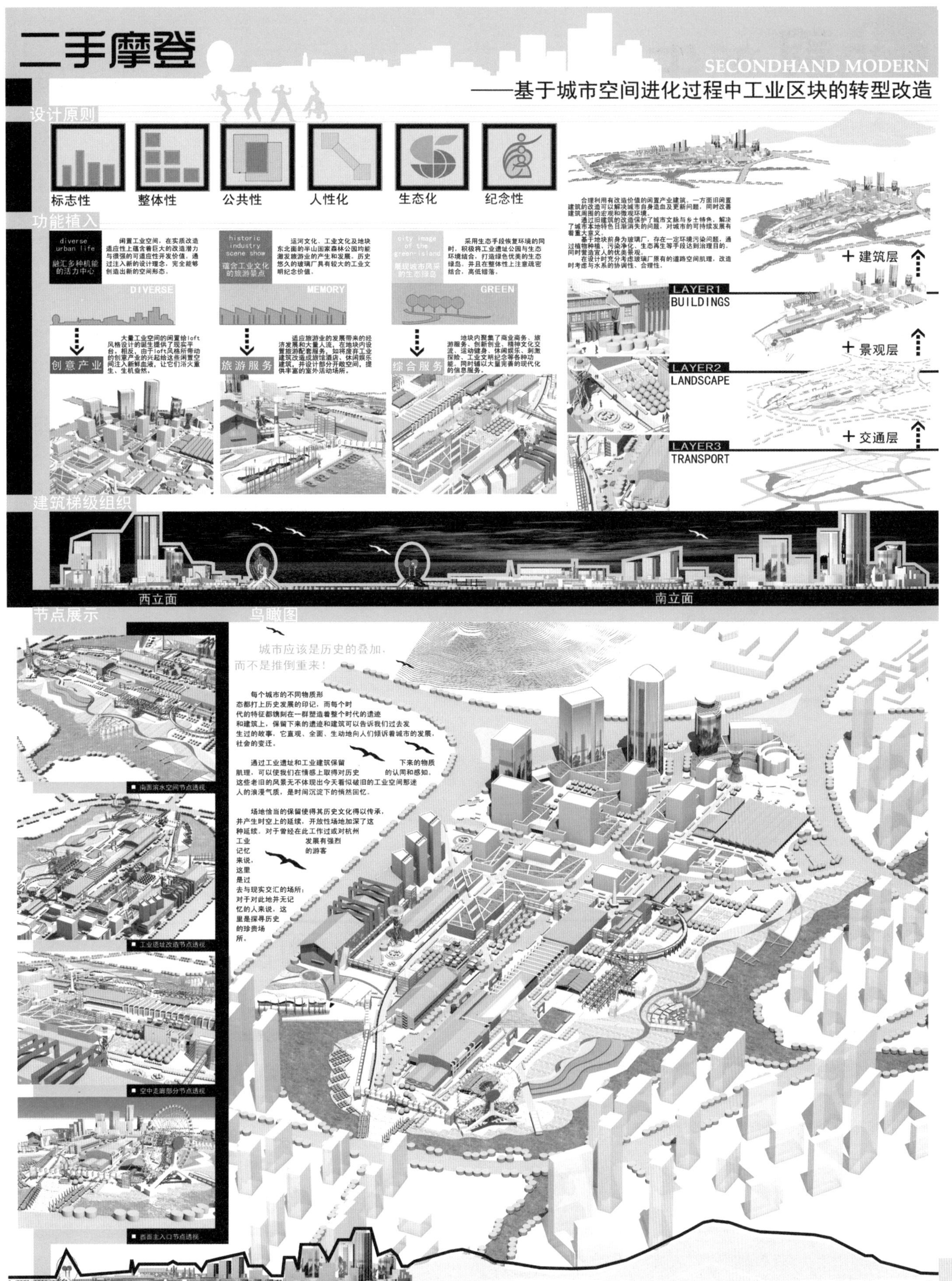
二手摩登
SECONDHAND MODERN
——基于城市空间进化过程中工业区块的转型改造
设计原则
标志性
整体性
公共性
人性化
生态化
纪念性
功能植入
diverse urban life
融汇多种机能的活力中心
闲置工业空间，在实质改造适应性上蕴含着巨大的改造潜力与很强的可适应性开发价值。通过注入新的设计理念，完全能够创造出新的空间形态。
DIVERSE
大量工业空间的闲置给loft风格设计的诞生提供了现实平台。相反，由于loft风格所带动的创意产业的兴起给这些闲置空间注入新鲜血液，让它们浴火重生、生机盎然。
创意产业
historic industry scene show
蕴含工业文化的旅游景点
运河文化、工业文化及地块东北面的半山国家森林公园均能激发旅游业的产生和发展。历史悠久的玻璃厂具有较大的工业文明纪念价值。
MEMORY
适应旅游业的发展带来的经济发展和大量人流，在地块内设置旅游配套服务，如将废弃工业建筑改造成旅馆酒店、休闲娱乐建筑，并设计部分开敞空间，提供丰富的室外活动场所。
旅游服务
city image of the green-island
展现城市风采的生态绿岛
采用生态手段恢复环境的同时，积极将工业遗址公园与生态环境结合，打造绿色优美的生态绿岛。并且在整体性上注意疏密结合，高低错落。
GREEN
地块内聚集了商业商务、旅游服务、创新创业、精神文化交流、运动健身、休闲娱乐、刺激探险、工业文明纪念等各种功能。同时辅以大量完善的现代化的信息服务。
综合服务
合理利用有改造价值的闲置产业建筑。一方面旧闲置建筑的改造可以解决城市自身造血及更新问题，同时改善建筑周围的宏观和微观环境。
通过旧建筑的改造保护了城市文脉与乡土特色，解决了城市本地特色日渐消失的问题，对城市的可持续发展有着重大意义。
基于地块前身为玻璃厂，存在一定环境污染问题，通过植物种植、污染净化、生态再生等手段达到治理目的。同时营造宜人的优美景观。
在设计时充分考虑玻璃厂原有的道路空间肌理，改造时考虑与水系的协调性、合理性。
LAYER1 BUILDINGS
+建筑层
LAYER2 LANDSCAPE
+景观层
LAYER3 TRANSPORT
+交通层
建筑梯级组织
西立面
南立面
节点展示
鸟瞰图
城市应该是历史的叠加，而不是推倒重来！
每个城市的不同物质形态都打上历史发展的印记，而每个时代的特征都镌刻在一群塑造着整个时代的遗迹和建筑上，保留下来的遗迹和建筑可以告诉我们过去发生过的故事，它直观、全面、生动地向人们倾诉着城市的发展，社会的变迁。
通过工业遗址和工业建筑保留下来的物质肌理，可以使我们在情感上取得对历史的认同和感知。这些老旧的风景无不体现出今天看似破旧的工业空间那迷人的浪漫气质，是时间沉淀下的悄然回忆。
场地恰当的保留使得其历史文化得以传承，并产生时空上的延续，开放性场地加深了这种延续。对于曾经在此工作过或对杭州工业发展有强烈记忆的游客来说，这里是过去与现实交汇的场所；对于对此地并无记忆的人来说，这里是探寻历史的珍贵场所。
■ 南面滨水空间节点透视
■ 工业遗址改造节点透视
■ 空中走廊部分节点透视
■ 西面主入口节点透视
4

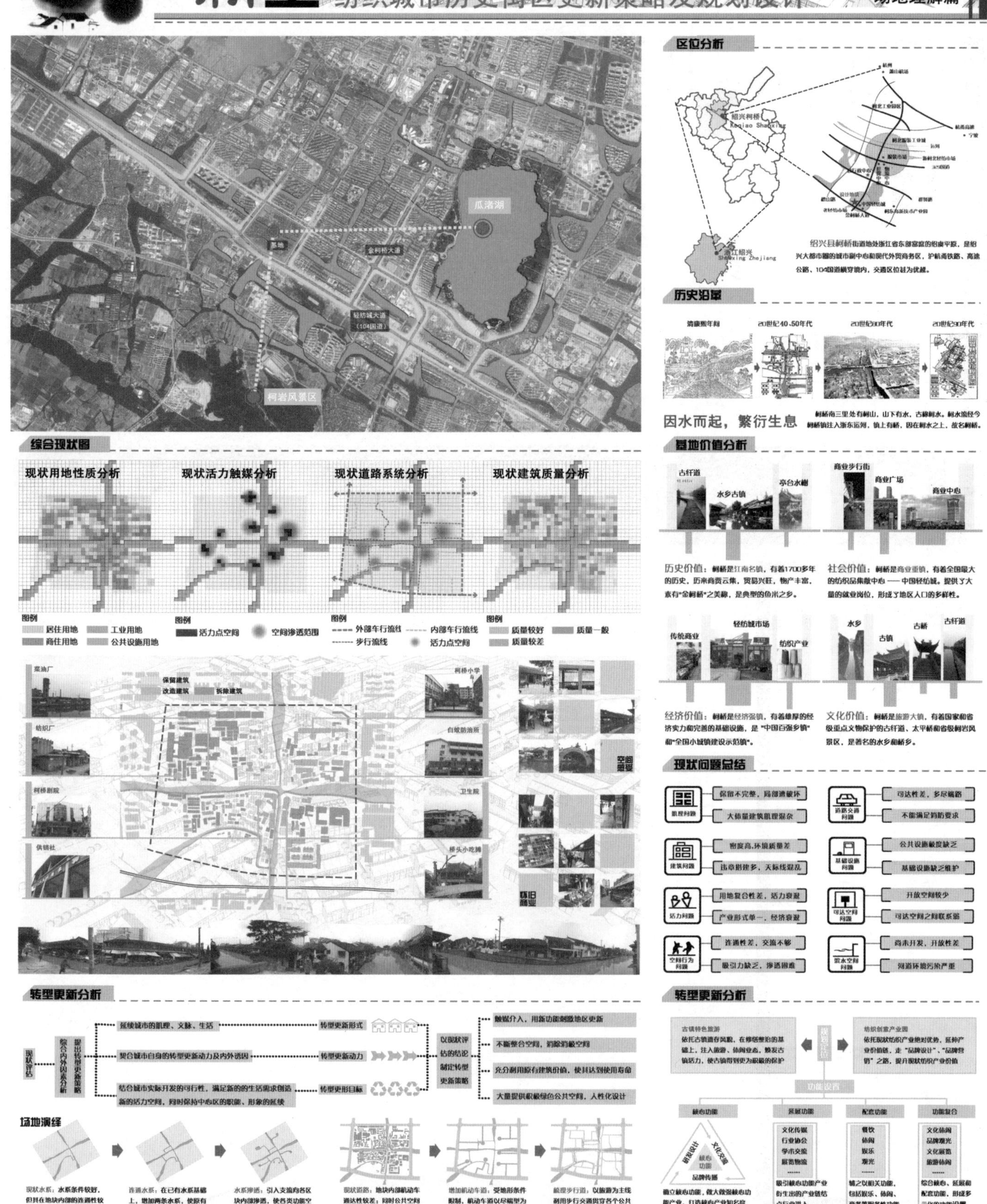
古韵新生
纺织城市历史街区更新策略及规划设计
Part 1
场地理解篇
瓜渚湖
金柯桥大道
轻纺城大道（104国道）
柯岩风景区
区位分析
绍兴县柯桥街道地处浙江省东部富庶的宁绍平原，是绍兴大都市圈的城市副中心和现代外贸商务区，沪杭甬铁路、高速公路、104国道横穿境内，交通区位较为优越。
历史沿革
清康熙年间
20世纪40-50年代
20世纪80年代
20世纪90年代
因水而起，繁衍生息
柯桥南三里处有柯山，山下有水，古称柯水。柯水流经今柯桥镇注入浙东运河，镇上有桥，因在柯水之上，故名柯桥。
综合现状图
现状用地性质分析
现状活力触媒分析
现状道路系统分析
现状建筑质量分析
基地价值分析
历史价值：柯桥是江南名镇，有着1700多年的历史，历来商贾云集，贸易兴旺，物产丰富，素有"金柯桥"之美称，是典型的鱼米之乡。
社会价值：柯桥是商业重镇，有着全国最大的纺织品集散中心——中国轻纺城，提供了大量的就业岗位，形成了地区人口的多样性。
经济价值：柯桥是经济强镇，有着雄厚的经济实力和完善的基础设施，是"中国百强乡镇"和"全国小城镇建设示范镇"。
文化价值：柯桥是旅游大镇，有着国家和省级重点文物保护的古纤道、太平桥和省级柯岩风景区，是著名的水乡和桥乡。
现状问题总结
保留不完整，局部遭破坏
大体量建筑肌理混杂
密度高，环境质量差
违章搭建多，天际线混乱
用地复合性差，活力衰退
产业形式单一，经济衰退
连通性差，交流不够
吸引力缺乏，渗透困难
可达性差，多尽端路
不能满足消防要求
公共设施极度缺乏
基础设施缺乏维护
开放空间较少
可达空间之间联系弱
尚未开发，开放性差
河道环境污染严重
转型更新分析
现状评估
提出转型更新策略
延续城市的肌理、文脉、生活
契合城市自身的转型更新动力及内外诱因
结合城市实际开发的可行性，满足新的的生活需求创造新的活力空间，同时保持中心区的职能、形象的延续
转型更新形式
转型更新动力
转型更新目标
以现状评估的结论制定转型更新策略
触媒介入，用新功能刺激地区更新
不断整合空间，消除消极空间
充分利用原有建筑价值，使其达到使用寿命
大量提供积极绿色公共空间，人性化设计
场地演绎
功能设置
核心功能
区域功能
配套功能
功能复合
四水三橋·古韻猶存·創意轉型·謂之新生

古韵新生 纺织城市历史街区更新策略及规划设计

Part 2 方案生成篇

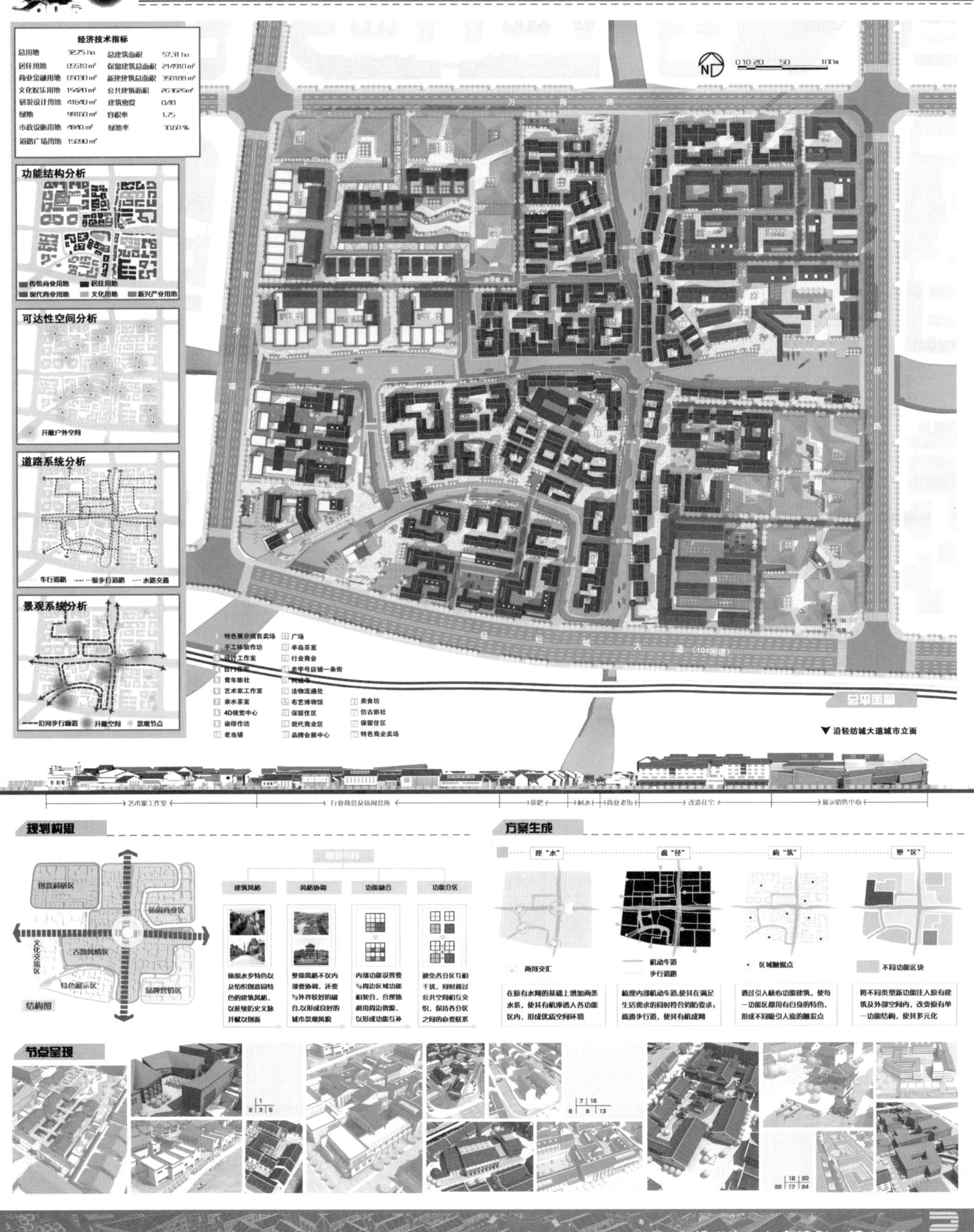

四水三橋·古韻猶存·創意轉型·謂之新生 2.

古韵新生 纺织城市历史街区更新策略及规划设计

Part 3 策略建构篇

场地交通梳理及主要开放空间

四水三桥核心区

更新策略

实施策略 1

1.1 人与基地

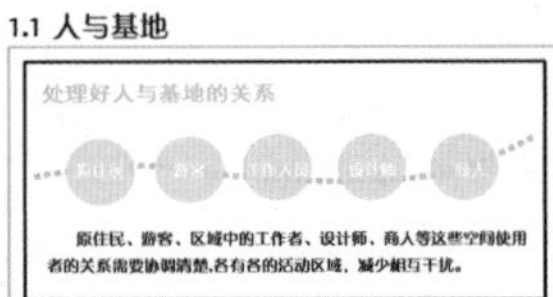

1.2 更新次序

1.3 串联活力点

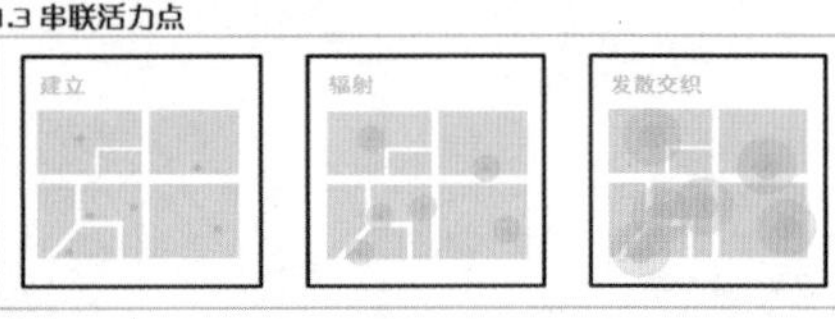

街道策略 2

2.1 车行街道

2.2 步行街道

2.2 特色街道

建筑策略 3

3.1 建筑评估

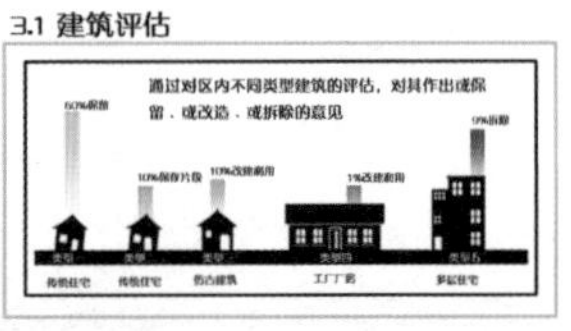

3.2 建筑改造

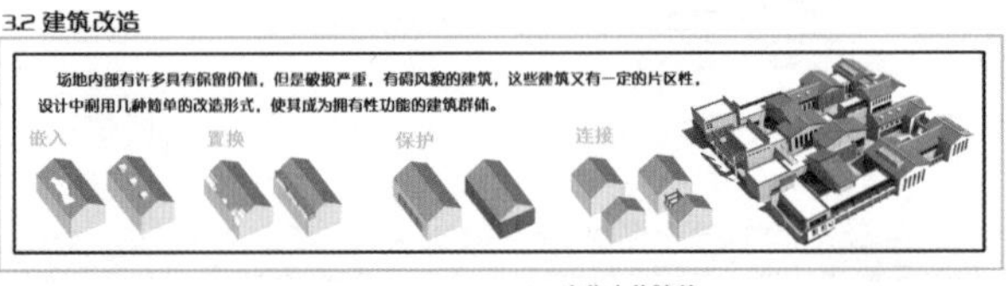

3.3 立面改造

院落策略 4

4.1 院落组织形式

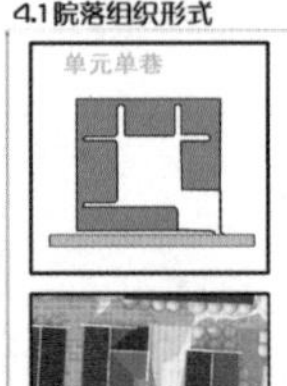

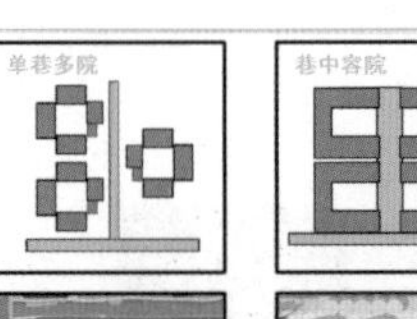

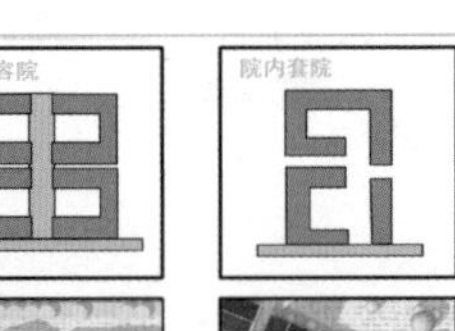

4.2 变化中的院落

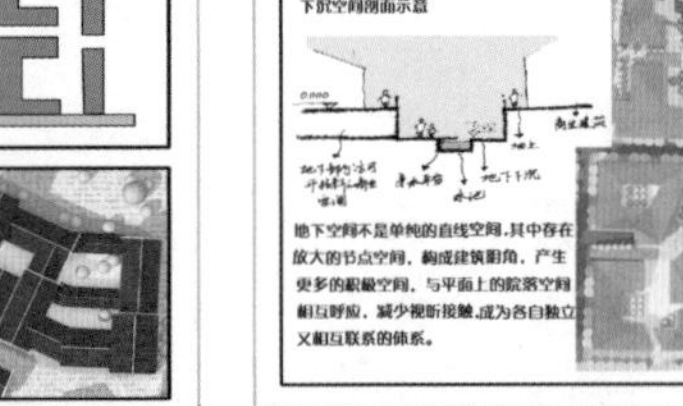

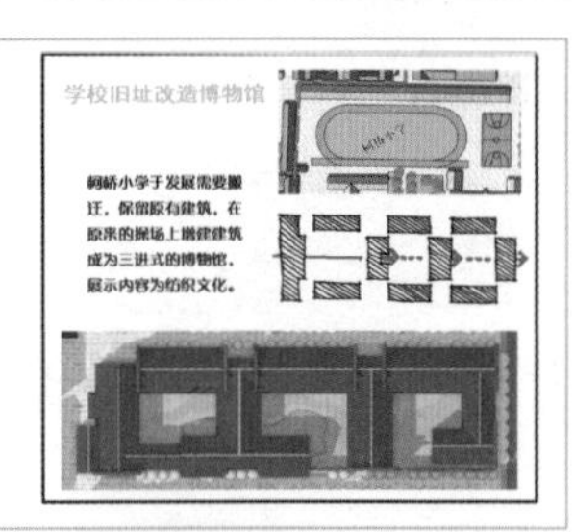

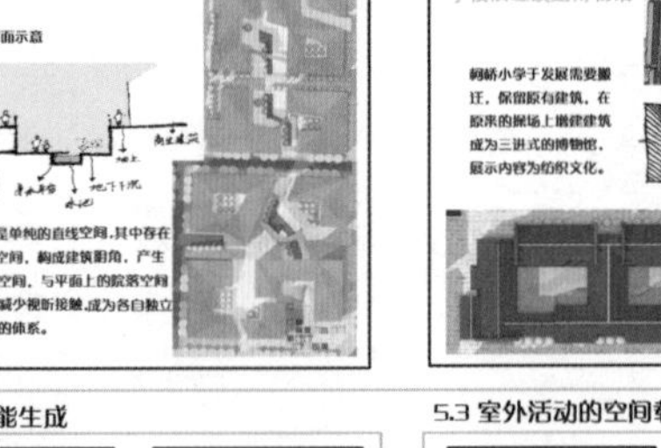

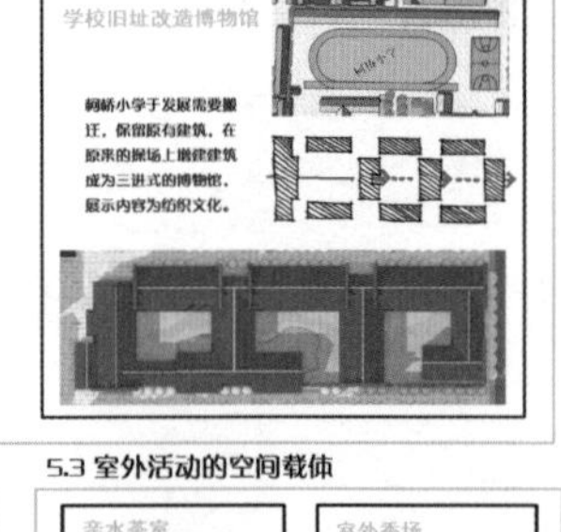

创意转型策略 5

5.1 内部功能置换

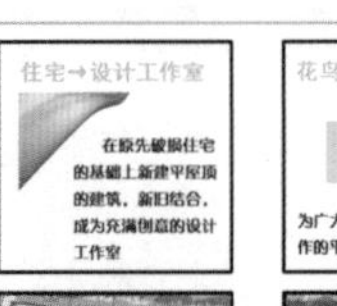

5.2 新功能生成

5.3 室外活动的空间载体

四水三橋·古韻猶存·創意轉型·謂之新生 3.

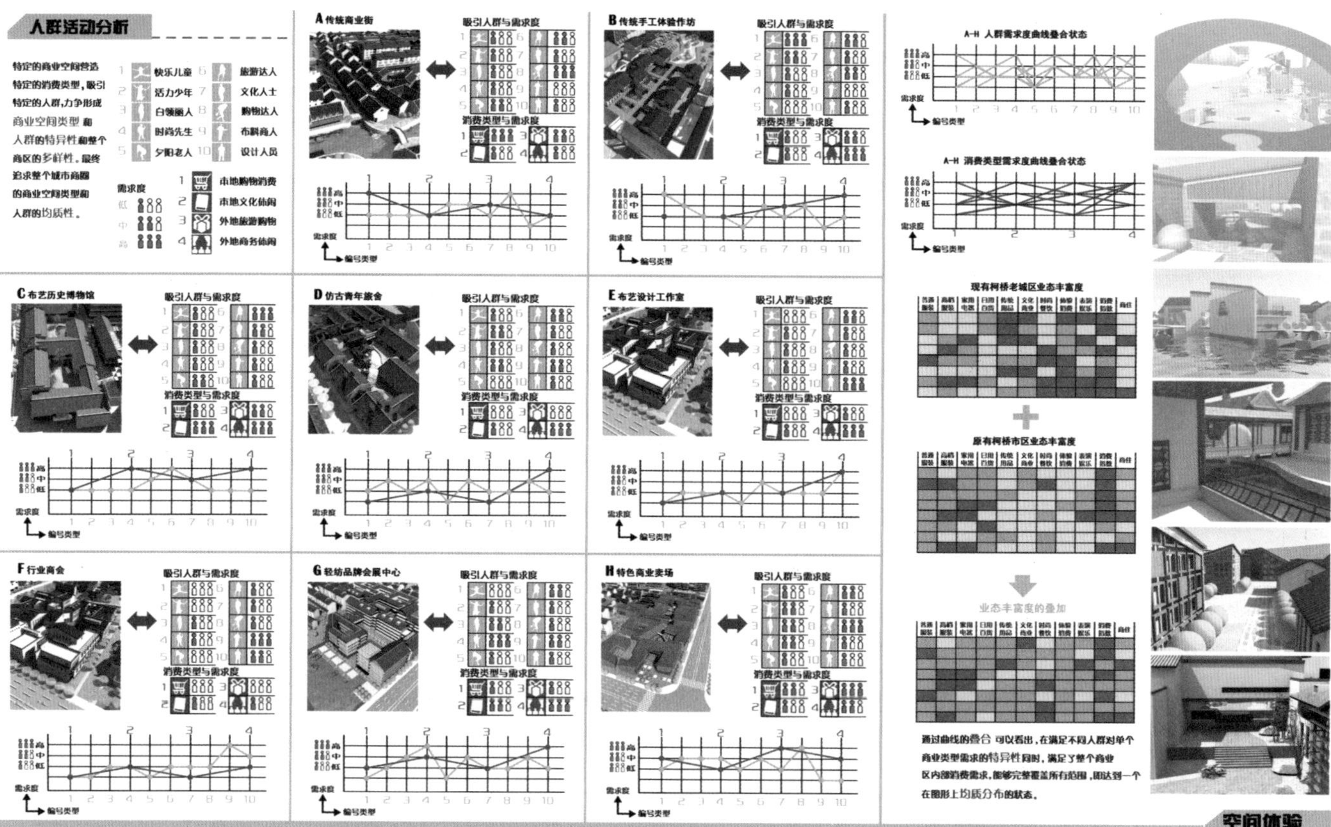
古韵新生
纺织城市历史街区更新策略及规划设计
Part 4
场景呈现篇
人群活动分析
特定的商业空间营造特定的消费类型，吸引特定的人群，力争形成商业空间类型和人群的特异性和整个商区的多样性。最终追求整个城市商圈的商业空间类型和人群的均质性。
1 快乐儿童
2 活力少年
3 白领丽人
4 时尚先生
5 夕阳老人
6 旅游达人
7 文化人士
8 购物达人
9 布料商人
10 设计人员
需求度
低
中
高
1 本地购物消费
2 本地文化休闲
3 外地旅游购物
4 外地商务休闲
A 传统商业街
B 传统手工体验作坊
C 布艺历史博物馆
D 仿古青年旅舍
E 布艺设计工作室
F 行业商会
G 轻纺品牌会展中心
H 特色商业卖场
吸引人群与需求度
消费类型与需求度
需求度
编号类型
A-H 人群需求度曲线叠合状态
A-H 消费类型需求度曲线叠合状态
现有柯桥老城区业态丰富度
原有柯桥市区业态丰富度
业态丰富度的叠加
通过曲线的叠合可以看出，在满足不同人群对单个商业类型需求的特异性同时，满足了整个商业区内部消费需求，能够完整覆盖所有范围，达到一个在图形上均质分布的状态。
空间体验

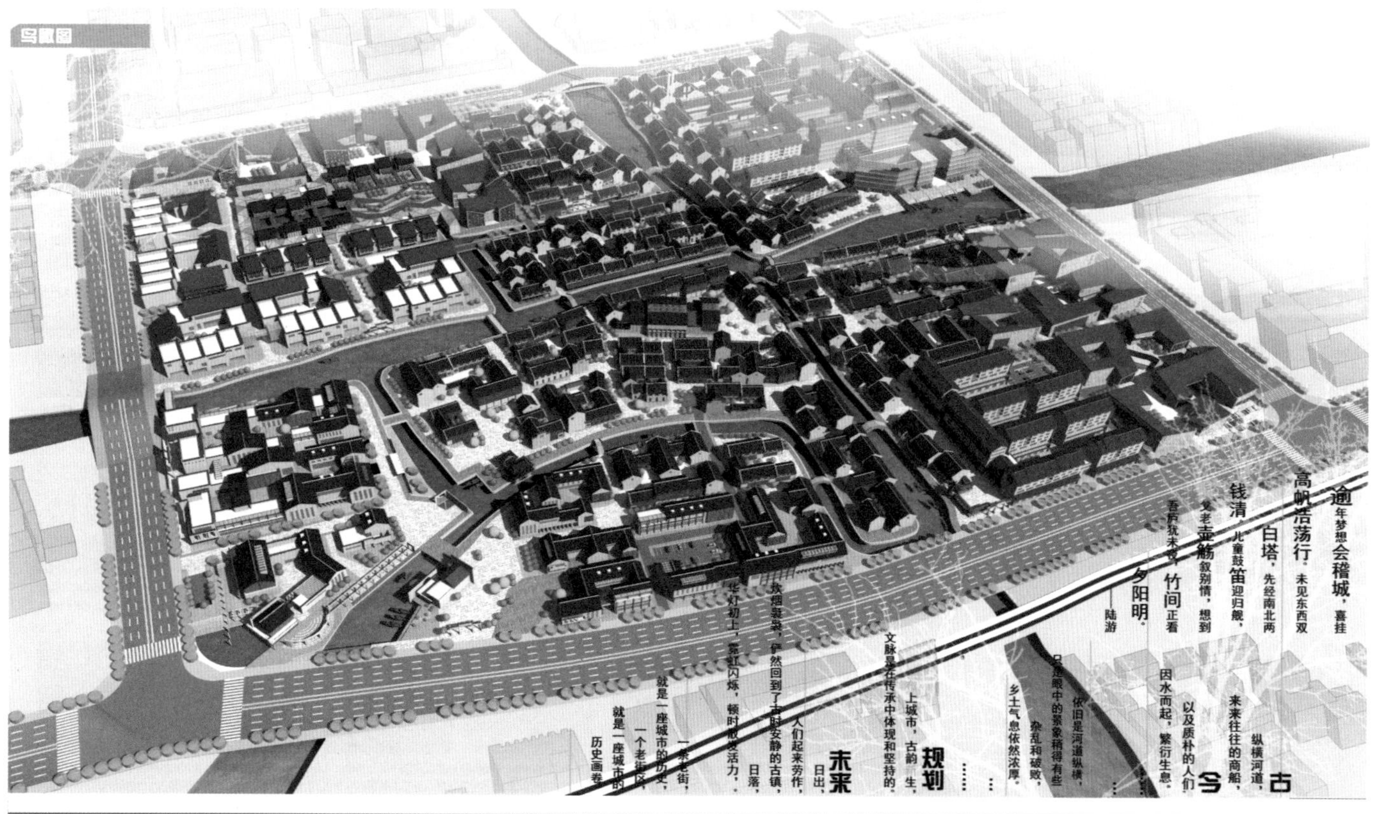
鸟瞰图
逾年梦想会稽城，喜挂高帆浩荡行。未见东西双白塔，先经南北两钱清。儿童鼓笛迎归舰，父老壶觞叙别情，想到吾庐犹未夜，竹间正看夕阳明。
——陆游
古
纵横河道，来来往往的商船，
今
以及质朴的人们因水而起，繁衍生息。……
依旧是河道纵横，只是眼中的景象稍得有些杂乱和破败，乡土气息依然浓厚。……
规划
上城市，古韵新生，文脉是在传承中体现和坚持的。
未来
日出，人们起来劳作，炊烟袅袅，俨然回到了古时安静的古镇，日落，华灯初上，霓虹闪烁，顿时散发活力。
一条老街，就是一座城市的历史，一个老街区，就是一座城市的历史画卷。
四水三橋 · 古韻猶存 · 創意轉型 · 謂之新生
4.

继承·进化·融合

——重型工业地块复兴城市设计

1

INHERIT EVOLVE INTEGRATE

更新视角提出

物质 substance　空间 space　文化 culture　继承　进化　功能 function　产业 industry　精神 spirit　融合

随着我国经济的发展、城市的扩张、产业结构的调整，许多高耗能、高污染、技术含量低的企业开始逐渐退出历史的舞台，许多工业企业从城市中心向城外迁移，于是在城市中留下了大量工业遗址。而无序的开发使大量的遗址遭到破坏，使资源被大量地浪费，城市过去的记忆被逐渐地抹去。

如何合理利用那些遗留的工业遗址和厂房是当今城市更新的一大课题。近来年，我国政府部门和一些创意产业界有识之士已经意识到工业遗址的价值所在，并力图通过与创意产业、文化消费、休闲娱乐、现代商务、旅游产业等新型经济结合，高效、合理、科学、持续地利用和开发这些资源，让它们重新焕发青春和活力，同时保留一些具有历史价值的工业遗产。

多元文化探索

一截文明萌动的火种，一段辉煌征程的印证，它向人们述说人类文明的跋涉，向千秋万代昭示我们祖先的史迹。这种来自根脉的规定性，要求我们举起保护的旗帜，要求我们踏踏实实地履行传承……

■ 历史溯源

杭州历史悠久，早在4700多年前就产生了良渚文化，五代吴越国和南宋王朝两代定都于此，是我国七大古都之一。杭州文化积淀深厚，良渚文化、吴越文化、南宋文化和明清文化，形成了一个完整的文化发展系列。

■ 西子文化

杭州之美，美在西湖。西湖的一草一木、一屋一檐，无不带着历史的印记。西湖是目前中国列入《世界遗产名录》的世界遗产中唯一一处湖泊类文化遗产，也是现今《世界遗产名录》中少数几个湖泊类文化遗产之一。

■ 铁道文化

1909年，沪杭铁路的全线开通，使城站周围逐渐发展成杭州的新商业区，城站大旅社、清泰旅馆、活佛照相馆等相继开设，城站市场逐渐形成。铁路的建设在杭州的历史发展中扮演着相当重要的角色。

■ 工业文化

杭州不仅是一个风景旅游城市，同样也是一个工业强市。杭州的工业发展历史悠久，工业的文化痕迹也成为了城市记忆的重要篇章。各历史阶段工业建设也留下了许多具有历史学、社会学、建筑学和科技、审美价值的工业文化遗产。

■ 曲艺文化

传统戏剧与曲艺是我国各民族人民共同创造的非物质文化遗产，历史悠久，底蕴丰厚，特征鲜明，种类繁多，可谓博大精深。而杭州得天独厚的文化生态环境，为戏曲曲艺的发育成长创造了极为有利的条件。

■ 创意文化

文化创意产业是一种在经济全球化背景下产生的以创造力为核心的新兴产业。由原创激发的"差异"和"个性"是这种创意文化的根基和生命。杭州也早已推出相关政策支持和推动文化创意产业的发展。

进化概念构想

现存的 EXISTING　新愿景 NEW VISION

CITY 城市
NATURE 自然
城市生活与自然景观环境分开
City living that is disconnected from the natural surroundings
CITY 城市 自然 NATURE
自然与城市完美结合成一个崭新社区以形成更好的平衡
A new community that will integrate nature along with city living to form a better balance
PAST
PRESENT 现在
过去
为了给未来来开路而拆掉或隔离过去
Past is torn down or isolated to make way for the future
过去 PRESENT 现在 PAST
重新定位被保护的历史建筑成为现代文化设施
Historical preservation of buildings repositioned to become modern cultural facilities
LIVE 生活 PLAY 娱乐 WORK 工作
混合使用的模式，是混乱且缺乏重点的
A mixed model that is chaotic and lacking in focus
PLAY 娱乐 WORK 工作 LIVE 生活
一个规划周详的社区提供相互协调及平衡的生活方式
A well-planned community that provides a synergy of uses and styles of living

区位背景分析

杭州地处长江三角洲南翼，是长江三角洲重要中心城市和中国东南部交通枢纽。作为浙江省的省会，全国重点风景旅游城市和历史文化名城，杭州素有鱼米之乡、丝绸之府、"人间天堂"之美誉，世界上最长的人工运河——京杭大运河也穿城而过。

下　区位居杭州市的核心位置，北依杭州市人民政府，南濒秀丽的西子湖，西靠全省政治中心，东临古城河。改革开放以来，下城区面貌焕然一新，成为杭城新的商贸中心、金融中心、新闻中心、文体中心。本地块位于杭州主城北边的门户地段，渗透着商业和旅游业多元化开发资源的地段。

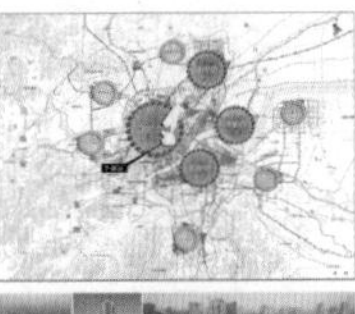

基地靠近杭州汽车北站，距规划的地铁线也较近，交通较为便利。地块紧贴于南北商贸商务景观带东侧，西边是石桥商贸物流经济圈，东边是城北体育公园生态休闲圈，南边有和平会展商圈，所处区位可塑造的空间极大。

产业资源分析

基地原是杭州乃至浙江省重要的重型机械加工业中心。基地具有特征鲜明的工业遗存特征环境，以工业建筑和构筑物为主。现状内有大量的具有工业美学价值和历史文化价值的工业遗存。

创意产业

当代文化创意产业以其发展的前景和资源优势在全球迅速崛起，杭州市正值从制造业城市向服务型和消费型城市转变的重要时期，发展创意产业是推动产业结构升级、经济增长方式转变和城市功能提升的重要途径。

通过对工业遗址和工业厂房的保留，将重工业文化和城市的记忆以文化旅游的方式展现给游客。并结合创意产业以及餐饮、购物、演艺、娱乐等功能，将形成一种独特的旅游景观及资源，从而进一步提高地块的经济价值，促进杭州的文化旅游产业的发展。

文化旅游

用地现状分析

现状交通状况图

城市快速路　城市次干道　城市主干道　公交站点

现状用地分类图

工业用地　仓储用地　公园绿地　办公用地

现状建筑质量图

建筑质量优　建筑质量中　建筑质量良　建筑质量差

□ 交通状况：以基地的北边是留石快速路，西边及南边为现有和规划的城市主干道，东边则为城市次干道，周边较近的有四处公交站点。交通较为便利。

□ 用地分类：基地内的用地基本上为工业用地，还有一些附属的仓储用地及办公用地。基地西边和南部集中了部分绿地。北部有宽约10米的水系通过，此外还有少量水塘零散分布。

□ 建筑质量：基地内的工业建筑有较多质量仍旧良好，中央有一栋建筑质量优，其余的则过于破旧，不宜保留。

保留改造方案

保留老工业建筑

□ 保留方案：以杭州重型机械厂遗留的有价值的建筑、构筑物为基础，最终决定对中部三栋厂房及仓库进行保留，并将其改造成为工业文化博物馆、展览馆、美术馆、小剧场以及创意产业中心等。拆除其余质量较差的工业建筑。结合原有的烟囱、铁轨等工业构筑物，对旧的构件进行创新再利用，并借此规划焕然一新的市民广场、城市公园。

□ 烟囱改造构想：烟囱经过修整与美化后，可以作为区域内为数不多的竖向元素，结合广告、灯光、综合体命名等成为标志性元素。

□ 工业吊车改造构想：巨大的工业吊车可以作为地标性景观，配合灯光效果称为视觉焦点。也可以经过结构后变成公共空间的特色工业雕塑。

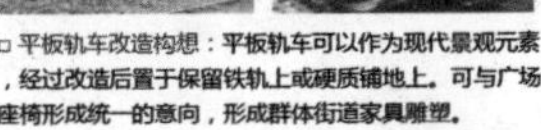

□ 平板轨车改造构想：平板轨车可以作为现代景观元素，经过改造后置于保留铁轨上或硬质铺地上。可与广场座椅形成统一的意向，形成群体街道家具雕塑。

□ 线性混凝土结构改造构想：线性的混凝土结构，应予以保留，与现代材料结合形成水幕墙，晚上结合灯光效果创造绚烂水幕。

□ 露天跨改造构想：露天跨是基地内最富有特色的空间之一。我们可以利用新加建的钢铁桁架，延续这种独特的空间感，同时提供给行人休憩的空间。

□ 铁轨改造构想：保留的铁轨应经过整饬，与绿化、火车头或雕塑等结合形成线性元素。铁轨上甚至可以与创意型公交站台相结合，赋予其新的功能。

□ 零铸件改造构想：巨大机械吊篮或桶型铸件，可以改造为具有场所记忆的种植盆景，种植花卉或形成小型水景。点缀在广场、人行道或景观丛各处。

继承·进化·融合

——重型工业地块复兴城市设计

2

INHERIT EVOLVE INTEGRATE

规划目标阐述

1. 打造工业遗存核心区块。新规划将致力于创造"整体"城市环境。在工业遗存的核心，通过景观、场地设计、雕塑与构筑物和建筑改造，创造具有冲击力的、统一的核心城市空间意象，并使其与周边地块相联系。

2. 打造滨水回廊体验。对景观水系的改造并不是单纯的修整，而需要通过对原有河道的改造和新加景观水系，形成完整的滨水体系。景观水系的线路走向、节点分布、景观设计等必须与规划的总体结构和周边功能相结合，创造最完美景观的效果和最方便的使用效能。

3. 形成综合开发。规划和建筑设计对城市综合体的功能需求有更加深入的了解和剖析。合理地整合不同功能的建筑可以产生巨变效应和互补效应，使整个城市综合体的价值和合理性倍增，从而成为城北的商业核心，继而辐射成商业圈。

多因子策略分析

环境因子　社会因子

公共空间　工业遗存　公共生活　居住分异

植入多元活力　融入现代生活　植入公共空间　融合公共空间

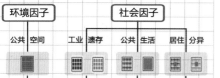

融合 共生

注入经济活力　降低进入门槛　植入多元活力　预留应变空间

资金循环　可进入性　安全状况　应变状况

经济因子　管理因子

基地精神创造

■ 自然—友好
开放空间 公园 河道
- 生态可持续
- 社区活动场所
- 悠闲的环境

■ 居住—启发
酒店公寓 SOHO
- 现代化与自然材料
- 景观与生活一体化
- 舒适与方便

■ 娱乐—放纵
文化 休闲 娱乐
- 现代潮流与历史记忆
- 历史保护建筑
- 多样化的街道设施

■ 工作—繁荣
写字楼 创意园
- 可持续的技术
- 先进管理的互动性
- 户外绿色空间

■ 实验—进取
研发实验室 孵化工作室
- 创新学习空间
- 资源的集聚
- 积极的氛围

城市——是人类社会权利和历史文化所形成的一种最大限度的汇聚体。在城市中，人类社会生活散射出来的一条条互不相同的光束，以及它所焕发出的光彩，都会在这里汇集聚焦，最终凝聚成人类社会的效能和实际意义。

——刘易斯·芒福德《城市文化》

规划改造策略

物质性空间融合：空间互补

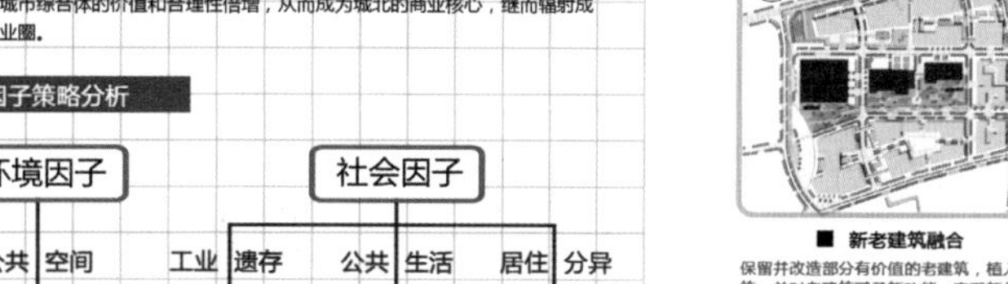
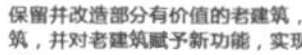

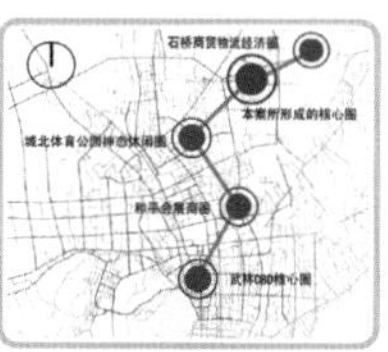

■ 新老建筑融合
保留并改造部分有价值的老建筑，植入新建筑，并对老建筑赋予新功能，实现新与旧的融合。

■ 场所与建筑融合
植入新的场所，赋予新的功能，室内外空间相互渗透，实现场所与建筑融合共生。

■ 区域圈层辐射点
基地经过功能更新之后，融入并补充了下城区的公共空间网络，成为其中的一个重要节点，使之成为更完整的体系，

■ 城市旅游节点
更新基地中的历史建筑，打造工业历史博物馆，开发各项文化活动项目，纳入整个城市的旅游流线之中。

时间性功能融合：活力塑造

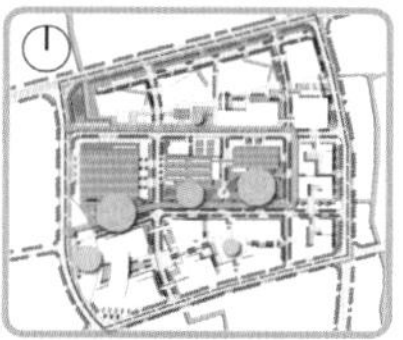
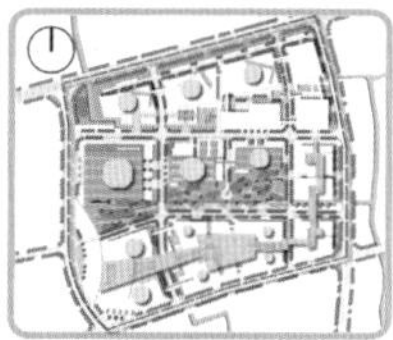
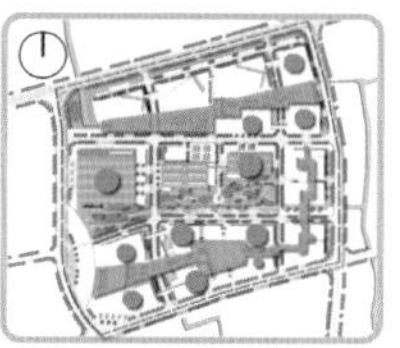
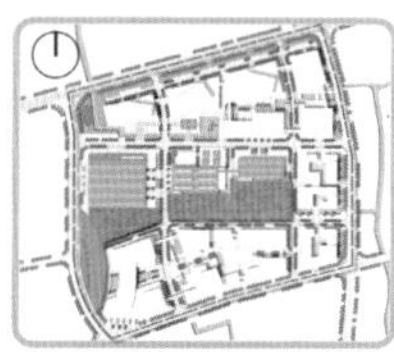

■ 清晨活力
根据清晨人群及活动特征，安排了散步线，健身活动广场，特别是老年人活动区域，以及为青少年安排的晨读晨跑场所。

■ 白天活力
根据白天人群活动的多样性，在基地中设计了步行购物街、室内外健身休闲场所、博物馆、展览馆、美术馆等。

■ 夜晚活力
夜晚活力值高的大多为购物娱乐休闲场所，室外的水景系统在灯光下绚烂引人，还设置了音乐喷泉、水景幕布。

■ 全年活力
全年活力主要指的是在公共开敞空间中，在不同的季节，通过植物，设施的改变容纳不同的功能，以及全年之中的各种大型活动。

操作性事件融合：多元共生

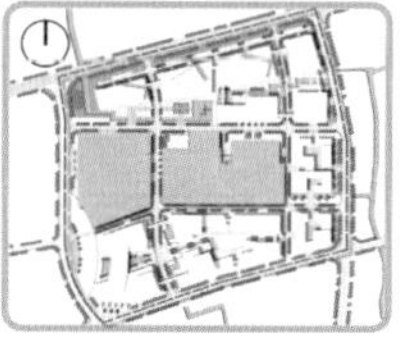
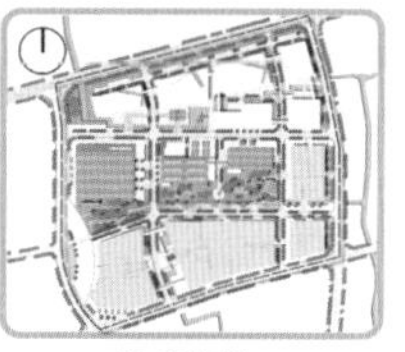
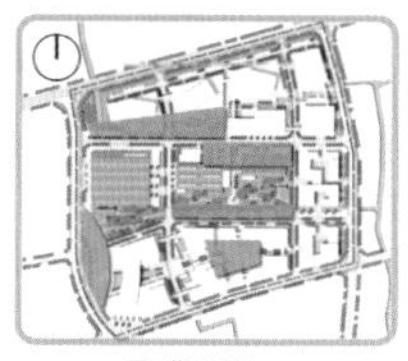
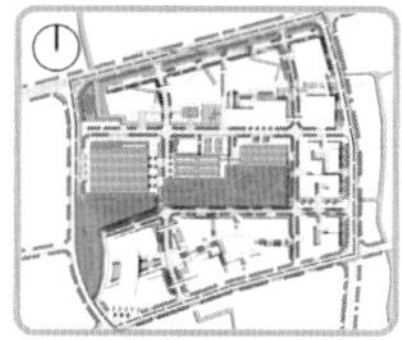

■ 文化事件
将工业文化、铁路文化、曲艺文化等物化到具体的空间场所，如博物馆、美术馆、小剧场、铁道公园等，并激发文化时间的发生。

■ 商业事件
在地块的南边结合水景规划大型商业中心，并在地块东边设置了特色商业步行街进行商业开发，更新资金实现内部循环。

■ 集聚事件
可发生聚集事件的为各个广场及绿地平台。在需要的时候可进行一系列展销、集会、演出等事件，聚集大量人群。

■ 应急事件
将广场、公园等开放空间作应急避难所用，安排布置相应设施，如隐形公厕、水井等，在紧急状态下可应变为地震应急避难所。

开发项目配置

本基地将开发成为集商业购物、商务办公、酒店公寓、文化休闲、创意研发等多种业态于一体的活力中心。我们将对各类业态做出个性化、多元化的项目策划，并根据实际需求、确定各类业态的建设比例。

项目类型	项目产品	目标人群
商业休闲	大型商场、特色商业街、有机复合餐厅	针对普罗大众
	手工创意商店、咖啡厅、西餐厅、异域风情餐厅	年轻白领与研发人员
	名品旗舰店、知名餐饮加盟店、私房菜馆	中高端商务人士
文化娱乐	人工剧场、城市公园、滨水活动设施	适用普罗大众
	音乐酒吧、健身中心、纤体美容中心、品茶馆	年轻白领与周边居民
	曲艺舞台、美术馆、展览馆、博物馆	中高端收入人群
商务办公	金融服务、商务咨询、信息通讯等总部经济	大型企业工作人员
	五星级酒店、企业会所、酒店公寓	外来商务洽谈人群
	SOHO办公、创意办公、专业事务所	小型企业人群
创意研发	研发实验室、成果展示中心、职业培训中心、服务中心	研发人员和机构管理人员
都市工业	电子信息产品、软件开发、服装服饰业、广告印刷业 模型及模具设计制造业、食品加工业、室内装潢产品设计等	再就业人员、 科技研发人员、管理人员

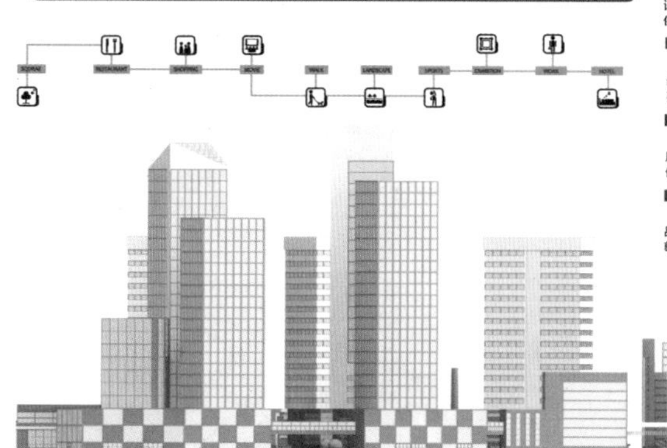

■ 集中大型商业　（25%）
提供全新、超大规模的商业购物空间，满足日趋多元化、高档化、注重购物环境的消费要求，如上海正大广场、深圳的万象城。同时考虑周边居民的需求提供大型购物中心，如沃尔玛等。

■ 特色商业　（15%）
在保留原有地方特色基础上，进行功能式开发，形成具有特殊氛围的特色主题商业片区，如宁波的新外滩、天一广场。

■ 总部商务办公　（25%）
杭州具有丰富的总部经济资源，信息平台完整，可借助城市地缘优势，扩大总部经济规模，吸引更多总部企业进驻。

■ SOHO创意办公　（5%）
为迎合民间创业高峰，为小型企业、个人办公提供灵活、便捷的办公形式，既降低运营成本，又可分享强大的外部优势。

■ 高级酒店与酒店式公寓　（5%）
为迎合城市核心地区商贸、旅游等活动所需的标志性酒店，可引进国际品牌酒店，从而提高该地区知名度；为在综合商务区内的白领人士提供高质量、便捷的居住生活服务。

■ 体验式休闲娱乐　（5%）
随着后工业时代的来临，结合特殊元素传统内容的体验式休闲成为城市居民释放自我的主要方式，例如上海新天地。

■ 创意研发　（10%）
提供具备技术研发能力的发展平台，同时集展示、研发、销售、孵化于一体的创意产业综合体。

■ 都市工业　（10%）
升级地区工业，发展以无污染、高附加值产品、技术含量高为代表的密集型都市工业，解决就业需求。

继承·进化·融合

——重型工业地块复兴城市设计

INHERT EVOLVE INTEGRATE 3

景观规划原则

本案景观开放空间及公共用地的概念设计来源于地块的工业遗产，也是整个项目的基础。项目发展的核心及“引擎”由一个相连的水体系统所推动，其将各广场、节点有机相连，为周边的城市广场及广场内的集聚区产生“能量”并开展活动，

景观概念设计规划分为多个区块，各自因与其有关的文化资源和水景的不同而各具特色。所包含的最主要的区块有：中央公园区、铁道公园区、北部水景漫步区及南部活力水景区。

整套景观系统给人以充满活力的体验场所，并将居住、工作、嬉戏和购物在生动的城市广场框架下有机结合。

规划系统分析

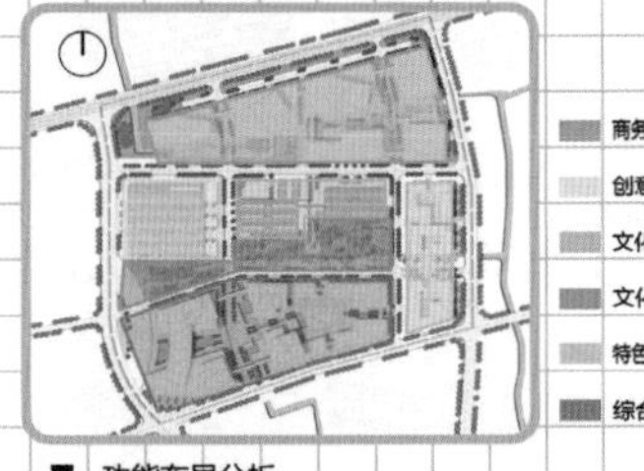
商务酒店综合区
创意产业区
文化艺术展区
文化景观带
特色步行商业街
综合商业区

■ 功能布局分析

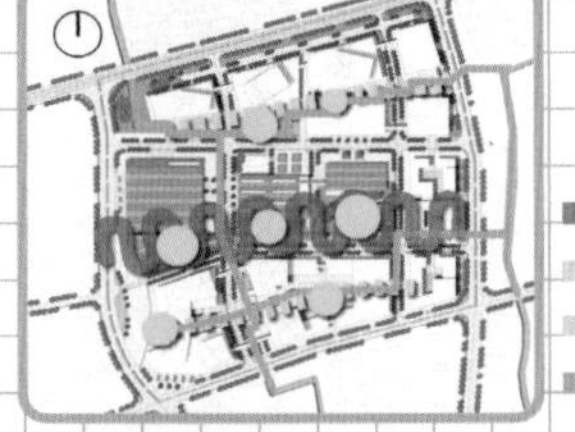
中心绿轴
次要景观轴
景观节点
水景系统

■ 景观系统分析

对外步行系统
内部步行系统

■ 步行系统分析

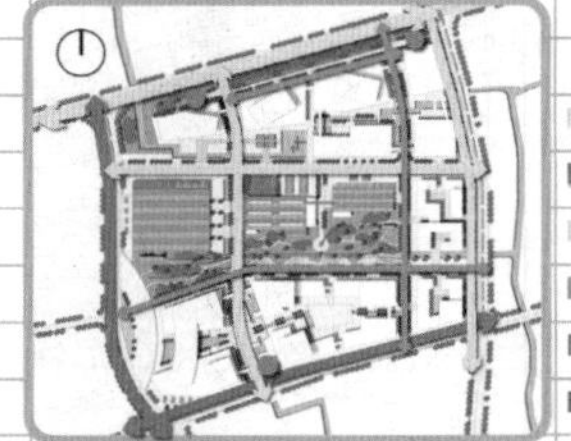
城市快速路
城市次干道
城市主干道
城市支路
地下停车出入口
地面停车区域

■ 道路交通分析

规划用地指标

项目	更新前 面积ha	更新前 比例%	更新后 面积ha	更新后 比例%
R 居住用地	1.1	3.4	1.9	5.8
C 公共设施用地	0.8	2.5	13.2	40.6
C_1 商业金融用地	0.8	2.5	6.5	19.9
C_2 文化娱乐用地	0.0	0.0	5.0	14.9
C_3 教育科研用地	0.0	0.0	1.9	5.8
M 工业用地	21.9	67.2	0.0	0.0
S 道路广场用地	3.9	11.9	6.1	18.6
S_1 道路用地	3.6	11.0	4.0	12.2
S_2 广场用地	0.3	0.9	1.6	5.0
S_3 社会停车场	0.0	0.0	0.5	1.4
U 市政公共设施用地	1.4	4.3	2.4	7.3
G 绿地	2.9	8.9	7.4	22.7
E 水域	0.6	1.8	1.6	5.0
总计	32.6	100.0	32.6	100

主要景观分析

■ 中央公园区
绿色蒙太奇：此处通过以蒙太奇的手法，用交叉错落的走道对线性的草坡进行分割，用不同的草皮颜色跳跃地形成区分，构成了丰富趣味的体验线路。
飘扬的红丝带：是由两条蜿蜒曲折的艺术休憩长凳构成。长凳可供人群休憩、又具有艺术观赏价值。
记忆的烟囱：烟囱在此作为标志性的记忆，被赋予了新的现代色彩。又以此地标性的竖向线性建筑限定了市民广场。
工业结构廊亭：将遗存的小体量工业建筑重新利用，通过去除表皮，作为城市公园的景观廊亭，体现其独特的结构美。
■ 水景漫步区
水景节点小品：在开敞的水池上设置线性小品及照明设施，为水景提供聚焦点。形成灯光和水景交融的互动表演。
透视的广场与灯光铺地：此处由建筑界面和水景围合出了梯形的广场空间，加强了空间的透视感。在广场上架设连续的灯光铺地，用以联系空间，增加整体感。
INHERT EVOLVE INTEGRATE

总平面图

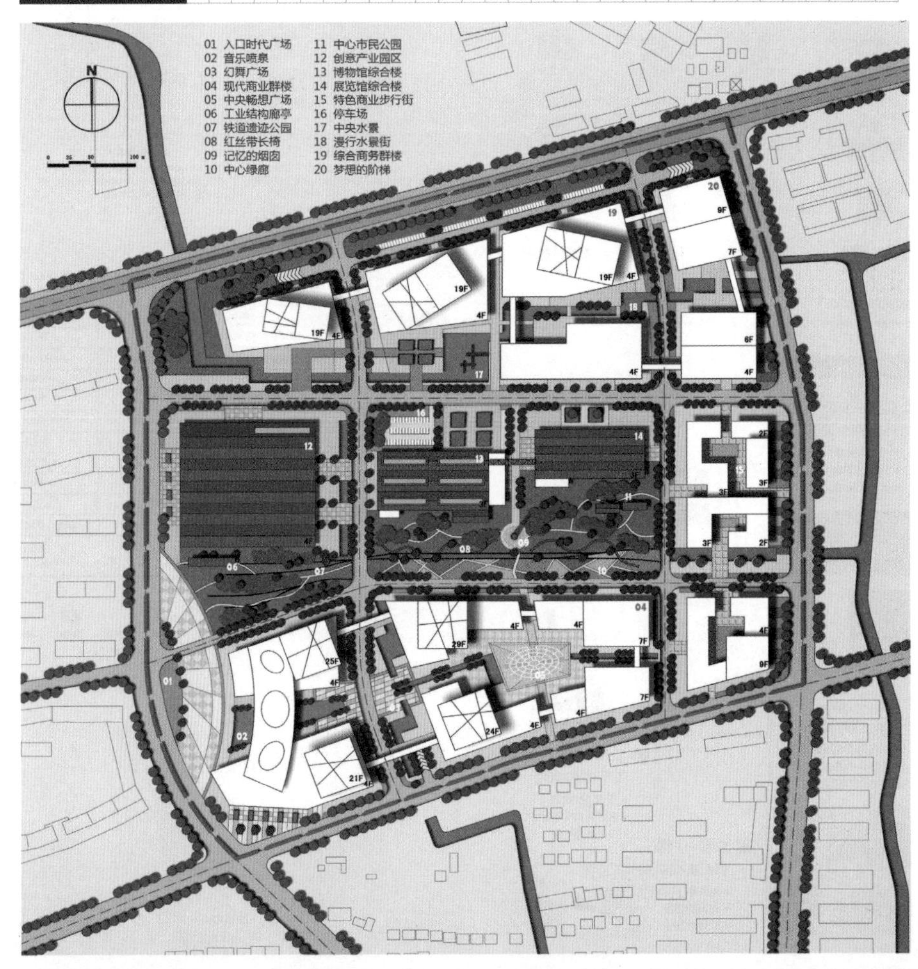
01 入口时代广场
02 音乐喷泉
03 幻舞广场
04 现代商业群楼
05 中央畅想广场
06 工业结构廊亭
07 铁道遗迹公园
08 红丝带长椅
09 记忆的烟囱
10 中心绿廊
11 中心市民公园
12 创意产业园区
13 博物馆综合楼
14 展览馆综合楼
15 特色商业步行街
16 停车场
17 中央水景
18 漫行水景街
19 综合商务群楼
20 梦想的阶梯
N

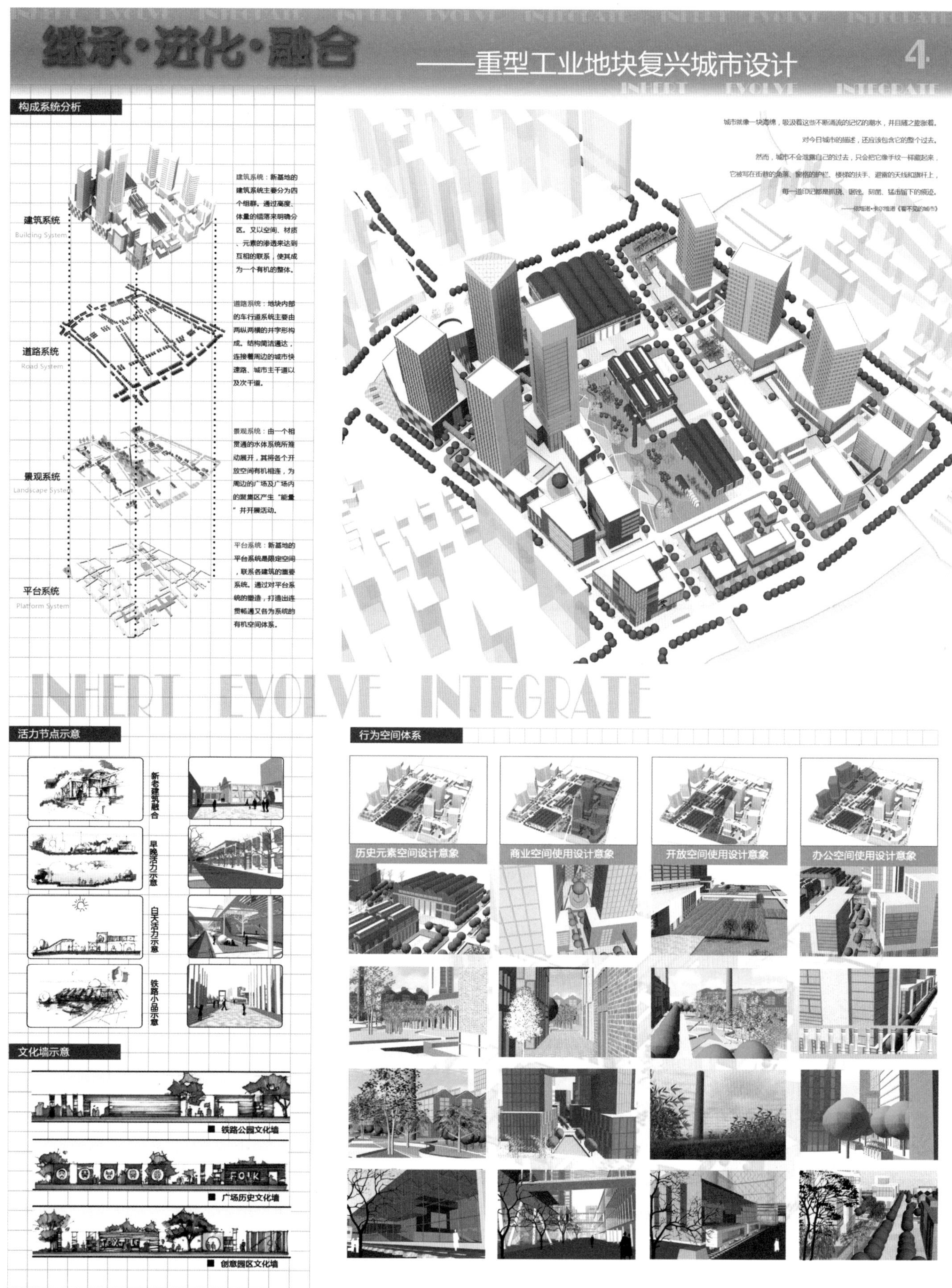

INHERT EVOLVE INTEGRATE
继承·进化·融合
——重型工业地块复兴城市设计
4
INHERT EVOLVE INTEGRATE
构成系统分析
建筑系统
Building System
建筑系统：新基地的建筑系统主要分为四个组群。通过高度、体量的错落来明确分区。又以空间、材质、元素的渗透来达到互相的联系，使其成为一个有机的整体。
道路系统
Road System
道路系统：地块内部的车行道系统主要由两纵两横的井字形构成。结构简洁通达，连接着周边的城市快速路、城市主干道以及次干道。
景观系统
Landscape System
景观系统：由一个相贯通的水体系统所推动展开，其将各个开放空间有机相连，为周边的广场及广场内的聚集区产生"能量"并开展活动。
平台系统
Platform System
平台系统：新基地的平台系统是限定空间，联系各建筑的重要系统。通过对平台系统的塑造，打造出连贯畅通又各为系统的有机空间体系。
城市就像一块海绵，吸汲着这些不断涌流的记忆的潮水，并且随之膨胀着。
对今日城市的描述，还应该包含它的整个过去。
然而，城市不会泄露自己的过去，只会把它像手纹一样藏起来，
它被写在街巷的角落、窗格的护栏、楼梯的扶手、避雷的天线和旗杆上，
每一道印记都是抓挠、锯锉、刻凿、猛击留下的痕迹。
——伊塔诺·卡尔维诺《看不见的城市》
INHERT EVOLVE INTEGRATE
活力节点示意
新老建筑融合
早晚活力示意
白天活力示意
铁路小品示意
文化墙示意
铁路公园文化墙
FOLK
广场历史文化墙
创意园区文化墙
行为空间体系
历史元素空间设计意象
商业空间使用设计意象
开放空间使用设计意象
办公空间使用设计意象

2011 年城市设计课程任务书

1. 设计主题

根据全国高等学校城市规划专业教育指导委员会 2011 年年会通告，本次课程设计作业交流与评优围绕“智慧传承，城市创新”这一年会主题展开，要求学生以独特、新颖的视角解析年会主题的内涵，以全面、系统的专业素质进行城市设计。学生可以自定规划基地及设计主题，构建有一定地域特色的城市空间。

2. 解读主题

本次课程设计作业围绕“智慧传承，城市创新”主题展开，以历史街区、工业遗产片区为主要对象，将规划与人文、创意等进行融合。课程设计应统筹考虑该各选题地段面临的机遇优势与问题挑战，以保持和延续传统格局和历史风貌、维护历史文化遗产真实性和完整性、继承和弘扬中华民族优秀传统文化、处理发展和历史文化遗产保护关系、社会和谐发展与生活环境优越为战略目标，以历史文化遗产保护、更新与改造为主要手段，延续地方传统特色文化，展示历史文化，转换发展动力。

本任务书无明确经济技术指标要求规定。要求学生在规划设计过程中结合不同的定位、理念、方法完成规划设计方案，提出相应合理的规划设计指标。

（1）定位：结合区位优势劣势、市场需求取向，考虑地块开发启动的可行性，在符合城市规划基本要求的前提下，确定地块开发基要定位，布局符合市场要求的项目类型。

（2）理念：借鉴、学习和利用历史文化保护与发展理念和手法，使规划方案具备较好的个性特征，包含历史文化遗产保护与旧城改造的新思考取向。

（3）方法：评估历史文化价值、特点和现状存在问题，对原有建筑质量类型形态作深入的调查分析，提出保护范围内建筑物、构筑物和环境要素的分类保护整治要求，探讨减少大规模拆迁情况下提出保持地区活力、延续传统文化的规划措施，提出改善交通和基础设施、公共服务设施、居住环境的规划方案，明确历史街区保护与旧城更新开发的可行性规划。

3. 设计目标

（1）富有特色的文脉保护：作为成片历史文化遗产周边地块，应形成统一且具有特色的文脉形象，与历史文化街区进行协调衔接。

（2）相互配合的建筑群体：对城市空间体系的主要环节——街道、广场、绿地做出设计，规定每一地块的建筑性质、大致的体量和高度，建筑群体之间应有良好的协调关系，形成变化有序的整体，尤其重要的是形成良好的街道景观。

（3）系统协调的外部空间环境：通过外部空间环境设计，使各地块的外部公共空间能连成系统和协调的整体，提供变化丰富、尺度宜人的外部空间环境。

（4）合理流畅的交通流线安排：研究解决区域内的道路交通体系及其与城市道路的关

系，结合各地块的交通组织，在区域内形成合理流畅的车行流线和系统方便的人行系统。

4. 设计地块概况

（1）杭州城北重机地块

杭州城北重机地块位于杭州市区北部，属下城区，地块北邻石祥路，东靠铁路，南到长大屋路，西至东新东路，总占地面积56.7公顷。该地块现状用地以工业为主，主要为杭州重型机械有限公司和杭州叉车板焊有限公司。北侧沿石祥路有部分小型工业企业，东侧沿安桥路分布部分物流用地。现状用地功能较为单一，土地利用强度较低。从节约土地的角度考虑，没有实现土地价值最大化。

（2）杭州炼油厂地块

炼油厂用地位于杭州城北，京杭运河沿岸，面积为15公顷，包含6个分地块，规划要求为运河旅游与工业文化博览功能，兼有新城北居住区的服务功能（内含社区运动、图书馆及其相应设施）。容积率≤1.25，建筑密度≤35%，绿化率≥30%，限高24米；该地块为6选4进行设计，其中2块可作为运河文化发展用地。

（3）杭州转塘片区中心区城市设计

转塘片区位于杭州市的主城区的西南面，是杭州市向西发展的必经通道，也是杭州西南部对外的一个重要门户。随着城市建设步伐进一步加快，交通条件的逐步改善，开发时机已经越来越成熟，为城市经济发展带来了一个新的机遇，同时给房地产市场提供了更多的发展空间。转塘片区北接龙坞风景区，南与城市生态控制区相连，东与之江国家旅游度假区接壤。区内有绕城快速路、320国道、杭富沿江公路通过。规划有杭州——富阳轨道交通线路，并在片区中心设有站点。本次城市设计的地块为片区中心区的南区，用地规模为100公顷左右。基地周围有望江山、象山、狮子山和南部山脉，基地内有象山沿山渠经过，自然环境十分优美。目前在基地东南侧有320国道与绕城快速路的狮子口互通式立交，远期在基地内有杭州——富阳轨道交通出入口。基地规划定位为商业服务和文化休闲中心。

（4）杭州锅炉厂地块

杭州锅炉厂地块位于东新路、绍兴路区域，规划用地面积为12公顷，主要功能为城市展示与商住综合区；进行整体用地改造，容积率≤2.0，建筑密度≤30%，绿化率≥30%，限高75米；保留和平会展建筑，结合工业改造进行整体设计。

（5）杭州大河造船厂地块

杭州大河造船厂用地位于杭州市拱墅区，京杭大运河西岸，周边有运河天地文化创意园一期，距拱墅区政府和拱宸桥仅500米。项目地块紧邻城市主干道巨州路、轻纺路，地块可通过巨州路北接绕城公路、杭宁高速公路，并通过绕城公路与多条对外高速公路相接，水陆交通均十分便捷。杭州大河造船厂用地面积 5.6 公顷，规划为运河艺术家群落，ESP 极限运动场地、兼有旅游商业功能；容积率≤ 1.45，建筑密度≤ 35%，绿化率≥ 25%，限高 24 米；该地块任务要求包含主要单体与场地设施的深化图纸。

5. 设计内容和要求

以“智慧传承，城市创新”为主题，对现状矛盾提出相应的更新策略，并在保留地块特色的同时，通过规划手段营造物质空间，促进各类社会人群之间的互动和融合。从分析地块地区历史、区位特点入手，对现状建筑格局、经营业态、景观环境、交通组织、配套设施等方面深入调研，结合建筑整体发展要求，合理确定地块发展定位，建议从以下几个方面开展设计。具体设计内容可有所取舍，也可增加设计内容。

（1）紧扣主题进行现状问题分析；

（2）目标定位：从基地整体发展的视角，明确规划区的发展目标、定位与方向；

（3）功能与空间布局：合理布局规划区内的各类功能、用地与设施，实现地区更新；

（4）业态提升：结合目标定位，对经营业态提出改造提升的建议，重点考虑休闲文化产业、商务商贸产业发展策略；

（5）文化保护：保护有价值的历史建筑，探索历史文化保护与弘扬发展相结合的路径；

（6）交通梳理：梳理规划区对内、对外两个层面的交通组织方式，区分人行与车行交通，合理布局交通设施，兼顾消防需要；

（7）空间景观环境：利用有限的空间营造适宜的空间景观环境；

——空间设计（点、线、面空间体系；空间的形状、尺度、组合）；

——实体设计（各类建筑形体、体量、高度；设施、小品、绿地、水体、山体设计；界面设计）；

——场景设计（场景构图的艺术性、视觉的秩序性和丰富性、活动的介入及人文性）。

6. 设计成果要求

（1）调研报告

在旧城改造调研报告与文献综述基础上，结合杭州城北重机地块现状踏勘，以社会（内部社区、周边社区）、物质（用地、交通、绿化、建筑、空间、权属）、历史为现状调查方向，完成调研报告，内容包括重机地块现状分析、经验借鉴、设计基本思路等。

（2）规划设计说明书

要求用词规范、流畅、简练、准确地反映规划设计项目的基本情况、规划的现场调查资料，分析结果和规划设计的主要构思、方案特点及主要技术经济指标。

（3）规划设计图集

——规划地段区位条件与周边环境分析图；

——规划地段现状图；

——建筑质量、城市空间现状分析图；

——规划构思结构分析图；

——总体概念平面图、结构分析图（56.7 公顷）；

——核心地段详细规划平面图（根据总体概念图选择 10~15 公顷）；

——核心地段交通组织、绿地景观分析图等；

——核心地段整体鸟瞰图；

——局部地段效果图；

——根据方案特点自行选择表达的各类图纸。

（以上图纸工作量合计不少于 4 张一号图）

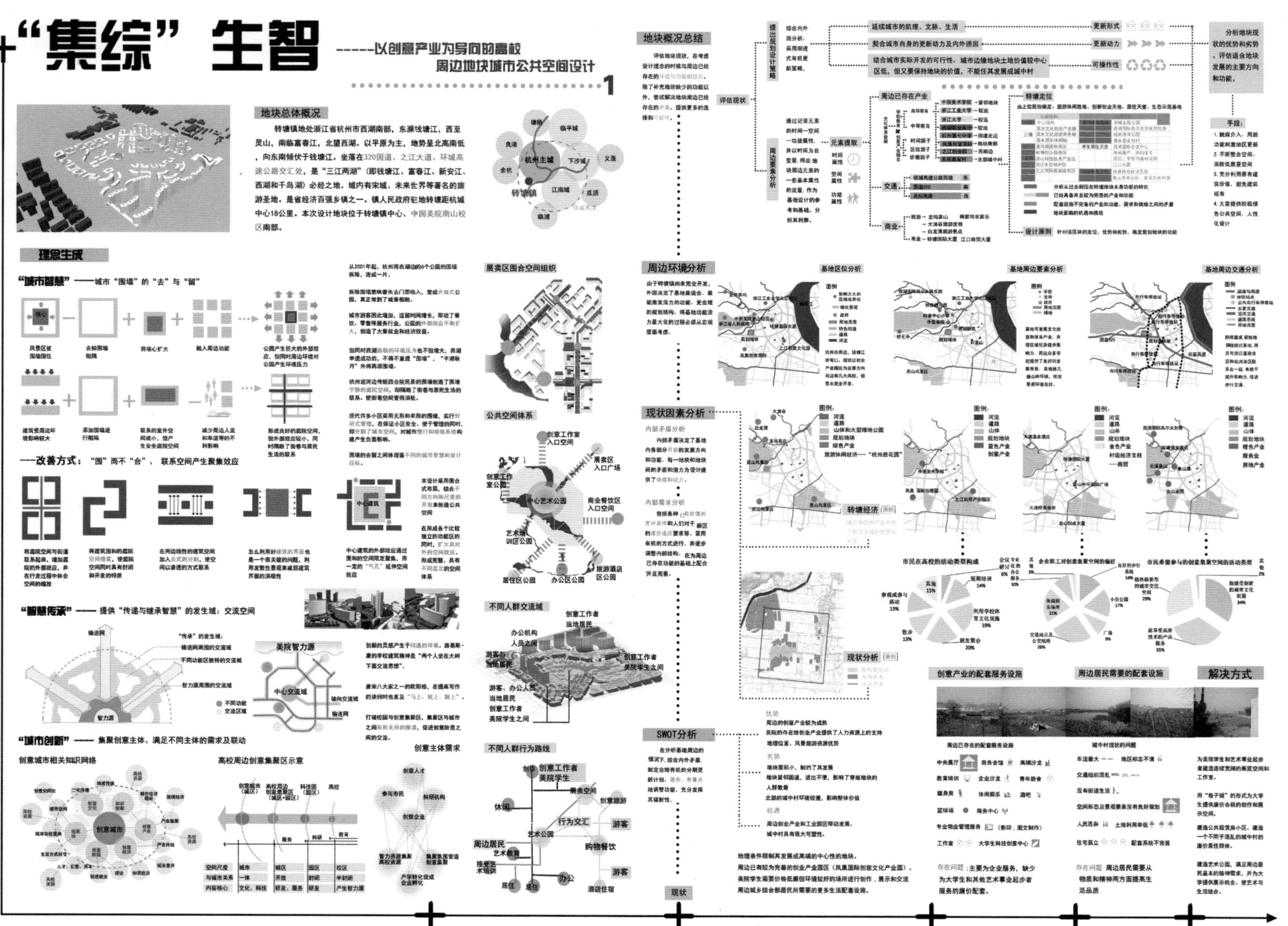

“集综”生智
-----以创意产业为导向的高校周边地块城市公共空间设计
1
地块总体概况
转塘镇地处浙江省杭州市西湖南部，东濒钱塘江，西至灵山，南临富春江，北望西湖。以平原为主，地势呈北高南低，向东南倾伏于钱塘江。坐落在320国道、之江大道、环城高速公路交汇处，是“三江两湖”（即钱塘江、富春江、新安江、西湖和千岛湖）必经之地。城内有宋城、未来世界等著名的旅游圣地。是省经济百强乡镇之一。镇人民政府驻地转塘距杭城中心18公里。本次设计地块位于转塘镇中心、中国美院南山校区南部。
理念生成
“城市智慧”——城市“围墙”的“去”与“留”
——改善方式：“围”而不“合”、联系空间产生聚集效应
“智慧传承”——提供“传递与继承智慧”的发生域：交流空间
“城市创新”——集聚创意主体、满足不同主体的需求及联动
创意城市相关知识网络
高校周边创意集聚区示意
创意主体需求
美院智力源
展卖区围合空间组织
公共空间体系
不同人群交流域
不同人群行为路线
地块概况总结
周边环境分析
现状因素分析
SWOT分析
基地区位分析
基地周边要素分析
基地周边交通分析
转塘经济
现状分析
市民在高校的活动类型构成
企业职工对创意集聚空间的偏好
市民希望参与的创意集聚空间的活动类型
创意产业的配套服务设施
周边居民需要的配套设施
解决方式
评估现状
提出规划设计策略
周边要素分析
周边已存在产业
元素提取
交通
商业
转塘定位
设计原则
延续城市的肌理、文脉、生活
契合城市自身的更新动力及内外诱因
结合城市实际开发的可行性，城市边缘地块土地价值较中心区低，但又要保持地块的价值，不能任其发展成城中村
更新形式
更新动力
可操作性
分析地块现状的优劣和劣势，评估适合地块发展的主要方向和功能。
现状

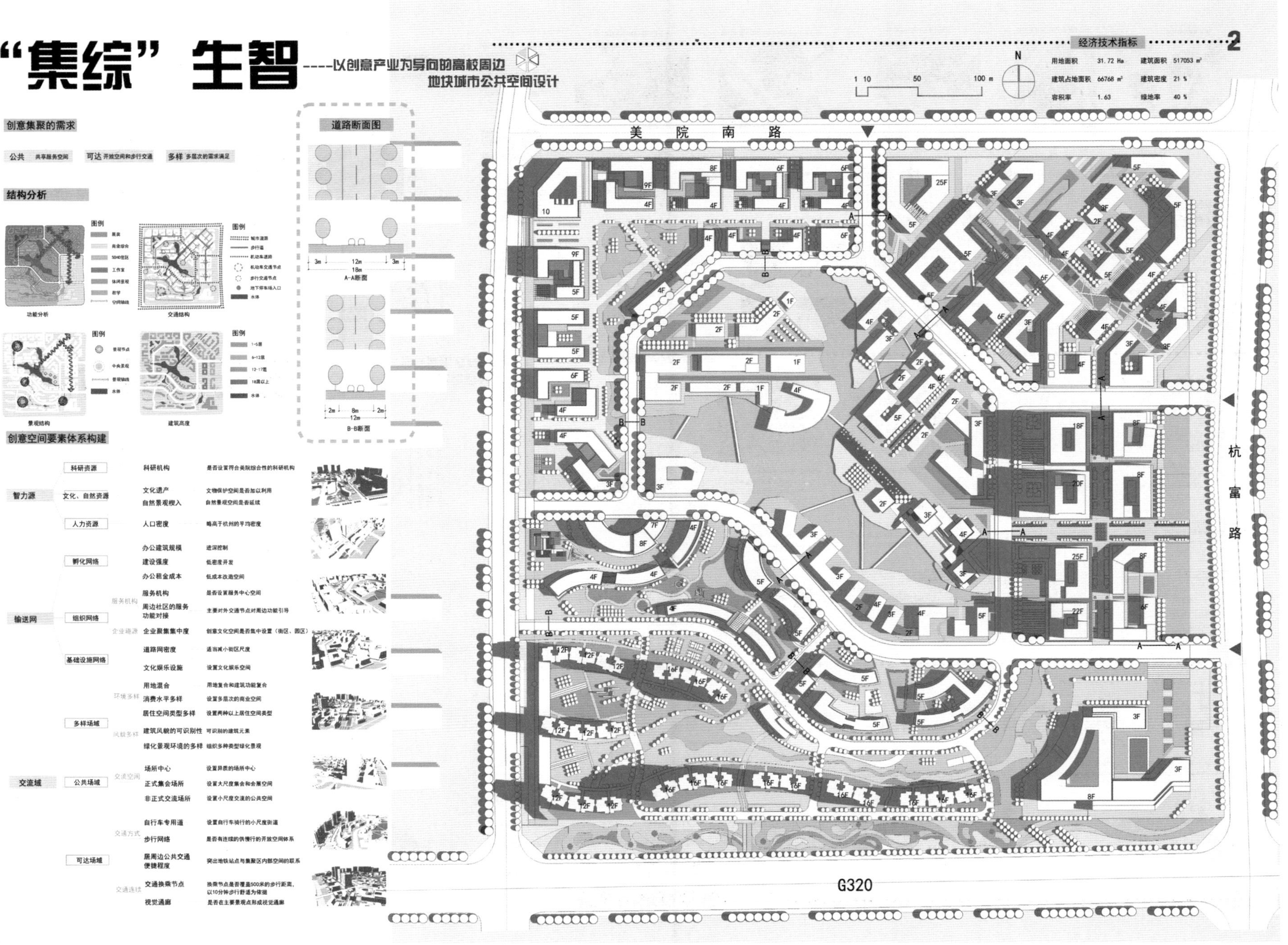
"集综"生智----以创意产业为导向的高校周边地块城市公共空间设计
2
经济技术指标
用地面积 31.72 Ha
建筑面积 517053 m²
建筑占地面积 66768 m²
建筑密度 21 %
容积率 1.63
绿地率 40 %
N
1 10 50 100 m
美院南路
杭富路
G320
创意集聚的需求
公共 共享服务空间
可达 开放空间和步行交通
多样 多层次的需求满足
结构分析
功能分析
交通结构
景观结构
建筑高度
道路断面图
A-A断面
B-B断面
创意空间要素体系构建
智力源
科研资源
科研机构 是否设置符合美院综合性的科研机构
文化、自然资源
文化遗产 文物保护空间是否加以利用
自然景观植入 自然景观空间是否延续
人力资源
人口密度 略高于杭州的平均密度
输送网
孵化网络
办公建筑规模 进深控制
建设强度 低密度开发
办公租金成本 低成本改造空间
组织网络
服务机构 是否设置服务中心空间
周边社区的服务功能对接 主要对外交通节点对周边功能引导
企业聚集集中度 创意文化空间是否集中设置（街区、园区）
基础设施网络
道路网密度 适当减小街区尺度
文化娱乐设施 设置文化娱乐空间
交流域
多样场域
用地混合 用地复合和建筑功能复合
消费水平多样 设置多层次的商业空间
居住空间类型多样 设置两种以上居住空间类型
建筑风貌的可识别性 可识别的建筑元素
绿化景观环境的多样 组织多种类型绿化景观
公共场域
场所中心 设置界面的场所中心
正式集会场所 设置大尺度集会和会展空间
非正式交流场所 设置小尺度交流的公共空间
可达场域
自行车专用道 设置自行车骑行的小尺度街道
步行网络 是否有连续的供慢行的开放空间体系
居周边公共交通便捷程度 突出地铁站点与集聚区内部空间的联系
交通换乘节点 换乘节点是否覆盖500米的步行距离，以10分钟步行舒适为依据
视觉通廊 是否在主要景观点形成视觉通廊

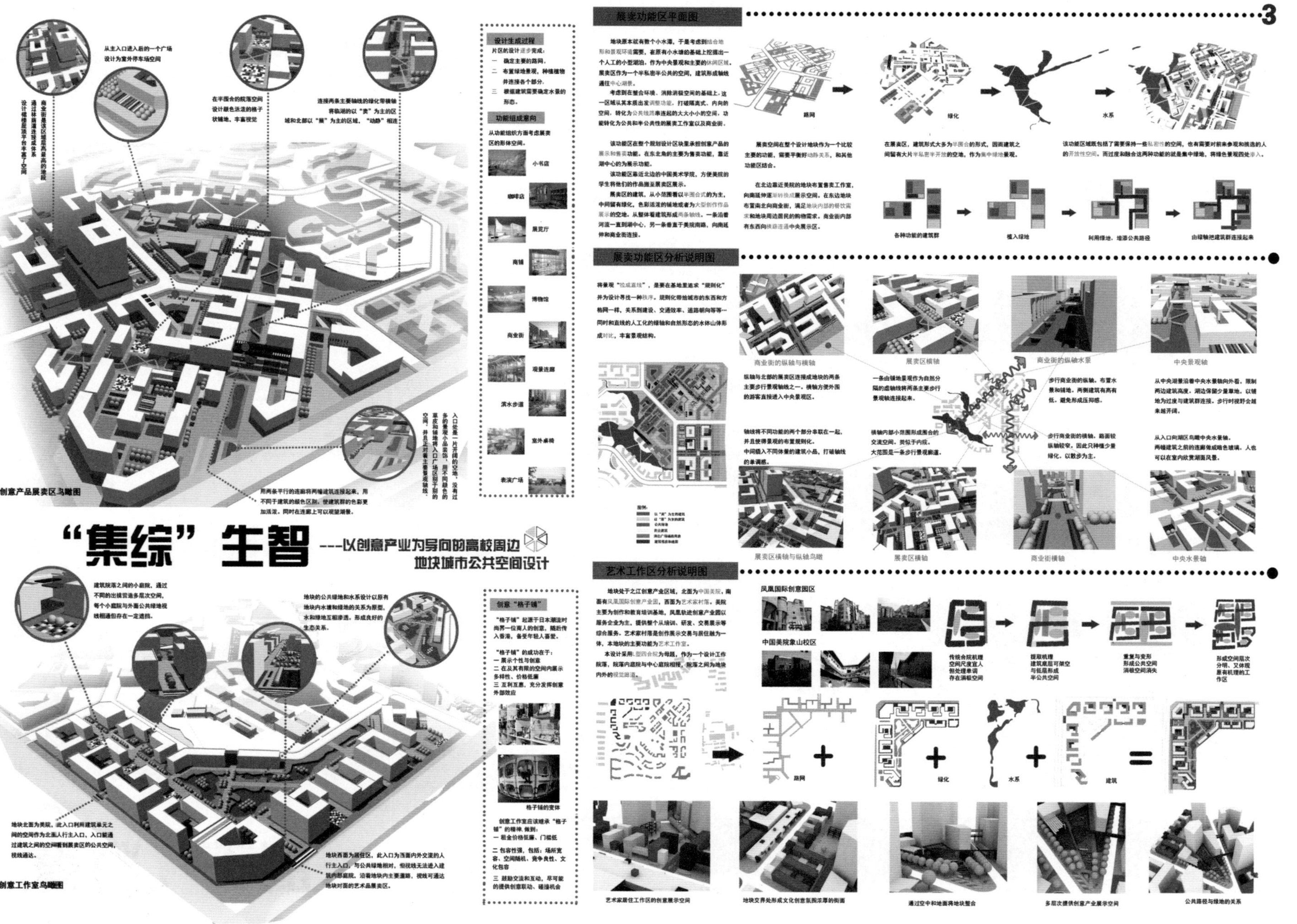
“集综”生智
---以创意产业为导向的高校周边地块城市公共空间设计
创意产品展示区鸟瞰图
创意工作室鸟瞰图
设计生成过程
功能组成意向
创意“格子铺”
展卖功能区平面图
展卖功能区分析说明图
艺术工作区分析说明图
凤凰国际创意园区
中国美院象山校区

"集综"生智
——以创意产业为导向的高校周边地块城市公共空间设计
4
鸟瞰图
设计构成要素
公共交流空间节点
天际线示意
北立面
西立面

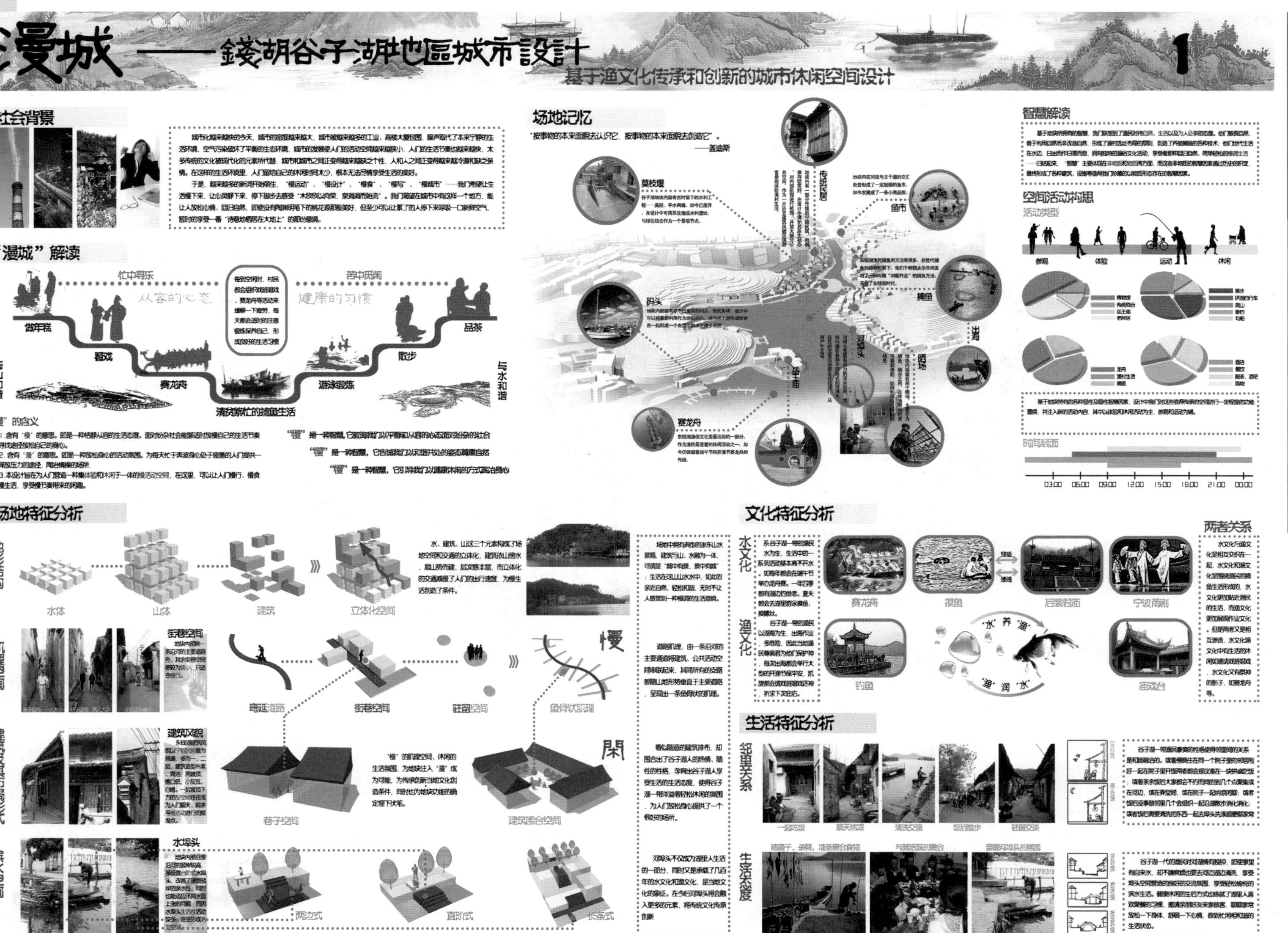

漫城——錢湖谷子湖地區城市設計
基于渔文化传承和创新的城市休闲空间设计
社会背景
"漫城"解读
场地记忆
智慧解读
空间活动构思
场地特征分析
文化特征分析
生活特征分析

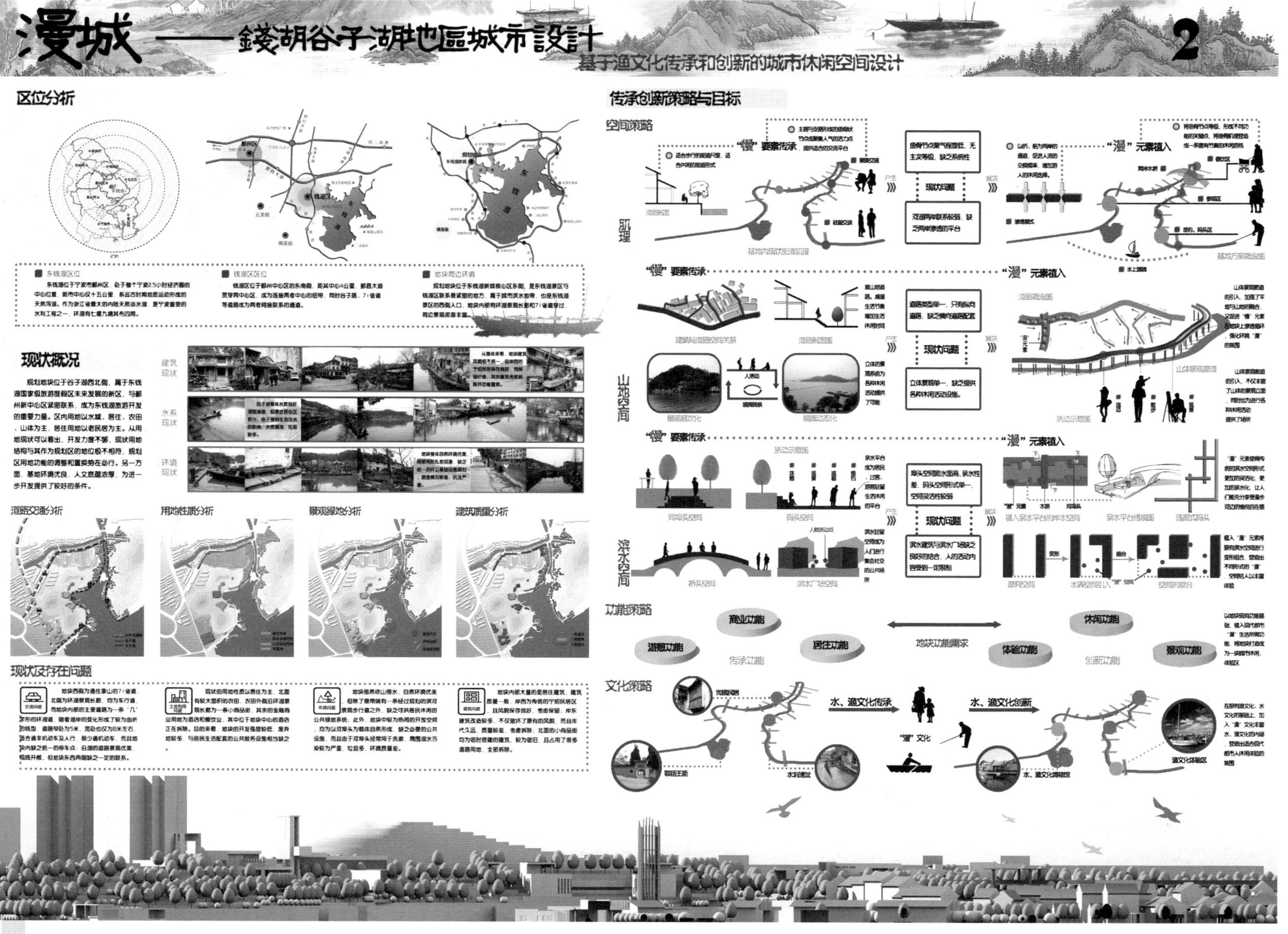
漫城——錢湖谷子湖地區城市設計
基于渔文化传承和创新的城市休闲空间设计
2
区位分析
现状概况
规划地块位于谷子湖西北侧，属于东钱湖国家级旅游度假区未来发展的新区，与鄞州新中心区紧密联系，成为东钱湖旅游开发的重要力量。区内用地以水域、居住、农田、山体为主，居住用地以老民居为主。从用地现状可以看出，开发力度不够，现状用地结构与其作为规划区的地位极不相符，规划区用地功能的调整和重塑势在必行。另一方面，基地环境优良，人文底蕴浓厚，为进一步开发提供了较好的条件。
建筑现状
水系现状
环境现状
道路交通分析
用地性质分析
景观绿地分析
建筑质量分析
现状及存在问题
传承创新策略与目标
空间策略
肌理
山地空间
滨水空间
"慢"要素传承
"漫"元素植入
现状问题
功能策略
商业功能
游憩功能
居住功能
传承功能
地块功能需求
休闲功能
体验功能
景观功能
创新功能
文化策略
水、渔文化传承
水、渔文化创新
"渔"文化

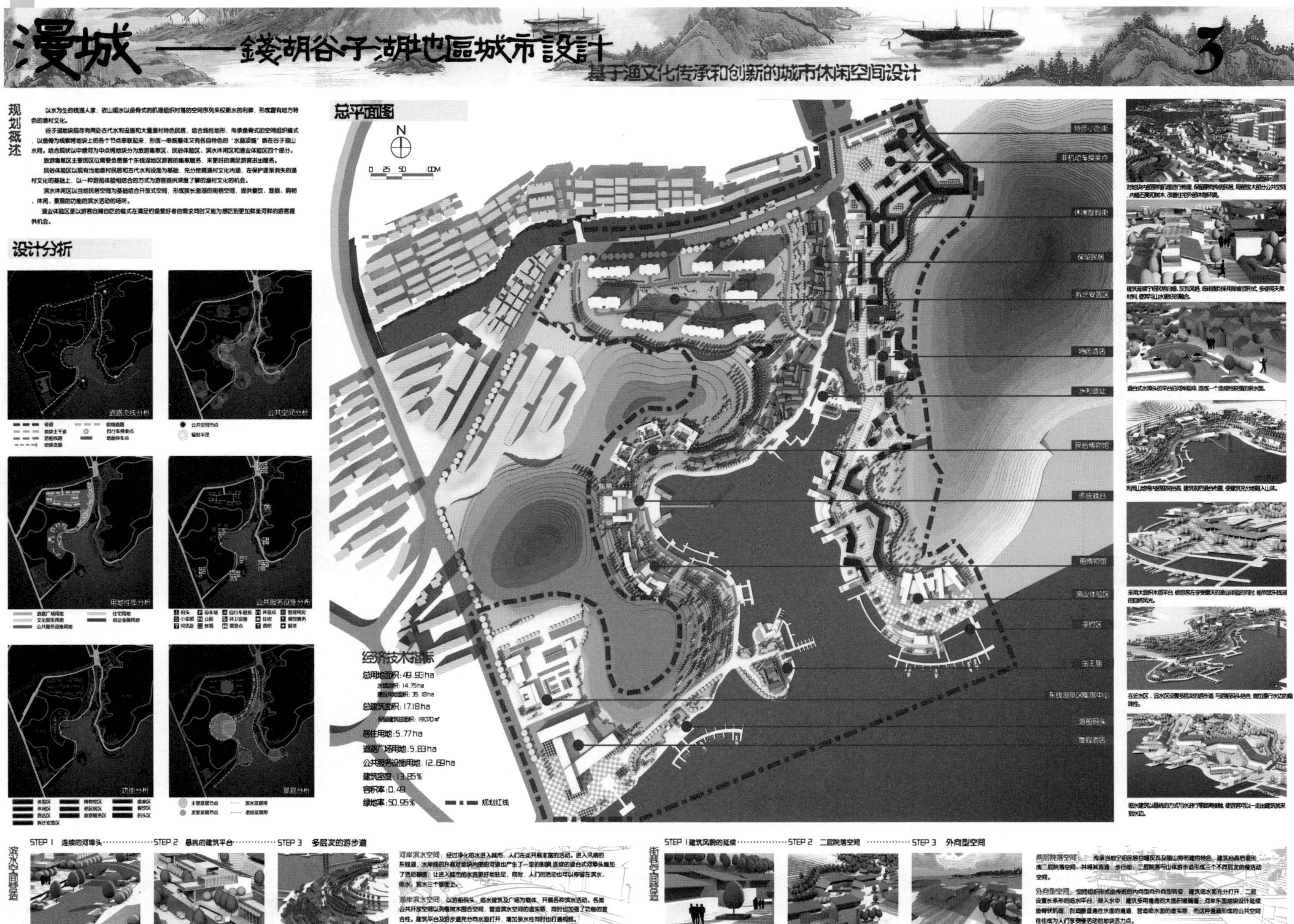
漫城——錢湖谷子湖地區城市設計
基于渔文化传承和创新的城市休闲空间设计
3
规划概述
以水为生的钱湖人家，依山顺水以鱼骨式的肌理组织村落的空间序列来权衡水的利弊，形成富有地方特色的渔村文化。
谷子湖地块现存有两处古代水利设施和大量渔村特色民居，结合线性地形，传承鱼骨式的空间组织模式，以鱼骨为线索将地块上的各个节点串联起来，形成一串既整体又有各自特色的“水晶项链”嵌在谷子湖山水间。结合现状以中塘河为中点将地块分为旅游集散区、民俗体验区、滨水休闲区和渔业体验区四个部分。
旅游集散区主要因区位需要负责整个东钱湖地区游客的集散服务，来更好的满足游客进出服务。
民俗体验区以现有当地渔村民居和古代水利设施为基础，充分挖掘渔村文化内涵，在保护逐渐消失的渔村文化的基础上，以一种游览体验相结合的方式为游客提供深度了解的渔村文化的机会。
滨水休闲区以当地民居空间为基础结合开放式空间，形成狭长面湖的街巷空间，提供餐饮、度假、购物、休闲、景观的功能的滨水活动的场所。
渔业体验区是以游客自捕自吃的模式在满足钓鱼爱好者的需求同时又能为想吃到更加鲜美河鲜的游客提供机会。
设计分析
道路流线分析
公共空间分析
用地性质分析
公共服务设施分布
功能分析
景观分析
总平面图
0 25 50 100M
特色小吃街
非机动车换乘点
休闲娱乐街
保留民居
拆迁安置区
特色酒店
水利遗址
民俗博物馆
传统戏台
船博物馆
渔业体验区
垂钓区
玉王庙
东钱湖景区集散中心
游船码头
度假酒店
经济技术指标
总用地面积：49.93ha
水域面积：14.75ha
建设用地面积：35.18ha
总建筑面积：17.18ha
保留建筑总面积：19070㎡
居住用地：5.77ha
道路广场用地：5.83ha
公共服务设施用地：12.69ha
建筑密度：13.85%
容积率：0.49
绿地率：50.95%
规划红线
STEP 1 连续的河埠头
STEP 2 悬挑的建筑平台
STEP 3 多层次的游步道
STEP 1 建筑风貌的延续
STEP 2 二层院落空间
STEP 3 外向型空间

漫城——錢湖谷子湖地區城市設計
基于渔文化传承和创新的城市休闲空间设计
4
节点透视
亲水平台
深化
滨水街景
滨水空间分析
概化
亲水平台
街巷空间
组合
地块的为典型的江南水巷，道路临河，街道一般宽为4-6米，局部8-10米，具备江南水乡水巷与河埠头相连成为的一大特征，街道尺度宜人亲水性良好适合游人散步休闲。
滨水道路剖面图
滨水空间景观剖面图
山地空间分析
居住区
博物馆区
山体漫步道
地块以建筑分层结合山地廊道，山地游步道的手法对山地的高差进行处理，地块展现出一种休闲的生活方式，为更好的满足休闲体验功能提供条件。山地廊道在作为休闲的步行廊道的同时，还作为地块竖向的交通支路，缓减交通游线单一的局面。层级式的营造为地块创造了丰富的立体景观，同时也为游客充分享受谷子湖美丽的湖景提供平台。山地景观与湖景完美的结合，将谷子湖营造成充满山水诗意的“漫城”，让游客尽情沉浸在非一般的环境中。
地块剖面图
透视图
透视说明

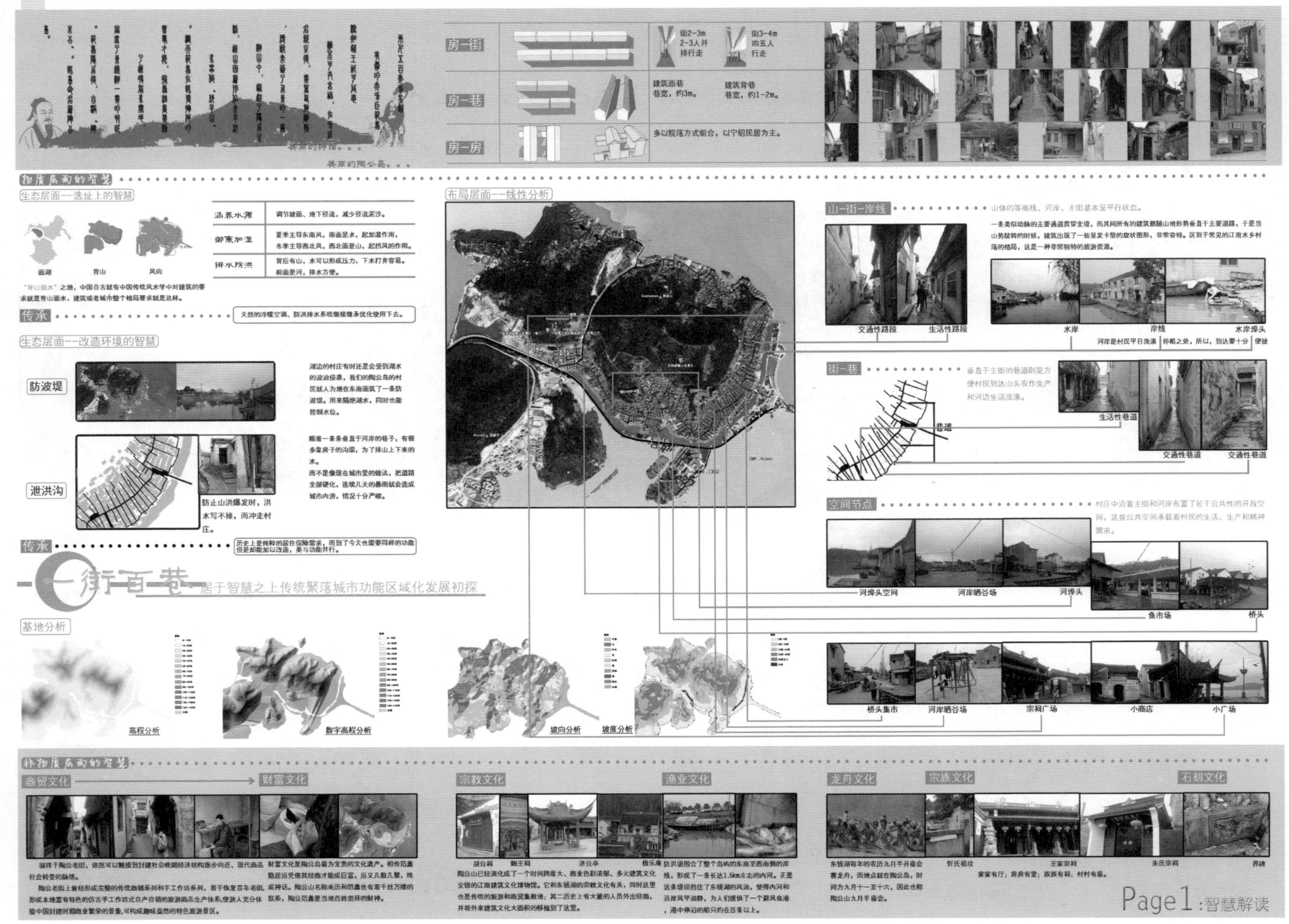

美丽的桃花。。。
美丽的陶公岛。。。
房-街
房-巷
房-房
街2-3m
2-3人并
排行走
街3-4m
四五人
行走
建筑面巷
巷宽，约3m。
建筑背巷
巷宽，约1-2m。
多以院落方式组合，以宁绍民居为主。
物质层面的智慧
生态层面--选址上的智慧
面湖
背山
风向
"背山面水"之地，中国自古就有中国传统风水学中对建筑的要求就是背山面水，建筑或者城市整个格局要求就是这样。
涵养水源
调节坡面、地下径流，减少径流泥沙。
御寒加温
夏季主导东南风，南面是水，起加湿作用，冬季主导西北风，西北面是山，起挡风的作用。
排水防洪
背后有山，水可以形成压力，下水打井容易。前面是河，排水方便。
传承
天然的冷暖空调、防洪排水系统继续继承优化使用下去。
生态层面--改造环境的智慧
防波堤
湖边的村庄有时还是会受到湖水的波浪侵袭，我们的陶公岛的村民就人为地在东南面筑了一条防波堤。用来隔绝湖水，同时也能控制水位。
泄洪沟
顺着一条条垂直于河岸的巷子，有很多靠房子的沟渠，为了排山上下来的水。
而不是像现在城市里的做法，把道路全部硬化，连续几天的暴雨就会造成城市内涝，情况十分严峻。
防止山洪爆发时，洪水冲不掉，而冲走村庄。
传承
历史上是纯粹的居住保障需求，而到了今天也需要同样的功能但是却能加以改造，美与功能并行。
一街百巷 居于智慧之上传统聚落城市功能区域化发展初探
基地分析
高程分析
数字高程分析
坡向分析
坡度分析
布局层面--线性分析
山-街-岸线
山体的等高线、河岸、主街基本呈平行状态。
一条类似动脉的主要通道贯穿全境，而其间所有的建筑都随山地形势垂直于主要道路，于是当山势陡转的时候，建筑出现了一些呈发卡型的旋状图形，非常奇特。区别于常见的江南水乡村落的格局，这是一种非常独特的旅游资源。
交通性路段
生活性路段
水岸
岸线
水岸埠头
河岸是村民平日洗涤
停船之处，所以，到达要十分
便捷
街-巷
垂直于主街的巷道则是方便村民到达山头农作生产和河边生活洗涤。
巷道
生活性巷道
交通性巷道
交通性巷道
空间节点
村庄中沿着主街和河岸布置了若干公共性的开放空间，这些公共空间承载着村民的生活、生产和精神需求。
河埠头空间
河岸晒谷场
河埠头
鱼市场
桥头
桥头集市
河岸晒谷场
宗祠广场
小商店
小广场
非物质层面的智慧
商贸文化
财富文化
循徉于陶公老街，依然可以触摸到封建社会晚期经济结构逐步向近、现代商品社会转变的脉络。
陶公老街上曾经形成完整的传统商铺系列和手工作坊系列，若干恢复百年老街，形成本地富有特色的仿古手工作坊式自产自销的旅游商品生产体系，使游人充分体验中国封建时期商业繁荣的景象，可构成趣味盎然的特色旅游景区。
财富文化是陶公岛最为宝贵的文化遗产。相传范蠡隐居后凭借其经商才能成巨富，后又几散几聚，终成神话。陶公山名称来历和范蠡也有着千丝万缕的联系，陶公范蠡是当地百姓崇拜的财神。
宗教文化
胡公祠
鲍王祠
济公亭
极乐庵
陶公山已经演化成了一个时间跨度大、商业色彩浓郁、多元建筑文化交错的江南建筑文化博物馆。它和东钱湖的宗教文化有关，同时这里也是传统的旅游和商贸集散地；其二历史上有大量的人员外出经商，并将外来建筑文化大面积的移植到了这里。
渔业文化
防洪堤围合了整个岛屿的东南至西南侧的岸线，形成了一条长达1.5km左右的内河。正是这条堤坝挡住了东钱湖的风浪，使得内河和沿岸风平浪静，为人们提供了一个避风良港，港中停泊的船只约在百条以上。
龙舟文化
东钱湖每年的农历九月半开庙会赛龙舟，而地点就在陶公岛，时间为九月十一至十六，因此也称陶公山九月半庙会。
宗族文化
忻氏祖坟
王家宗祠
家家有厅；房房有堂；族族有祠；村村有庙。
朱氏宗祠
石刻文化
界碑
Page1:智慧解读

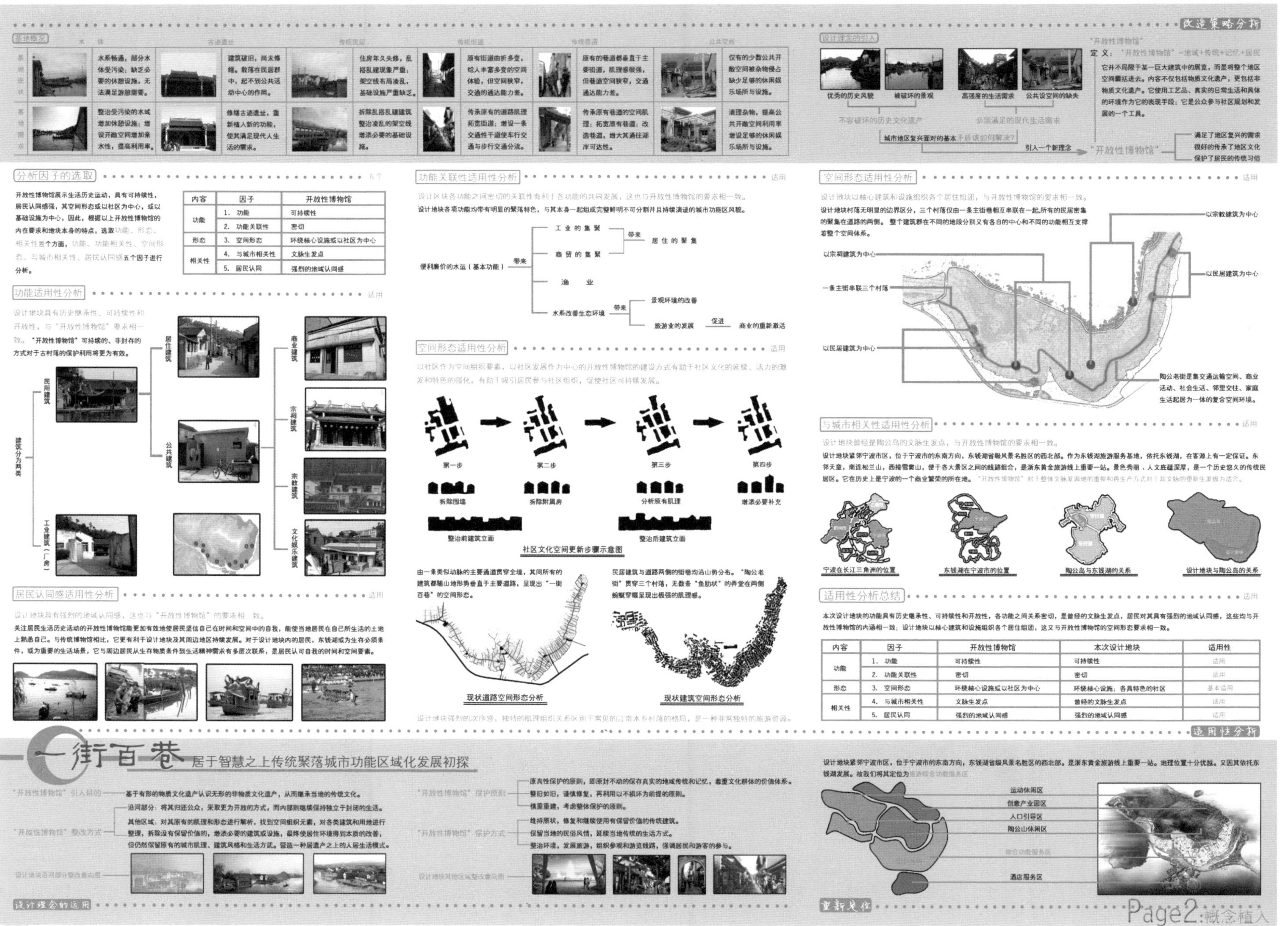

内容	因子	开放性博物馆
功能	1. 功能	可持续性
	2. 功能关联性	密切
形态	3. 空间形态	环核心设施或以社区为中心
相关性	4. 与城市相关性	文脉生发点
	5. 居民认同	强烈的地域认同感

内容	因子	开放性博物馆	本次设计地块	适用性
功能	1. 功能	可持续性	可持续性	适用
	2. 功能关联性	密切	密切	适用
形态	3. 空间形态	环核心设施或以社区为中心	环核心设施，各具特色的社区	基本适用
相关性	4. 与城市相关性	文脉生发点	曾经的文脉生发点	适用
	5. 居民认同	强烈的地域认同感	强烈的地域认同感	适用

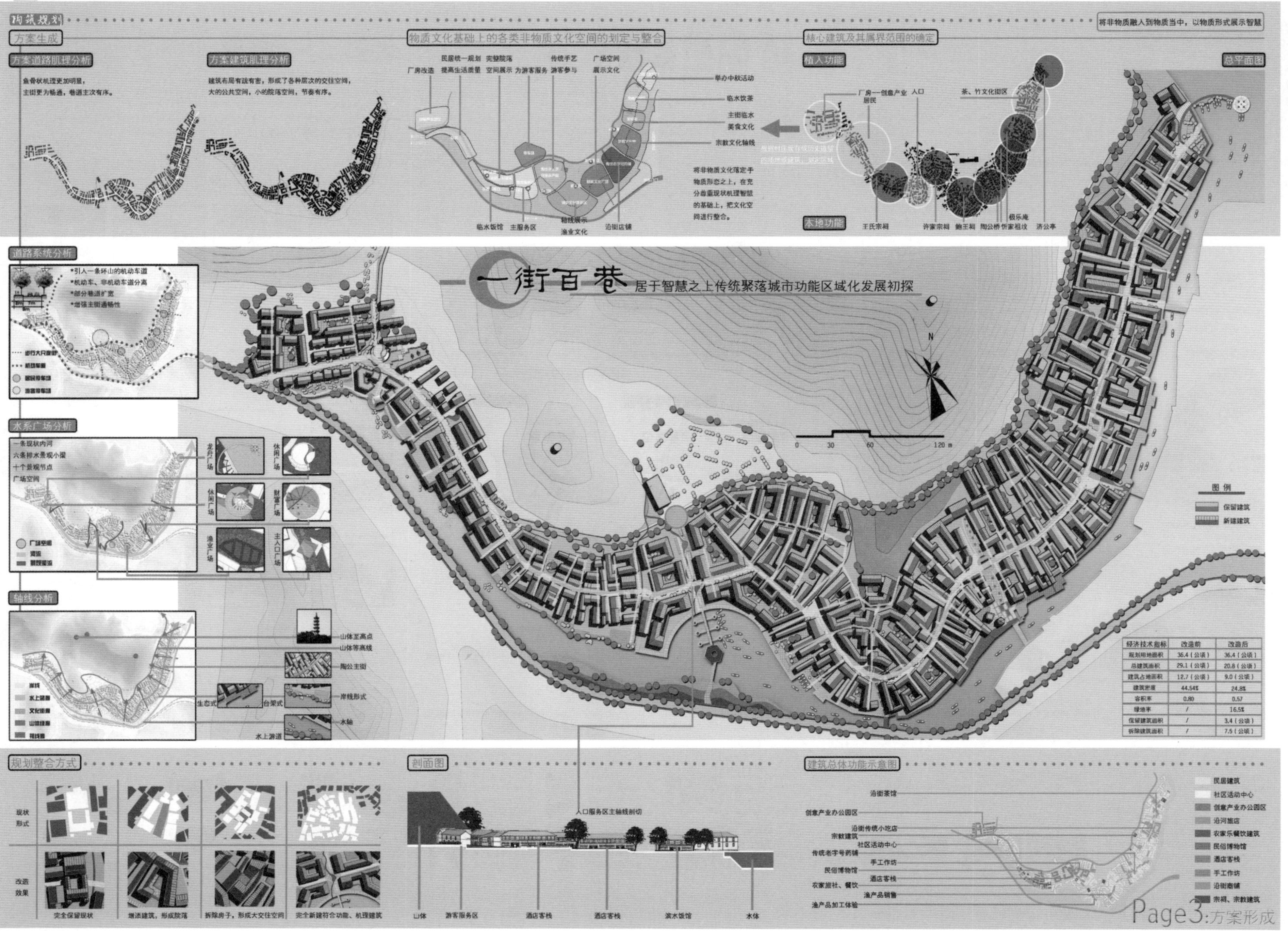

经济技术指标	改造前	改造后
规划用地面积	36.4（公顷）	36.4（公顷）
总建筑面积	29.1（公顷）	20.8（公顷）
建筑占地面积	12.7（公顷）	9.0（公顷）
建筑密度	44.54%	24.8%
容积率	0.80	0.57
绿地率	/	16.5%
保留建筑面积	/	3.4（公顷）
拆除建筑面积	/	7.5（公顷）

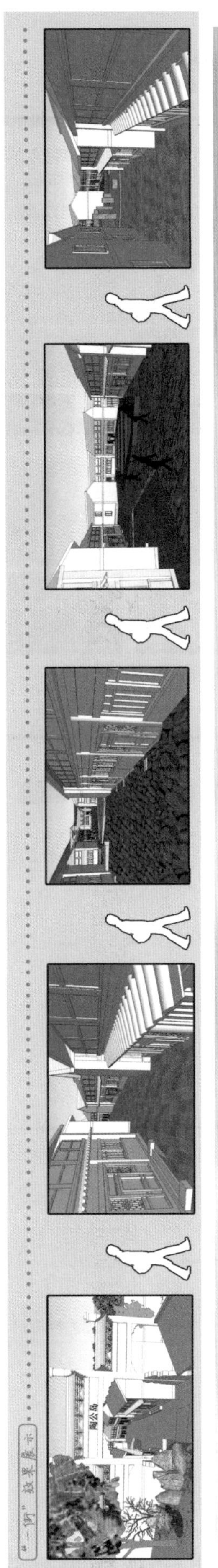

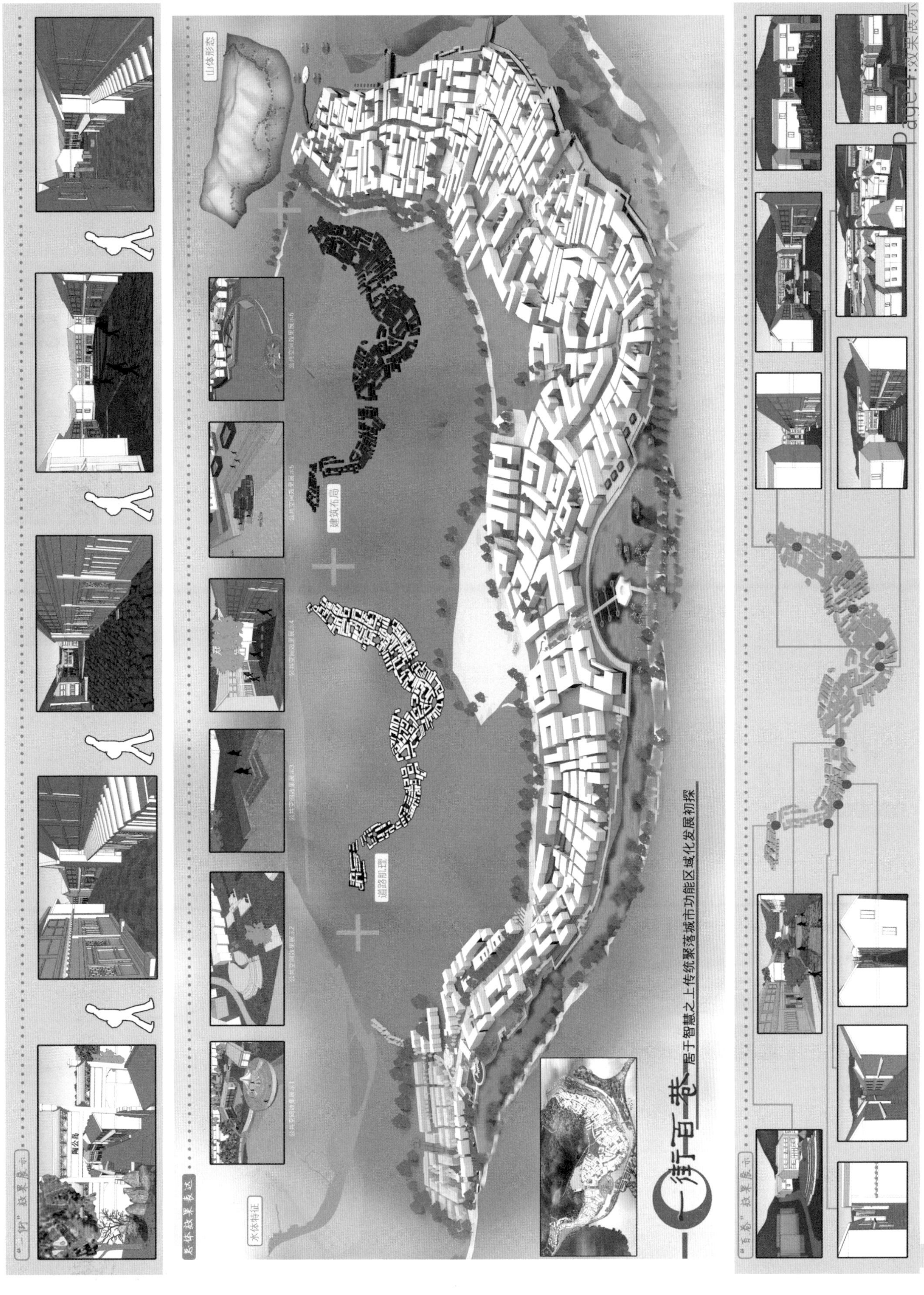

一街百巷
居于智慧之上传统聚落城市功能区域化发展初探
总体效果表达
山体形态
建筑布局
道路肌理
水体特征
“一街”效果展示
陶公岛
“百巷”效果展示
Page4:效果展示

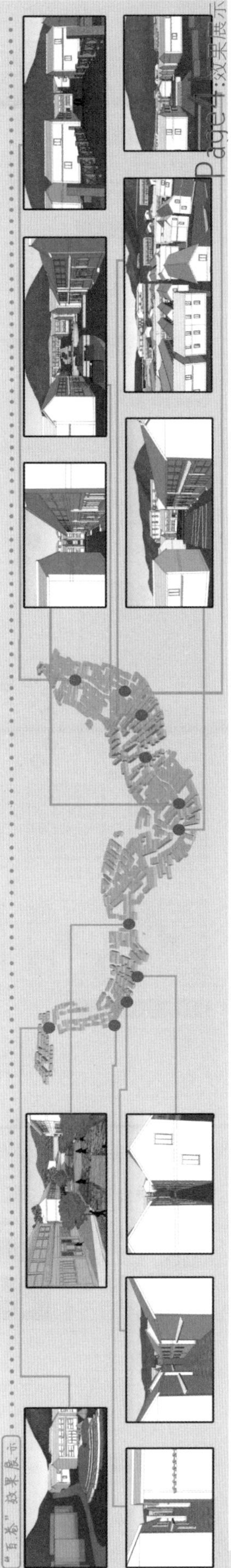

1 社区新说

New Huizhou Settlement

项目背景

工业技术与经济水平的迅猛发展，使人们的生产与生活状况发生了巨大的变革，这个变革直接影响了人们的“文化”与“空间”观念。徽州传统文明的种种元素看上去与现代社会格格不入，“转型”不可避免。但徽州文化作为我国传统文化的一支，在“现代化”与“国际化”口号泛滥的今天仍为我们提供者“寻根”的反思与“批判性” 的借鉴。我们需要从传统营造建筑空间的智慧中汲取养分，探索现代建筑空间设计理念，传承传统建筑的智慧，在现代与传统之间构架起联系的桥梁。

问题缘起 Origin of The Problem

近些年，随着旅游业的发展，我国许多与旅游业结合紧密的度假居住区往往要求建筑风格符合当地的文化特色，借此吸引游客观光休憩。于是“民俗度假村”、“传统建筑风貌一条街”等项目层出不穷，但是这些设计工作不仅没有从社会深层意义上立足于当地的传统与文化根基，就是建成空间的表面特征亦令人汗颜。可见，我们对于自己传统建筑与空间的了解太少、太肤浅。

当代的日本建筑在国际建筑舞台上独树一帜，其建筑大师如丹下健三、原广司、黑川纪章和安藤忠雄等无不从传统建筑中汲取现代建筑空间设计的理念。中国与日本一衣带水，历史上的文化渊源之深，自不必说，尤其是对待传统文化与西方现代文明冲突的问题上有着非常相似的状况。我们可以通过学习日本成功的经验，将我们中国的建筑文化与优秀传统延续下去，在传统与现代社会生活之间架起一座联系的桥梁。

中国传统的聚落发展贯穿了整个民族的发展历程，历时两千多年的发展几乎浓缩了中国传统社会人们对生活的理想，是学习和研究的绝好素材。尽管现代相较于传统的农业社会发生了根本的变化，但是传统村落的生活空间与空间生活相得益彰的设计手法是非常值得我们学习和借鉴的。

屯溪老街的故事

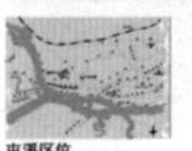

屯溪区位

屯溪老街，作为黄山市的民片，为黄山留下了一段追忆过往的回忆。但是经营模式单一，货品单一，规模单一，建筑形式单一，虽然具有徽州的特点，但是总觉得美中不足。老街被保留下来了，但是原来老街赖以生存的生活却消失了。越来越热闹的生活区、原来的码头，都已从屯溪割裂出去，我们留下的仅仅是一个空壳，一个为旅游猎奇而存在的表演舞台，老街失去了它活力生长的源泉，将永远被定格在过去，直至被人们所遗忘。

功能业态单一，确失生活文化

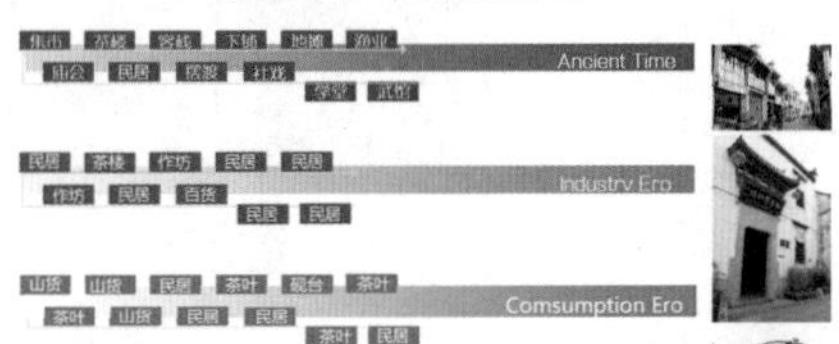

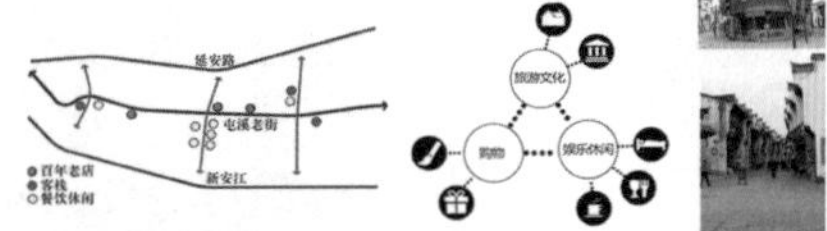

丽江古城的故事

丽江肌理

活的文化

丽江，一度成为休闲旅游的最火热的目的地，它是每个热爱生活的人心目中的理想家园。在丽江可以感受到当地丰富多彩的文化生活，整个城市就是一个生活的大舞台，中西文化的碰撞在这里产生了更加绚丽的火花。在这里，不再是躯壳，而是真正的生活、丰富多姿。

丽江丰富多彩的生活首先来自其多样的功能与鲜明的地域特色文化在传承传统文化中优秀的部分外，它融入了现代文明多样的生活方式，这里不是历史的博物馆，这里是真实的生活，有过去、有现在、有畅想希望的未来。

传统与现代的碰撞

传统城市空间　在传统中植入现代　传统与现代碰撞的多元文化生活

生活方式—空间的转变

现代人对空间选择性需求　传统空间内向空间不适合现代的生活方式　根植于传统，包容中西的空间才具有活力

新天地的故事

in Shanghai

上海新天地是对中共一大会址所在的石库门里弄进行的改造项目，现在已成为极具上海历史文化风貌的都市旅游景点。将石库原有的居住功能赋予其商业经营功能，把这片反映了上海历史和文化的老房子改造成以餐饮、购物演艺等功能为主的时尚、休闲文化娱乐中心。

丰富的街道序列空间

庭院、街巷、广场多尺度空间变幻

上海新天地的成功，在于开发商巧妙借助上海特点的旧式建筑，同时融入中外现代文化及艺术元素，所以得到众人认可。然而，这种改造手法以及成功的原因皆由于设计者能以一种敏锐的触觉感知上海的独特人文特点并加以利用。

然而，每一个城市都有其独特的历史，每一弄街巷都有其说不完的动人故事。上海“新天地”之所以能够做到中西结合，海派文化起了不可磨灭的作用。

OLD meets NEW

TRADITION meets INSPIRATION

EAST meets WEST

CULTURE meets EXCITMENT

案例总结

复合功能 + 活力要素 + 传统地域文化的基石 = 活力社区

区域背景分析

地理区位

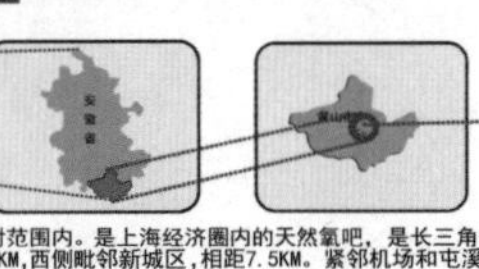

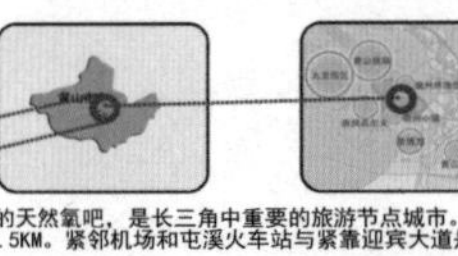

黄山市在上海500KM辐射范围内。是上海经济圈内的天然氧吧，是长三角中重要的旅游节点城市。项目基地东临屯溪城区，相距4.5KM，西侧毗邻新城区，相距7.5KM。紧邻机场和屯溪火车站与紧靠迎宾大道是上海通往黄山市内门户和形象窗口地。

场地位于黄山市南部，属黄山国家级风景名胜区，黄山经济开发区，黄山高铁新区城市级管理权限。黄山历史久远，文化底蕴深厚，从古至今就名列全国八景之首，黄山一直是中国人心中的旅游胜地之一。

黄山位于杭州3H经济圈，上海4H经济圈，南京4H经济圈之中，是长三角重要的旅游度假城市。

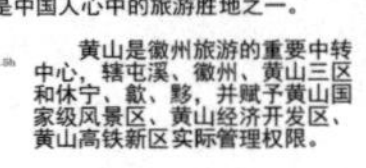

黄山是徽州旅游的重要中转中心，辖屯溪、徽州、黄山三区和休宁、歙、黟，并赋予黄山国家级风景区、黄山经济开发区、黄山高铁新区实际管理权限。

区域环境特点与旅游资源

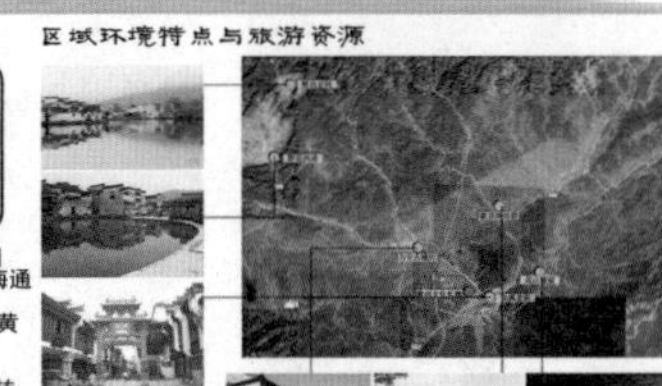

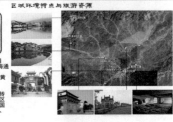

徽州历史文化

皖南地区位于安徽、浙江和江西三省交界处，古称徽州

中华民族传统文化中的一个地方文化圈。

新石器时代至先秦时期——聚落雏形

秦汉至南北朝时期——交通的不便 ．“世外桃源”．避乱隐居之所

唐宋——孕育新安文化

明清——徽商的影响，繁荣期

徽州典型特征

1. 传统聚落：徽州多是几族人聚族而居，规模宏大，讲究风水，结构完整。聚落内高墙深院，粉墙黛瓦，虚实相生。体现中华民族深厚的文化和“天人合一”的生态观；

2. 程朱理学

3. 徽商：徽州人深谙经商之道，崇尚诗书，“贾为厚礼，儒为名高”，他们涉猎广泛、交往面广，具有开拓进取的品质，徽州文化的发展起到了很大的推动作用。

4. 科学艺术：新安画派、被称为京剧之源的“徽剧”、版刻、徽菜、文房四宝、新安医学、经学等构成了全面、整体、发达的徽州文化。

场地现状分析

周边建设情况分析

现状徽州博物馆群

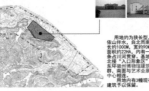

用地约为狭长型，依山伴水，自北而南长约1000M，宽约90M面积约22HA，内有一条占川河贯穿。基地北接“入口形象区”，东环徽州博物馆建筑群，南面与艺术会展中心相连。

用地内有3幢现有建筑予以保留。

GIS场地分析

坡度分析

一般大于25%的区域不适宜用于建设，可见场地南侧发展空间受到限制

坡向分析

通过坡向分析，可明确坡地朝向，有利于指导规划中建筑及活动场所设计

高程分析

基地位于山地狭长地段，较最高处175M，最缓处150M，山势高低错落，有利于产生对景效果。通过高程分析图，明确景观制高点，可结合高程分析合理安排景观视线和游线布置。

现状水资源利用分析

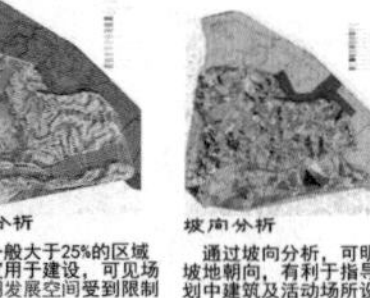

现状基地内部，流有一条水系，占川河，现状河道较不流畅在后期需要调整

现状交通条件分析

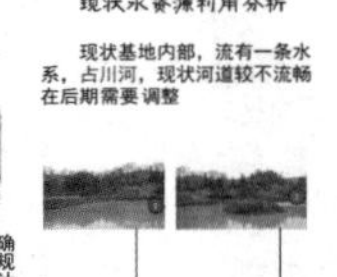

现状基地东北角与城市干道迎宾大道相连，内部有新建的环形车道

基地SWOT分析

优势	劣势	机遇	挑战
a. 周边旅游资源富集中 b. 徽文化积淀深厚。 c. 区位条件良好，交通便利	a. 目前黄山市内以屯溪老街为主要吸引点，旅游结构单一，难以集聚和留住旅客 b. 相应的旅游配套设施不够完善 c. 基地本身缺乏徽州文化传承的历史积淀，少了小环境的烘托	a.国家旅游示范先导区 b.机场、高铁、高速等交通网的建设将进一步完善	a. 与周边旅游资源产生竞争，应考虑与周边旅游业态的联动发展，形成差异互补发展 b. 对徽州文化的创新与发展

项目目标生成

徽州文化 + 活力要素 + 社区功能 + 环境要素 = 徽州主题社区

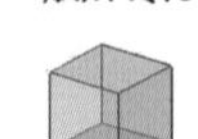

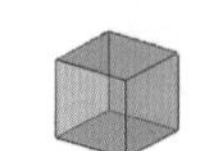

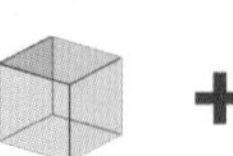

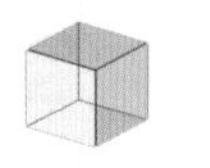

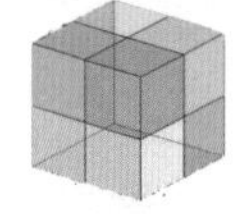

项目业态

书吧　徽州餐馆　小吃　钱庄　客栈　日用百货　中医馆　学校　南北货　酒店　戏院　生活居住　咖啡馆　广场　百帅坊　展览馆　博物馆　码头　民俗体验

2 社区新说

New Huizhou Settlement

基于以上分析，提出将徽州的传统文化与现代城市生活相融合的设计概念，将项目目标定位为以徽州文化，其中包括传统的新安文化和现代文化，为主题的生活体验社区。活力是生活的内容，人的正常生活是城的生命。城市的魅力首先也在于人的生活方式、生活情趣的特色。我们希望传承徽州那种悠闲的、文化的、亲切的、生活的智慧与古徽州的生活情趣。我们更加希望把不同时间的体验融汇成同一感受，从而打破维度对思维的桎梏创造更丰富新颖的生活内容，更有生活情趣的城市新空间。

传统的社区建设根据基地条件的不同一般可以分为三类。基地历史积淀深厚、新地段处于历史文化中心范围、全新建造。本设计项目属于第二类建设。

传统社区的建设模式

以传承与创新为先导的社区营造

传统社区的建设模式	建筑群体具有古典韵味，但功能单一，不符合现代生活的方式和内容	传统旅游的理想目的地，但是开发过度，正在慢慢侵蚀与破坏生长的土壤	开发仅以物质要素的建造为主，忽视了传统地域文化的根
以传承与创新为先导的社区营造	加入现代生活的功能，使生活更加符合，有再生长的潜力	因地制宜，合理定位，适度开发以生活的营造为根本展示古老文化的智慧。	探寻传统的地域特色文化，以文化智慧的传承为根本，适度加入现代文明的生活，寻求传统与现代的融合和健康延续。

社区营造策略

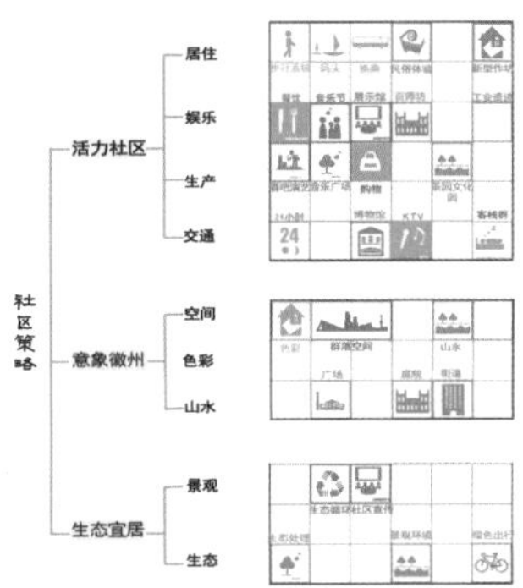

社区策略
活力社区
居住
娱乐
生产
交通
意象徽州
空间
色彩
山水
生态宜居
景观
生态

社区营造策略：确定以徽州文化为主题的社区生活的营造，确定三个方面的内容。首先是活力社区，以生活活力的营造为根本传承传统的文化和生活方式；把社区的功能结构分为居住、娱乐、生产、交通四个方面。居住以当地居民为主，加入旅游居住的因素以激活社区的活力。娱乐以徽州文化的体验为主题，探索徽州的文化生活内涵，加入现代商业的内容以符合现代的消费。生产以百师坊为主，引入徽州老艺术家，传承徽州的文化技术；补助以家庭作坊为单位组织生产。交通以慢行步行体系为主体，强调亲切宜人的生活体验。

策略结构分析

策略结构分析：将上述功能、体系、手段与空间结合进行总体布局、调节整合其彼此间的关系，拼合需要融合的各个要素形成组团，组织交通体系联系各个组团成为系统。各要素彼此组合表示交融的处理方法，复合的功能有利于实现传统与现代的活力交融，不仅做到空间相互渗透，而且实现经济社会方面的有机的相互交流。

生活购物系统
艺术展示系统
徽州体验系统
集会交流系统

活力点的融合

上述四类系统是社区活力的聚合，向外辐射能量同时集聚人流。这四类系统在水平和竖直两个方向混合叠加，起到功能融合的作用。用地功能的融合可产生经济上的多样性，提供更人性的环境，提高区域的包容度和自我满足的能力。

根据每个系统中参与活动的人群数量、持续时间和发生频率，确定每个系统中各种行为的发生点以基地内的交通流线为基础，连接各个行为发生点绘制每个系统的行为趋势线。

停车场
车行道
游客步行
居民步行
路线交汇

将四个系统的行为趋势线叠加，得出最终叠加图。由图可以看出，随着交通流线的变化呈现出有规律的聚集和分散，这些行为趋势线密集处所围合的区域，就是空间能量源。

徽州记忆
居住
娱乐购物
艺术展示

通过这些分析，可以发掘出基地内的能量空间源，它们既包括原有生活模式下的场所精神，又包容了新的功能、新人群作用下产生的新的沟通空间。这些空间可以根据自身不同的特点容纳不同事件的发生，并体现不同的主题和文化。

景观轴线
景观节点

社区活力流线构成

根据以上的分析可以得出，社区活动功能的流线可以进一步划分为生活购物系统、艺术展示系统、徽州体验系统以及集会交流系统。

娱乐购物系统

01 购物
02 酒吧
03 咖啡&茶
04 餐饮
05 休息
06 生态茶园

艺术展示系统

01 百师坊
02 博物馆
03 作坊
04 街道展示
05 小型音乐会
06 展示馆

徽州记忆系统

01 民俗体验
02 徽州美食
03 徽商驿站
04 街道记忆
05 戏台
06 文化博物馆

居住交流系统

01 住家
02 客栈群
03 集会
04 特色集市

空间序列

结合以上分析，空间节点处布置大型聚集类的功能空间，如百师坊、民俗广场等，处理好生活与娱乐、动态空间与静态空间的分区，使功能与空间相呼应。徽州文化为内容特色的社区，结合客栈、住家、工作室，传统的作坊等功能形成新型的城市综合空间。

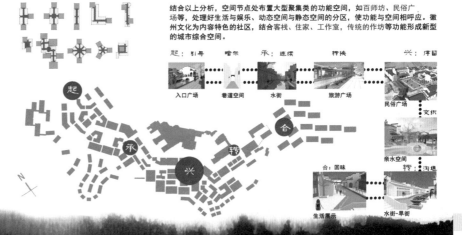

起：引导
暗示
承：连续
转换
兴：停留
入口广场
巷道空间
水街
旅游广场
民俗广场
交织
亲水空间
合：回味
转：沟通
生活展示
水街-旱街
起
承
转
合
兴
N

3 社区新说

New Huizhou Settlement

方案空间肌理

交通分析图

停车场
车行道
人行道

景观分析图

景观节点
水城景观
空间渗透

总平面图

1. 水口
2. 水车
3. 入口广场
4. 驴友广场
5. 骑楼
6. 观台
7. 观台广场
8. 长廊
9. 牌楼
10. 水岸广场
11. 水上牌楼

1. 酒店会所
2. 游客中心
3. 大型餐饮购物中心
4. 手工艺坊
5. 私人展馆、作坊
6. 别墅区
7. 徽州特产购物区
8. 徽州小吃街
9. 徽州文化区（百卿官、书院、药房等）
10. 演艺中心
11. 客栈总店
12. 茶楼
13. 特色酒吧、咖啡厅
14. 特色餐馆

活力磁极群空间

群
等级子群（面和块）
并列子群（线性空间）
链接子群（结点空间）

 +  +  = 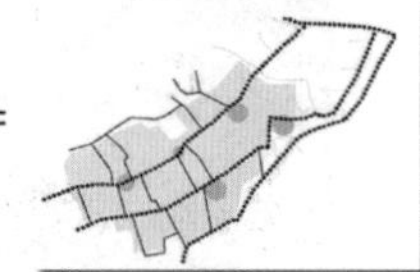

"群"就是大小、类型和级别不等的静态空间的集合，是徽州群落空间的组成单位。

群——含有特定空间要素的场所，一般情况下将特定场所内的活动理解为静态的。那么，"群"所包含的生活空间绝大数应该为静态空间。静态空间一般为逗留空间，它是活力社区的能量磁极。

结点空间

传统广场空间肌理

实用
自然
文化

民俗广场长廊

民俗戏台

滨水空间

中国传统点状空间不同于西方式的城市客厅，虽然有类似的形式、边界和场所领域，但是本质不同。小农经济以内向型的活动居多，其"广场"不是休闲聊天，而是被赋予了礼教、劳作和交通等功能

活力源引入　联动效应　复合功能空间

线性空间

传统线性空间肌理

旱街

水街

巷

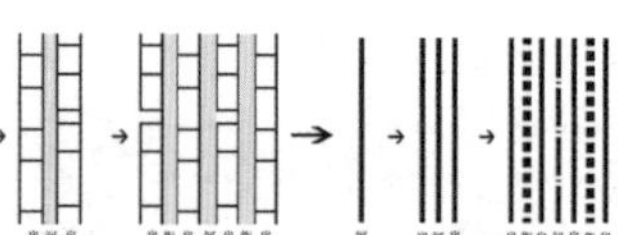
线性空间

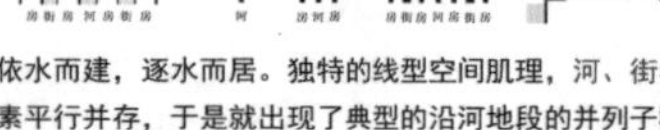

徽州聚落多依水而建，逐水而居。独特的线型空间肌理，河、街与房屋三种元素平行并存，于是就出现了典型的沿河地段的并列子群

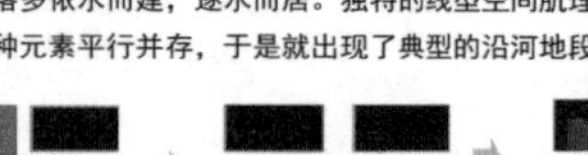

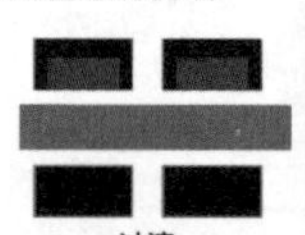

对景　节点　过渡

水街商业

巷弄空间

水街与旱街交织

4 社区新说

徽州社区聚落空间意象重组

New Huizhou Settlement

院落结构分析

院落结构之一

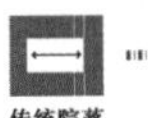

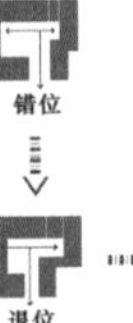
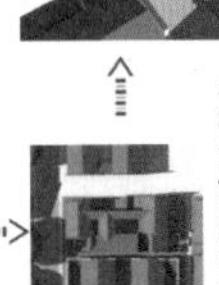
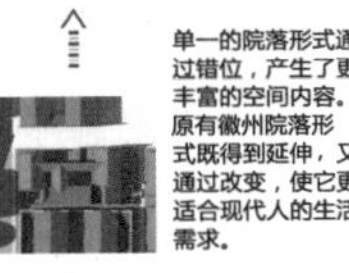

传统院落 断裂 错位 退位

单一的院落形式通过错位，产生了更丰富的空间内容。原有徽州院落形式既得到延伸，又通过改变，使它更适合现代人的生活需求。

院落结构之二

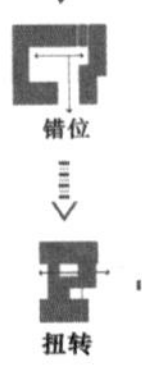

传统院落 断裂 错位 扭转

将四合的院落形式与三合院落形式进行更新与组合，形成了更为丰富的空间体验和视觉效果。

院落结构之三

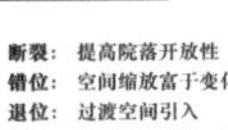
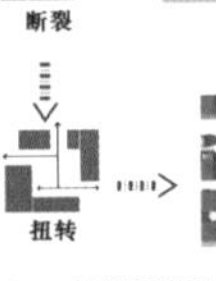

传统院落 错位 断裂 扭转

将原本封闭狭小的院落进行打断和扩大，使得院落能够承载真正的实际的社会交流功能，使其成为社会空间的一部分。

断裂：提高院落开放性
错位：空间缩放富于变化
退位：过渡空间引入
扭转：内外环境融为一体

徽州的院落空间在其漫长历史之中不断发展和演变，沉淀了其丰富的文化底蕴，结合了徽商文化、宗礼观念、自然山水哲学内涵的建筑形式给人们传达了一种自然、闲适的审美情趣。

建筑材料的更新

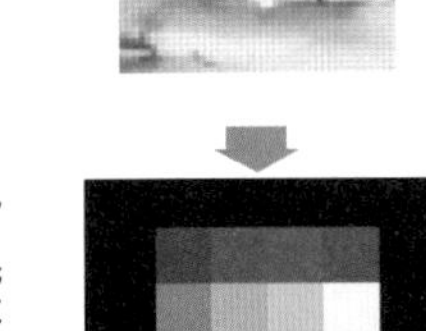

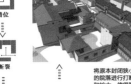

建筑形式以单个意象元素包括马头墙、坡屋顶等的保留为主，在材料上为更符合现代社会人们生活和发展需要，在建筑临街面以开敞的形式为主，店铺则采用玻璃幕墙，提高建筑的商业价值和使用价值。

色彩元素提取

通过对徽州代表性景观进行色彩的提取分析，将这种色彩作为意象元素融入地块之中，以这些色彩为主要颜色进行建筑和景观的设计。

鸟瞰图

意象元素景观

① 长廊
长廊作为景观性的要素，可以供人们休憩，也可供摊贩们在此贩卖商品。

②牌楼
作为徽州标志性景观意象，具有对区域转换的暗示性和导向性作用。

③水井
自古以来村落中的井台一直是人们公共活动的中心。

④骑楼
作为灰空间，起到对街道界面的变化作用。

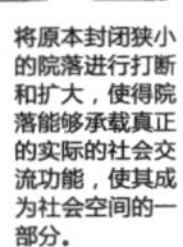

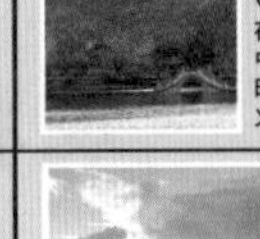

⑤ 水车
水岸的重要景观，古为承载灌溉功能的生活工具，而现在主要作为景观。

⑥ 过街楼
桥的变体形式，是非常独特的景观形式。

⑦水口
在徽州聚落形成过程中标志性的景观，古时作为具有防御、防火、泄洪的水池。

⑧桥
筑水而居的徽州村落形成了丰富的桥文化。

山水格局与造景

与山水格局的融合

地块整体群落形式依山而缓慢展开，并且将原有的水系的形状进行保留，还原徽州村落逐水而居的村落形状，从整体上营造出古韵徽州的意象美。同时再通过技术手段做一定的整修，加入更多的生态型技术手段。

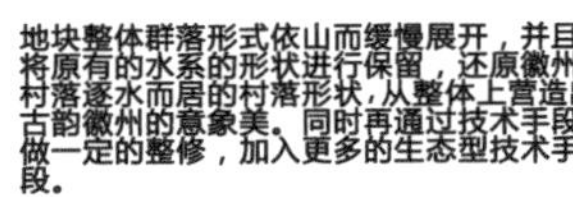

主要造景手法

① 主与次 ② 抑与扬 ③ 虚与实 ④ 夹景与框景

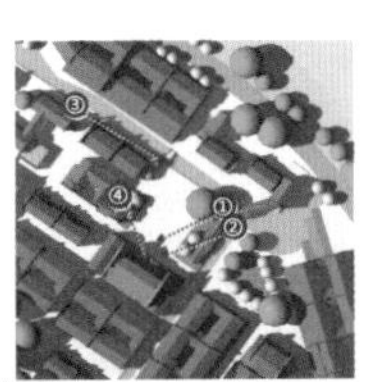

浙江工业大学建工学院城市规划 学生：周子懿 范琪 指导教师：孟海宁 赵峰

依水驿城 In accordance with the water city in

地块位于浙江

地块位于杭州

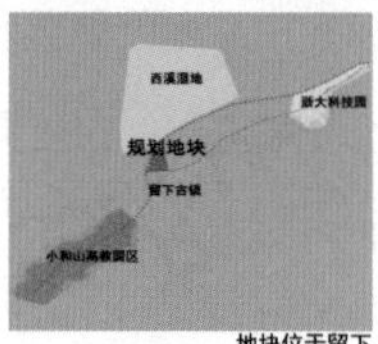
地块位于留下

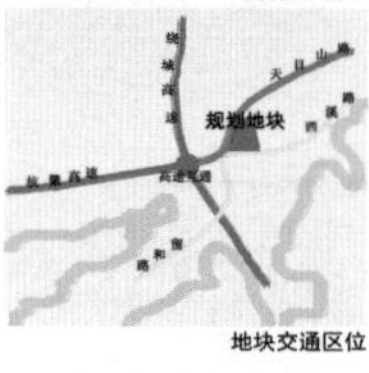
地块交通区位

地块交通发展趋势

地理区位：规划地块位于浙江省杭州市留下镇，临近杭州城区西侧边缘，距市中心约11公里。规划地块位于留下镇镇中心位置，北接西溪湿地，南临留下古街区，西溪河贯通三者；东距浙大科技园5公里，西南临小和山高教园区2公里；有用良好的自然景观资源、人文资源以及智力资源。

交通区位：距规划地块西侧800米处，南北向绕城西线高速与东西向杭徽高速公路交汇并设有留下互通口，地块具有重要的杭城西大门入口的标志作用，以及解决交通疏散的作用；规划地块紧邻天目山快速路，直接联系地块与市中心；南临西溪路，与留和路贯通，联系地块与留下镇其他地区；规划杭州地铁3号线终点站设于留下，拉近留下与市中心及杭州其他地区的时空距离，也为本地块的发展定位有了基础前提。

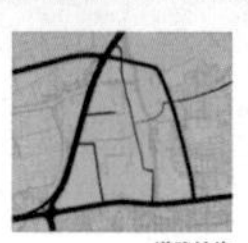
道路结构

现状用地

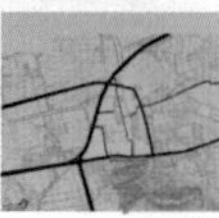
人文资源

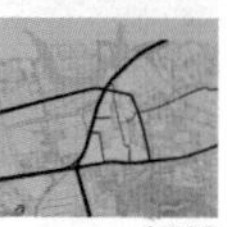
自然资源

规划地块现状外部交通以天目山路、五常路及西溪路为主；未来规划五常路延伸至与西溪路相交。内部交通零散、混乱，东西向联系欠缺。

现状用地居住与工业混杂，商业集中于西溪路沿街地带，已形成较为浓厚的商业氛围，但整体经济性欠佳。

地块南接留下历史古街保护区，拥有浓厚的桥文化、茶文化及酒文化，具有深厚的人文底蕴。

地块通北接西溪湿地，南望大马山，西溪河贯穿拥有良好的自然景观资源。但是天目山路犹如天堑，几乎隔断了地块与西溪湿地的自然联系。

地块区位分析 Location analysis

现状分析 Actuality analysis

理念分析 Idea anailsis

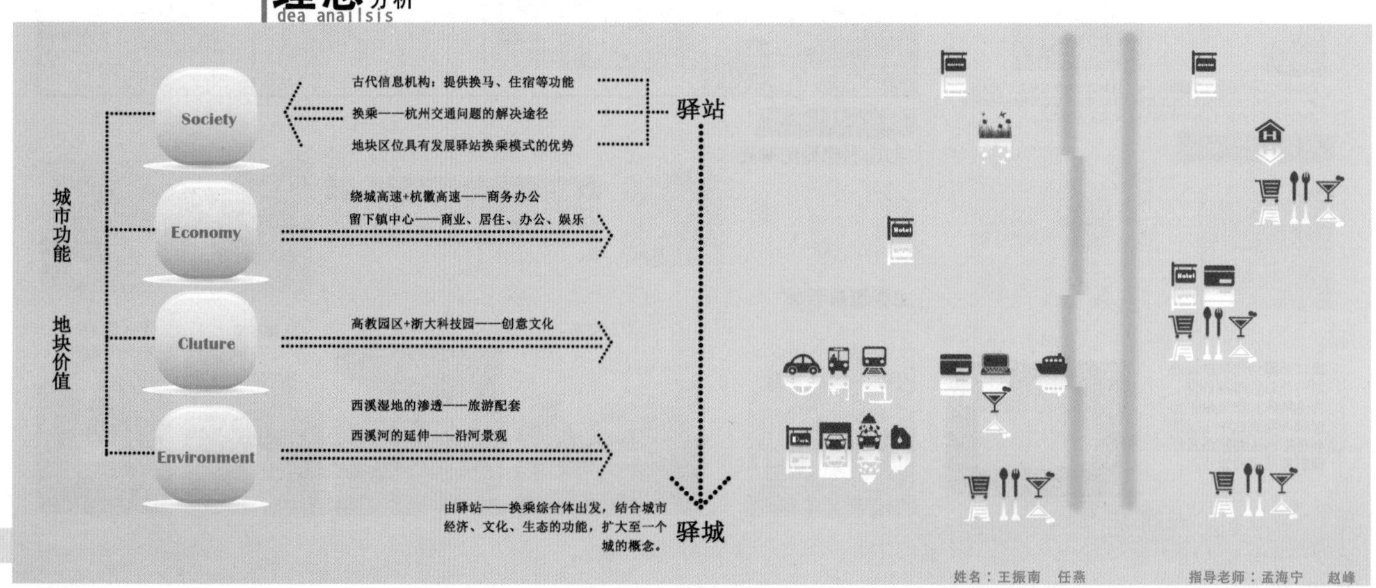
城市功能
地块价值
Society
Economy
Cluture
Environment
古代信息机构：提供换马、住宿等功能
换乘——杭州交通问题的解决途径
地块区位具有发展驿站换乘模式的优势
驿站
绕城高速+杭徽高速——商务办公
留下镇中心——商业、居住、办公、娱乐
高教园区+浙大科技园——创意文化
西溪湿地的渗透——旅游配套
西溪河的延伸——沿河景观
由驿站——换乘综合体出发，结合城市经济、文化、生态的功能，扩大至一个城的概念。
驿城

姓名：王振南　任燕　　指导老师：孟海宁　赵峰

依水
In accordance
with the water city in
驿城

结构系统分析：

规划地块共五个功能分区：滨水混合区、换乘中心、旅游接待区、商务休闲区及沿街商业区，以自然景观轴和城市景观带将五个功能片区串联起来，公共空间遇水则放，遇城则收；交通流线实行人车分流，其中车的流线包括公共交通、轨道交通以及私家车，步行交通贯穿功能区，可分为功能性以及景观性，游船路线沿河设置；公共停车包括路面停车和地下停车，其中换乘中心以滨水混合区以地下停车为主。

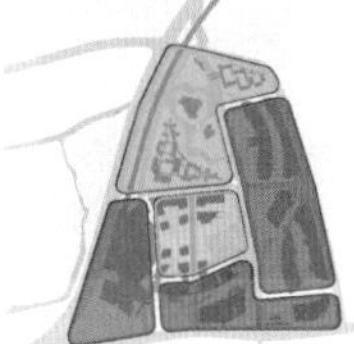

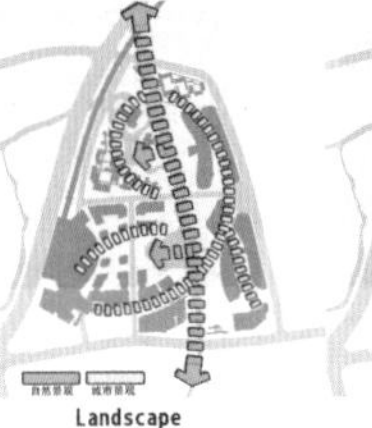

结构系统分析 Structure system analysis

方案解构分析 Deconstruction analysis

■商务办公

■居 住

■商业休闲

■公 建

■景观系统

■道路水体

总平面图 Plan

N

0 50m 100m 200m

北入口广场

旅游接待中心

音乐厅

温室

艺术馆

度假酒店

高层住宅

码头广场

滨水办公

城市驿站

圆形剧场

活力商业街

公交起始站

迎古广场

车行南入口

步行南主入口

步行南次入口

经济技术指标：

用地面积：32.6ha

建筑面积：44714㎡

容积率：1.37

建筑密度：22.27%

绿地率：37.1%

地面停车位：200

姓名：王振南 任燕 指导老师：孟海宁 赵峰

依水驿城

In accordance with the water city in

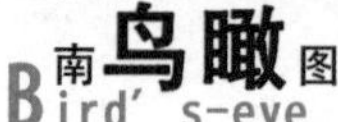

南鸟瞰图 Bird' s-eye

公共空间系统分析 Public space system analysis

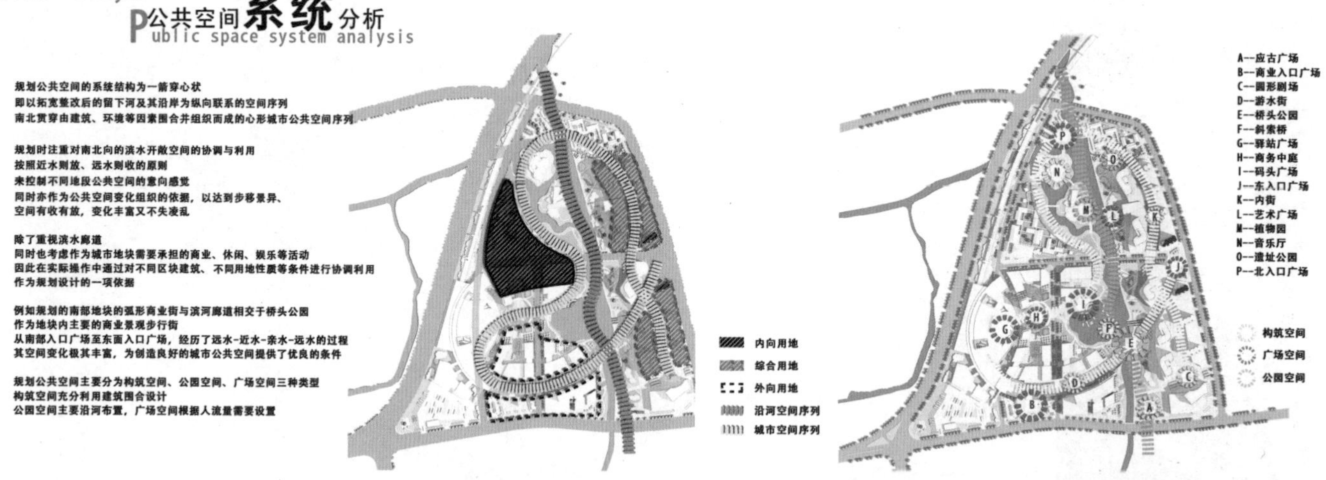

规划公共空间的系统结构为一箭穿心状
即以拓宽整改后的留下河及其沿岸为纵向联系的空间序列
南北贯穿由建筑、环境等因素围合并组织而成的心形城市公共空间序列

规划时注重对南北向的滨水开敞空间的协调与利用
按照近水则放、远水则收的原则
来控制不同地段公共空间的意向感觉
同时亦作为公共空间变化组织的依据，以达到步移景异、
空间有收有放，变化丰富又不失凌乱

除了重视滨水廊道
同时也考虑作为城市地块需要承担的商业、休闲、娱乐等活动
因此在实际操作中通过对不同区块建筑、不同用地性质等条件进行协调利用
作为规划设计的一项依据

例如规划的南部地块的弧形商业街与滨河廊道相交于桥头公园
作为地块内主要的商业景观步行街
从南部入口广场至东面入口广场，经历了远水-近水-亲水-远水的过程
其空间变化极其丰富，为创造良好的城市公共空间提供了优良的条件

规划公共空间主要分为构筑空间、公园空间、广场空间三种类型
构筑空间充分利用建筑围合设计
公园空间主要沿河布置，广场空间根据人流量需要设置

内向用地
综合用地
外向用地
沿河空间序列
城市空间序列
A--应古广场
B--商业入口广场
C--圆形剧场
D--游水街
E--桥头公园
F--斜索桥
G--驿站广场
H--商务中庭
I--码头广场
J--东入口广场
K--内街
L--艺术广场
M--植物园
N--音乐厅
O--遗址公园
P--北入口广场
构筑空间
广场空间
公园空间

东立面图

姓名：王振南　任燕　　指导老师：孟海宁　赵峰

依水
In accordance
with the water city in
驿城

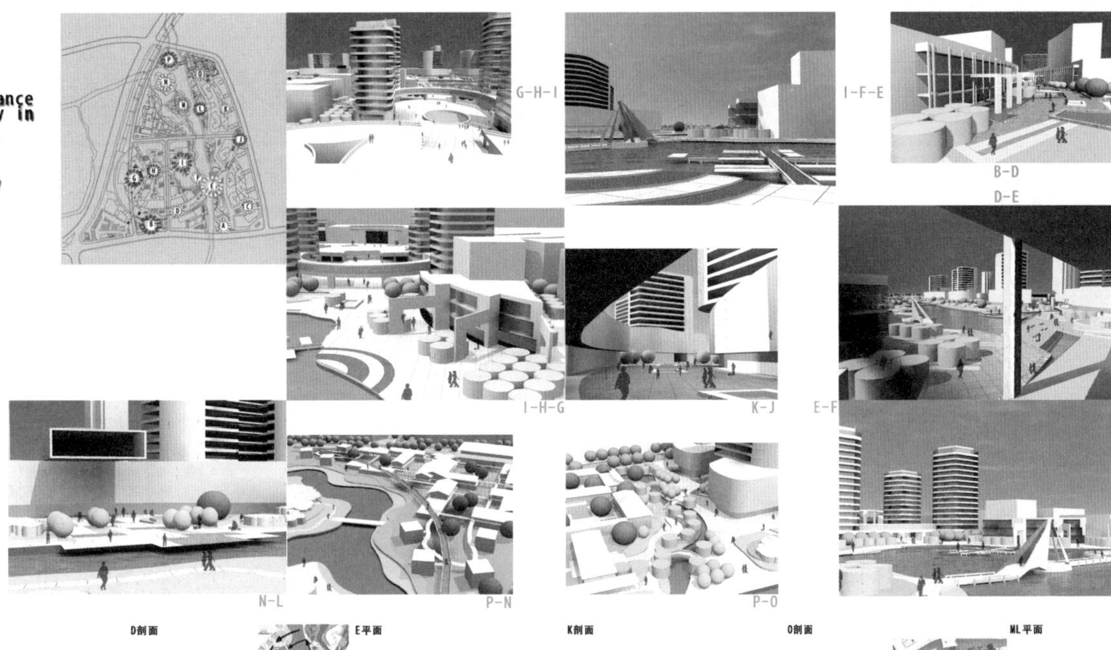
G-H-I
I-F-E
B-D
D-E
I-H-G
K-J
E-F
N-L
P-N
P-O

D剖面

商业街H/D为1：2.5
人的仰角为1:1-1:3开阔和狭窄并存
通过水渠与植物的配置对活动范围进行限制，开阔侧可看不可近

E平面

面向直径约110米的湖面
西溪河横卧于前，视角近180°
处于步行街和河流交叉处，集人工与自然为一体

K剖面

最小仰角为1:1
底层间距为27米
两侧商铺联系紧密
方便顾客往来其间

O剖面

新老建筑相距月30米
其间有小桥流水相接，树木繁茂
通过这些要素来缓和两组建筑空间错赋解转

ML平面

河流两岸相距约20米，水面开阔
河流东岸为人工式驳岸，与西岸自然式驳岸相对
创造两种完全不同的行走感受

Public space perspective analysis 公共空间透视分析

地块南部剖视图

Bird's-eye 北鸟瞰图

城市地块的价值体现在于与周边功能、环境完美融合的同时，更独立地展现各自的个性与特色。本地块的设计不以绝对的经济利益为导向，更多地是考虑地块适合发展的方向，结合轻轨与高速的交通区位特点，以及地处西溪湿地南侧、与小和山高教园区和浙大科技园等智力因素临近，地块的设计方向不再局限于城镇中心区块的设计，而是走向更广的深度。

换乘中心布置于离高速互通最近的地块，结合公共交通，终端商务办公，打造现代化驿站模式。

商业沿西溪河布置，制造美好的商业景观，为商业制造氛围。

将原本拘谨的西溪河打开，与西溪湿地更融洽地联系到一起，为轻轨到来的视线提供一丝绿意与畅想。

并设置旅游接待中心，结合西溪湿地下期入口，将人流引向地块内部，产生更大的效益。

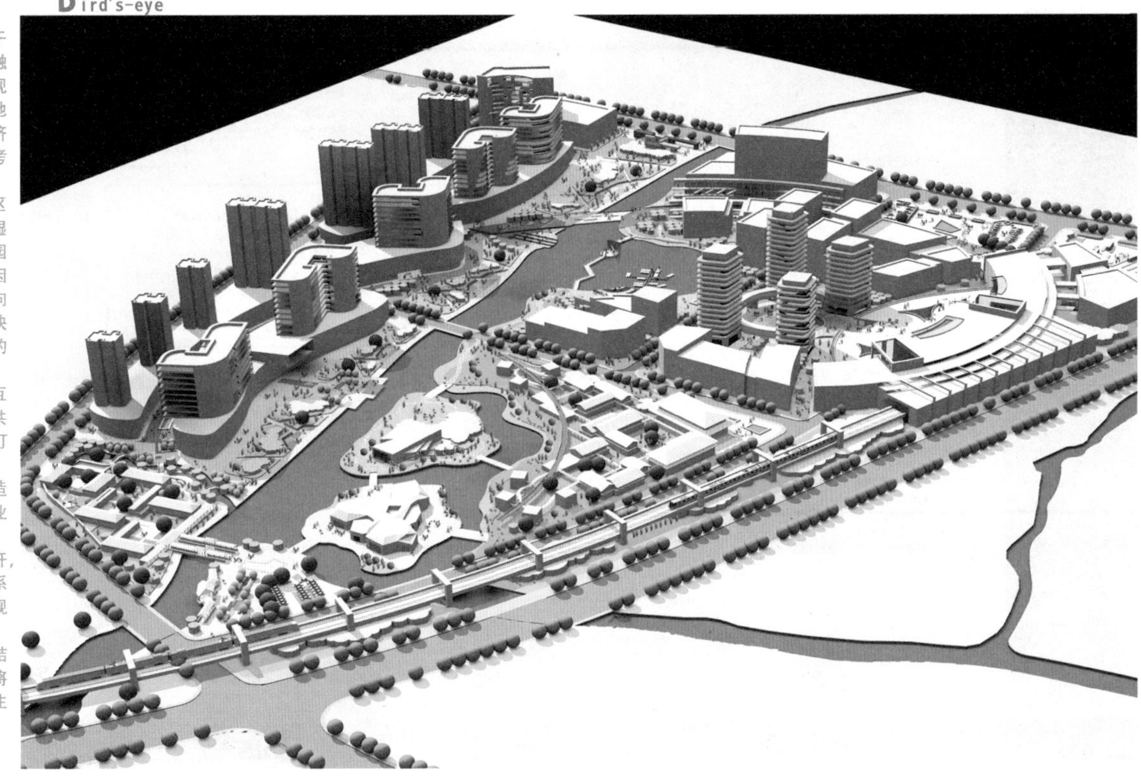

南立面图

姓名：王振南 任燕
指导老师：孟海宁 赵峰

New Paradise
三年级课程设计
新天堂
人来鸟不惊
杭州造船厂城市更新设计
1
区位背景分析
杭州区位示意
地块区位示意
地块周边商圈分析
造船厂地块位于杭州市市区，是一块记载着杭州近现代民族工业的发祥地。地块北侧为规划居住区，南侧为杭州市轻纺路，与运河天地文化创意园一期相接。东临京杭大运河，距拱宸区政府仅500米，离城北汽车站仅1.5公里，区位良好。
城市格局分析
杭州城依托江南水乡，呈典型的“双棋盘”格局，是中国现存古城的“活标本”之一。地块处于杭州市古城区边缘，双棋盘格局明显。河网是杭州城自然景观的天然生态网络，现代城市的绿化景观沿河设置，形成杭州城特有的“绿网”。
双棋盘城市形态
绿网贯穿形态
地块周边水路绿网
基地现状调查
特征要素
A 造船厂
B 拱宸桥
C 居住区
问卷调查过程
调查切入点
通过对地块的现状的初步调查，发现地块内有大量遗留的具有历史意义的工业厂房，厂房的年代和建筑质量参差不齐，地块内还存在一些不经修整的绿化，上面栖息着无处安身的鸟类。
针对地块的历史意义，与地块内出现的生态问题我们进行了一系列的问卷调查。
调查内容
我们在地块周边随机抽取了200人对我们的问卷调查做了一个简单的回答，整理如下：
1、您是否知道造船厂是杭州近现代民族工业的发祥地？
2、您对如此具有历史意义的工业文化遗产持有什么样的态度呢？
3、您有没有听说过或者是自己发现城市中的鸟类日趋减少的问题？
4、您对现在许多大城市的城市中心区怎么看？
调查小结
通过问卷调查，发现人们对工业文化遗产的尊重及爱护，城市中人群对自然生态环境的向往。现代的城市中心区环境多较为喧嚣繁杂，缺少自然的因子，缺少开敞的绿地。在重塑地块活力的时候，必须依托于地块的历史，地块的痕迹才能达到整个地块乃至整个城市的和谐。
现状分析图
地块用地性质分析
建筑高度分析
工业建筑年代分析
建筑质量分析
关键词之一：工业遗产
地块上原为坐落于京杭运河拱宸桥边的一地块，本身就含有足够的文化底蕴已经，其内尚存百年历史的民居和杭州历史上大型的造船厂，为珍贵的工业文化遗产。其余大多为20世纪50、60年代的配套性的厂房，结构功能清晰，富有时代特色。
关键词之二：鸟禽天堂
造船厂，曾经是杭州辉煌工业的发源地，地块原有的活力已经不复存在，无人问津的老厂房，空旷的场地，杂草丛生，却渐渐成为了鸟禽的天堂，依附着河道，自然生态的萌生清晰可见。
关键词之三：更新再生
杭州城市化进程加快，使原来属于城乡结合部的这一地区一跃成为城市中心区，该地区原有的基础设施、建筑，特别是用地功能需要进一步的规划发展来满足该地区的生活需求。从古城保护的要求来看，这一地块处于古城与外围地区的过渡区域，作为进出古城的门户，我们应当用一种新城市中心区模式来体现杭州古城的风貌与现代城市中心区的繁华的有机结合。
现状调查小结
基地内部有着大量遗留的厂房，是一块极具工业历史气息的地块，加上自然生态的萌生，成了繁杂都市中鸟禽的栖息宝地。在合理地更新这块地，使之成为城市中心区的同时，不能摒弃掉城市的这块锈迹，在尊重历史的同时，我们更要尊重自然，尊重鸟类这群大自然的迁徙者。
理念构思过程
对工业遗产地的思考
工业的辉煌 环境的破坏
造船厂是由于京杭大运河和通商口岸的开辟，而自拱宸桥西板块自古是老杭州的工业园区，这里聚集了密集的人口。新时期拱宸区政府搬迁至此，更加带动了这里的发展。
但另一方面，经济的发展也带来了环境的破坏，以此需要的是城市结构和功能的更新。
工业地的废弃
这个20世纪50年代辉煌一时的工厂随着时间的流逝渐渐衰败。现如今，曾经的辉煌一去不复返，里面遗留了大量的废弃厂房，成为一块工业的废弃地。作为工业的遗址，它们代表了一个城市的工业历史，就像城市的一块锈迹，一块印记。
人迹罕至 鸟类栖息
工业废弃地不再有往日的活力，也就远离了城市的喧嚣和繁杂。静谧的场地吸引了少量的鸟类等小动物前来栖息生活，场地就被赋予了生态的栖息。
从一块无人的工业废弃地到一个鸟的乐园，是地块的活力的一次升华。
人的融入 人鸟和谐共处
通过重塑地块，在不打破原有地块生态痕迹的同时，重新加入了人的活动，将人的活动中心区与鸟的自然生态区有机结合，人鸟共处，互不干扰，互不影响。
新城市中心区
现代的城市中心区过于繁杂，过于拥挤，缺少空旷的场地和满眼的绿化。加入生态的因子，加入工业遗产的元素，在地块本身原有的机理上重塑地块的活动，成为一种崭新的城市中心区。
杂草丛生 自然生态的萌生
废弃的工业构架，满目的杂草丛生，鸟禽的不断入住，再加上废弃的工业构架，这是完全没有经过人工加工的自然景象，这是生态自然萌生的结果。
现代的城市中心区正是缺少了这样一种生态的因子。
工业遗产地与环境的相互关系
工业的发展示意图
工业的发展经历了快速发展、稳步发展、逐渐衰败，地块荒废四个过程，其对环境的影响也不尽相同。
环境受工业影响示意图
生态环境
环境随着工业的快速发展而受到严重影响，在工业逐渐衰退的时候环境状况逐渐好转。
城市中心区
自然生态
工业废弃地
多要素自由发展示意图
城市中心区的发展与萌生的生态景象是一种矛盾，如果不协调好这个矛盾，则生态会继续受到破坏。
和谐共同发展
多要素和谐发展示意图
抓住各个发展要素之间的平衡点，城市中心区的发展应包容生态与工业遗产，协调发展。
对环境的思考
人类
绿化、人造景观
人类向往自然环境
动物和人工环境
人工环境
环境的和谐
自然环境
动物与自然环境
动物（鸟类）
人与动物的交流
动物的理想栖息地
参与者
Factory
工业遗产
再生
Regenera
迁徙
文化
Bird
栖息
Ecology

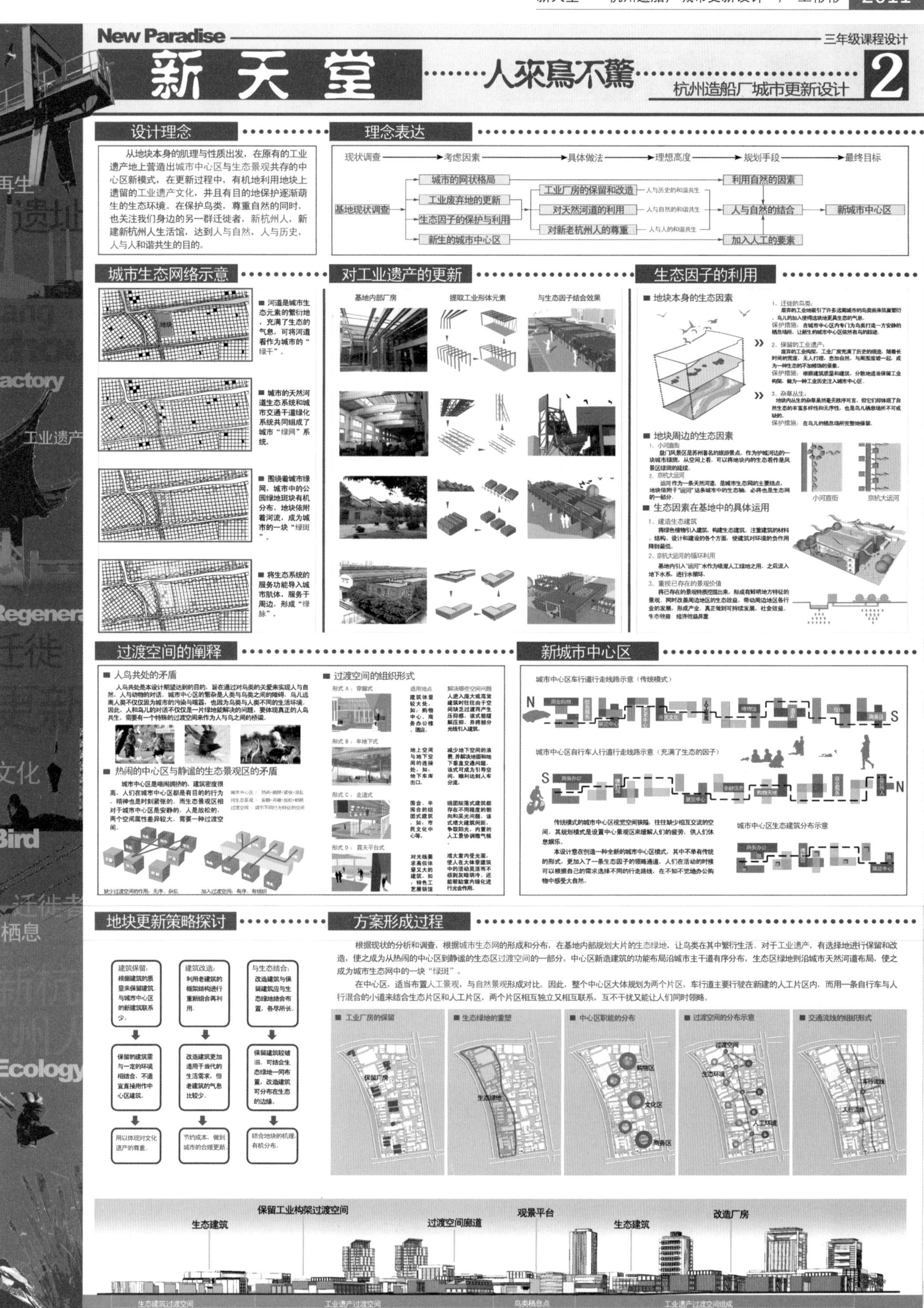
New Paradise
三年级课程设计
新天堂
人來鳥不驚
杭州造船厂城市更新设计
2
设计理念
从地块本身的肌理与性质出发，在原有的工业遗产地上营造出城市中心区与生态景观共存的中心区新模式，在更新过程中，有机地利用地块上遗留的工业遗产文化，并且有目的地保护逐渐萌生的生态环境。在保护鸟类、尊重自然的同时，也关注我们身边的另一群迁徙者，新杭州人，新建新杭州人生活馆，达到人与自然、人与历史，人与人和谐共生的目的。
理念表达
现状调查
考虑因素
具体做法
理想高度
规划手段
最终目标
基地现状调查
城市的网状格局
工业废弃地的更新
生态因子的保护与利用
新生的城市中心区
工业厂房的保留和改造
对天然河道的利用
对新老杭州人的尊重
利用自然的因素
人与自然的结合
加入人工的要素
新城市中心区
城市生态网络示意
对工业遗产的更新
基地内部厂房
提取工业形体元素
与生态因子结合效果
生态因子的利用
地块本身的生态因素
地块周边的生态因素
生态因素在基地中的具体运用
小河直街
京杭大运河
过渡空间的阐释
人鸟共处的矛盾
热闹的中心区与静谧的生态景观区的矛盾
过渡空间的组织形式
新城市中心区
城市中心区车行道行走线路示意（传统模式）
城市中心区自行车人行道行走线路示意（充满了生态的因子）
城市中心区生态建筑分布示意
地块更新策略探讨
方案形成过程
根据现状的分析和调查，根据城市生态网的形成和分布，在基地内部规划大片的生态绿地，让鸟类在其中繁衍生活。对于工业遗产，有选择地进行保留和改造，使之成为从热闹的中心区到静谧的生态区过渡空间的一部分。中心区新造建筑的功能布局沿城市主干道有序分布，生态区绿地则沿城市天然河道布局，使之成为城市生态网中的一块"绿斑"。
在中心区，适当布置人工景观，与自然景观形成对比。因此，整个中心区大体规划为两个片区，车行道主要行驶在新建的人工片区内，而用一条自行车与人行混合的小道来结合生态片区和人工片区，两个片区相互独立又相互联系，互不干扰又能让人们同时领略。
工业厂房的保留
生态绿地的重塑
中心区职能的分布
过渡空间的分布示意
交通流线的组织形式
保留工业构架过渡空间
生态建筑
过渡空间廊道
观景平台
改造厂房
生态建筑过渡空间
工业遗产过渡空间
鸟类栖息点
工业遗产过渡空间组成
再生
遗址
Factory
工业遗产
Regenera
迁徙
文化
Bird
迁徙者
栖息
Ecology

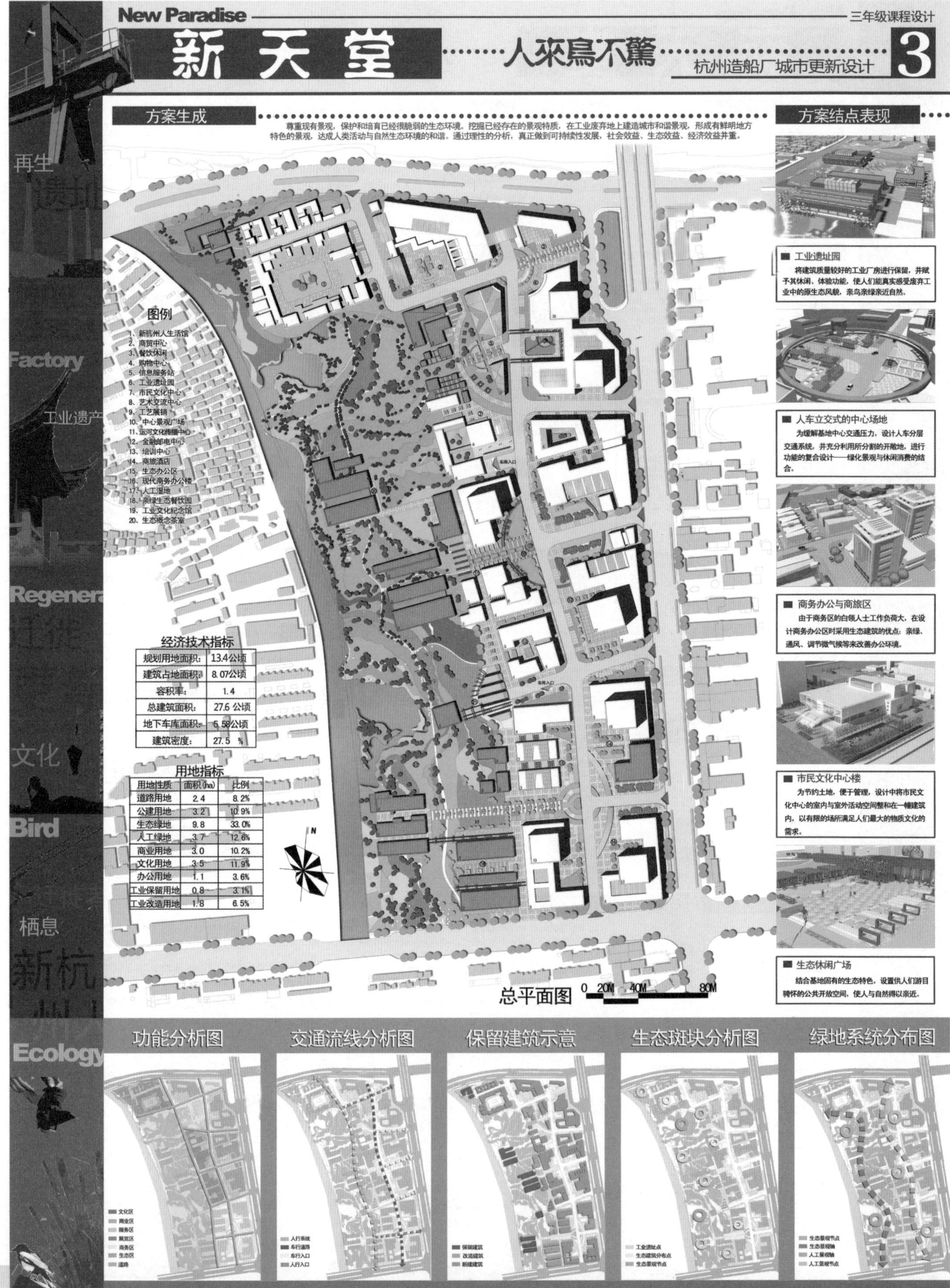

经济技术指标

规划用地面积：	13.4公顷
建筑占地面积：	8.07公顷
容积率：	1.4
总建筑面积：	27.6 公顷
地下车库面积：	5.58公顷
建筑密度：	27.5 %

用地指标

用地性质	面积(ha)	比例
道路用地	2.4	8.2%
公建用地	3.2	10.9%
生态绿地	9.8	33.0%
人工绿地	3.7	12.6%
商业用地	3.0	10.2%
文化用地	3.5	11.9%
办公用地	1.1	3.6%
工业保留用地	0.8	3.1%
工业改造用地	1.8	6.5%

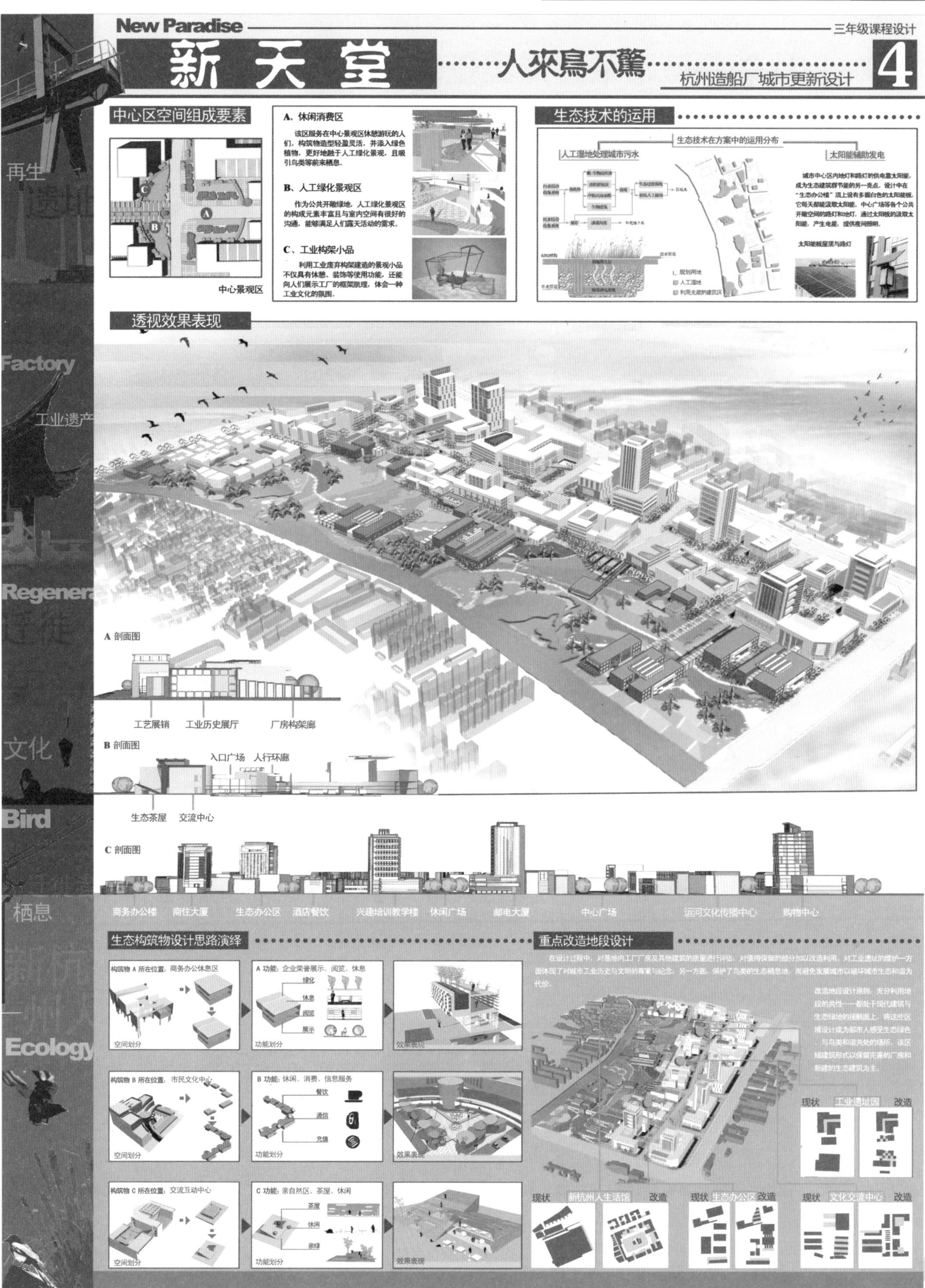
New Paradise
三年级课程设计
新天堂
人來鳥不驚
杭州造船厂城市更新设计
4
中心区空间组成要素
中心景观区
A、休闲消费区
该区服务在中心景观区休憩游玩的人们，构筑物造型轻盈灵活，并添入绿色植物，更好地融于人工绿化景观，且吸引鸟类等前来栖息。
B、人工绿化景观区
作为公共开敞绿地，人工绿化景观区的构成元素丰富且与室内空间有很好的沟通，能够满足人们露天活动的需求。
C、工业构架小品
利用工业废弃构架建造的景观小品不仅具有休憩、装饰等使用功能，还能向人们展示工厂的框架肌理，体会一种工业文化的氛围。
生态技术的运用
生态技术在方案中的运用分布
人工湿地处理城市污水
太阳能辅助发电
规划用地
人工湿地
利用光能的建筑区
太阳能板屋顶与路灯
透视效果表现
A 剖面图
工艺展销
工业历史展厅
厂房构架廊
B 剖面图
入口广场
人行环廊
生态茶屋
交流中心
C 剖面图
商务办公楼
商住大厦
生态办公区
酒店餐饮
兴建培训教学楼
休闲广场
邮电大厦
中心广场
运河文化传播中心
购物中心
再生
Factory
工业遗产
Regenera
文化
Bird
栖息
Ecology
生态构筑物设计思路演绎
构筑物 A 所在位置：商务办公休息区
A 功能：企业荣誉展示、阅览、休息
绿化
休息
阅览
展示
空间划分
功能划分
效果表现
构筑物 B 所在位置：市民文化中心
B 功能：休闲、消费、信息服务
餐饮
通信
充值
构筑物 C 所在位置：交流互动中心
C 功能：亲自然区、茶屋、休闲
茶屋
休闲
亲绿
重点改造地段设计
现状
工业遗址园
改造
新杭州人生活馆
生态办公区
文化交流中心

2010 年城市设计课程任务书

1. 设计主题

根据全国高等学校城乡规划学科专业教育指导委员会 2010 年年会通告，为呼应上海世博会“城市，让生活更美好”这一主题，本次课程设计作业交流与评优选取城市滨水空间作为城市设计主题，要求学生深入考察并分析水体与城市生活的关系，领悟城市滨水公共空间的历史文化内涵，着重考虑城市与水的互动关系，构建承载复合功能的城市滨水公共空间。

2. 教学目标

（1）以城市设计为纽带，树立“建筑设计——城市规划——景观设计”三位一体的设计观；

（2）培养观察和研究城市（包括场地分析、功能结构、道路结构、景观结构、城市街区、街道界面等）的思想和方法；

（3）掌握城市设计的内容、要求和程序；

（4）了解与城市设计有关的经济与社会因素，探索新形势下城市发展面临的问题及解决思路，学习从较为宏观的层面（如城市水网系统、道路系统、交通组织、景观结构、建筑群体组织等）思考城市开发的模式及策略;

（5）使学生完成从单体建筑功能、平面、空间、环境组织到群体建筑功能、平面、空间、环境组织能力的提升，建立局部利益服从整体利益的大局观念。

3. 设计目标

（1）富有特色的滨水生态和文脉保护：应形成统一的滨水生态和具有特色的文脉形象。需确定整个区域的设计基调与规划原则，特别是与旅游相关的规划衔接。

（2）相互配合的建筑群体：对城市空间体系的主要环节——街道、广场、绿地水系做出设计，规定每一地块的建筑性质、大致的体量和高度，高层建筑群体之间应有良好的协调关系，形成变化有序的整体，尤其重要的是形成良好的街道景观。

（3）系统协调的外部空间环境：通过外部空间环境设计，使各地块的外部公共空间能连成系统和协调的整体，提供变化丰富、尺度宜人的外部空间环境。

（4）合理流畅的交通流线安排：研究解决区域内的道路交通体系及其与外部道路的关系，结合各地块的交通组织，在区域内形成合理流畅的车行流线和系统方便的人行系统。

4. 设计地块概况

（1）临海杜桥新区中心滨水地段

基地处于临海市东南部杜桥镇新区，台州湾海口北岸椒北平原的地理中心，南靠台州市区，距头门港 10 公里，距路桥机场 20 公里，北接三门湾，紧靠国家级桃渚风景区。规划研究范围：244 公顷，规划设计范围：35 公顷左右。规划目标：创造独具湖景的游息商业区，适宜人居的中央生活区。主要功能为：大型商业城、特色风情商业街湖景公园、宾馆酒店、高档居住、公司办公、文化娱乐。容积率≤ 1.25，建筑密度≤ 35%，绿化率≥ 30%，限高 80 米。本次设计在对场地进行深入分析和探讨后，可对有关规划设计条件作出深化和调整，如新开道路的位置、数量和宽度，建筑密度，建筑高度，公交首末站的位置与形式以及建筑功能布局等，并对场地总体进行城市设计。

（2）余杭南湖新区滨水空间

设计任务位于浙江省杭州市余杭区，基地处于余杭区南湖周边。南湖位于余杭古镇西侧，历来是东苕溪流域重要的分泄洪区之一，为东苕溪流域、杭州市及杭嘉湖东部平原防洪安全提供一定的保障，泄洪区面积 5.21 平方公里。南湖历史文化积淀深厚，水质优良，风景秀美。2003 年，余杭区政府做出“在确保满足泄洪功能的基础上，开发建设南湖”的重大决策。规划研究范围：1489 公顷，规划设计范围：30 公顷左右。规划目标：塑造山、水、城一体的滨水城市风貌，构建充满水乡特色，人性化的环境品质。主要功能为：动感娱乐、购物休闲、生态人居、水乡度假。容积率≤ 1.25，建筑密度≤ 35%，绿化率≥ 30%，限高 30 米。

（3）小河直街历史文化滨水街区

小河直街历史文化滨水街区位于杭州市北部，地处京杭大运河、小河、余杭塘河三河交汇处。东临小河，西临和睦路，南临小河路，北临长征桥路。小河直街历史文化街区以小河直街为中心，沿运河、小河分布的民居和航运设施整体风貌和空间特征仍基本保存，具有一定的规模，在杭州市历史文化街区中应属于整体传统风貌较为完整的街区之一。街区真实地反映了清末、民国初年运河沿线下层人民的生活环境，保留着一定数量的历史建筑，其建筑特色、街巷风貌、运河航运遗迹仍然保留着独特的风貌。

5. 设计内容和要求

（1）认真收集现状基础资料和相关背景，分析城市上一层次规划对基地提出的设计要求，以及基地现状与周围环境的关系，并提出相应的规划说明、规划指标和设计图纸。

（2）提出地块规划的结构分析，包括用地功能分区、道路系统、绿地系统和空间结构等。

（3）分析并提出整个地块和区域的交通组织，包括车行系统和地面、地下停车场、人行系统及广场、公交站点、地铁出站口及人行道等，结合各方面要素综合考虑道路景观的效果，必要时设计出相应的道路断面图。

（4）景观系统规划应层次分明，概念明确，与用地功能和城市空间统筹考虑，必要时应提交相应的环境设计图。

（5）鼓励同学在对基地现状及周边城市结构全面分析的基础上，结合本地区的自然条件、生活习惯、历史文脉、技术条件、城市景观等方面进行规划构思，提出体现现代城市滨水公共空间规划理念和技术手段的有创造性的设计方案。

6. 设计成果要求

（1）基地现状图。

（2）规划分析图及必要的说明；规划结构分析图、道路交通分析图、绿化系统分析图等。

（3）场地详细规划总平面图：图纸应标明用地方位和图纸比例，所有建筑和构筑物的屋顶平面图，建筑层数，建筑使用的性质，主要道路的中心线，停车位（地下车库及建筑底层架空部分应用虚线表现出其范围），室外广场、铺地的基本形式等。绿化部分应区别乔木、灌木、草地和花卉等。

（4）规划说明：包括地理区位、工程概况以及设计构思说明及方案特点等。

（5）主要技术经济指标，场地整体及各独立地块的指标应分别列出。

（6）整体鸟瞰图（彩色效果图）。

（7）所有图纸均为标准 A1 尺寸（594mm×841mm），图纸数量 4 张；每套图应有统一的图名和图号以及电子文件（JPG 格式，分辨率不低于 300dpi）。

（8）可深化的内容（非必须）典型广场、街道空间、主要单体建筑（平、剖面图及透视图等）。

SLOW DOWN

慢行系统控制下的杭州小河直街历史文化街区改造 1

CAR FREE LIFE STYLE

项目背景 PROJECT BACKGROUND

小河直街作为杭州最后一处运河人家，2007年杭州市政府对其进行了保护性改造。为了保存其原汁原味的水乡人家生活方式，改造采用了原拆原建和居民回迁的改造手法。然而，传统的生活方式已无法适应快速交通主导的城市生活，改造后的小河直街已失去了往昔的繁茂与活力。希望通过本次改造，使小河直街历史保护区及周边地区(中国石化厂区）焕发新的光彩。

区位分析 LOCATION ANALYSIS

（1）从大杭州看小河直街区位条件
小河地块位于杭州主城北部，距西湖风景区约5公里。

（2）从拱墅区看小河直街的区位条件
拱墅区位于京杭大运河的最南端，全区以运河文化为主线，大力发展和壮大文化产业。小河直街地块的改造将有较好的文化建设氛围。

（3）从自然环境看小河直街区位条件
小河直街地处京杭大运河、小河与余杭塘河的三河交汇处，水上交通的开通使得小河直街与运河沿线的其他历史街区有了更紧密的联系。

历史沿革 HISTORY ANALYSIS

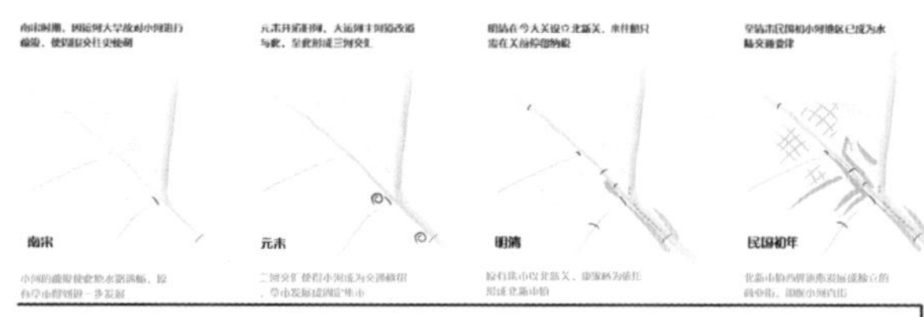

南宋
元末
明清
民国初年
改革开放

现状特征 CHARACTER ANALYSIS

用地性质分析　建筑质量分析　绿化空间分析　交通系统分析

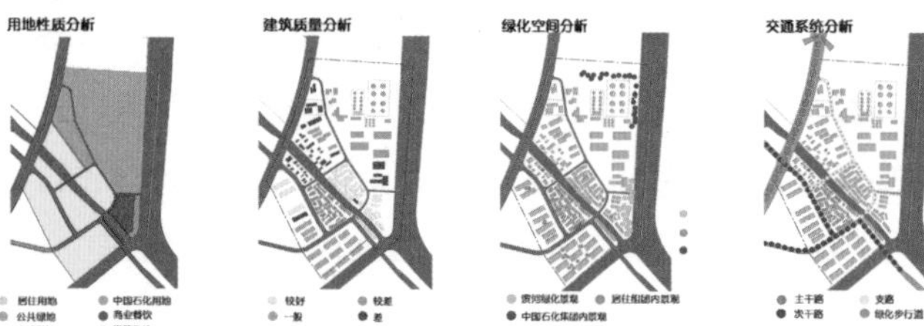

居住用地
公共绿地
水域用地
中国石化用地
商业餐饮
道路用地
较好
一般
较差
差
滨河绿化景观
居住组团内景观
中国石化集团内景观
主干路
次干路
支路
绿化步行道

用地构成分析：现状用地主要为小河直街和中国石化集团，功能结构单一，地块丧失活力。

建筑质量分析：基地内大部分建筑年久失修，需进行拆除或改造，新老建筑混合，风貌不协调，亟需整改。

绿化景观分析：现状绿化多集中在运河一侧的滨河空间，居住组团内绿化以树为主，总体绿化利用率低。

交通系统分析：现状交通紊乱，人车混流现象严重，且无社会停车场，需重新梳理交通组织。

周边环境 SURROUNDINGS ANALYSIS

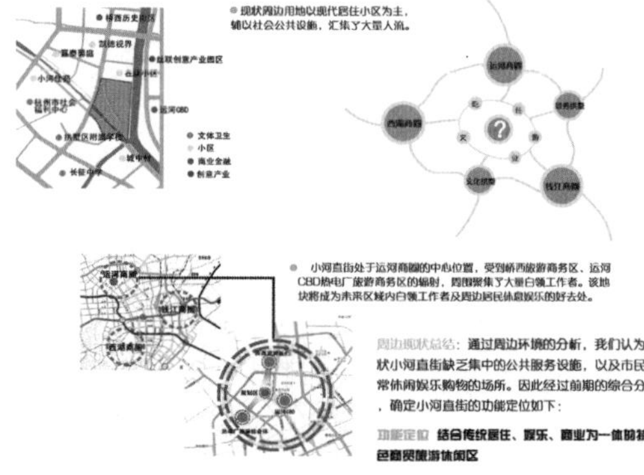

● 现状周边用地以现代居住小区为主，辅以社会公共设施，汇集了大量人流。

● 小河直街处于运河商圈的中心位置，受到桥西旅游商务区、运河CBD热电厂旅游商务区的辐射，周围聚集了大量白领工作者。该地块将成为未来区域内白领工作者及周边居民休息娱乐的好去处。

周边现状总结：通过周边环境的分析，我们认为现状小河直街缺乏集中的公共服务设施，以及市民日常休闲娱乐购物的场所。因此经过前期的综合分析，确定小河直街的功能定位如下：

功能定位　结合传统居住、娱乐、商业为一体的特色商贸旅游休闲区

小河人的一天 A DAY LIFE

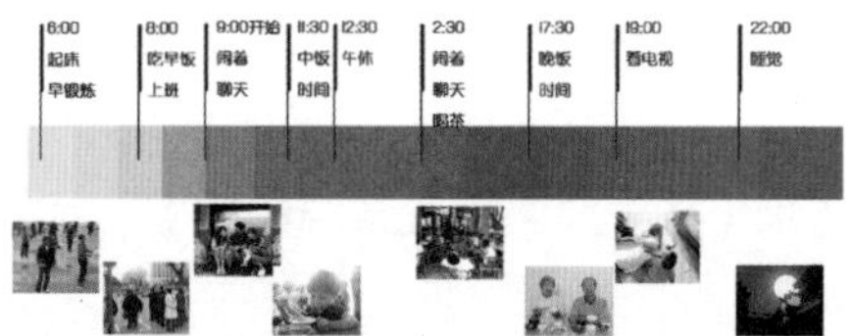

6:00 起床 早锻炼
8:00 吃早饭 上班
9:00开始 闲着 聊天
11:30 中饭时间
12:30 午休
2:30 闲着 聊天 喝茶
17:30 晚饭时间
19:00 看电视
22:00 睡觉

小河的生活似乎一成不变，每天重复着单调的内容，在小河这片充满韧韵的土地上似乎应该再加点什么，让生活更充实一些……

人流及活力点分析 PEDESTRIAN FLOW&VITALITY

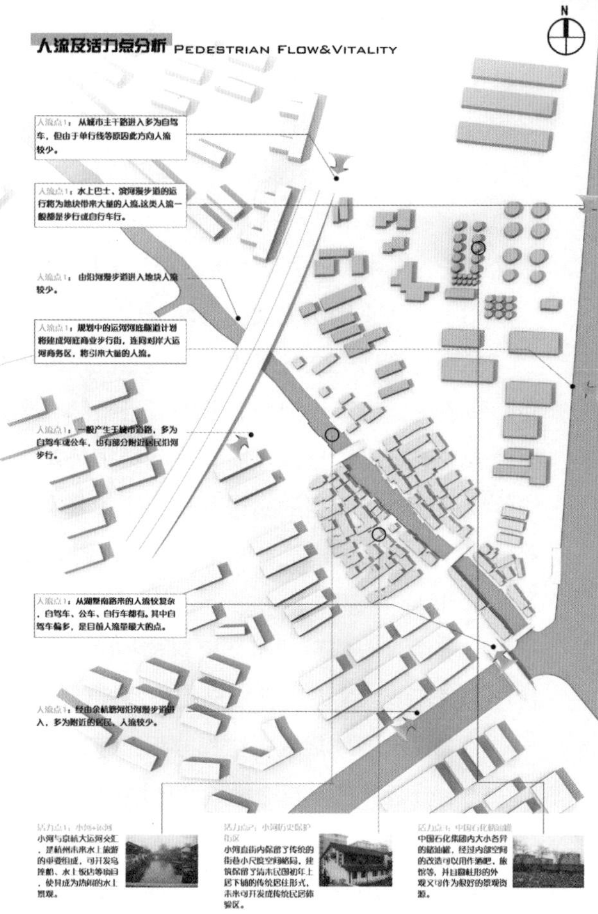

N
人流点1：从城市主干道进入多为自驾车，但由于单行线等原因此方向入人流较少。
人流点2：水上巴士、滨河慢步道的运行将为地块带来大量的人流，这类人流一般都是步行或自行车行。
人流点3：由滨河慢步道进入地块人流较少。
人流点4：规划中的运河沿岸隧道计划将建成河底商业步行街，连同对岸入运河商务区，将引来大量的人流。
人流点5：一般产生于城市道路，多为自驾车或公车，也有部分附近居民沿河步行。
人流点6：从湖墅南路来的人流较复杂，自驾车、公车、自行车都有，其中自驾车偏多，是目前人流量最大的点。
人流点7：经由余杭塘河沿河慢步道进入，多为附近的居民，人流较少。

方案生成研究 RESEARCH&THINKING

规划理念 PLANNING IDEA

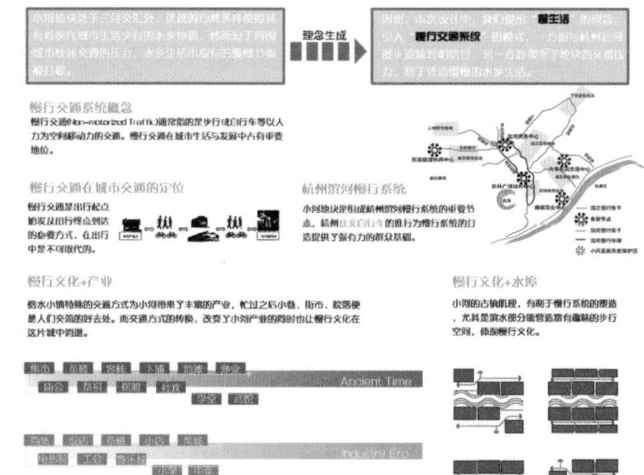

理念生成
慢生活
慢行交通系统
Ancient Time
Industry Era
Information Age
集市
茶馆
客栈
卜铺
书院
会馆
影城
Club
KTV

慢行交通系统概念

慢行交通(Non-motorized Traffic)通常指的是步行或自行车等以人力为空间移动力的交通。慢行交通在城市生活与发展中占有重要地位。

慢行交通在城市交通的定位

慢行交通是出行起点始发及出行终点到达的必要方式，在出行中是不可取代的。

杭州滨河慢行系统

小河地块是组成杭州滨河慢行系统的重要节点，杭州公交自行车的推行为慢行系统的打造提供了强有力的群众基础。

慢行文化+产业

傍水小镇特殊的交通方式为小河带来了丰富的产业，忙过之后小巷、街市、院落便是人们交流的好去处。而交通方式的转换，改变了小河产业的同时也让慢行文化在这片城中消逝。

慢行文化+水埠

小河的古镇肌理，有利于慢行系统的塑造，尤其是滨水部分能营造富有趣味的步行空间，体现慢行文化。

规划措施 PLANNING MEASURES

措施	现状（Situation）	方法（Method）
空间梳理	历史保护街区内，原住民回迁的改造方式，使传统生活形态得以延续，但过于开放的院落空间无法满足现代城市人对于生活私密性的要求。	因此，传统历史保护街区内的街、巷、院落空间需要进行重新梳理。
旧厂房改造	中国石化集团厂区内留有不少大体量的空置厂房，以及外形独特的储油罐，但是这些厂房破旧的外观已破坏了地块的整体风貌。	因此，需要对旧厂房及储油罐进行外立面的改造以及功能的置换，使之成为地块内一道独特的风景。
地下空间开发	由于小河直街历史保护街区的存在，小河地区在上一轮控规中对地块内的建筑高度做出了相应的限定，规定地块内建筑高度不得超过18米。	因此，在设计中考虑地下空间的开发，以挖掘地块潜力，同时地块又连接规划中的运河河底隧道，下沉空间可作为隧道口与地面的连接空间。

SLOW DOWN

慢行系统控制下的杭州小河直街历史文化街区改造
CAR FREE LIFE STYLE

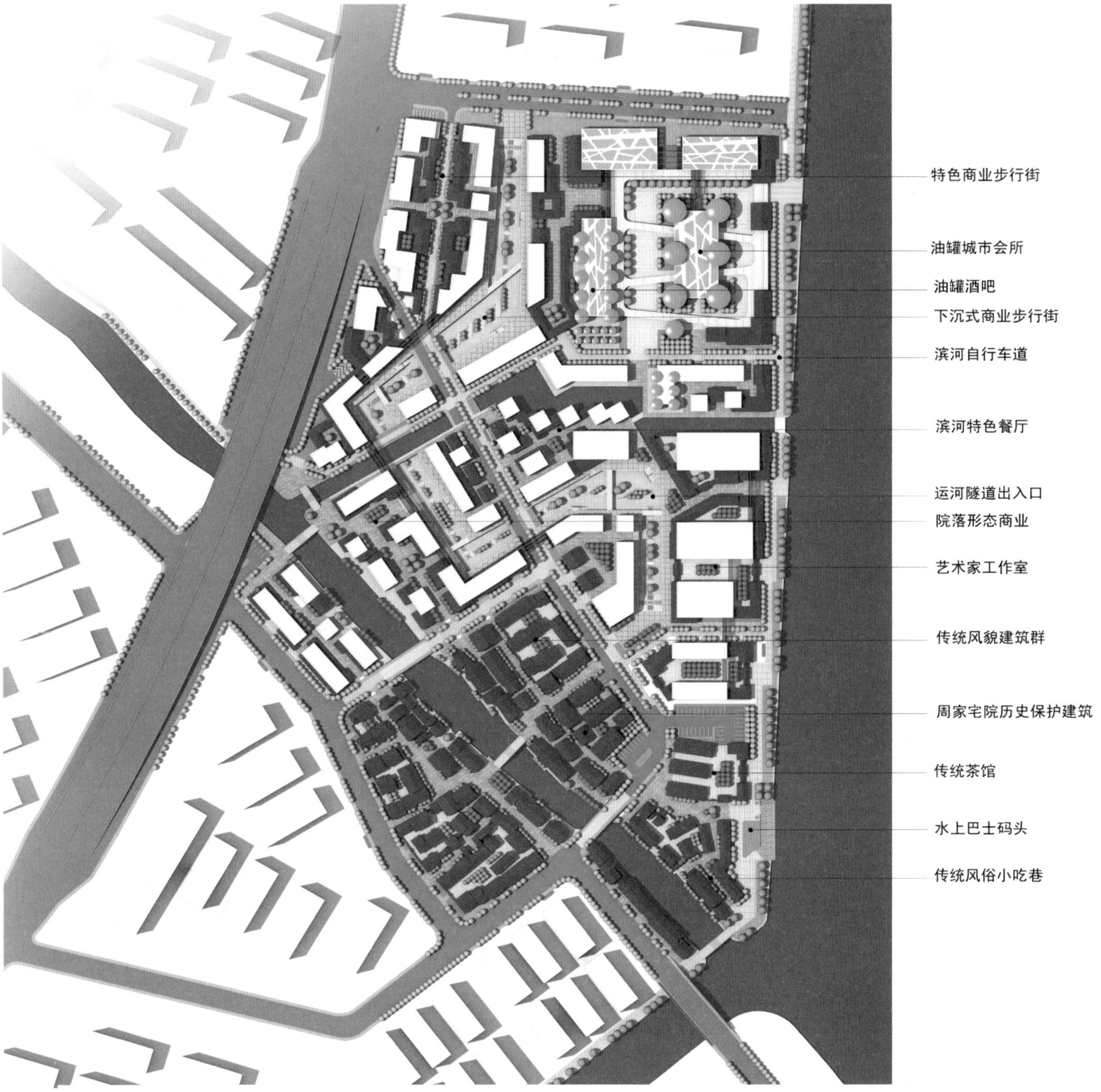

特色商业步行街
油罐城市会所
油罐酒吧
下沉式商业步行街
滨河自行车道
滨河特色餐厅
运河隧道出入口
院落形态商业
艺术家工作室
传统风貌建筑群
周家宅院历史保护建筑
传统茶馆
水上巴士码头
传统风俗小吃巷

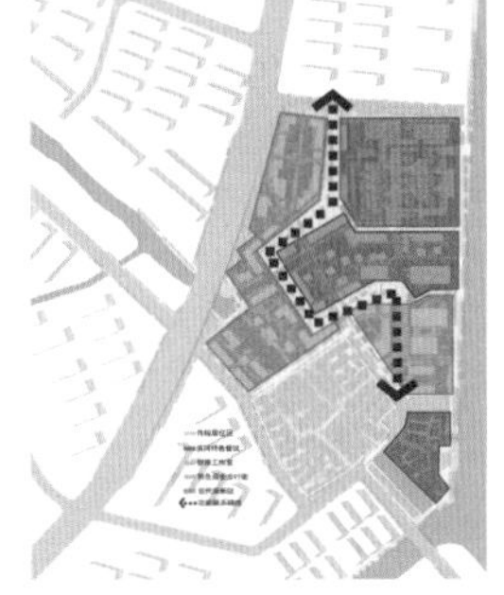
功能结构分析图

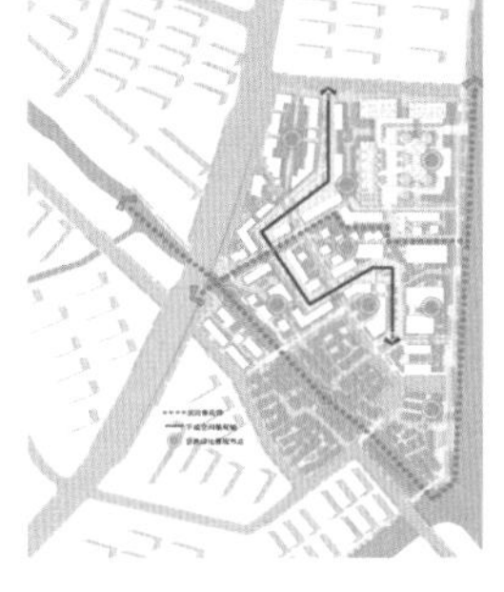
景观结构规划图

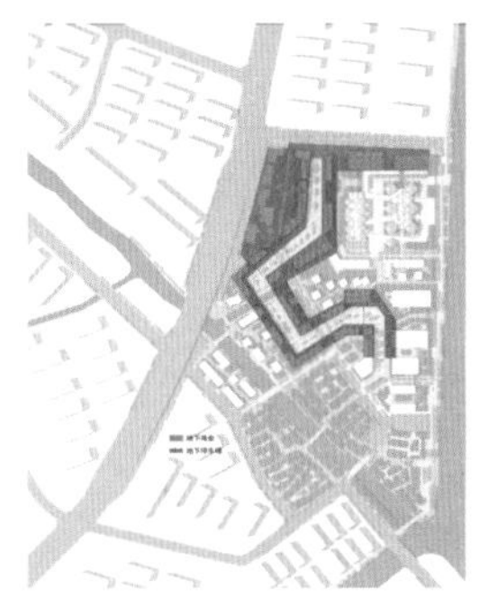
地下空间利用图

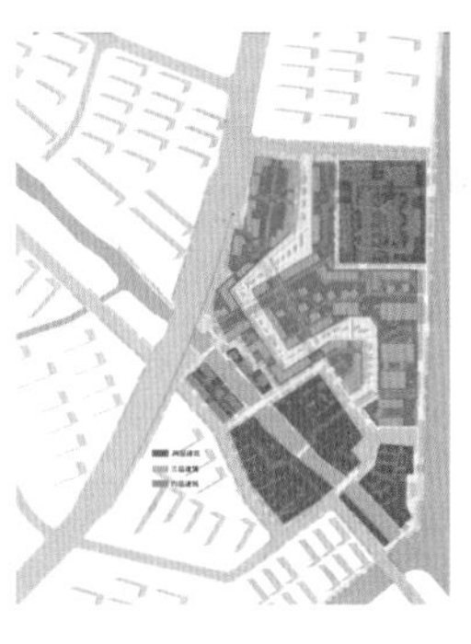
建筑层数

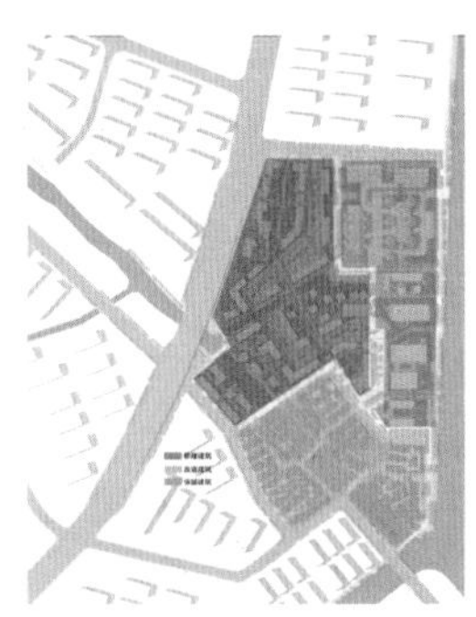
改造意向图

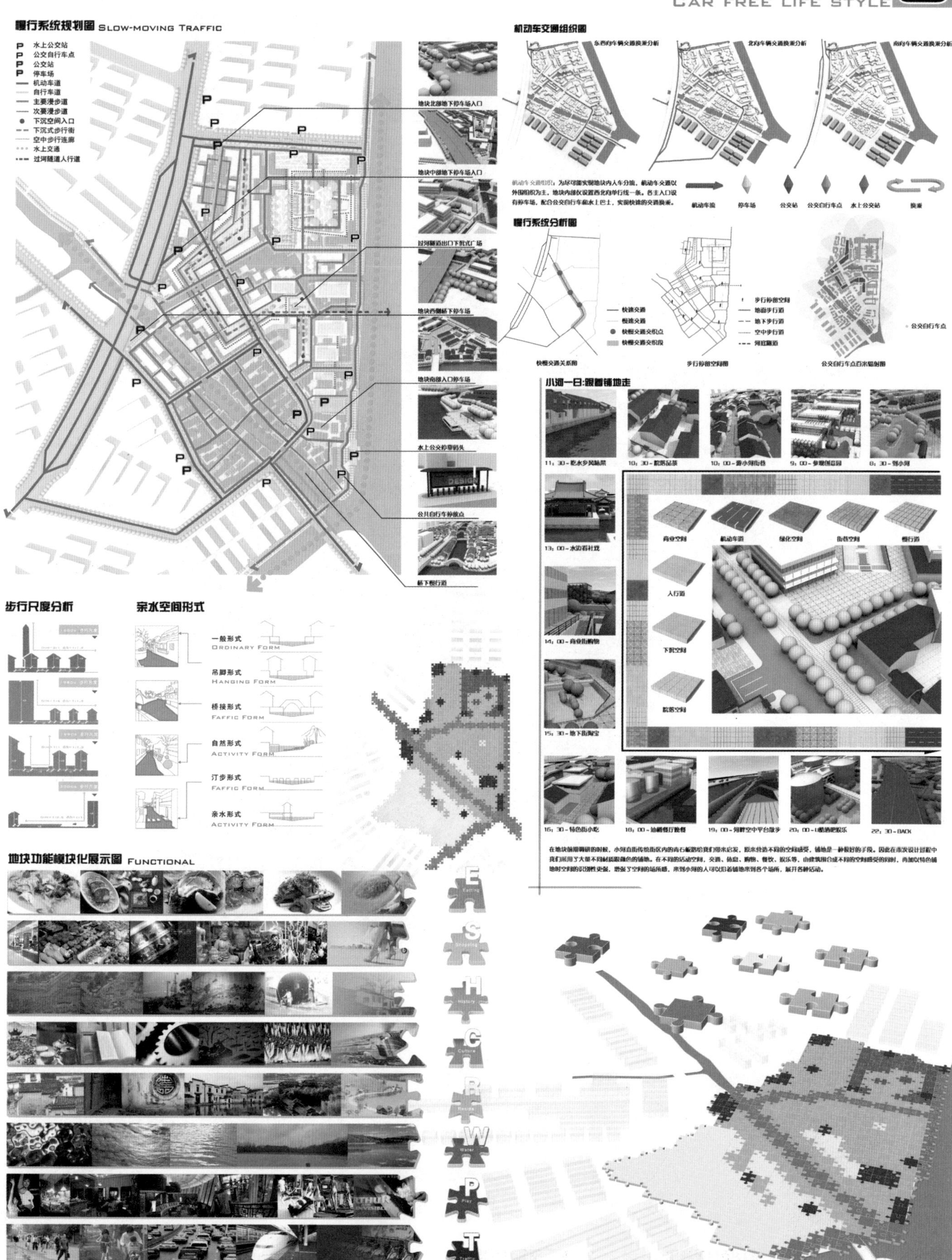
SLOW DOWN
慢行系统控制下的杭州小河直街历史文化街区改造 3
CAR FREE LIFE STYLE
慢行系统规划图 SLOW-MOVING TRAFFIC
水上公交站
公交自行车点
公交站
停车场
机动车道
自行车道
主要漫步道
次要漫步道
下沉空间入口
下沉式步行街
空中步行连廊
水上交通
过河隧道人行道
地块北部地下停车场入口
地块中部地下停车场入口
过河隧道出口下沉式广场
地块西侧桥下停车场
地块南部入口停车场
水上公交停靠码头
公共自行车停放点
桥下慢行道
机动车交通组织图
东西向车辆交通换乘分析
北向车辆交通换乘分析
南向车辆交通换乘分析
机动车 停车场 公交站 公交自行车点 水上公交站 换乘
慢行系统分析图
快速交通
慢速交通
快慢交通交织点
快慢交通交织段
快慢交通关系图
步行停留空间
地面步行道
地下步行道
空中步行道
河道隧道
步行停留空间图
公交自行车点
公交自行车点百米辐射图
小河一日:跟着铺地走
11：30－吃水乡风味菜
10：30－茶馆品茶
10：00－游小河街巷
9：00－参观创意园
8：30－到小河
13：00－水边看社戏
14：00－商业街购物
15：30－地下街淘宝
16：30－特色街小吃
18：00－油画餐厅数餐
19：00－河畔空中平台散步
20：00－U酷酒吧娱乐
22：30－BACK
商业空间 机动车道 绿化空间 街巷空间 慢行道
人行道
下沉空间
院落空间
步行尺度分析
亲水空间形式
一般形式 ORDINARY FORM
吊脚形式 HANGING FORM
桥接形式 FAFFIC FORM
自然形式 ACTIVITY FORM
汀步形式 FAFFIC FORM
亲水形式 ACTIVITY FORM
地块功能模块化展示图 FUNCTIONAL
E Eating
S Shopping
H History
C Culture
R Reside
W Water
P Play
T Traffic

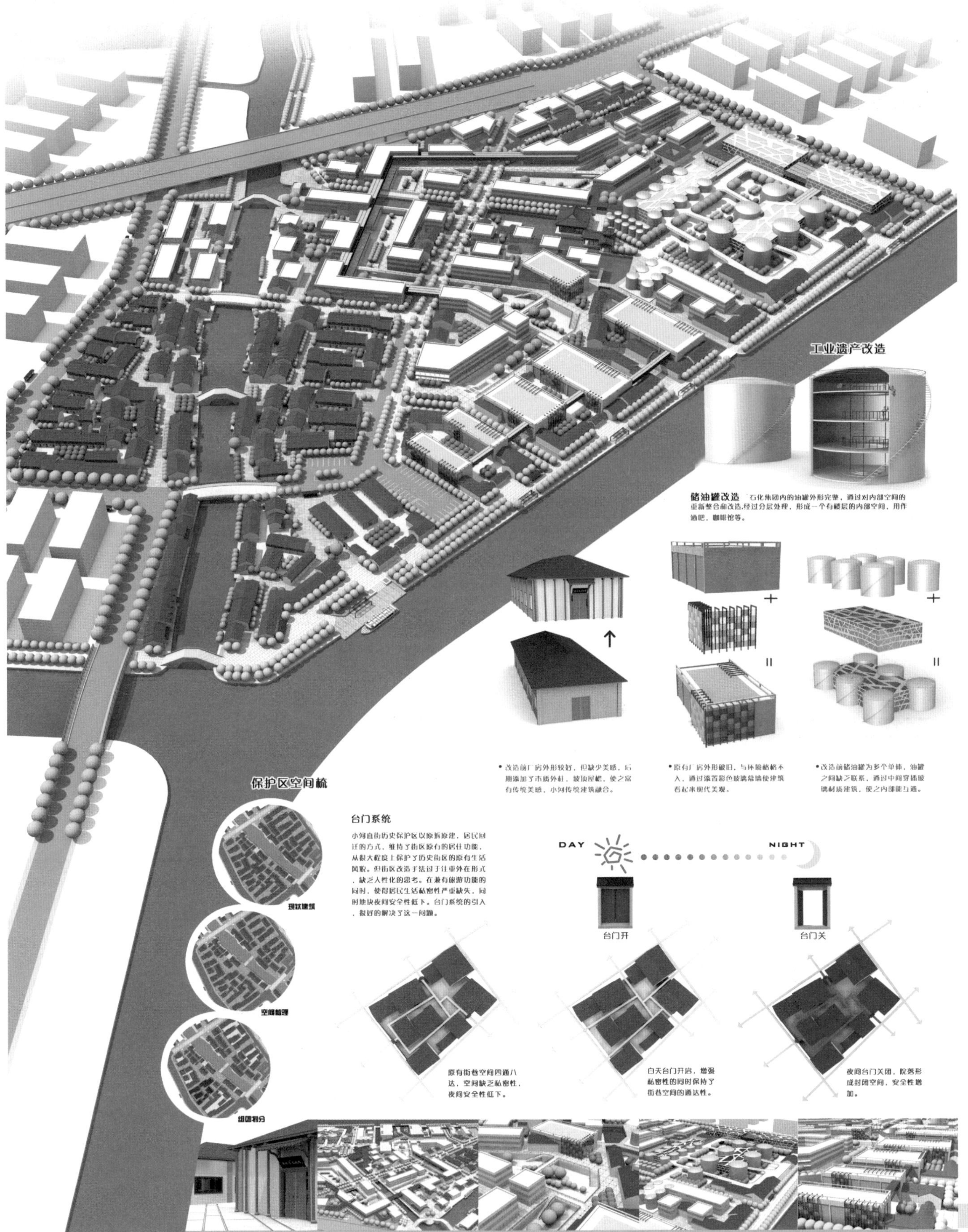
SLOW DOWN
慢行系统控制下的杭州小河直街历史文化街区改造 4
CAR FREE LIFE STYLE
工业遗产改造
储油罐改造 石化集团内的油罐外形完整，通过对内部空间的重新整合和改造，经过分层处理，形成一个有楼层的内部空间，用作酒吧，咖啡馆等。
• 改造前厂房外形较好，但缺少美感，后期添加了木质外材，坡顶屋檐，使之富有传统美感，小河传统建筑融合。
• 原有厂房外形破旧，与环境格格不入，通过添置彩色玻璃幕墙使建筑看起来现代美观。
• 改造前储油罐为多个单体，油罐之间缺乏联系，通过中间穿插玻璃材质建筑，使之内部能互通。
保护区空间梳
现状建筑
空间整理
组团划分
台门系统
小河直街历史保护区以原拆原建，居民回迁的方式，维持了街区原有的居住功能，从很大程度上保护了历史街区的原有生活风貌。但街区改造手法过于注重外在形式，缺乏人性化的思考。在兼有旅游功能的同时，使得居民生活私密性严重缺失，同时地块夜间安全性低下。台门系统的引入，很好的解决了这一问题。
DAY
NIGHT
台门开
台门关
原有街巷空间四通八达，空间缺乏私密性，夜间安全性低下。
白天台门开启，增强私密性的同时保持了街巷空间的通达性。
夜间台门关闭，院落形成封闭空间，安全性增加。

water front city life base + sports&leisure park design

水印绿肺——余杭南湖地块城市设计 1

深呼吸

基于水资源关怀的城市滨水区公共空间设计

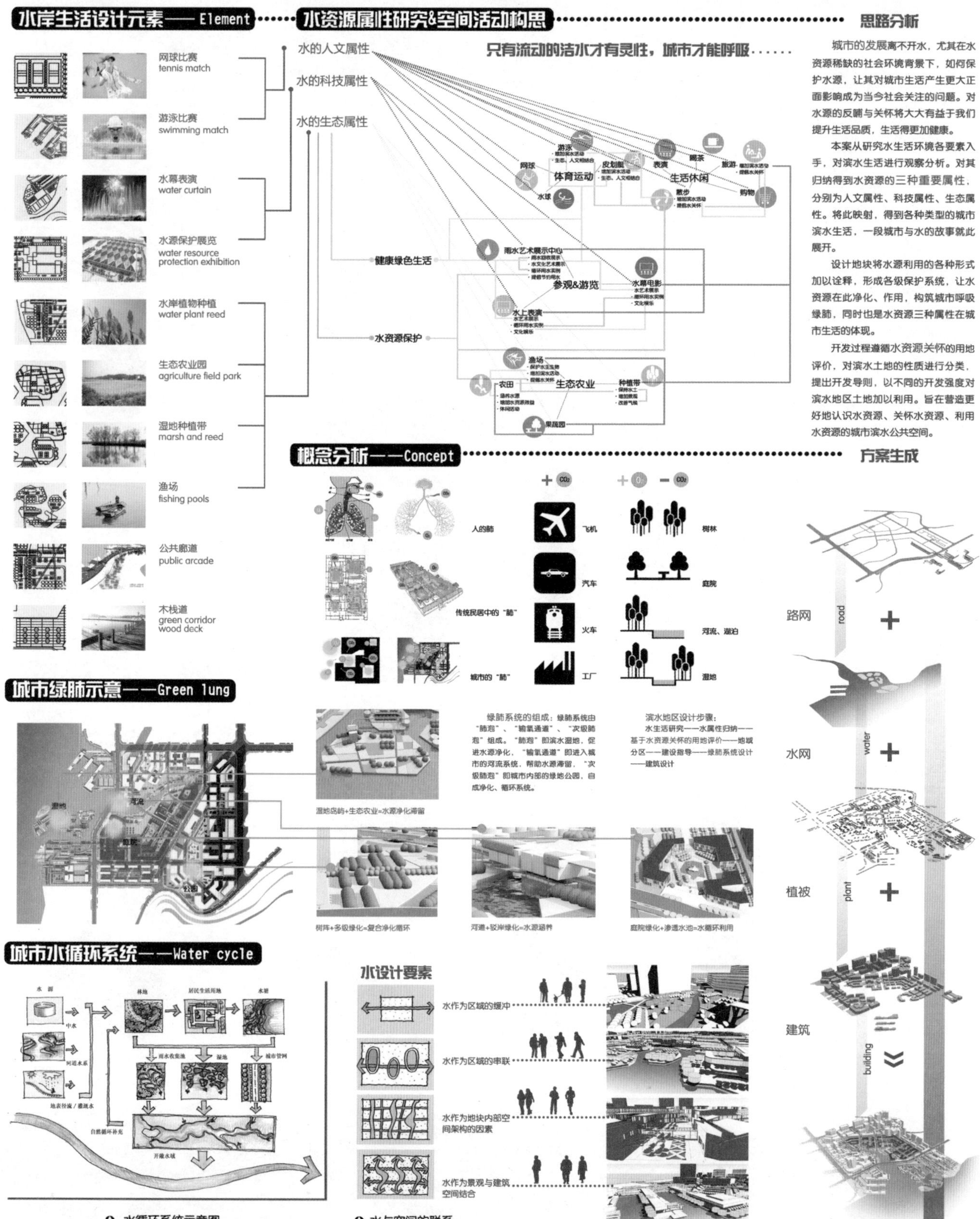

水岸生活设计元素——Element
网球比赛 tennis match
游泳比赛 swimming match
水幕表演 water curtain
水源保护展览 water resource protection exhibition
水岸植物种植 water plant reed
生态农业园 agriculture field park
湿地种植带 marsh and reed
渔场 fishing pools
公共廊道 public arcade
木栈道 green corridor wood deck
水资源属性研究&空间活动构思
水的人文属性
水的科技属性
水的生态属性
只有流动的活水才有灵性，城市才能呼吸……
体育运动
生活休闲
健康绿色生活
参观&游览
水资源保护
生态农业
思路分析
城市的发展离不开水，尤其在水资源稀缺的社会环境背景下，如何保护水源，让其对城市生活产生更大正面影响成为当今社会关注的问题。对水源的反哺与关怀将大大有益于我们提升生活品质，生活得更加健康。
本案从研究水生活环境各要素入手，对滨水生活进行观察分析。对其归纳得到水资源的三种重要属性，分别为人文属性、科技属性、生态属性。将此映射，得到各种类型的城市滨水生活，一段城市与水的故事就此展开。
设计地块将水源利用的各种形式加以诠释，形成各级保护系统，让水资源在此净化、作用，构筑城市呼吸绿肺，同时也是水资源三种属性在城市生活的体现。
开发过程遵循水资源关怀的用地评价，对滨水土地的性质进行分类，提出开发导则，以不同的开发强度对滨水地区土地加以利用。旨在营造更好地认识水资源、关怀水资源、利用水资源的城市滨水公共空间。
概念分析——Concept
人的肺
传统民居中的“肺”
城市的“肺”
飞机
汽车
火车
工厂
树林
庭院
河流、湖泊
湿地
方案生成
路网 road
水网 water
植被 plant
建筑 building
城市绿肺示意——Green lung
绿肺系统的组成：绿肺系统由“肺泡”、“输氧通道”、“次级肺泡”组成。“肺泡”即滨水湿地，促进水源净化，“输氧通道”即进入城市的河流系统，帮助水源滞留，“次级肺泡”即城市内部的绿地公园，自成净化、循环系统。
滨水地区设计步骤：
水生活研究——水属性归纳——基于水资源关怀的用地评价——地域分区——建设指导——绿肺系统设计——建筑设计
湿地岛屿+生态农业=水源净化滞留
树阵+多级绿化=复合净化循环
河道+驳岸绿化=水源涵养
庭院绿化+渗透水池=水循环利用
城市水循环系统——Water cycle
水设计要素
水作为区域的缓冲
水作为区域的串联
水作为地块内部空间架构的因素
水作为景观与建筑空间结合

水循环系统示意图

水与空间的联系

water front city life base + sports&leisure park design

水印绿肺——余杭南湖地块城市设计 2

深呼吸

基于水资源关怀的城市滨水区公共空间设计

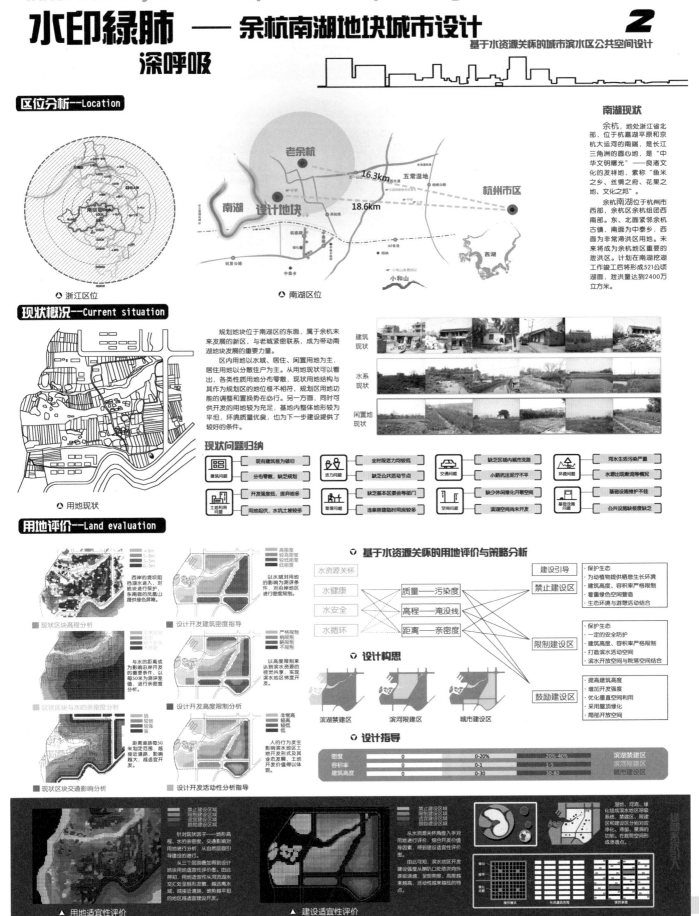

区位分析--Location

▲ 浙江区位

▲ 南湖区位

南湖现状

余杭，地处浙江省北部，位于杭嘉湖平原和京杭大运河的南端，是长江三角洲的圆心地，是"中华文明曙光"——良渚文化的发祥地，素称"鱼米之乡、丝绸之府、花果之地、文化之邦"。

余杭南湖位于杭州市西部，余杭区余杭组团西南部。东、北面紧邻余杭古镇，南面为中泰乡，西面为非常滞洪区用地。未来将成为余杭地区重要的泄洪区。计划在南湖挖湖工作竣工后将形成521公顷湖面，泄洪量达到2400万立方米。

现状概况--Current situation

▲ 用地现状

规划地块位于南湖区的东面，属于余杭未来发展的新区，与老城紧密联系，成为带动南湖地块发展的重要力量。

区内用地以水域、居住、闲置用地为主，居住用地以分散住户为主。从用地现状可以看出，各类性质用地分布零散，现状用地结构与其作为规划区的地位极不相符，规划区用地功能的调整和置换势在必行。另一方面，同时可供开发的用地较为充足，基地内整体地形较为平坦，环境质量优良，也为下一步建设提供了较好的条件。

建筑现状

水系现状

闲置地现状

现状问题归纳

- 建筑问题：现有建筑很为破旧；分布零散，缺乏规划
- 活力问题：全时段活力均较低；缺乏公共活动节点
- 交通问题：缺乏区域内城市支路；小路坑洼泥泞不平
- 环境问题：河水生活污染严重；水道出现断流等情况
- 土地利用问题：开发强度低，废弃地多；用地起伏，水坑土坡较多
- 管理问题：缺乏基本区委会等部门；违章搭建临时用房较多
- 空间问题：缺少休闲绿化开敞空间；滨湖空间尚未开发
- 基础设施问题：基础设施维护不佳；公共设施缺极度缺乏

用地评价--Land evaluation

西岸的堤坝阻挡湖水进入，对地块进行保护，东南面的凤凰山提供绿色屏障。

■ 现状区块高程分析

以水域对用地的影响为测评条件，对沿岸地区进行密度限制。

■ 设计开发建筑密度指导

与水的距离成为影响沿岸开发的重要条件，以每50米为测评差值，进行亲密度分析。

■ 现状区块与水的亲密度分析

以高度限制来达到滨水资源的视觉共享，实现滨水地区梯度开发。

■ 设计开发高度限制分析

距离道路每50米划定范围，越接近道路，影响越大，越适宜开发。

■ 现状区块交通影响分析

人的行为发生影响滨水地区土地开发形式及其业态发展，土地开发价值得以体现。

■ 设计开发活动性分析指导

基于水资源关怀的用地评价与策略分析

设计构思

滨湖禁建区　滨河限建区　城市建设区

设计指导

	滨湖禁建区	滨河限建区	城市建设区
密度	0	0-20%	20%-40%
容积率	0	0-1	1-5
建筑高度	0	0-30	30-80

禁止建设区域
限制建设区域
适宜建设区域
鼓励建设区域
针对现状因子——地形高程、水的亲密度、交通影响对用地进行分析，从自然层面引导建设的进行。
从三个层面叠加得到设计地块用地适宜性评价图。由此得知，用地适宜性从河流湖水交汇处呈扇形发散，越远离水域、越接近道路、地势越平坦的地区越适宜建设开发。
从水资源关怀角度入手对用地进行评价，综合开发价值等因素，得到建设适宜性评价图。
由此可知，滨水地区开发建设强度从脚叭口处依次向外逐级递减，呈现密度、高度越来越高，活动性越来越低的特点。
湿地、河流、绿化组成滨水地区呼吸系统，禁建区、限建区和建设区分别对应净化、滞留、景观的功能，在庭院空间形成渗透点。

▲ 用地适宜性评价　▲ 建设适宜性评价

water front city life base + sports&leisure park design
水印绿肺 ——余杭南湖地块城市设计
3
深呼吸
总平面图 1：2000
N
规划概述
余杭南湖地块滨水空间融合湖岸、河岸等空间。除生态保护、净化环境的作用外，还有一定的景观游憩作用，更可以提升周边土地的价值，吸引大量游人来此观光旅游。
运动中心地块有网球训练基地、皮划艇基地、水球馆、比赛场馆、训练馆等，景观公园结合亲水平台、驳岸、人工绿化等组成。
渔业和生态农业的开发是当地湖泊开发最珍贵的自然资产，该处生态农业区对渔业、农田进行保护，延续长久以来的滨水生活。为当地动植物提供更大的栖息空间，为外来游客体验最原始的滨水生活提供机会。
沿河滨水空间形成院落式组团结构，提供丰富的滨水生活场所，购物、餐饮、休闲、观景，以二层庭院廊道形成立体空间。开敞的滨河绿地以退台式驳岸处理，方便近距离接触水岸。
运动训练基地
体育场馆
生态农田
生态渔场
文化岛
下沉式庭院
雨水艺术展示中心
经济技术指标
用地面积： 39.75 ha
建筑面积： 636050 m²
建筑占地面积： 60890 m²
建筑密度： 15.32 %
容积率： 1.60
绿地率： 42.35%
空间落实
空间行为分析
活动类型
时间层面
03:00AM 06:00AM 09:00AM 12:00AM 03:00PM 06:00PM 09:00PM 12:00PM
设计分析——Analysis
肺泡——湾中的生态岛屿与湿地
输氧通道——进入内部的河流
输氧通道——进入内部的河流
次级肺泡——城市内绿地公园
湖岸滨水空间：以运动中心、生态公园为载体，开展滨水活动。各类运动场地以列植树木、种植带围合空间，既加强了功能的复合性，又保证其相对独立。地界面设计多采用绿化，辅以透水性路面，便于解决南湖汛期时湖水上涨带来的滨水区淹没问题。汛期水岸线升高，引入“可淹没”的理念，让上涨的湖水停留在湿地岛屿上，土壤充分保留湖水，缓解汛期压力，成为城市水净化与保持的基本单元。
河岸滨水空间：经过净化的水进入城市，人们在此开展丰富的活动。进入汛期的南湖，水岸线的升高对地块内部的河道也产生了一定的影响。退台式驳岸增加活动基面，让进入城市的水流更好地驻足。同时，人们的活动也可以停留在滨水、临水、观水三个滨水基面上。
城市职能定位分析
功能分析
道路流线分析
公共空间分析
建筑高度分析
用地性质分析
生态文化区 ecological culture area
运动休闲区 sports & leisure area
公共廊道+种植带+渔场+生态农田+文化岛+雨水回收体验馆
public arcade+water plant+fishing pool+ecological farm+culture island+exhibition hall
游泳池+网球场+运动馆+种植带+滨水步道
swimming pool+tennis court+stadium+water plant+green corridor

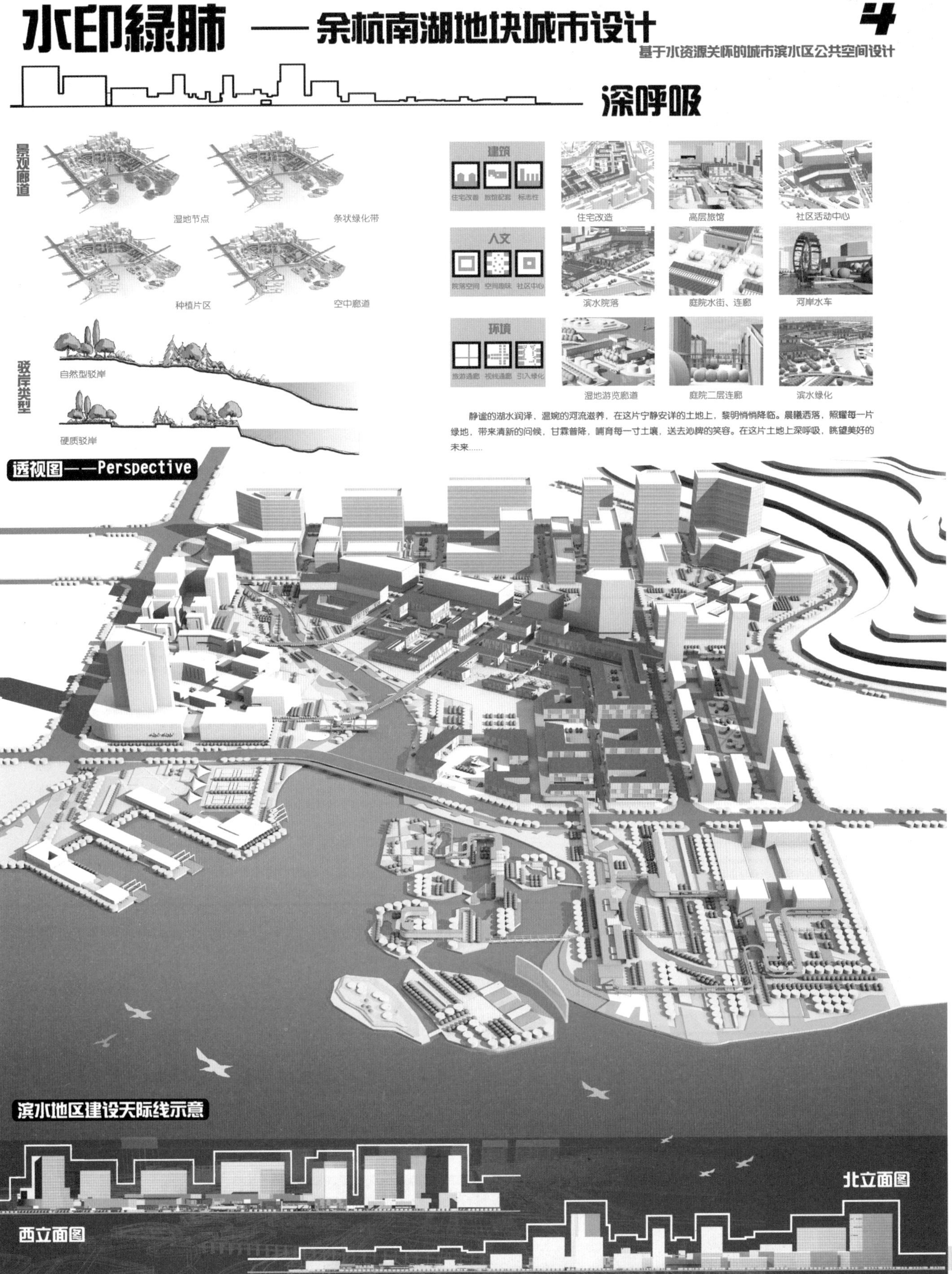
water front city life base + sports&leisure park design
水印绿肺——余杭南湖地块城市设计
4
基于水资源关怀的城市滨水区公共空间设计
深呼吸
景观廊道
湿地节点
条状绿化带
种植片区
空中廊道
驳岸类型
自然型驳岸
硬质驳岸
建筑
住宅改善
旅馆配套
标志性
住宅改造
高层旅馆
社区活动中心
人文
院落空间
空间趣味
社区中心
滨水院落
庭院水街、连廊
河岸水车
环境
旅游通廊
视线通廊
引入绿化
湿地游览廊道
庭院二层连廊
滨水绿化
静谧的湖水润泽，温婉的河流滋养，在这片宁静安详的土地上，黎明悄悄降临。晨曦洒落，照耀每一片绿地，带来清新的问候，甘霖普降，哺育每一寸土壤，送去沁脾的笑容。在这片土地上深呼吸，眺望美好的未来……
透视图——Perspective
滨水地区建设天际线示意
北立面图
西立面图

枕河停波

基于生态型水循环的城市滨水区设计

区位介绍

长三角·浙江　浙江·台州　台州·临海　临海·杜桥

临海市位于浙江省东南沿海中部，属台州市管辖，北连宁波，西应金华，南接温州，东临东海。临海是浙江沿海中部的陆上交通枢纽，是长三角经济圈的重要组成部分，也是国家历史文化名城。

临海在浙江省区位图

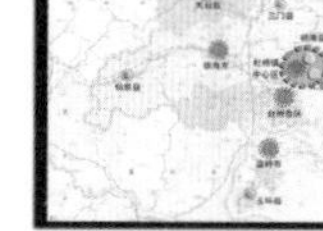

杜桥在临海市区位图

杜桥镇位于临海市东南，位于台州湾入海口北岸椒北平原的地理中心，南靠台州市区，距门头港10公里，距路桥机场20公里，北接三门湾，镇区人口约6.8万。

杜桥与周边区块关系图

杜桥交通区位分析

杜桥是临海东部分区的主城区之一、公共副中心，是东部滨海产业园区的生活服务性副城，与临海、台州城区都有紧密联系，具有四通八达的对外交通联系。

地块现状

本次规划范围

上位规划范围

上位规划范围为富南路、杜南大道、环城东路、沿海大道围合区域，约2.44平方公里。本次规划选择其中靠近百里大河沿岸区块，面积为42.2公顷。

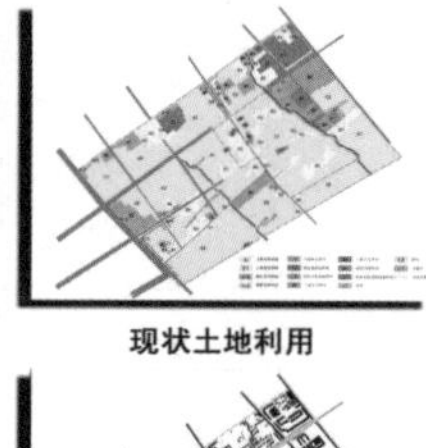

现状土地利用

现状图底关系

现状层数分析

1-2层

3-4层

5层以上

现状建筑性质分析

居住用地

公建用地

工业用地

建设措施分析

拆除

改建

保留

原基地内建筑，除了东岳宫和项氏宗祠两处古建筑外，还有9座现状保存较好的民居，应该给予保护、修缮、改建。

项氏宗祠格局规整，保存较好，用材粗大，做工十分考究。

东岳宫内供奉黄飞虎，每年正月初二起均有庙会表演。

经济背景

发展阶段	阶段一	阶段二	阶段三	阶段四
	原始形态	传统商业	现代商业	广义商业
特点	消费者对价格敏感	满足单一购物需求	综合商业形式满足多种需求	转型商业形式个性消费
表现形态	马路市场、地摊、集贸市场	百货商场、商业街、批发市场、超市、街铺零售店	shopping mall、大型购物中心、专卖店、精品店	旅游地产、商务地产、物流
人均GDP（美元）	低于1100	1100-2000	2000-4400	4400以上

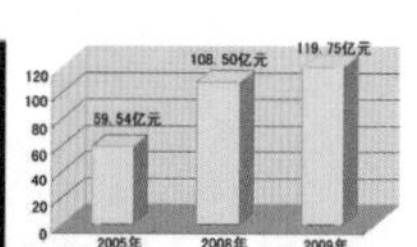

59.54亿元
108.50亿元
119.75亿元
2005年
2008年
2009年

杜桥现状仍以第二产业为主，第三产业较为落后。杜桥2008年人均GDP在3000-4000美元之间，现状零售业严重滞后于经济发展总体水平，应通过业态升级来推动零售业向现代商业甚至广义商业阶段转型。

文化背景

杜桥镇是浙江省文化名城，也是千年历史重镇，有丰富的历史文化底蕴。杜桥于吴越时设治，秦代建县，历史上向来是区域商贸中心，商贾云集，至今历史文化遗存仍十分丰富。

杜桥的江南民居富有地域特色，民俗风情也别有情趣，在规划时需要注意保存文化底蕴和地域特色。

生态背景

临海市水资源分布图

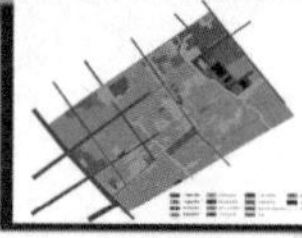

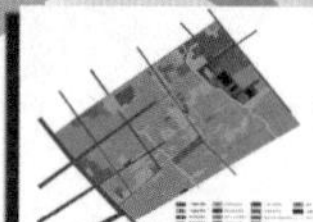

规划区内水资源分布

杜桥自然背景：水资源缺乏。杜桥存在两种缺水：

■ 资源性缺水：杜桥处于临海市东部，临海市水资源分布不平衡，为西多东少，杜桥镇域为水资源匮乏区域。

■ 水质性缺水：因经济社会的迅速发展及市政设施的建设相对落后，镇区内大量未经处理的工业废水及生活污水直接排入河网，加之平原地区河网本身流动性不强，环境容量小，河道水质普遍较差。镇区上游划为Ⅲ类水域功能区，实际水域现为Ⅳ类；镇区下游及周围划定为Ⅳ类水域功能区，实际水域功能尚未达标。

杜桥水环境现状照片

生态保护思路和目标：

■ 形成河网水系水资源相互调节调控格局，在全部镇域形成截留、治污、导流的污水处理格局。进一步提倡节水，建立废水回用系统，全面提升杜桥镇水环境质量。

■ 采取“截污控源、拓浚增容、节水筑绿”等各种有效措施对平原河网生态系统进行修复，以达到“水清、流畅、岸绿、景美、鱼丰”的目标。改善河网水系流动状态，提高河网水系水环境承载能力。

规划定位

经济定位：杜桥应加大休闲娱乐设施的配套建设，将家庭消费视为购物中心消费的主流，与优秀机构合作开发主力品牌店，注重特色经营和错位经营。形成宜居的城市RBD（Recreational Business District）。

文化定位：挖掘地域特色，传承历史文化，保留原有建筑风貌和城市肌理。

生态定位：改善缺水现状，保留城市每一滴水，形成可持续发展的水循环系统。

建成后中心区意象图

断还莫雪腕仙护听天水南只好说人
肠乡还来眠月边雨画碧老合游江
须乡老霜皓人眠船于春人 02

枕河停波

基于生态型水循环的城市滨水区设计

概念提出

生态型城市的模型可以用右图来表示。在图上的内环中包括了诸如气候变化、自然灾害和人为灾害等环境因素，次环代表改善环境状况所必须考虑的若干子系统，外环则代表改善环境状况所需的制度体系。

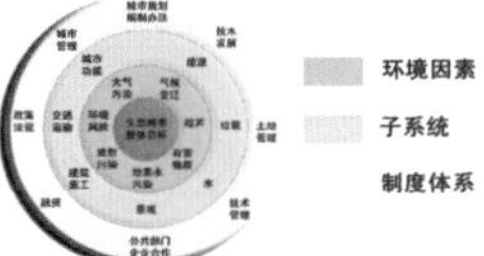

环境因素
子系统
制度体系

生态型城市是一个复杂的、动态的、可续的多维度系统，在建筑在因素、空间水平和阶段三个维度的不同交点都会形成不同的要求。生态型城市理念倡导整合、可持续的城市发展，在城市功能和各个技术系统之间发现共生协同关系。所达到的循环系统既提高效率又达到最好的经济效益，并节约自然资源。

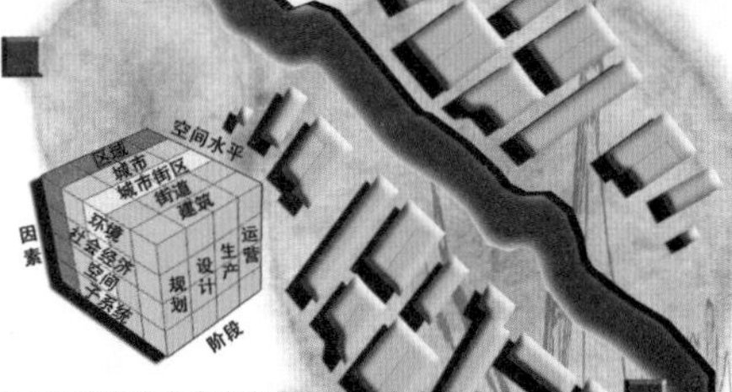

生态塑造

由前述生态保护思路和目标可知，想要形成可持续的水资源利用和水景，必须强化原有河流的生态净化和景观综合功能，所以设计在百里大河中段开挖湖面，形成水资源的过滤、滞留和净化。

具体方法：营造一个具有生态净化功能和景观功能相综合的湖区，利用湿地过滤水污染，并利用场地的微地势收集湖区周边雨水于湖中，用以灌溉周边植物形成完整的水循环利用系统。

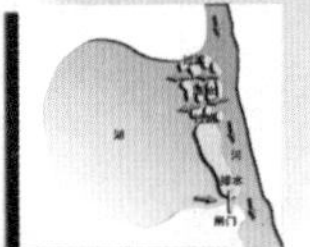
生态湖区和湿地功能示意图

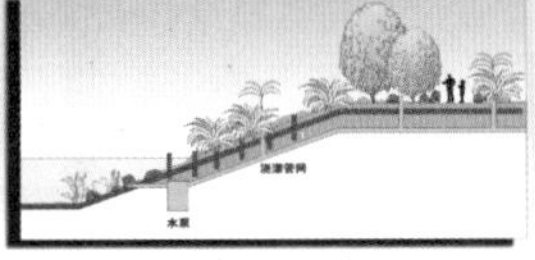
湖水利用示意图

汇聚
过滤
滞留
排放

河水 → 提升泵 → 混凝沉淀 → 人工湿地 → 湖水

绿化、道路冲洗

湖区生态功能分区图

■ 过滤：通过湿地的排污能力和自净能力，将上游流经的有污染的水净化。
■ 汇聚：河水在湖区北部汇聚成片，形成开敞水面，直接提供北岸城市居民活动空间。
■ 滞留：在湖区南部经过茂密的湿地群，通过湿地复杂的河湖港汊降低水的流速，使其能够长久地停留在湖区中，供人们观赏使用。
■ 排放：当下游发生干旱或需要用水时，打开闸门，将湖区中的水放出，供下游使用。

水循环系统

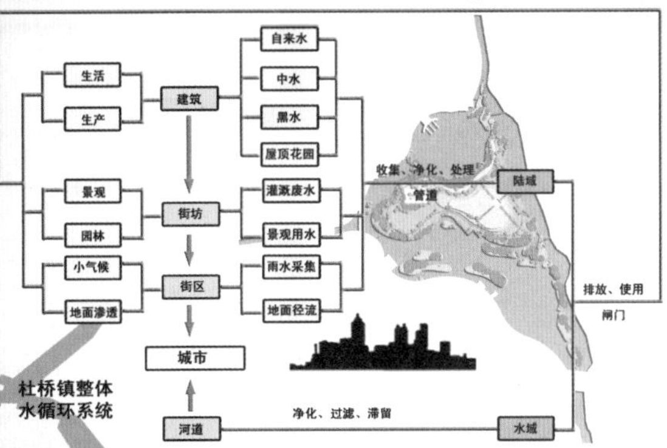

生活
生产
建筑
景观
园林
小气候
地面渗透
街坊
街区
城市
自来水
中水
黑水
屋顶花园
灌溉废水
景观用水
雨水采集
地面径流
收集、净化、处理
管道
陆域
排放、使用
闸门
河道
净化、过滤、滞留
水域

杜桥镇整体水循环系统

利用中水循环系统和雨水花园等雨水收集滞留系统，充分汇集水资源，将其完全利用到生活生产中去。基于杜桥缺水的现状，必须要留住每一滴水，这就需要在节水之外充分利用一切可利用的水资源，参与到城市范围的水循环中去，这样才能够形成对水资源生态、高效的利用。

雨洪管理的低影响发展模式

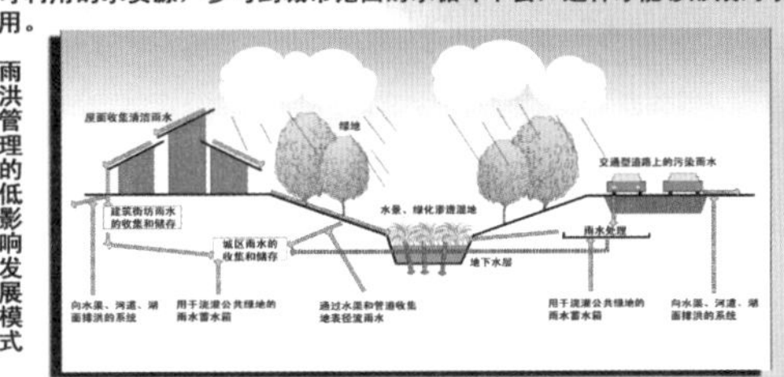

LID景观示意（美国北卡州府罗利）

■ 雨洪管理的低影响发展模式（LID）：LID是一门以可持续的水保护为目标的发展途径，其主要目标是以合理的土地利用尽量减少对环境的不良影响，它关注于场地自然水功能的维持和恢复，通过利用自然的场地特征和应用人工的技术措施，降低径流量、去除污染物和更新地下水，达到可持续发展。

水空间模式

景观生态学中认为线性河流属于“生态廊道”，湖泊湿地等面域水空间属于“生态斑块”，由“廊道”连接“斑块”。因此滨水地带是一个自组织、自调节的生态系统，含有丰富的土壤、植被、动物等自然生态因子，具有很高的生态价值。

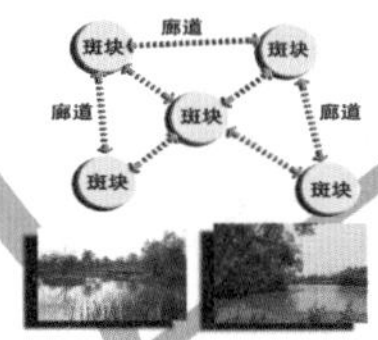

斑块
廊道

对水空间的塑造对策：1. 开辟视线通廊；2. 设置观水点；3. 建筑界面形态的协调。

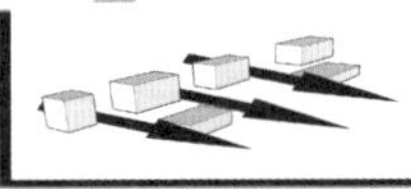
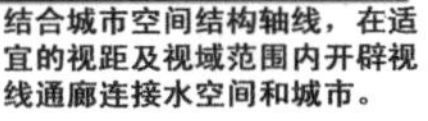

结合城市空间结构轴线，在适宜的视距及视线范围内开辟视线通廊连接水空间和城市。

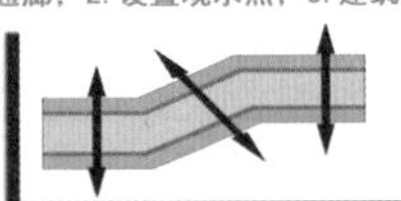

在滨水地段及城市其他地区设置能观望水的场所，使人们能眺望水空间，产生人水交融的景观。

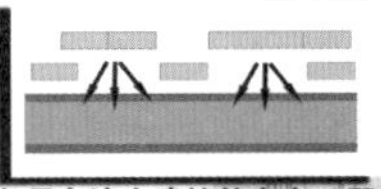

如果有滨水建筑的存在，那么建筑界面形态适宜枕河而筑，配合观水视线。

总体结构

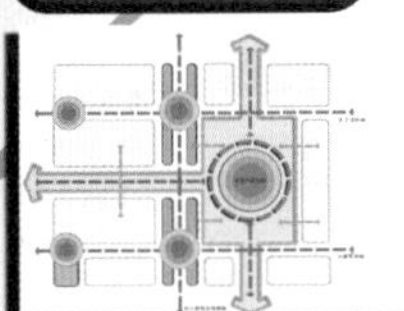

主要轴线
景观轴线
景观渗透方向
重要节点
景观核心
居住功能
商办功能
市场功能
景观廊道

功能结构规划图

景观主轴线
规划范围线
开敞水面
水系
城市开放空间
沿河景观带

景观系统规划图

两廊生辉汇一核，三轴闪耀聚四点：南北向和东西向河道形成两条生态廊道，两廊的交汇处形成湖景公园，以湖为中心将成为新的城市核心。以三条主干道为三轴，形成两个主要节点和两个次要节点，营造城市重要的门户空间。两个主要节点上安置地标性建筑，打造商业办公中心和文化娱乐中心。

文化母题

杜桥地处江南水乡，吸收了江南民居的普遍特征，建筑材料多为木石，采用坡屋顶，形成粉墙黛瓦、小桥流水的江南人家氛围。在杜桥这样水网密集的地区，建筑的布置往往与河道系统有直接关系。建筑沿河道成带状发展，建筑前路后河或前河后路，河与路之间为带型居住地段。

枕河停波
03
基于生态型水循环的城市滨水区设计
总平面图
0 50 100 200m
经济指标
地块总面积：42.2ha
总建筑面积：34.4ha
建筑密度：14%
容积率：0.82
绿地率：41.7%
商业金融用地：9.5ha
商务办公用地：22.0ha
文化娱乐用地：2.9ha
水域：11.9ha
建筑功能
① 酒店
② 金融办公
③ 时尚名品街
④ 东岳宫
⑤ 民俗风情街
⑥ 图书馆、博物馆
⑦ 项氏宗祠
⑧ 玻璃塔
⑨ 临湖茶楼
设计分析
车行交通分析
外部车行交通
内部车行交通
机动车进出口
地下停车场入口
地面停车位
步行交通分析
商业区步行交通
步行轴线
景观区步行交通
步行进出口
用地功能分析
民俗风情区
精品时尚区
金融办公区
文化博览区
生态休闲区
生态涵养区
高度控制分析
4层以下
5-11层
12层以上
活动空间分析
开放空间
活动停驻点
活动空间呼应
景观系统分析
生态轴线
生态廊道
生态滞留线
景观节点
生态涵养点
细部介绍
时尚名品街：丰富多彩的国内外著名品牌在这里汇聚，集购物、餐饮、娱乐于一体的强大空间组合在这里重现。
民俗风情街：回昧江南古镇的神韵，体验小桥流水、枕河而居的情怀，寻找失落的记忆，体验文化历史之旅。
图书馆和博物馆：静谧的学习环境。空灵的院落空间，古今在这里汇聚，清茶幽香。漫步廊庑，足以提高生活质量。
空间诉求
定位
可持续发展战略
诉求一：山
二求诉：水
生态
人气
官居
主题
[产品战略]
功能
风貌
景观
文化
交通
文化
错位经营战略
同构发展战略
诉求三：地
城：四求诉
规划手段
实施保障
解析：分析原有肌理和院落结构，提炼结构特征。
梳理：将原有肌理整理叠合，形成活动空间。
重构：空间在新层次上的再现，文脉的保存和延续。
在江南传统民居四水归堂、枕河而居的空间结构上，形成更富有变化性的新空间，使之既继承了文化与传统，又能够适应现代人类活动与交往的空间。

枕河停波
基于生态型水循环的城市滨水区设计
04
岸线类型
在满足河湖护岸泻排洪等基本安全功能前提下，结合岸线腹地的不同功能要求，灵活设置三种不同岸线类别，形成较好的生态环境和自然景观。
岸线A：硬质活动驳岸
岸线B：自然生态驳岸
岸线C：自然生态驳岸
岸线A：高岸-观水、运动
岸线B：近岸-亲水、休闲
岸线C：远岸-感水、养生
空间尺度
由于视角的不同和街道两边建筑物高度的不同也会使行走在街道上的人们产生不同的心理感受。
宽：高=1:3
宽：高=2:3
宽：高=6:5
宽：高=2:1
水巷空间
街道空间
小广场空间
鸟瞰表现
作为滨海产业园区的生活服务型副城，杜桥中心城区将成为一个集商业、商务、文化、娱乐为一体的高品质新城。杜桥的母亲河百里大河静静地穿过城区，在这里汇聚成一汪碧水，捧出这一颗璀璨夺目的明珠。
细节透视
进入内部的开放空间，采用较为宽敞的尺度，青砖相间以木铺地，使地界面更为软化，并产生更好的亲水性。此空间可供居民活动。
一层临水处形成廊道，在转角处铺设白砂，形成较为否定的灰色空间，靠水设置大面积的木质平台，可供游人亲水嬉戏。
靠近湖岸的地区以草坪为主，岸线设置木板和茶座，既可丰富景观，又可让游人近距离和水体接触。临水建筑在一楼也采用开放形式，玲珑剔透。
街巷空间采用适合的尺度，和两边的建筑宽高比在1：1左右，使游人在期间交往时不至于感到压抑或疏离，能够较为舒适的活动。
空间序列
分离原则
整合原则
加大交通量
好看的：绿地与城市分离
高度的混合与可达性
可居的：绿地与城市空间结合
等级城市
单调重复的空间
层叠：城市=公园
给人惊喜的多样化空间
内向的：由外转向内
尽端式单独出口的街坊
外向的：由内转向外
庭院：创造联系的半私密空间
城市
街区
街坊
分离的景观
整合的景观
分离的城市景观强调各个功能区的独立，整合的城市富有活力，每一处街道广场都汇聚了不同的功能和活动。
整合的街区强调适宜的尺度，街道、宅间距离都控制在小尺度内，使空间看起来亲切，不过分追求边界，形成一种柔和的边缘效应。
整合的街坊需要打造居民交往、停留的空间，采用人体适宜的尺度，以便市民进行活动。

■ 2009年城市设计课程任务书

1. 设计主题

城市安全是城市规划、建设、发展的基石，也是城市规划与设计的基点。在校城市规划专业本科生应当学会多视角观察城市安全问题，掌握综合协调多种问题的能力，逐步认知城市空间与城市安全格局的复杂关系，以便创建环境宜人、社会和谐、生态安全的城市。本次课程设计基于“2009 年度全国高等院校城市规划专业本科生课程作业（规划设计）交流评优”提出的“城市的安全、规划的基点”的年会主题，以“基于城市安全格局的城市设计”为课程作业设计主题，选取城市重点片区的城市设计，鼓励学生关注城市安全问题，认真应对城市问题，密切关注前沿理论，以全面、系统的专业素质设计城市公共空间。

2. 解读主题

（1）城市安全规划：针对城市灾害和不安全因素，通过城市规划建设手段来达到灾害防治和减灾的目的，可制定的城市防灾与安全规划有以下诸项：在自然灾害方面有城市防洪、城市抗震、城市地质灾害防治；事故灾难方面有城市重大危险源安全、城市消防；在社会安全事件方面有城市防空袭等。①就空间层面而言，城市安全规划通过对城市土地使用的预期安排，协调城市各组成要素的相互关系，改进城市的社会、经济和空间关系，使城市环境及城市居民免受各种安全威胁要素的危害，是基于安全的城市空间及相关资源的分配过程。②就技术层面而言，从物质性空间环境的规划设计层面提升城市公共安全水平，是城市安全规划的重要内容和研究方向。而相对微观而具体的城市空间（尤其是公共空间）是人感知、体验城市空间品质的重要领域，对于城市总体安全的认知和感受至关重要，其安全品质涉及人的心理和行为、社会、历史、文化、自然等多种因素，与城市空间环境的相互关系及作用机制较为复杂。

（2）安全城市设计：城市设计应当在防灾减灾规划的总体框架下，从城市总体、分区、地段到建筑场地等各个层面，从空间形体和环境要素的组织和设计角度，提升城市防灾空间的整体品质。安全城市设计以人的安全为目标主体，关注的是物质空间环境中的安全问题。城市空间中的公共安全要素包括人们在心理上的安全感、人们进行正常行为活动时不会因环境干扰而造成伤害，以及免受犯罪等破坏行为及自然灾害的侵害，从空间环境整体设计层面对这些因素的影响和干预，共同构成了安全城市设计的基本内容。

3. 重点关注问题

（1）灾害安全

通过对城市空间环境和建设项目的选址、功能、使用、联系、密度、形态等要素的组织安排，与自然环境系统协调，降低灾害形成的可能性。将建筑密度、空间形态的合理布局与土地利用、建设选址相结合，有效回避致灾因素。通过间隙设置城市公共绿地、水体等自然开放空间和广场、街道等人工化公共空间，形成灾害隔离带，抑制灾害扩散。通过合理的建筑退让距离和空间布局，优化避难救援道路、避难空间及出入口的位置和形态，从空间形态层面完善满足安全避难灾害救援等要求。

（2）防卫安全

在城市设计层面，防卫安全设计主要从犯罪行为和恐怖袭击的类型、实施过程、实施方式等特征出发，结合防卫空间、CPTED 的基本原理，通过对建筑布局、空间形态、道路结构、绿化种植、照明和环境小品设施，以及摄像和闭路电视等安全技术设备定位等要素的整体设计，提高视线监控能力、提升全天之内的公共活动水平、促进场所认同感，以利于安全管理和维护，从而从物质空间层面保卫攻击对象，提高犯罪和恐怖袭击被发现的可能。

（3）行为安全

城市空间环境与人的行为活动全具有紧密联系，在城市空间中的某些因素可能会使人群在进行行走、坐卧、观赏等行为活动时受到伤害，甚至危及生命。行为安全性设计就是针对上述安全要素，以环境行为学及人体工学为基础，根据城市公共空间中人的生活行为习性、事故发生规律与空间环境要素的关系，消除可能危及行为安全的事故隐患。

（4）心理安全

凯文·林奇指出：混乱而缺乏个性的空间意象往往会造成人们在空间定位、定向上的困难，导致对环境的恐惧感和心理上的不安，而具有"可读性"的良好环境意象可以减少迷路或迷失方向的可能性，赋予空间使用者心理上的安全感，并能帮助空间使用者在心理层面建立与外部世界的协调关系。可见，环境的可识别性、城市意象的"可读性"是心理安全感的重要影响因素。

4. 设计地块概况

开化位于浙江省西北部钱塘江的源头，地处浙皖赣三省七县交界处，是连接浙西、皖南和赣东北的要冲、浙江的"西大门"、地势复杂而富有韵味，是浙江省山地丘陵地区典型的山地小城市。近年来，开化积极实施"生态立县"的发展战略，努力打造生态经济强县、生态文化大县、生态人居名县三张名片，基本实现了经济发展与环境保护的"双赢"。开化县是浙西中山丘陵区典型的山地小城市，山坡地容量丰富，分布集中。近年来，开化县经济实力不断增强，丌化县工业园区用地规模快速扩张，人地矛盾十分突出，低丘缓坡开发利用的基本动力已经形成。本课程设计地块属于开化县工业园区规划中心区，西、北靠山，东、南临水，拥有良好的区位条件和生态环境。由于地处低丘缓坡开发利用用地，并受到洪涝灾害、山体滑坡、山洪流水的影响，在城市设计中必然基于城市安全角度，建立安全体系，有效谨慎的深入开展。

5. 重点解决问题

重点解决问题主要包括：（1）规划区块及周边的现状问题与可能灾害梳理；（2）规划区的目标定位和功能选择，明确设计主题；（3）构建灾害安全、防卫安全、行为安全、心理安全的城市空间安全体系，明确原则及重点；（4）基于安全体系，从灾害、防卫等安全角度，建立空间肌理、界面拓展、道路交通组织、生态基础设施；（5）从行为、心理安全角度，组织公共空间，提升空间可识别性；（6）街区实体空间设计（各类建筑形体、体量、高度；设施、小品、绿地、水体、山体设计；界面设计）；（7）街区场景设计（场景构图的艺术性、视觉的秩序性和丰富性、活动的介入及人文性）。

6. 设计成果要求

（1）区位分析图；

（2）现状分析图：包括现状地形 GIS 分析、可能灾害要素分析、地理条件等；

（3）规划分析图及必要的说明：包括安全基础设施和安全公共设施分析、规划结构分析、道路交通分析、绿化及景观系统分析、界面分析等内容；

（4）场地规划总平面图：图纸应标明用地方位和图纸比例，所有建筑和构筑物的屋顶平面图，建筑层数，建筑使用的性质，主要道路的中心线，停车位（地下车库及建筑底层架空部分应用虚线表现出其范围），室外广场、铺地的基本形式等；

（5）整体鸟瞰图、节点深化图以及其他分析图；

（6）所有图纸均为标准 A1 尺寸（594mm × 841mm），图纸数量 4~6 张。

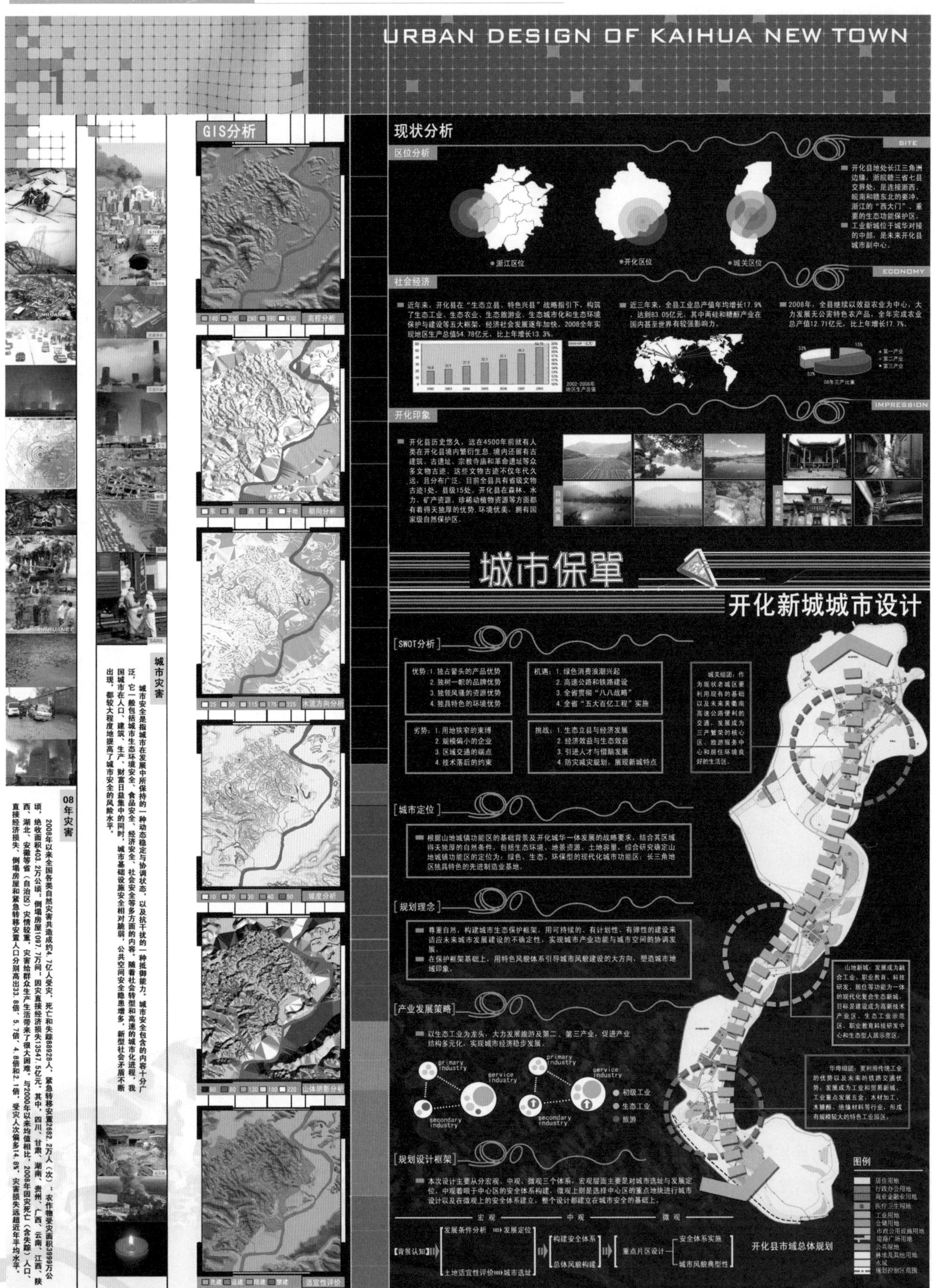

URBAN DESIGN OF KAIHUA NEW TOWN

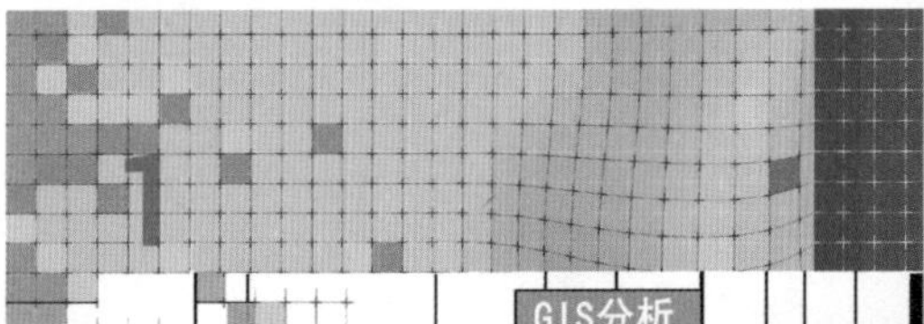

城市灾害

城市安全是指城市在发展中所保持的一种动态稳定与协调状态，以及抗干扰的一种抵御能力。城市安全包含的内容十分广泛，它一般包括城市生态环境安全、食品安全、经济安全、社会安全等多方面的内容。随着社会转型和高速的城市化进程，我国城市在人口、建筑、生产、财富日益集中的同时，城市基础设施安全相对脆弱，公共空间安全隐患增多，新型社会矛盾不断出现，都较大程度地提高了城市安全的风险水平。

08年灾害

2008年以来全国各类自然灾害共造成约4.7亿人受灾，死亡和失踪88928人，紧急转移安置2682.2万人（次）；农作物受灾面积3999万公顷，绝收面积403.2万公顷；倒塌房屋1097.7万间；因灾直接经济损失13547.5亿元。其中，四川、甘肃、湖南、贵州、广西、云南、江西、陕西、湖北、安徽等省（自治区）灾情较重，灾害给群众生产生活带来了很大困难。与2000年以来均值相比，2008年因灾死亡（含失踪）人口、直接经济损失、倒塌房屋和紧急转移安置人口分别高出33.8倍、5.7倍、4.8倍和2.1倍，受灾人次偏多14.8%，灾害损失远超近年平均水平。

GIS分析

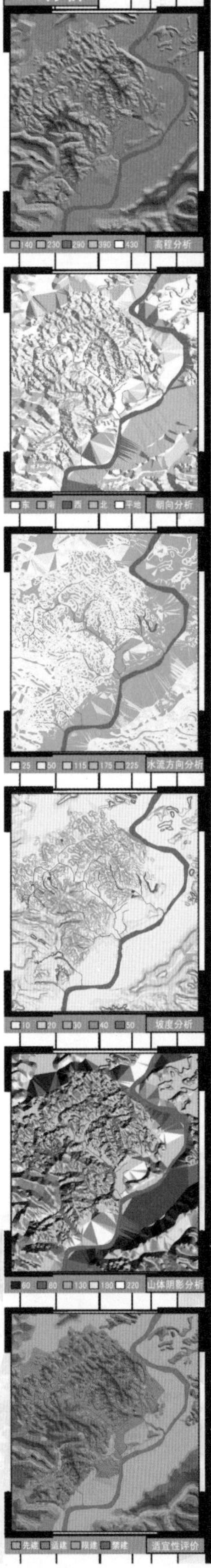

现状分析

区位分析 SITE

- 开化县地处长江三角洲边缘，浙皖赣三省七县交界处，是连接浙西、皖南和赣东北的要冲、浙江的“西大门”、重要的生态功能保护区。
- 工业新城位于城华对接的中部，是未来开化县城市副中心。

社会经济 ECONOMY

- 近年来，开化县在“生态立县、特色兴县”战略指引下，构筑了生态工业、生态农业、生态旅游业、生态城市化和生态环境保护与建设等五大框架，经济社会发展逐年加快。2008全年实现地区生产总值54.78亿元，比上年增长13.3%。

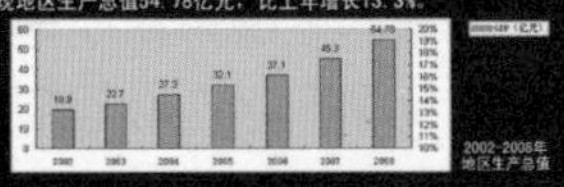

- 近三年来，全县工业总产值年均增长17.9%，达到83.05亿元，其中两硅和糖醇产业在国内甚至世界有较强影响力。

- 2008年，全县继续以效益农业为中心，大力发展无公害特色农产品，全年完成农业总产值12.71亿元，比上年增长17.7%。

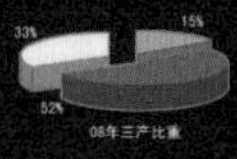

开化印象 IMPRESSION

- 开化县历史悠久，远在4500年前就有人类在开化县境内繁衍生息，境内还留有古建筑、古遗址、宗教寺庙和革命遗址等众多文物古迹。这些文物古迹不仅年代久远，且分布广泛。目前全县共有省级文物古迹1处，县级15处。开化县在森林、水力、矿产资源、珍稀动植物资源等方面都有着得天独厚的优势，环境优美，拥有国家级自然保护区。

城市保單

开化新城城市设计

[SWOT分析]

优势：1. 独占鳌头的产品优势 2. 独树一帜的品牌优势 3. 独领风骚的资源优势 4. 独具特色的环境优势	机遇：1. 绿色消费浪潮兴起 2. 高速公路和铁路建设 3. 全省贯彻“八八战略” 4. 全省“五大百亿工程”实施
劣势：1. 用地狭窄的束缚 2. 规模偏小的企业 3. 区域交通的端点 4. 技术落后的约束	挑战：1. 生态立县与经济发展 2. 经济效益与生态效益 3. 引进人才与借脑发展 4. 防灾减灾规划，展现新城特点

[城市定位]

- 根据山地城镇功能区的基础背景及开化城华一体发展的战略要求，结合其区域得天独厚的自然条件，包括生态环境、地景资源、土地容量，综合研究确定山地城镇功能区的定位为：绿色、生态、环保型的现代化城市功能区；长三角地区独具特色的先进制造业基地。

[规划理念]

- 尊重自然，构建城市生态保护框架，用可持续的、有计划性、有弹性的建设来适应未来城市发展建设的不确定性，实现城市产业功能与城市空间的协调发展。
- 在保护框架基础上，用特色风貌体系引导城市风貌建设的大方向，塑造城市地域印象。

[产业发展策略]

- 以生态工业为龙头，大力发展旅游及第二、第三产业，促进产业结构多元化，实现城市经济稳步发展。

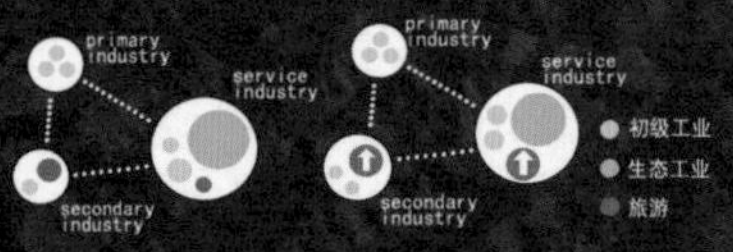

[规划设计框架]

- 本次设计主要从分宏观、中观、微观三个体系，宏观层面主要是对城市选址与发展定位，中观着眼于中心区的安全体系构建，微观上则是选择中心区的重点地块进行城市设计以及在微观上的安全体系建立，整个设计都建立在城市安全的基础上。

宏观 —— 中观 —— 微观

【背景认知】⇒ [发展条件分析 ⇒ 发展定位；土地适宜性评价 ⇒ 城市选址] ⇒ [构建安全体系；总体风貌构建] ⇒ [重点片区设计 — 安全体系实施；城市风貌典型性]

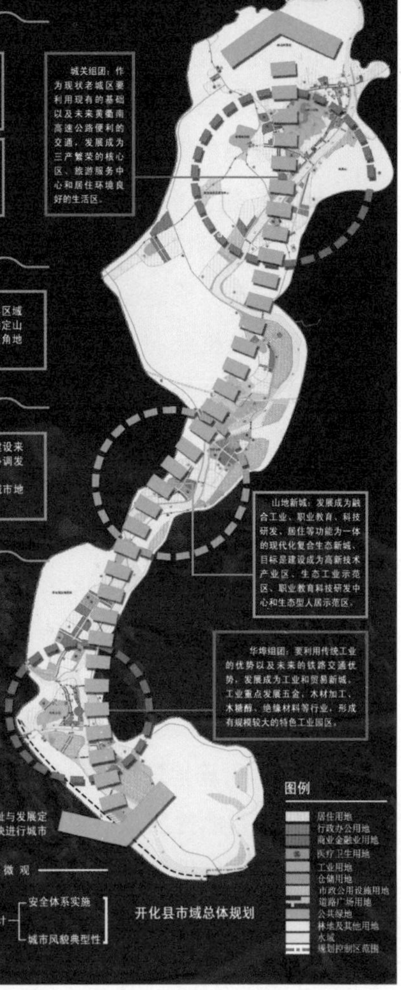

开化县市域总体规划

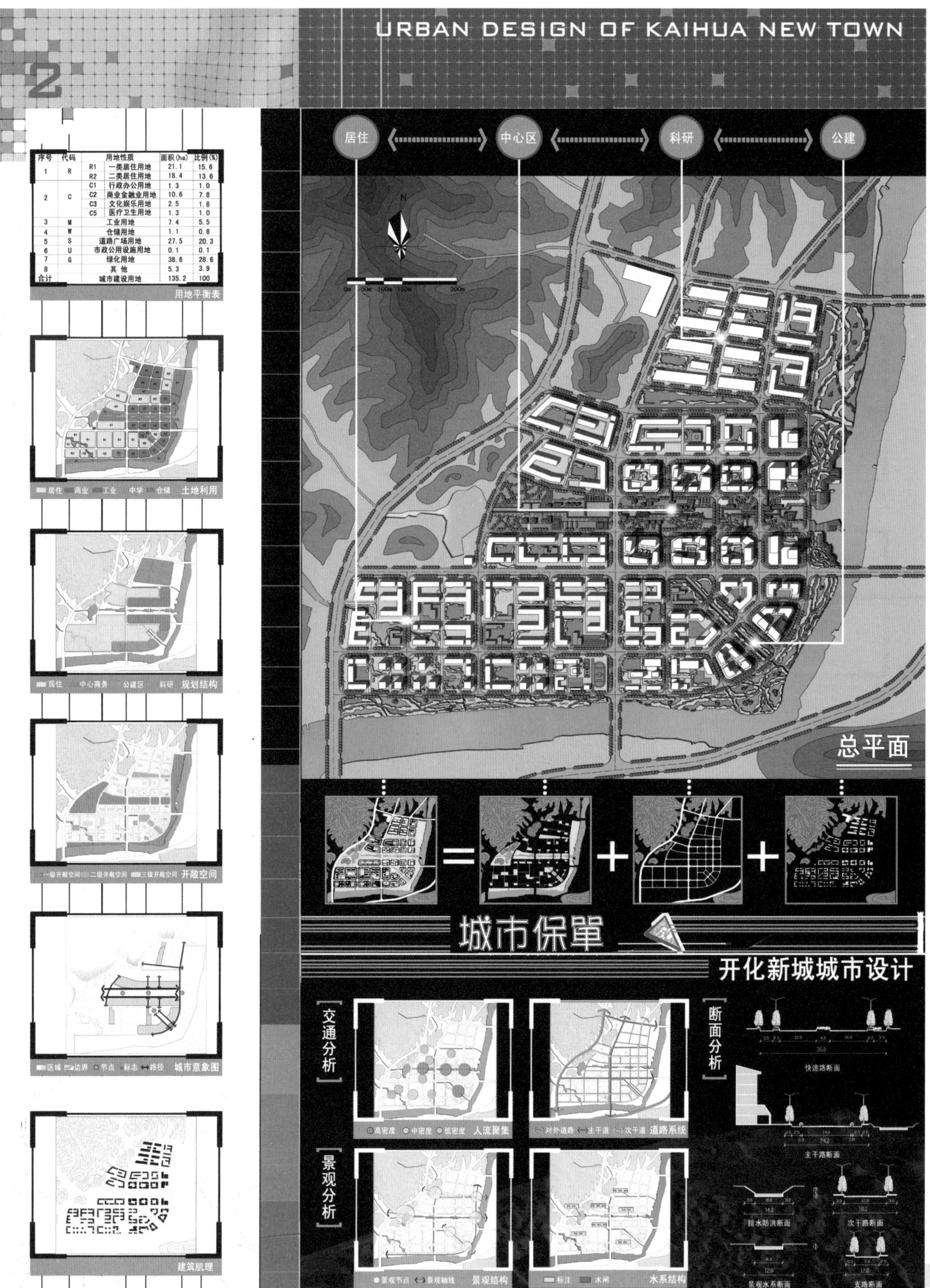

序号	代码	用地性质		面积(ha)	比例(%)
1	R	R1	一类居住用地	21.1	15.6
		R2	二类居住用地	18.4	13.6
2	C	C1	行政办公用地	1.3	1.0
		C2	商业金融业用地	10.6	7.8
		C3	文化娱乐用地	2.5	1.8
		C5	医疗卫生用地	1.3	1.0
3	M	工业用地		7.4	5.5
4	W	仓储用地		1.1	0.8
5	S	道路广场用地		27.5	20.3
6	U	市政公用设施用地		0.1	0.1
7	G	绿化用地		38.6	28.6
8		其 他		5.3	3.9
合计		城市建设用地		135.2	100

用地平衡表

URBAN DESIGN OF KAIHUA NEW TOWN
2
居住
中心区
科研
公建
总平面
土地利用
规划结构
开敞空间
城市意象图
建筑肌理
城市保單
开化新城城市设计
交通分析
人流聚集
道路系统
景观分析
景观结构
水系结构
断面分析
快速路断面
主干路断面
排水防洪断面
次干路断面
景观水系断面
支路断面

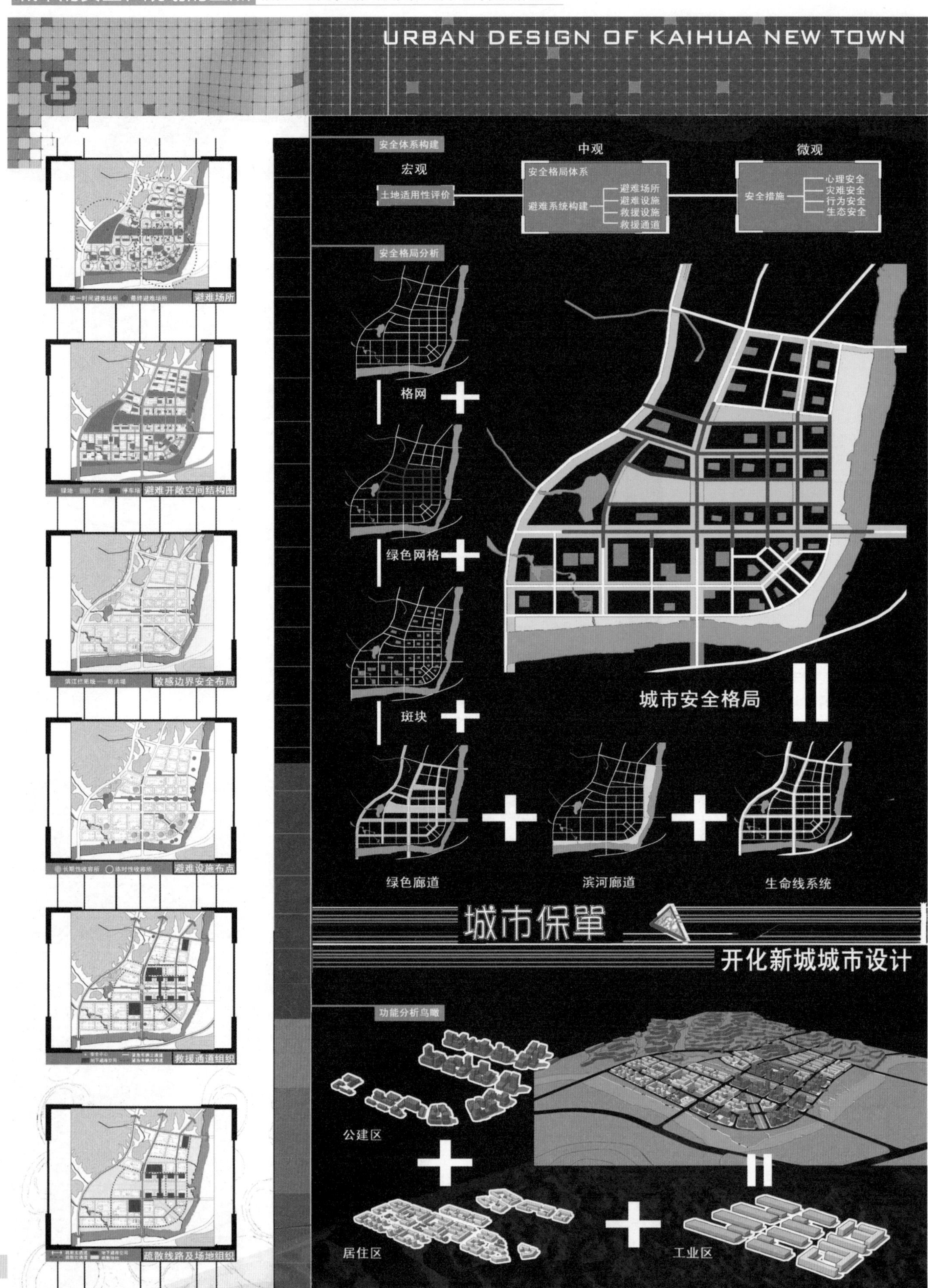
3
URBAN DESIGN OF KAIHUA NEW TOWN
避难场所
避难开敞空间结构图
敏感边界安全布局
避难设施布点
救援通道组织
疏散线路及场地组织
安全体系构建
宏观
土地适用性评价
中观
安全格局体系
避难系统构建
避难场所
避难设施
救援设施
救援通道
微观
安全措施
心理安全
灾难安全
行为安全
生态安全
安全格局分析
格网
绿色网格
斑块
城市安全格局
绿色廊道
滨河廊道
生命线系统
城市保單
开化新城城市设计
功能分析鸟瞰
公建区
居住区
工业区

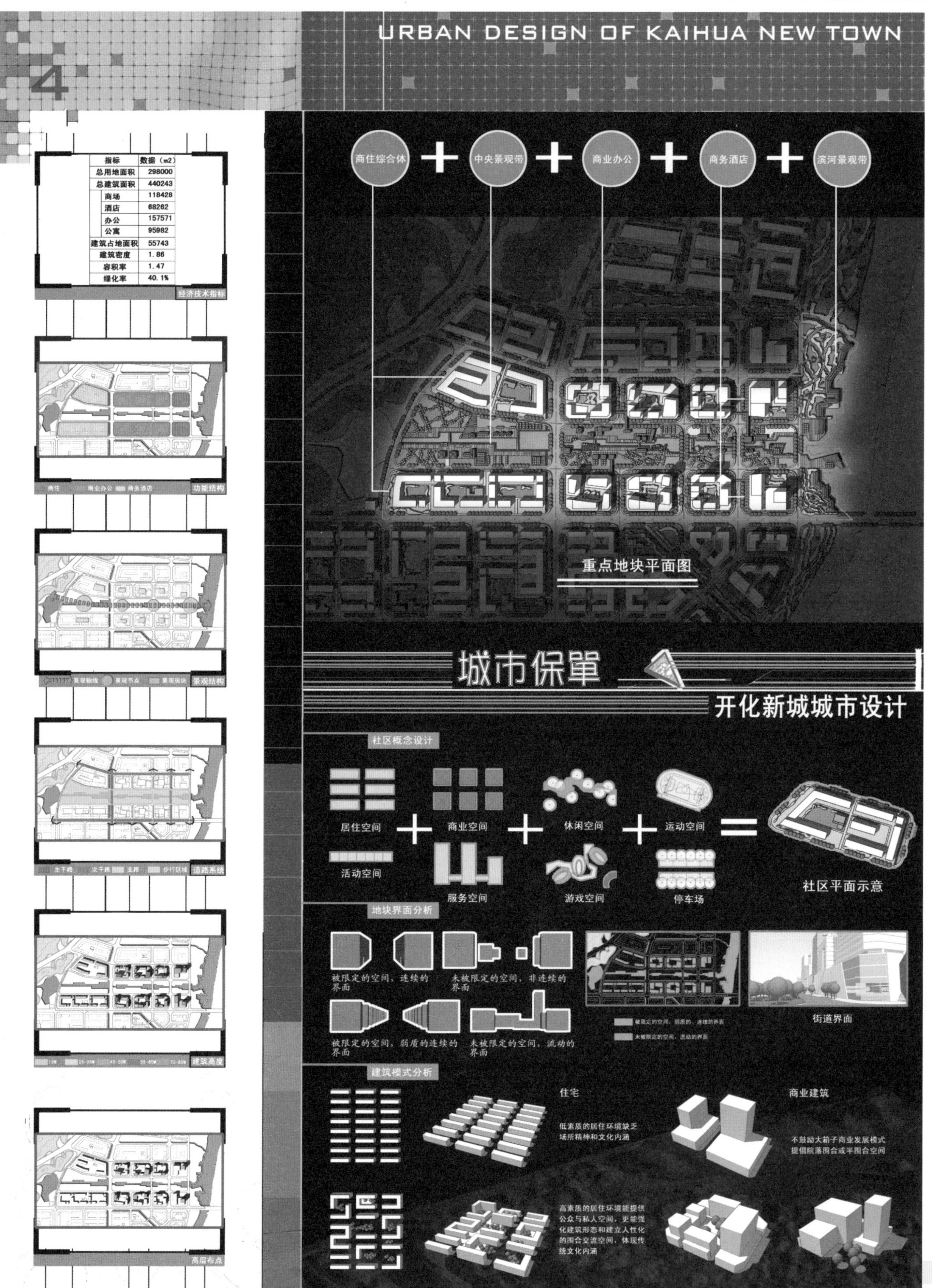

指标		数据（m2）
总用地面积		298000
总建筑面积		440243
	商场	118428
	酒店	68262
	办公	157571
	公寓	95982
建筑占地面积		55743
建筑密度		1.86
容积率		1.47
绿化率		40.1%

URBAN DESIGN OF KAIHUA NEW TOWN
4
经济技术指标
功能结构
景观结构
道路系统
建筑高度
高层布点
商住综合体
中央景观带
商业办公
商务酒店
滨河景观带
重点地块平面图
城市保單
开化新城城市设计
社区概念设计
居住空间
商业空间
休闲空间
运动空间
活动空间
服务空间
游戏空间
停车场
社区平面示意
地块界面分析
被限定的空间，连续的界面
未被限定的空间，非连续的界面
被限定的空间，弱质的连续的界面
未被限定的空间，流动的界面
街道界面
建筑模式分析
住宅
低素质的居住环境缺乏场所精神和文化内涵
高素质的居住环境能提供公众与私人空间，更能强化建筑形态和建立人性化的围合交流空间，体现传统文化内涵
商业建筑
不鼓励大箱子商业发展模式
提倡院落围合或半围合空间

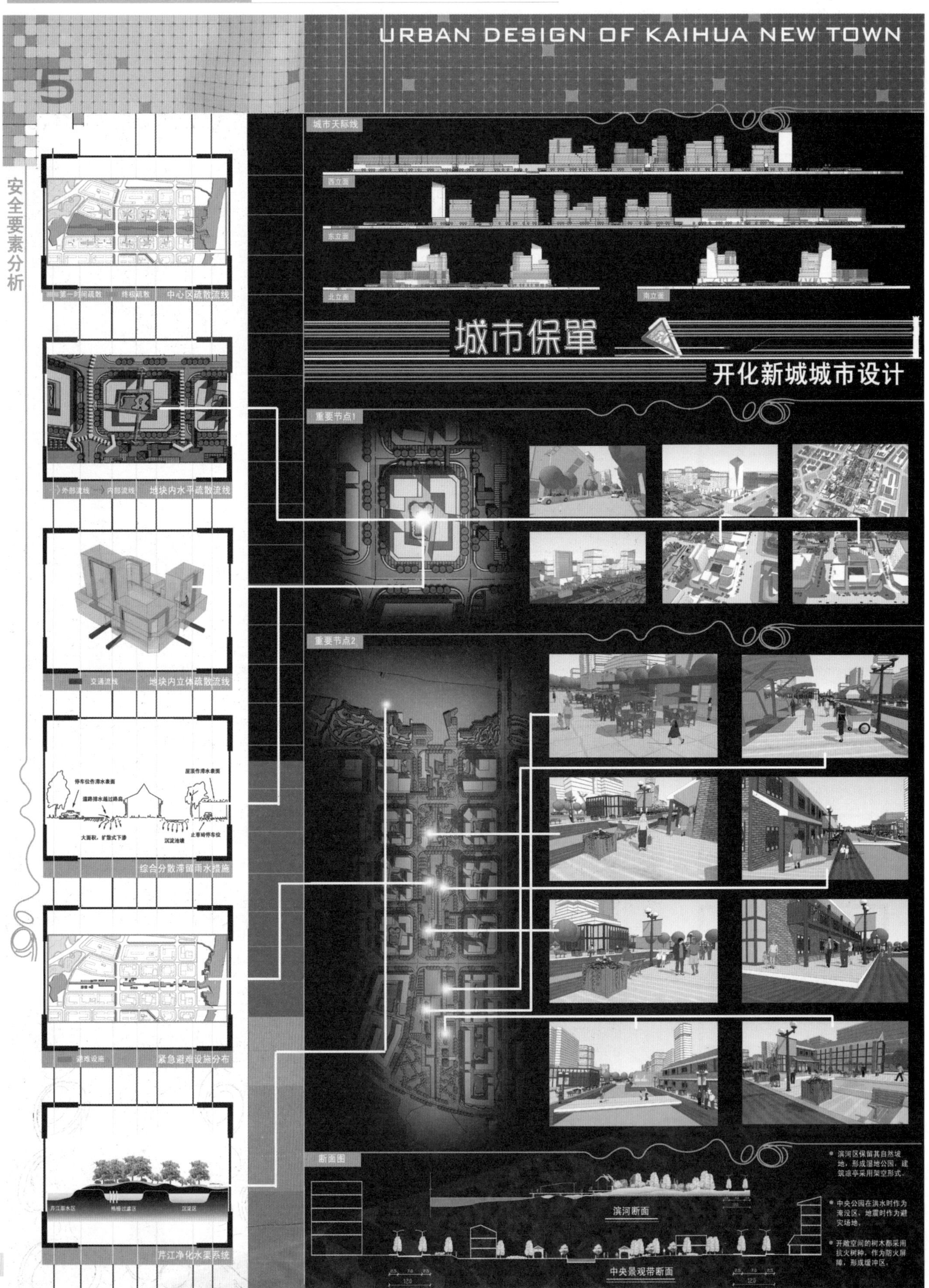
URBAN DESIGN OF KAIHUA NEW TOWN
5
安全要素分析
城市天际线
西立面
东立面
北立面
南立面
城市保單
开化新城城市设计
第一时间疏散
终极疏散
中心区疏散流线
外部流线
内部流线
地块内水平疏散流线
交通流线
地块内立体疏散流线
综合分散滞留雨水措施
避难设施
紧急避难设施分布
芹江净化水渠系统
重要节点1
重要节点2
断面图
滨河断面
中央景观带断面
滨河区保留其自然坡地，形成湿地公园，建筑凉亭采用架空形式。
中央公园在洪水时作为淹没区，地震时作为避灾场地。
开敞空间的树木都采用抗火树种，作为防火屏障，形成缓冲区。

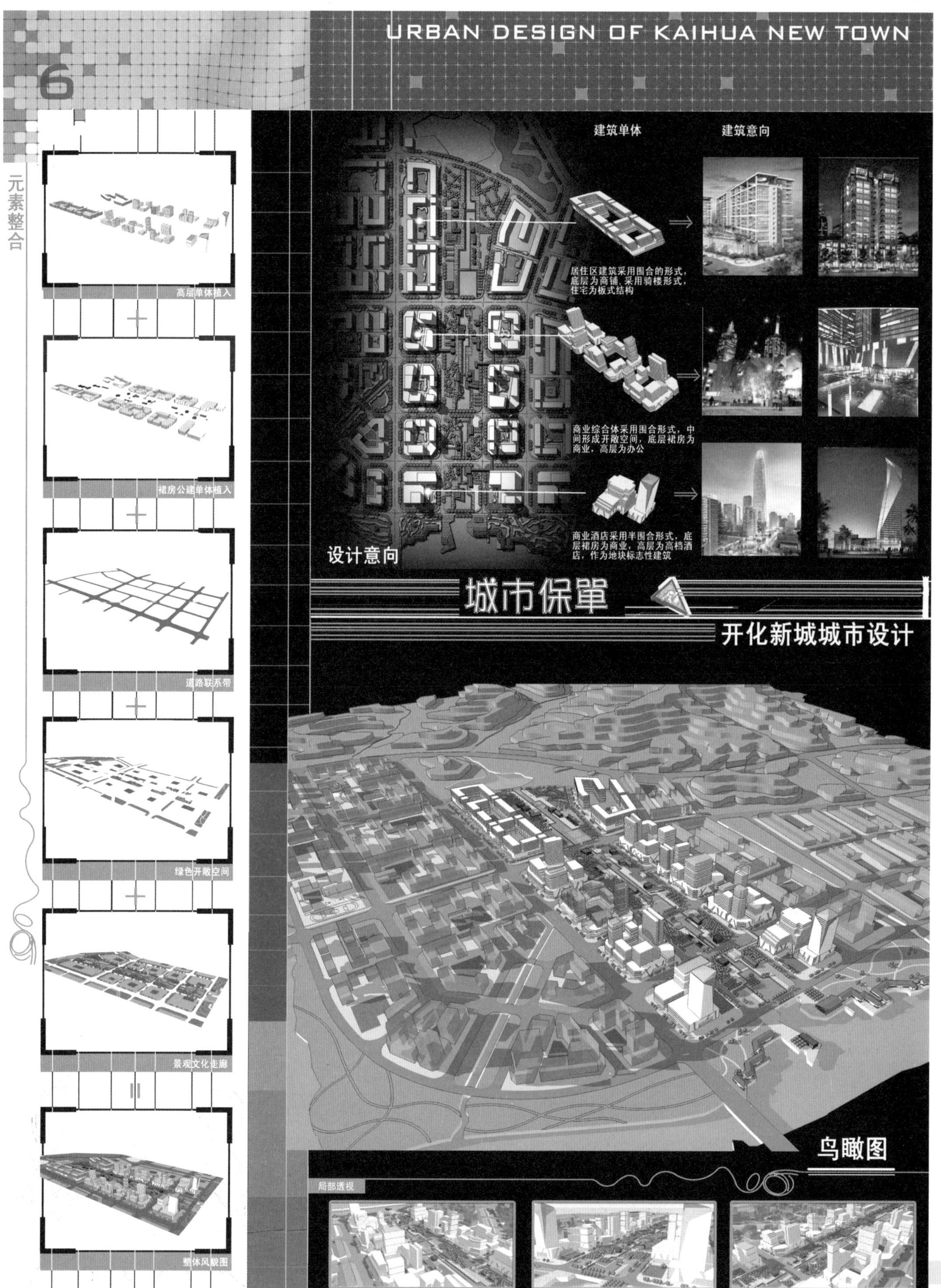
URBAN DESIGN OF KAIHUA NEW TOWN
6
元素整合
高层单体植入
裙房公建单体植入
道路联系带
绿色开敞空间
景观文化走廊
整体风貌图
建筑单体
建筑意向
居住区建筑采用围合的形式，底层为商铺，采用骑楼形式，住宅为板式结构
商业综合体采用围合形式，中间形成开敞空间，底层裙房为商业，高层为办公
商业酒店采用半围合形式，底层裙房为商业，高层为高档酒店，作为地块标志性建筑
设计意向
城市保單
开化新城城市设计
鸟瞰图
局部透视

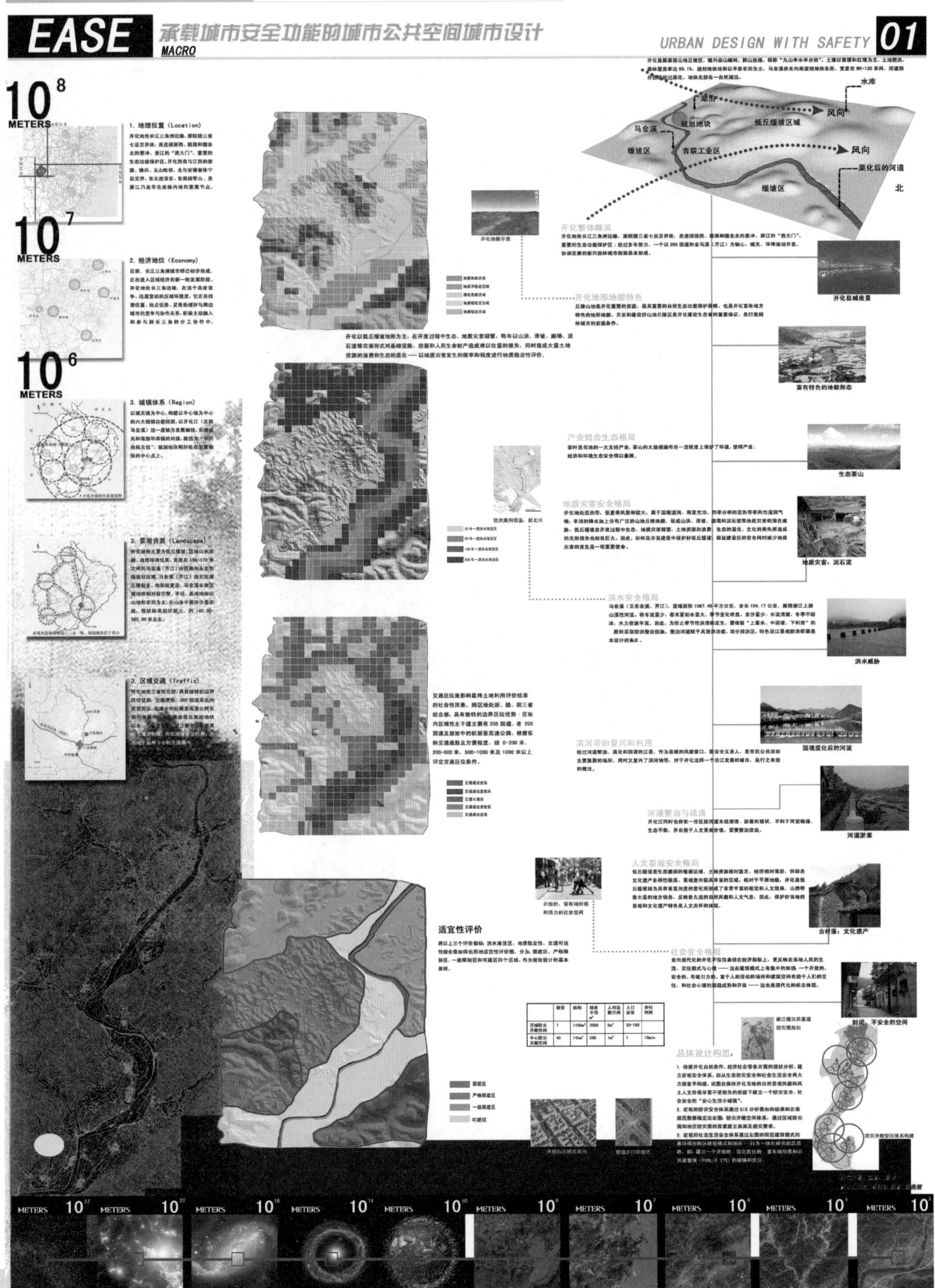
EASE
承载城市安全功能的城市公共空间城市设计
MACRO
URBAN DESIGN WITH SAFETY
01
10 8 METERS
1. 地理位置（Location）
10 7 METERS
2. 经济地位（Economy）
10 6 METERS
3. 城镇体系（Region）
3. 景观资源（Landscape）
3. 区域交通（Traffic）
水库
风向
规划地块
低丘缓坡区域
马金溪
缓坡区
青联工业区
渠化后的河道
北
开化县城夜景
富有特色的地貌形态
生态茶山
地质灾害：泥石流
洪水威胁
河道渠化后的河滩
河道淤塞
古村落：文化遗产
封闭、不安全的空间
适宜性评价
禁建区
严格限建区
一般限建区
可建区
总体设计构思

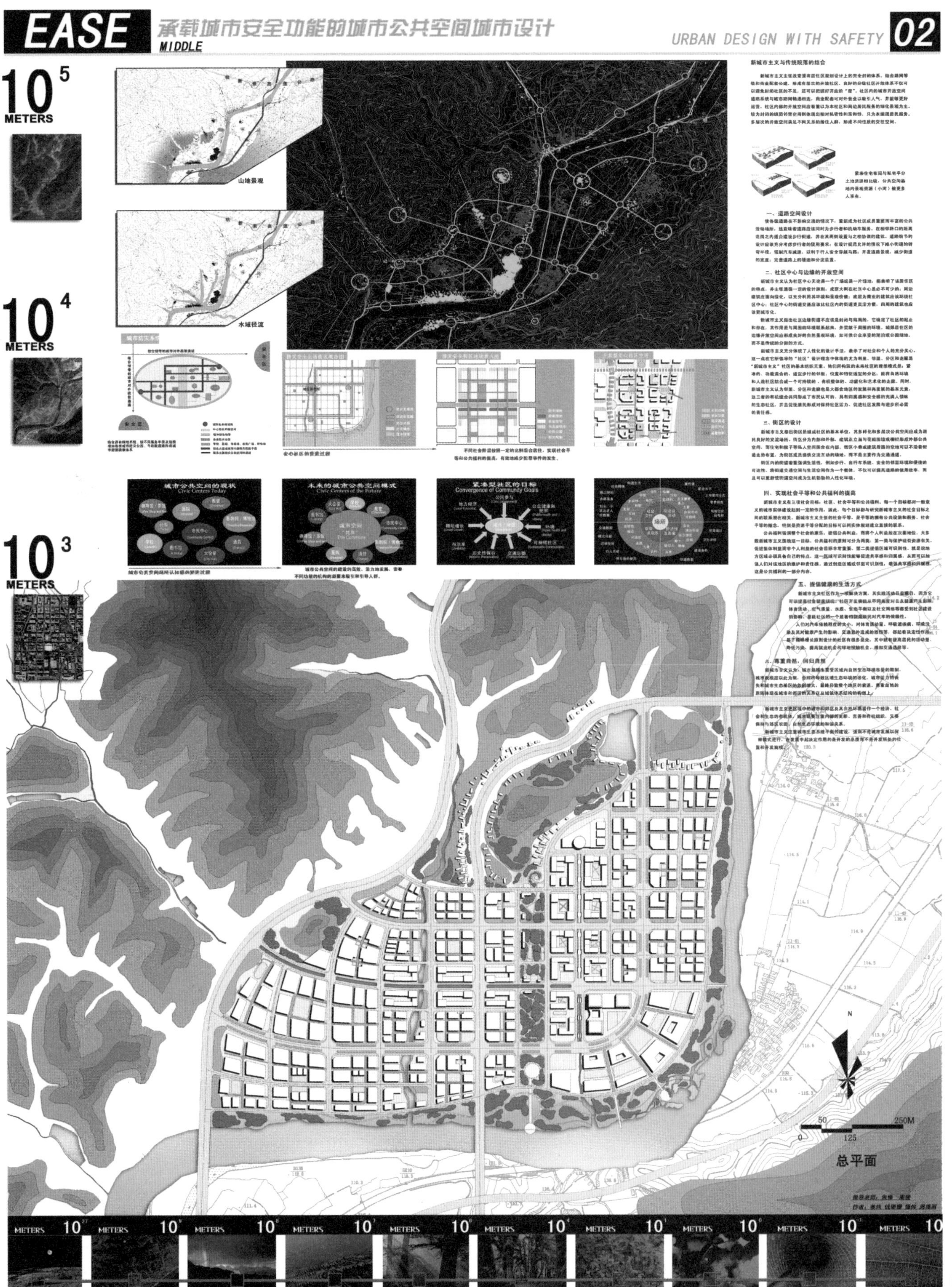
EASE
承载城市安全功能的城市公共空间城市设计
MIDDLE
URBAN DESIGN WITH SAFETY
02
10 5 METERS
10 4 METERS
10 3 METERS
山地景观
水域径流
总平面
250M
125

EASE 承载城市安全功能的城市公共空间城市设计

MIDDLE

URBAN DESIGN WITH SAFETY 03

10^5 METERS

城市性质：

开化县城经济、政治、文化中心，商业金融中心，现代化的文化和生态景观城市。

发展目标：

科学选址、设施安全的新城

社会和谐、保障充分的新城

文化繁荣、风貌突出的新城

环境优美、尺度宜人的新城

节能减排、持续发展的新城

设计重点：

本次设计以城市安全为主题，重点考虑防灾避难功能，以人的安全为目标主体，关注物质空间环境中的安全问题。从空间环境系统要素（道路、基础设施、开放空间、建筑等）的选址、功能、构成及形态的设计等各方面综合考虑。

用地功能布局图

居住单元分布图

A 居住单元与 E 居住单元以建设保障性住房为主，主要用于安置拆迁居民；B 居住单元与 D 居住单元以及山地别墅区以建设商品房为主；C 居住单元主要用于安排行政事业单位居民。安置用房以 60 平方米户型为主，行政事业单位用房和商品房以 90 平方米户型为主。

住房类型分布图

10^4 METERS

慢行交通系统规划图

强调绿色交通策略，减少机动车出行，以步行交通为主，在保证城市功能正常的前提下，节约道路用地，通过提高道路网密度，方便居民出行，设置独立步行系统和自行车专用道，增强城市居民生活居住的秩序感，提高居民心理的安全感。

灾后避难系统分析图

规划确定了主要防灾通道、次要防灾通道、以及防灾支路等各层次的防灾交通系统，设置了一条南北向的绿轴作为主要的防灾公园供长期疏散避灾场地，而街区内部公园以及一些绿化广场则作为临时疏散避难场地，并且在城市边缘干道口处设置城市应急避难出入口。

绿地系统规划图

规划绿地系统尊重自然，保护并利用现状自然山水格局，建立连续完整的绿地系统，加强绿地防灾功能，强化生态景观功能，除了在马金溪岸建立自然缓冲隔离绿带之外，在整个地块中心规划一条绿轴，连接山水，并且作为防灾公园，在街区内部也设置小型公园，作为临时疏散场地。

社区服务中心与服务范围图

10^3 METERS

道路功能布局图

中央商业街断面 A-A

中央商业街平面

主要防灾通道断面 B-B

主要防灾通道平面

道路界面分析图

次要防灾通道断面 C-C

次要防灾通道平面

水街断面 D-D

水街平面

沿江绿化带断面

水系规划图

防灾策略一：

道路断面设计主要从安全角度考虑，从社会安全和生态安全两个方面出发：

社会安全方面主要考虑防卫安全，从犯罪行为和恐怖袭击的类型、实施过程、实施方式等特征出发，结合防卫空间、CPTED 的基本原理，通过对道路结构、绿化种植、照明和环境小品设施，以及摄像和闭路电视等安全技术设备定位等要素的整体设计，提高视线监控能力、提升全天之内的公共活动水平、促进场所认同感，以利于安全管理和维护，从而从物质空间层面保卫攻击对象，提高犯罪和恐怖袭击被发现的可能。合理设置建筑及其场地的出入口，通过组织路面铺装、夜间照明、信号标识、树木植栽等环境要素，满足视线能见范围等安全要求。

减少环境因素对驾车人和步行者安全判断的不利影响。

生态安全：考虑防灾通道两侧建筑的高度，防止灾害发生时建筑物倒塌导致路面受堵，影响逃生。

防灾策略二：

道路界面设计主要从人的心理安全角度出发，考虑整个地块界面的连续性以及作为可识别性标志物的建筑物的位置布局。

凯文·林奇指出：混乱而缺乏个性的空间意象往往会造成人们在空间定位、定向上的困难，导致对环境的恐惧感和心理上的不安。而具有“可读性”的良好环境意象可以减少迷路或迷失方向的可能性，赋予空间使用者心理上的安全感，并能帮助空间使用者在心理层面建立与外部世界的协调关系。

所以在设计时，整个地块的建筑都是以低层高密度为主，并且无论是社区还是商业街区，都以开放空间为主体，使人在空间中视线开阔，对空间认知感增强，进而提升场所的心理安全感。并且由于以低层为主，所以零星的高层或者是标志性建筑在空间中更有识别性。整个设计过程中都体现了以人为本的思想。

防灾策略三：

保留自然水体，发挥其引水、排水、防洪、蓄水防旱以及景观和生态等功能，也可用作应急水源；规划水街系统，在起到引水即衔接山体与水体功能的同时，还有景观功能，并能作为泄洪区；强化污水处理，确保水环境质量和下游地区水资源安全。

在沿马金溪岸不同地段采用不同防洪体系，某些地段采用硬质防洪堤岸，在转角地段，由于是大型公建区，人流多，采用自然防灾体系，用自然的绿化景观系统作为缓冲隔离地带，一方面可以提供景观供欣赏，促进了人的亲水空间；另一方面，在水位较高时，可以作为一个自由的可淹没区域，这样，人在滨河岸步行时，可以体验到不同视觉体验。

这里主要采用了反规划的处理手法，用低洼地、湿地、河流网络以及湖泊水体组成了防洪安全体系，通过保护完善防洪安全体系，作为永久的零建设区，常见的、对生态极具破坏性的防洪高堤是可以避免的。

10^5 meters　10^4 meters　10^3 meters

指导老师：朱怿　周骏

作者：姜玮 钱珊珊 滕烨 周燕丽

METERS 10^{27} METERS 10^9 METERS 10^8 METERS 10^7 METERS 10^6 METERS 10^4 METERS 10^1 METERS 10^0 METERS 10^{-1} METERS 10

EASE
承载城市安全功能的城市公共空间城市设计
MIDDLE
URBAN DESIGN WITH SAFETY
04
A 纽约的中央公园
B 伦敦的居住广场
C 伦敦不同尺度的层次化的公园
D 居住区中特殊形式的绿道
人口密度分布
非机动车交通路线
街区功能分析
防灾救援路线分析
逃生路线分析
透视图
东立面图
南立面图
指导老师：朱伟 周骏
作者：姜玮 钱珊珊 滕烨 周燕丽

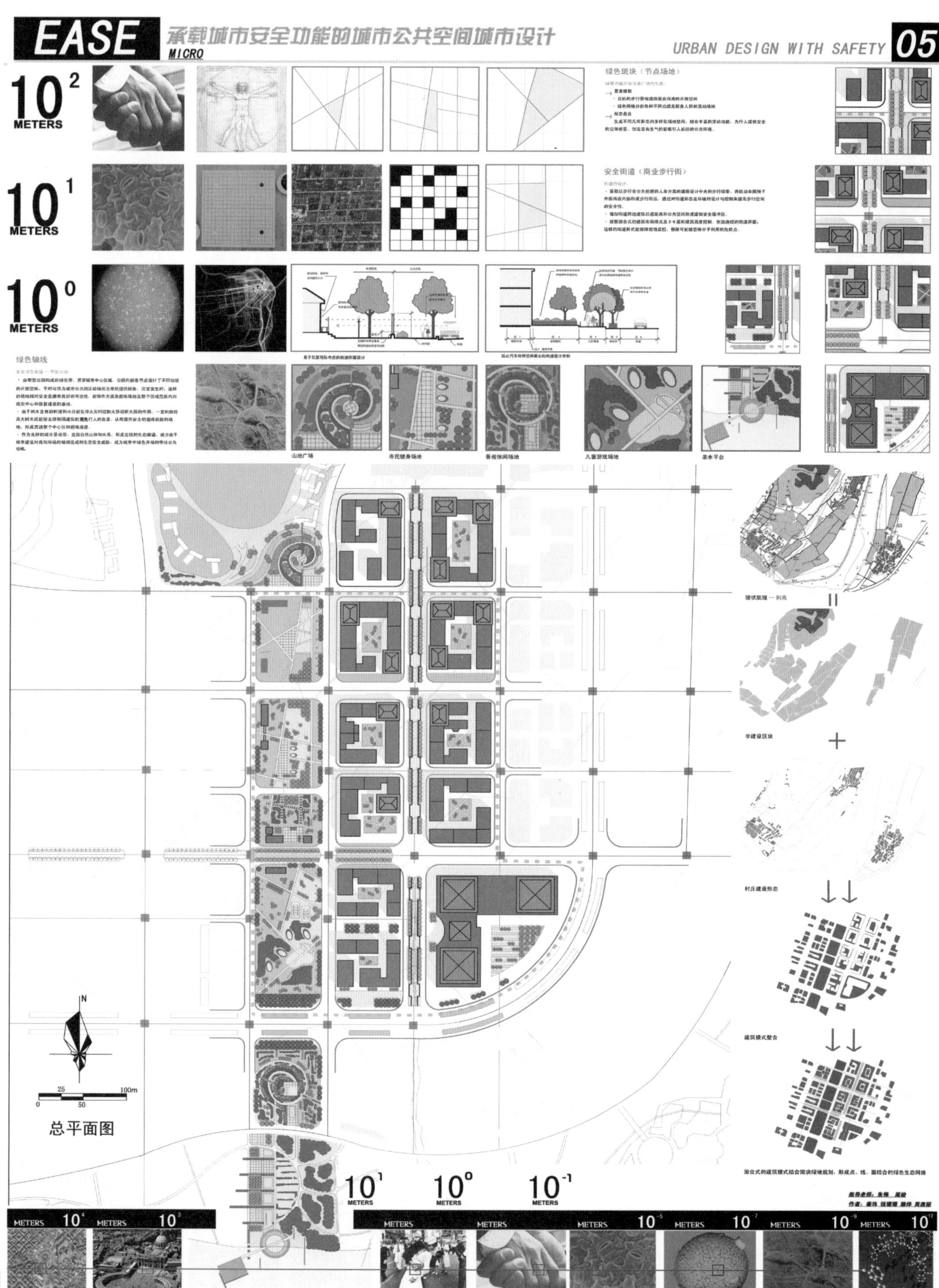
EASE
承载城市安全功能的城市公共空间城市设计
MICRO
URBAN DESIGN WITH SAFETY
05
10² METERS
10¹ METERS
10⁰ METERS
绿色斑块（节点场地）
安全街道（商业步行街）
绿色轴线
山地广场
市民健身场地
景观休闲场地
儿童游戏场地
亲水平台
总平面图
现状肌理—剥离
非建设区块
村庄建设形态
建筑模式整合
METERS 10⁴
METERS 10³
10¹ METERS
10⁰ METERS
10⁻¹ METERS
METERS 10⁻⁵
METERS 10⁻⁷
METERS 10⁻⁹
METERS 10⁻¹²

EASE
承载城市安全功能的城市公共空间城市设计
MICRO
URBAN DESIGN WITH SAFETY
06
场所感（Placemaking）
安全、开放的社区（Community）
中心商业街结构解析
开放式街区模式引鉴：Barcelona
中央步行游憩带
林荫道·兼做避灾屏障
立面对街道：共享 & 监管
可用以创造活动的边界
商住混合的小尺度开放街区是有活力和安全的
滨河商业步行街
步行街设计特点：
丰富的街景和活动
中央步行游憩带
人车混行的交通模式
丰富变化的立面和尺度易于吸引人的驻足
商业街和周边环境的关系：虚空间包围与楔入
滨河商业步行街：次级商业体系
主次商业街的关系：交叉 & 延伸
滨河商业街的街景
中心商业街鸟瞰图
BIRD VIEW OF CENTRAL COMMERCIAL STREET
METERS

■ 2008 年城市设计课程任务书

1. 设计主题

在校城市规划专业本科生应当掌握多视角观察城市问题的方法，学会综合协调利益冲突的能力，逐步认知城市空间背后的复杂社会经济关系，以便创建环境宜人、社会和谐的城市。本次课程设计基于“2008年度全国高等院校城市规划专业本科生课程作业（规划设计）交流评优”提出的“社会的需求、永续的城市”的年会主题，以“走向和谐的城市规划设计——城市中心区更新规划”为课程作业设计主题，选取城市更新与改造规划，鼓励学生深入观察城市现象，认真应对城市问题，密切关注前沿理论，以全面、系统的专业素质设计城市公共空间。

2. 解读主题

本次课题设计以“走向和谐的城市规划设计——城市中心区更新规划”为设计主题，学生可以从城市产业、交通、文化和土地经济的角度，观察城市中心区发展走势，体验人们生活方式变迁，利用空间规划手段构筑和谐发展的城市中心区。

城市作为一个有机体，需要不断地新陈代谢，它从形成兴起至发展衰落有一个生命周期，城市的这种生命周期因工业化和现代化的发展而变化。从中城市功能会发生部分、甚至根本性的变化，原有的发展模式和建筑、各类基础设施和生活服务设施会显得相对陈旧落后或丧失效用，原有城市会因物质磨损、结构性失调而使城市整体功能不能保持和增强城市的生命力、延长城市的生命周期。因此，需要进行改造、更新。本次课题设计要求同学们在研究城市中心区演变规律的基础上，通过对城市中心区交通问题、用地调整问题、经济社会发展、生态建设及保护等专项的研究，适时地提出城市中心区改造的措施与原则，学生应通过学习，掌握城市中心区更新、改造理论与技术措施。

3. 重点关注问题

（1）改造与更新的区别

由于世界各国存在着不同的旧城再开发政策，对城市改造的理解也就存在了差异。在美国，城市改造就是更新，即把影响城市功能发挥的那些老旧破损的房屋拆除，代之以新的建筑、街区和公园。而英国则认为，城市改造是在原有城市基础上进行改造和修缮，使其达到可接受的水平。城市中心区的更新，虽然可以不必扩大城市规模而开辟新的城区，节约了用地，改善了资源利用；但投资大，而且已建立的社会联系和交往则将暂时中断。而在原有结构基础上进行改造和修缮，资金省、速度快、见效快，而且不会损害已形成的社会联系等优点。但改建、修缮后的房屋使用年限短、更新要求快、更主要的是不能从根本上解决影响城市功能发挥的制约因素，如土地的有效利用，以及各种社会服务设施的增加等。

（2）城市中心区更新规划的重点

在城市中心区更新规划过程中需要解决的重点问题主要包括：①城市中心区更新的方式及时机选择；②中心区用地调整、交通改善原则；③城市中心区改造中保护城市特色的原则与途径；④明确城市更新与发展的关系；⑤城市中心区空间引导。

4. 设计地块概况

（1）杭州武林路地块

杭州武林路地块，地处杭州新湖滨区内，与西湖隔路相望，紧邻延安路商业街和武林路杭派女装特色街，处于杭州城商业繁华中心。规划范围南至庆春路，西起环城西路，东至武林路，北抵龙游路，用地呈侧立

T字形，总用地面积6.5公顷。本次规划的武林路历史地段，地处杭州新湖滨区内，地段内有五栋民国时期的传统住宅，其中两栋建筑形式为花园洋房（别墅）、三栋石库门弄住宅。据考证校场路口的一栋花园洋房和武林路、校场路交叉口的三栋石库门住宅为林氏家宅，尤以面临教场路一栋最为典型，联排式的二层建筑，十开间，五进深，青灰砖墙面。门楣、窗棂上有精美雕饰，其后门有一界碑《梅鹤堂林界》。据传林氏家宅的主人林鹤堂是林和靖的后裔。林和靖隐居山林三十年而不愿外出做官，他写下了许多咏梅的诗篇，最有名的一句是“疏影横斜水清浅、暗香浮动月黄昏”。

（2）杭州市萧山区朝晖地块

杭州市萧山区朝晖地块规划范围：东至市心南路，西至西河路，南至萧然南路，北至人民路，占地总面积128.7亩，主要为单位、学校、社区、宾馆、酒店等。周边有永兴公园和萧山体育馆等大中型公共绿地和运动场所。从地理区位上来看，朝晖地块处于杭州市萧山老城区中心区。本地块在历史上位于萧山老城区的西南部城墙内，随着社会和经济的进步，拆墙、筑路发展起来的以商业、居住、办公和教学为主导功能的地段。这一地区在清乾隆年间曾有过一段发展繁荣的历史，并且拥有那一时期的历史文化和名人典故遗迹。并保存了相当多样的建筑类型，其中以住宅类型最为多样，可以称得上是近代住宅建筑的博览会。从朝晖地块未来发展的功能区位来分析，本地区是萧山老城区规划发展的重要组成部分之一，功能定位以文化休闲、中高档商业、文教与居住为主的综合区。

5. 设计内容和要求

从分析地块内历史、区位、产业入手，对现状建筑格局、经营业态、交通组织、景观环境、配套设施等方面深入调研，结合老城区整体发展要求，合理确定规划区的发展定位。具体内容如下：

（1）目标定位：从地块优势和问题出发，结合老城城市中心区整体发展要求，明确规划区的发展目标、定位和发展方向。

（2）功能和空间布局：合理整合地块内的各类功能、用地与设施，实现地区更新。

（3）业态提升：结合目标定位，对经营业态提出改造提升的建议，重点考虑商业业态、文化休闲产业、旅游服务产业的发展策略。

（4）文化保护：保护有价值的历史建筑，探索历史文化保护、弘扬和发展的结合途径。

（5）交通梳理：梳理规划区对内、对外两个层面的交通组织方式，区分人行和车行交通，动态与静态交通。合理布置交通设施，兼顾消防需求。

（6）景观营造：利用有限的空间营造适宜的景观环境。

（7）建筑整治：对现状建筑合理分类，制定建筑整治策略，保护有价值的历史建筑风貌，改善和整治风貌不协调的建构筑物，体现历史文化底蕴和风貌。

（8）旅游策划：挖掘有潜力的旅游资源，合理组织主题旅游。

6. 设计成果要求

（1）区位分析图；

（2）现状分析图：包括用地现状、建筑质量现状、建筑高度现状、建筑风貌现状；

（3）规划分析图及必要的说明：包括规划结构分析、道路交通分析、绿化及景观系统分析、界面分析等内容；

（4）场地规划总平面图：图纸应标明用地方位和图纸比例，所有建筑和构筑物的屋顶平面图，建筑层数，建筑使用的性质，主要道路的中心线，停车位，室外广场、铺地的基本形式等；

（5）整体鸟瞰图、节点深化图，以及其他分析图；

（6）所有图纸均为标准A1尺寸（594mm×841mm），图纸数量4张；每套图应有统一的图名和图号，设计人和指导教师姓名。

城市引力"极"
Urban Gravitation
杭州武林路地块商业复兴改造及空间设计
前期分析
1
概念提出
世间万物，皆存在引力，引力大小与其自身的质量有关。而一个城市的引力大小，则与其自身的特色和魅力有着密切的关系。"城市引力极"我们定义为在城市有限的时空领域内，通过挖掘并发扬其自身特色，能展现其无与伦比的魅力，使其产生巨大的引力，这样的一个具有集聚作用的城市引力空间。
区位示意图
城市定位示意
城市区位图
基地区位图
基地及周边地区现状图
周边主要景观节点分析
主要游览线路分析
周边商圈辐射范围分析
未来地铁线路示意图
历史沿革
逝去的兴盛
地块现状分析
内部现状
引力的衰退
内部居住环境示意
内部商业环境示意
现状评述1：
文化商业，民俗发展趋于停滞，风貌区域内环境脏乱，建筑质量较低，没有开放空间及休闲空间，新建建筑在体量和风格上无法与周边的环境相协调。现存的活力因素难以满足"城市引力极"的要求。
周边现状
畸形的发展
周边地块高密度的人流量
现状评述2：
武林地块周边地区以西湖为依托，主要以商业和旅游业为主，这一特点注定了该地区人流量大、密度高的特点。同时也为武林地块"城市引力极"的创建提供了可能性。
周边公共设施
周边商业分布
地块人流密度
地块商业分布
现状用地性质分析
现状道路系统分析
现状绿化空间分析
现状建筑质量分析
现状建筑年代分析
现状建筑高度分析
问题总结
问题1 武林地块亟需"城市引力极"
问题2 内部"引力点"保护不善，质量不好
问题3 "引力点"的数量不足
对策提出
新增空间示意
休闲空间
公共空间
商业空间
开放空间

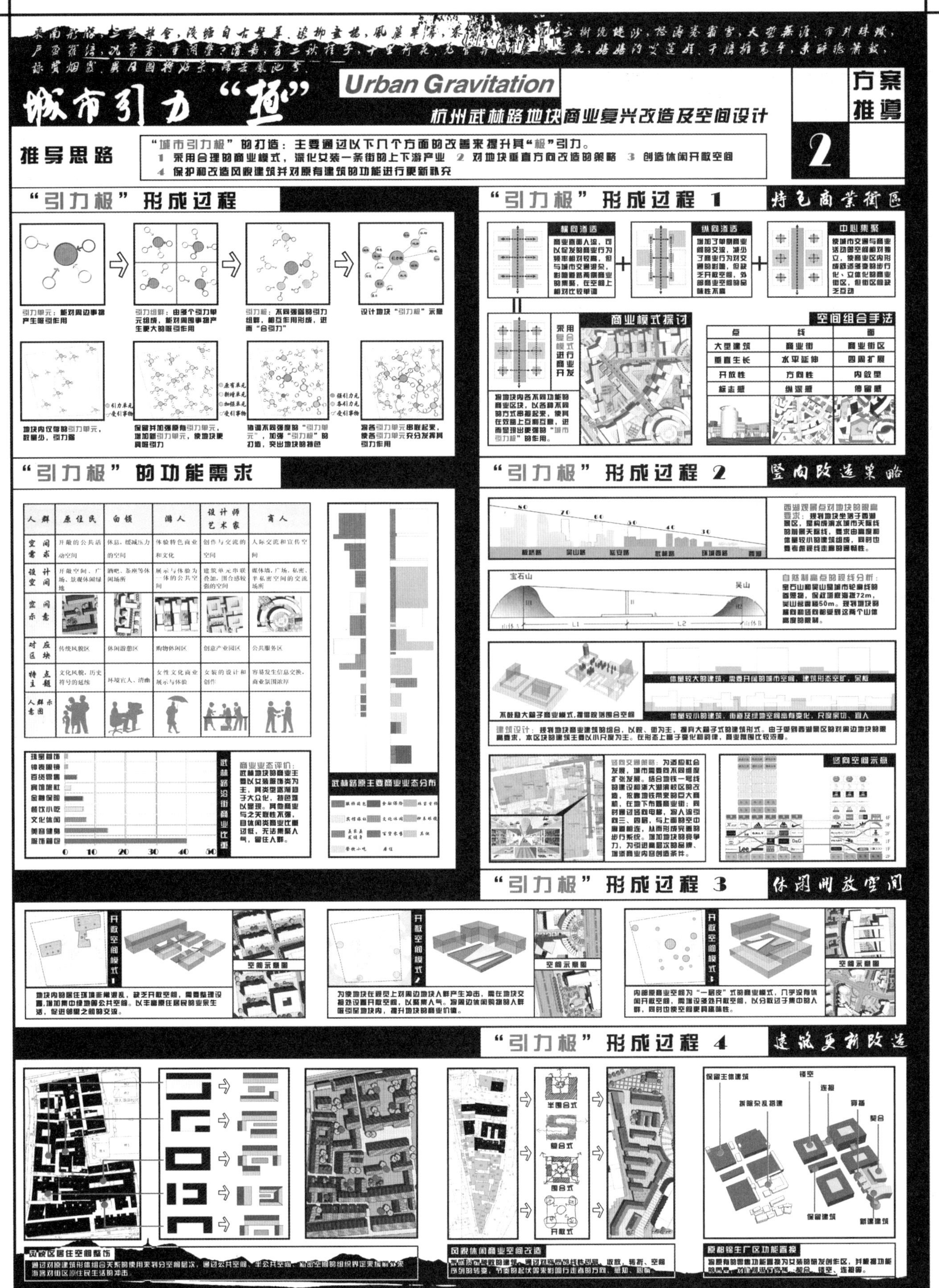
城市引力“极”
Urban Gravitation
杭州武林路地块商业复兴改造及空间设计
方案推导
2
推导思路
“城市引力极”的打造：主要通过以下几个方面的改善来提升其“极”引力。
1 采用合理的商业模式，深化女装一条街的上下游产业 2 对地块垂直方向改造的策略 3 创造休闲开敞空间
4 保护和改造风貌建筑并对原有建筑的功能进行更新补充
“引力极”形成过程
“引力极”形成过程 1
特色商业街区
“引力极”的功能需求
“引力极”形成过程 2
竖向改造策略
“引力极”形成过程 3
休闲开放空间
“引力极”形成过程 4
建筑更新改造
商业模式探讨
空间组合手法
武林路原主要商业业态分布
宝石山
吴山
风貌区居住空间整饬
风貌休闲商业空间改造
原橡胶厂区功能置换

城市引力"极"
Urban Gravitation
杭州武林路地块商业复兴改造及空间设计
3
方案生成
设计说明
在充分挖掘地块的区位优势及现状特色的基础上，通过保留、整治或新建的手法，将地块打造为集商业旅游、休闲购物、研发创作、演艺展示、生活体验为一体的综合中心区。具体通过对女装特色文化商业区、创意产业园、水乡商业街、休闲文化区、特色餐饮区等功能区的营造来打造独具魅力的城市"引力极"。
规划建筑使用时段分析
各类商业特征
各类建筑
建筑使用时段
居住
商饰服务
文化休闲
创意产业
商业服务
综合服务
商业办公
在地块内设置了不同功能的建筑，保证了城市中心区在24小时里的人气和活跃的气氛，不至于到了某个时段就出现"空城"现象。同时也保证了寸土寸金的城市中心区高价地块的使用率，从而进一步保证了中心区的效益及产出。
"引力极"——平面生成
规划空间组成
① 浙江日报
② 都锦生丝织博物馆
③ 沙孟海故居
④ 凤起大厦
⑤ 浙江饭店
⑥ 林氏住宅
⑦ 文物局
⑧ 中大宾馆
⑨ 教场路1号保护建筑
⑩ 望湖宾馆
⑪ 海华大酒店
⑫ 红楼
⑬ 锦绣天地
⑭ 创意园区
⑮ 保留居住小区
⑯ 传统居住区
⑰ 水乡商业休闲街
⑱ 商业办公区
⑲ 精品购物区
⑳ 女装特色、个性购物区
㉑ 综合购物区
㉒ 文化休闲体验区
㉓ 入口广场
㉔ 公共绿地
㉕ 屋顶绿化
㉖ 演艺展示区
用地平衡表
用地性质 | 面积（公顷） | 比例（%）
居住用地 | 3.65 | 11.45
公共设施用地 综合商业用地 | 7.20 | 22.59
特色商业用地 | 2.87 | 9.01
商馆服务用地 | 3.36 | 10.54
创意产业用地 | 2.20 | 6.9
办公用地 | 0.25 | 0.78
总计 | 15.88 | 49.83
道路广场用地 道路用地 | 7.47 | 23.44
广场用地 | 2.70 | 8.47
总计 | 10.17 | 31.91
绿地 | 2.17 | 6.81
总用地面积 | 31.87 | 100
凤起路
延安路
武林路
龙游路
长寿路
庆春路
环城西路
保留建筑
新建建筑
改造建筑
保留建筑
改造建筑
新建建筑
绿化空间
地下空间
空间合成
"引力极"——规划分析
规划功能结构分析
交通流线分析
绿化形态分析
空间环境分析
女装产业链分析
女装街立面

城市引力"极"
Urban Gravitation
杭州武林路地块商业复兴改造及空间设计
4
方案表现
方案表达
"城市引力极"的表达：主要通过以下几个方面来展示各个"引力单元"。
1 女装休闲购物街 2 水乡商业街 3 鸟瞰图 4 风貌区改造 5 商业过街形式
"引力极"——节点透视
女装休闲购物街
通过入口广场吸引和聚集人群，进而通过街道的疏导将人流分散到各个功能院落。
入口——商业触发点——汇聚空间
街道——商业引导线——穿越空间
院落——商业围合面——驻停空间
商业过街形式
为避免休闲购物人流对地面交通的干扰，同时也为形成良好的休闲购物环境。在地块商业功能区之间设置空中廊道，形成空中步行系统。进一步健全和完善商业中心区的休闲步行系统。
街道空间分析
水乡休闲商业街
长寿路原为河道，与西湖相通，为与周边风貌居住区协调，同时也为创造更高品质的休闲购物环境，本设计引入西湖"绿、水、桥"的元素，恢复该地块水系，将其打造为水乡商业休闲步行街。空间尺度宜人，富有变化。
水街一角
水街入口
水文化广场
"引力极"——竖向空间分布
透视点定位图
鸟瞰位置
透视位置
"引力极"表现——鸟瞰图
风貌区的改造
1.北部风貌区整体形式较完整，保留其原有的居住功能，整理开放空间满足人们的需求。
2.南部风貌区保留风貌较完整的几栋石库门建筑，周围新建建筑尽量与其在体量、风格上保持一致。
风貌居住区鸟瞰
风貌餐饮区内院
风貌餐饮区入口

磁力共振
望湖地块旧城中心更新改造
THE CENTER REDENELOPMENT OF WANGHU DISTRICT
设计思考：旧城，是城市历史的话语者，是城市传统文化的根据地，是城市的源头。在城市不断更新、发展的历史过程中中，旧城的活力与吸引力逐渐消失，成为仅供参观的“标本”。如何使传统融入时代的脉搏中去，是旧城中心更新的关键所在。
现状解读
地块现状分析
规划背景分析
地块区位分析
地块需求分析
地块要素分析
道路交通分析
用地性质分析
建筑风貌分析
建筑高度分析
建筑年代分析
建筑质量分析
时代需求
物质空间需求
土地经济需求
商业需求
生态景观需求
文化需求
商业要素分析
文化要素分析
生活要素分析
车马如梭人似织，夜深歌吹未曾休
——叶调元《汉口竹枝词》
SWOT分析
S (strengths) 优势
1.位于城市中心区，区域消费和功能层次较高。
2.交通便捷，可达性高。
3.传统女装特色文化个性十足，是延安路商业的中后段的有机组成部分。
4.多处历史悠久的人文建筑。
W (weakness) 劣势
1.功能混杂，居住与文教用地过多，中心吸引力缺失。
2.商业发展受“一层皮”式制约，购物活动单调。
3.外围交通问题严重，内部停车设施少。
4.开放的、舒适的、人性化的公共空间少。
O (opportunity) 机遇
1.杭州城市品牌定位带来地块功能转型的机会。
2.紧邻西湖，大量的游客也给基地的发展带来新的商机。
3.地铁1号线的建设提升地块土地价值，利用TOD模式，开发潜力无限。
T (threats) 挑战
1.加入什么样的功能，如何打造，提升吸引力？
2.现状居民的拆迁安置能否合理解决？
3.数量不多且分散的历史建筑怎样与时代接轨？
现状鸟瞰图
01

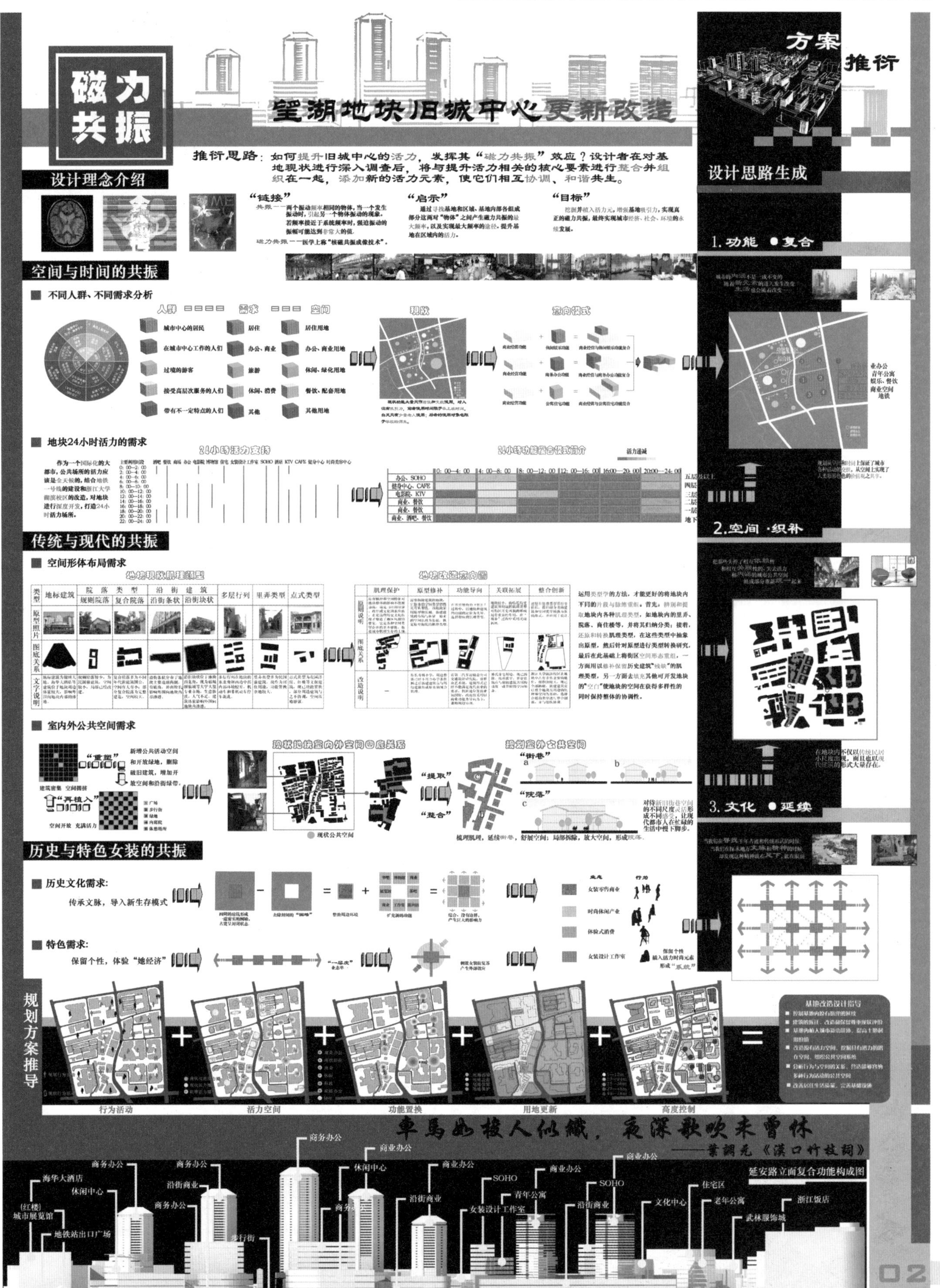

磁力共振
望湖地块旧城中心更新改造
推衍思路：如何提升旧城中心的活力，发挥其“磁力共振”效应？设计者在对基地现状进行深入调查后，将与提升活力相关的核心要素进行整合并组织在一起，添加新的活力元素，使它们相互协调、和谐共生。
设计理念介绍
空间与时间的共振
不同人群、不同需求分析
地块24小时活力的需求
传统与现代的共振
空间形体布局需求
室内外公共空间需求
历史与特色女装的共振
历史文化需求：
传承文脉，导入新生存模式
特色需求：
保留个性，体验“她经济”
方案推衍
设计思路生成
1.功能 ●复合
2.空间 ·织补
3.文化 ●延续
规划方案推导
行为活动
活力空间
功能置换
用地更新
高度控制
車馬如梭人似織，夜深歌吹未曾休
——葉調元《漢口竹枝詞》
延安路立面复合功能构成图
02

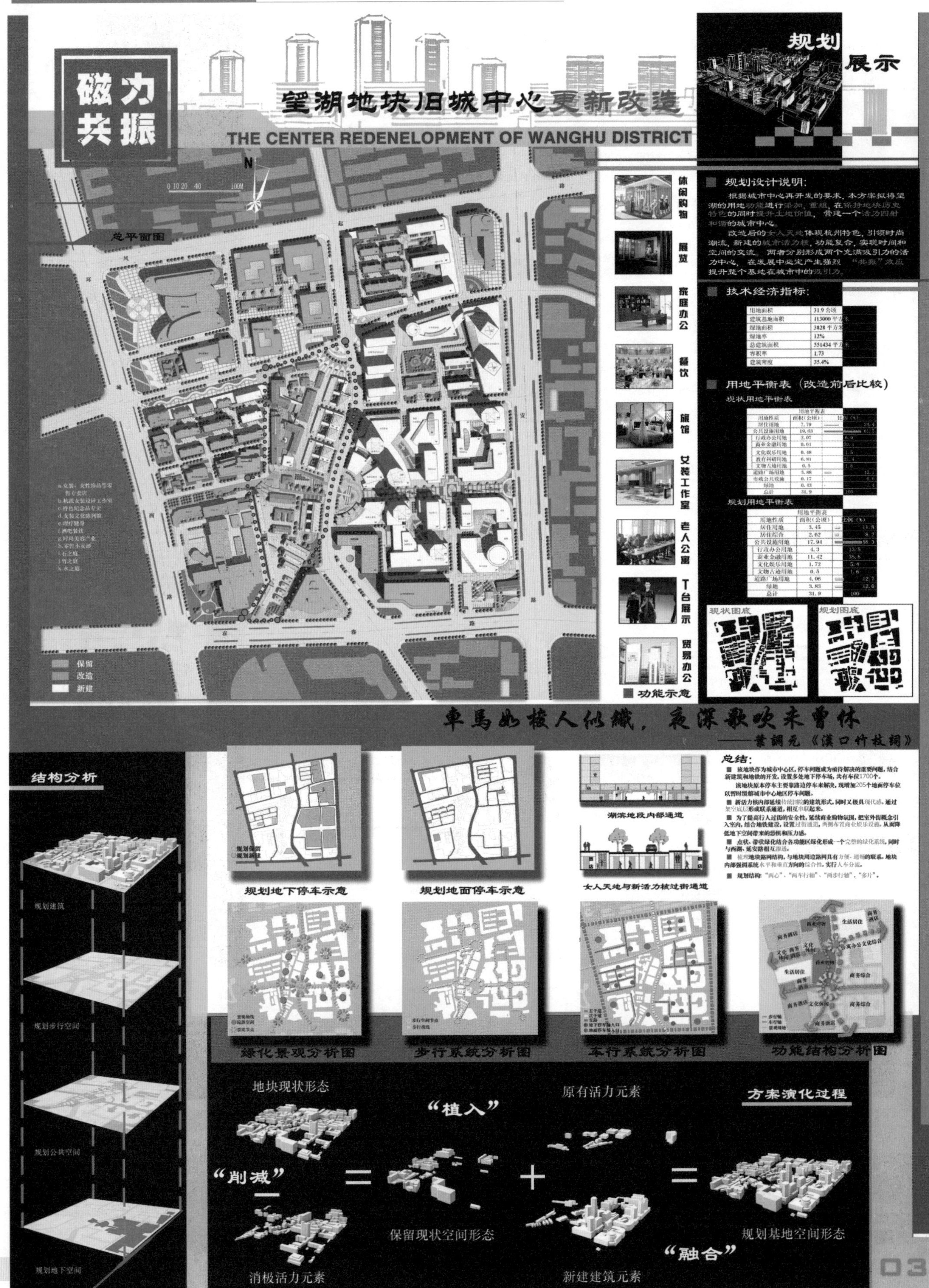

磁力共振
望湖地块旧城中心更新改造
THE CENTER REDENELOPMENT OF WANGHU DISTRICT
规划展示
总平面图
保留
改造
新建
休闲购物
展览
家庭办公
餐饮
旅馆
女装工作室
老人公寓
T台展示
贸易办公
功能示意
规划设计说明：
根据城市中心再开发的要求，本方案拟将望湖的用地功能进行添加、重组，在保持地块历史特色的同时提升土地价值，营建一个活力四射和谐的城市中心。
改造后的女人天地体现杭州特色，引领时尚潮流，新建的城市活力核，功能复合，实现时间和空间的交流。两者分别形成两个充满吸引力的活力中心，在发展中必定产生强烈"共振"效应提升整个基地在城市中的吸引力。
技术经济指标：
用地面积 31.9公顷
建筑基地面积 113000平方米
绿地面积 3828平方米
绿地率 12%
总建筑面积 551434平方米
容积率 1.73
建筑密度 35.4%
用地平衡表（改造前后比较）
现状用地平衡表
规划用地平衡表
现状图底
规划图底
車馬如梭人似織，夜深歌吹未曾休
——葉調元《漢口竹枝詞》
结构分析
规划建筑
规划步行空间
规划公共空间
规划地下空间
规划地下停车示意
规划地面停车示意
湖滨地段内部通道
女人天地与新活力核过街通道
总结：
■ 该地块作为城市中心区，停车问题成为亟待解决的重要问题，结合新建筑和地铁的开发，设置多处地下停车场，共有车位1700个。
该地块原本停车主要靠路边停车来解决，现增加205个地面停车位以暂时缓解城市中心地区停车问题。
■ 新活力核内部延续传统院的建筑形式，同时又极具现代感。通过架空底层形成联系通道，相互串联起来。
■ 为了提高行人过街的安全性，延续商业购物氛围，把室外街概念引入室内，结合地铁建设，设置过街通道，两侧布置商业娱乐设施。从而降低地下空间带来的恐惧和压力感。
■ 点状、带状绿化结合各功能区绿化形成一个完整的绿化系统，同时与西湖、延安路相互渗透。
■ 梳理地块路网结构，与地块周边路网具有方便、通畅的联系。地块内部强调系统水平和垂直方向的综合性。实行人车分流。
■ 规划结构："两心"、"两车行轴"、"两步行轴"，"多片"。
生活居住
商业购物
商务酒店
公寓办公文化综合
商务综合
绿化景观分析图
步行系统分析图
车行系统分析图
功能结构分析图
地块现状形态
原有活力元素
方案演化过程
"植入"
"削减"
保留现状空间形态
规划基地空间形态
"融合"
消极活力元素
新建建筑元素
03

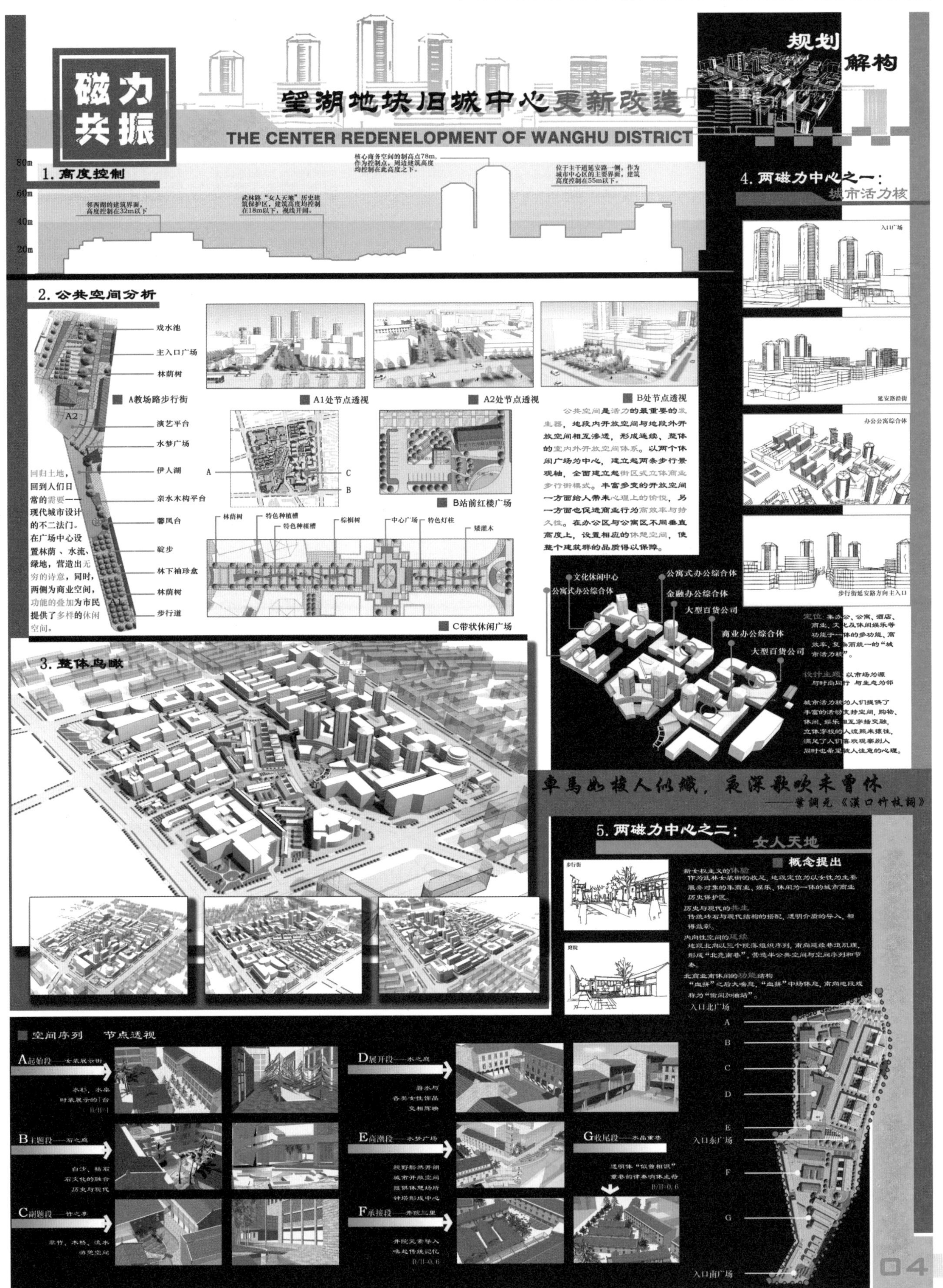
磁力共振
望湖地块旧城中心更新改造
THE CENTER REDENELOPMENT OF WANGHU DISTRICT
规划解构
1. 高度控制
2. 公共空间分析
A1处节点透视
A2处节点透视
B处节点透视
B站前红楼广场
C带状休闲广场
公共空间是活力的最重要的发生器，地段内开放空间与地段外开放空间相互渗透，形成连续、整体的室内外开放空间体系。以两个休闲广场为中心，建立起两条步行景观轴，全面建立起街区式立体商业步行街模式。丰富多变的开放空间一方面给人带来心理上的愉悦，另一方面也促进商业行为高效率与持久性。在办公区与公寓区不同垂直高度上，设置相应的休憩空间，使整个建筑群的品质得以保障。
回归土地，回到人们日常的需要——现代城市设计的不二法门。在广场中心设置林荫、水流、绿地，营造出无穷的诗意，同时，两侧为商业空间，功能的叠加为市民提供了多样的休闲空间。
3. 整体鸟瞰
4. 两磁力中心之一：城市活力核
5. 两磁力中心之二：女人天地
车马如梭人似织，夜深歌吹未曾休
——叶调元《汉口竹枝词》
概念提出
空间序列 节点透视

URBAN DESIGN OF HANGZHOU WANGHU

杭州望湖中心区城市设计

都市新呼吸

前期分析与概念提出 1

基地条件分析

- **位置：** 市中心商务圈，西湖风景区辐射带 ——都市商业与自然景观的结合
- **环境：** 地块内缺失的绿化生态环境 ——以生态景观塑造带动都市商业的发展
- **需求：** 城市人群密集区，市区内喘息停留场所的缺少 ——将地块内独立的楔形地作为景观绿核建设带

设计目标

以武林女装街为基础，打造杭城RBD衔接过渡基地。整合女装街、原湖滨医学院及破旧居住矮房资源，引入西湖生态因素——绿核，并进行合理规划与改造，布局商业中心及步行街，构成以女人为主题的一系列服装、美容、美发的衍生产业，形成拥有DIY、T台展示、知识学习、服装设计办公、制作、展示和交易的武林街区，使本地块成为国内知名的女性天堂和休闲娱乐区域。

现状用地分析

1、用地配比

教育用地比例过高，公共绿地比例不足。该中心地块在产业结构和环境质量等方面与国内外成功案例水平有明显差距。

2、用地布局

有商业用地与居住用地混杂现象尚存，居住用地、教育用地、商业用地混杂，用地布局尚存问题。

3、公共开放绿地空间

尚未形成系统、整体与西湖延伸空间均显不足，地块公共绿地空间不仅尚未形成系统，而且数量极少，规模公共绿地空间不足。

土地利用分析

现状土地利用是典型的"金角、银边、草肚皮"的开发模式，地块内部大面积的土地利用率不高，作为城市中心区块，当前的土地利用模式是对地块优越的区位以及地块本身价值的严重浪费，不利于城市的发展。

构成都市新呼吸的元素：

1、区位条件
2、交通条件
3、自然资源
4、吸引女性和新都市人群
5、复合利用
6、宜人的尺度，丰富的立面

伴随着城市的发展与扩张，出现了一系列城市问题：无序的空间环境成为屏障，使得各自发展良好的西湖景区、延安路商贸区、武林特色女装街、湖滨RBD难以交流互动。西湖环线环境容量日趋饱和。

作为休闲旅游大都市，要使地块附近区域各部分功能在自我完善的同时更好地融合、渗透，发挥三根筷子的效应，从而形成集聚规模，完美衔接两大中心——武林CBD与湖滨—吴山RBD，提升武林女装街的购物环境，提高商务办公品质，使人们在节奏越来越快的今天能有一块停下来享受呼吸的场所。

提出概念：

都市新呼吸

女装街历史沿革

——自隋唐起，为京杭运河南端码头，贩米、运货、进香之人昼夜不绝，渐成闹市。
——元代有"北关夜市"之誉，明末，丝织、丝绸业发达。
——从1994年始，这里自发形成了一批风格迥异、新潮前卫的时尚女装个性小店，一大批杭州品牌女装先后落户这里。
——如今作为标志性商业街的延安路虽有一定规模，但只是一条时断时续的线条式商业街，不能与杭州的经济、城市规模、未来发展、历史文化相适应。

现状绿地系统分析

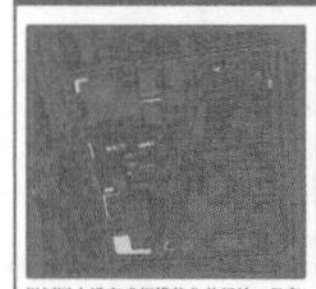

规划区内没有成规模的公共绿地，只有零星的几块散装绿地，和旁边西湖的生态景观不协调。

基地内历史建筑区的破旧和低绿化率

基地内破旧居住区的密集，绿化率极低

西面西湖风景区生态环境极佳，与基地的低绿化形成鲜明对比

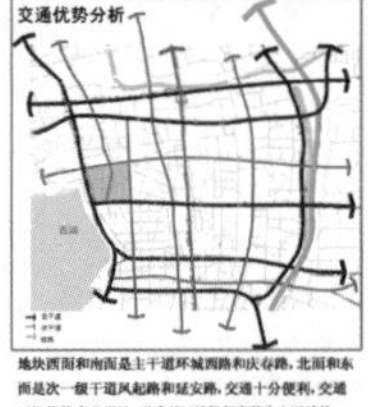
交通优势分析
西湖

地块西面和南面是主干道环城西路和庆春路，北面和东面是次一级干道凤起路和延安路，交通十分便利，交通区位优势十分明显，形成了可达性极高的中心区地块。

基地区位分析

■ 基地位置关系

武林CBD
湖滨RBD
吴山RBD

■ 商圈位置关系

■ 基地区位位置关系

■ 快速轨道规划位置

现状商业分析

现有商业数量统计
现状武林路沿街商业类型分析

商业分析：

现状问题：

商业类型单一，以女性服装为主，餐饮休闲等相关配套产业薄弱且分散，不能满足需求。商业经营混杂，不利积聚人气。商业设施较为破旧，且规模较小，与城市中心区的定位不相符合。

规划措施：

1）确立明确的目标功能定位。将整个地块划分为改造的特色女装步行街区、历史文化商业街区、新建的商务办公中心、综合休闲娱乐商业区以及酒店商住中心。

2）改善消费及步行环境。对现有的质量较差的店铺进行修缮或拆除，对现有历史文化街区肌理进行修补，并将商业渗透入历史街区，营造出尺度宜人的步行商业街区。

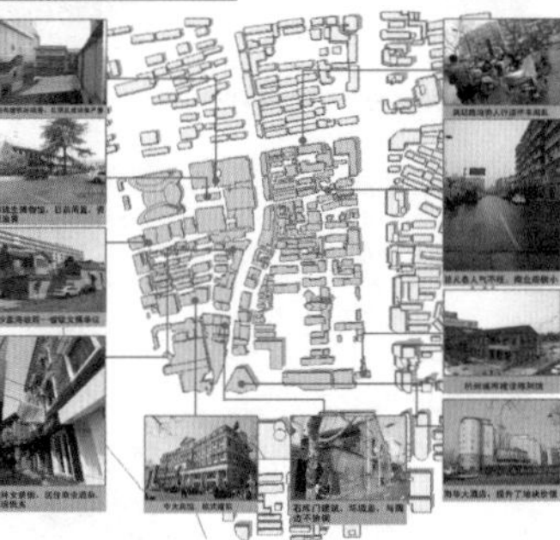

杭州女装现状分析

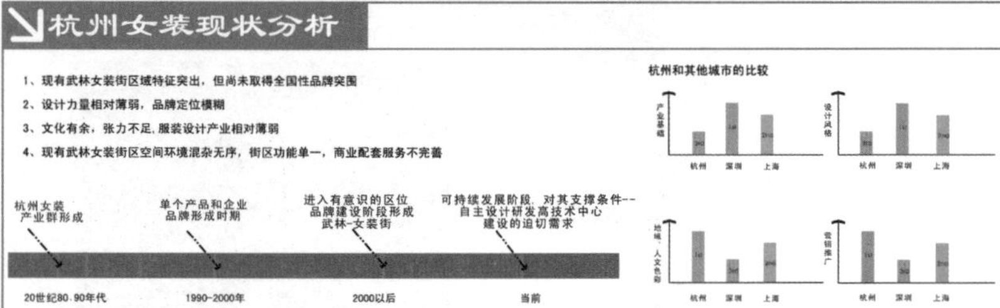
1、现有武林女装街区域特征突出，但尚未取得全国性品牌突围
2、设计力量相对薄弱，品牌定位模糊
3、文化有余，张力不足，服装设计产业相对薄弱
4、现有武林女装街区空间环境混杂无序，街区功能单一，商业配套服务不完善
杭州女装产业群形成
单个产品和企业品牌形成时期
进入有意识的区位品牌建设阶段形成武林女装街
可持续发展阶段 对其支撑条件——自主设计研发高技术中心建设的迫切需求
20世纪80、90年代
1990-2000年
2000以后
当前
杭州和其他城市的比较
杭州
深圳
上海

商务区经验总结

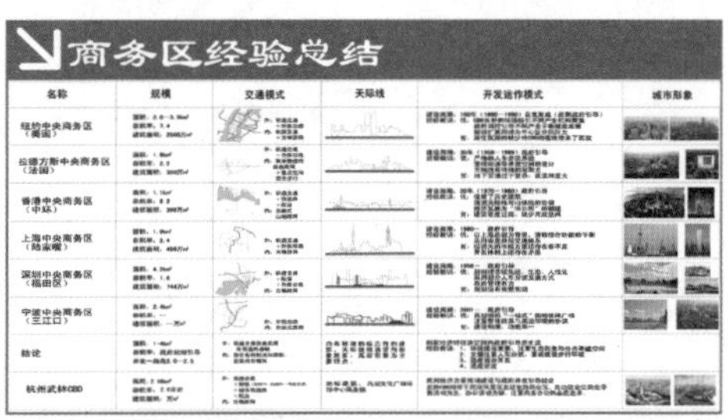

名称	规模	交通模式	天际线	开发运作模式	城市形象
纽约中央商务区（曼哈顿）	[illegible]	[illegible]	[illegible]	[illegible]	[illegible]
拉德方斯中央商务区（法国）	[illegible]	[illegible]	[illegible]	[illegible]	[illegible]
香港中央商务区（中环）	[illegible]	[illegible]	[illegible]	[illegible]	[illegible]
上海中央商务区（陆家嘴）	[illegible]	[illegible]	[illegible]	[illegible]	[illegible]
深圳中央商务区（福田区）	[illegible]	[illegible]	[illegible]	[illegible]	[illegible]
宁波中央商务区（三江口）	[illegible]	[illegible]	[illegible]	[illegible]	[illegible]
结论	[illegible]	[illegible]	[illegible]	[illegible]	[illegible]
杭州武林CBD	[illegible]	[illegible]	[illegible]	[illegible]	[illegible]

现状视线分析

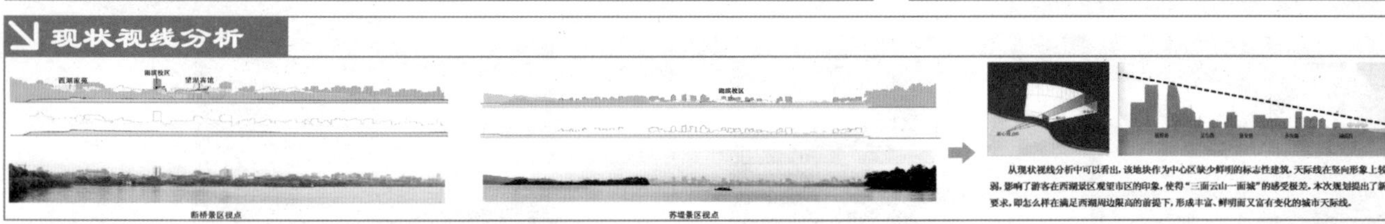
从现状视线分析中可以看出，该地块作为中心区缺少鲜明的标志性建筑，天际线在竖向形象上较弱，影响了游客在西湖景区观望市区的印象，使得"三面云山一面城"的感受模糊。本次规划提出了新的要求，即怎么样在满足西湖周边限高的前提下，形成丰富、鲜明而又富有变化的城市天际线。

断桥景区视点

苏堤景区视点

S（strengths）—优势

1、区位优势：西临西湖，东接延安路，北靠武林广场，南频湖滨吴山RBD。位于城市CBD与RBD的交接处，区位极佳，商业开发潜力大。

2、历史资源优势：地块内存多处省级文保建筑。

3、品牌优势：武林女装街已具有一定规模，品牌效益的潜力开发空间大。

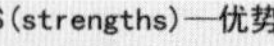

W（weaknesses）—劣势

1、延安路一带商业哑铃状分布现象严重。

2、武林商圈和湖滨—吴山RBD各自特点明显，独立发展，联系薄弱。

3、空间拥挤，公共活动空间极少，难以吸引人流。

O（opportunities）—机遇

1、湖滨—吴山RBD的发展完善。

2、人们对于休闲购物一体的要求提高，对品质生活的追求增多。

3、城市地铁1号线的建设，交通带来的新商机。

T（threats）—挑战

1、如何做好西湖与RBD，CBD与RBD的衔接关系是本次设计的关键。

2、老居住区与周边商业的协调和谐问题。

3、如何发掘与梳理城市空间形态与肌理的特征，建立生动的公共开敞空间。

4、如何处理老建筑，解决西湖历史回忆不足的缺憾。

5、如何扩大武林女装街的特色规模，使其成为女性真正的天堂。

URBAN DESIGN OF HANGZHOU WANGHU

杭州望湖中心区城市设计

都市新呼吸

方案推导 2

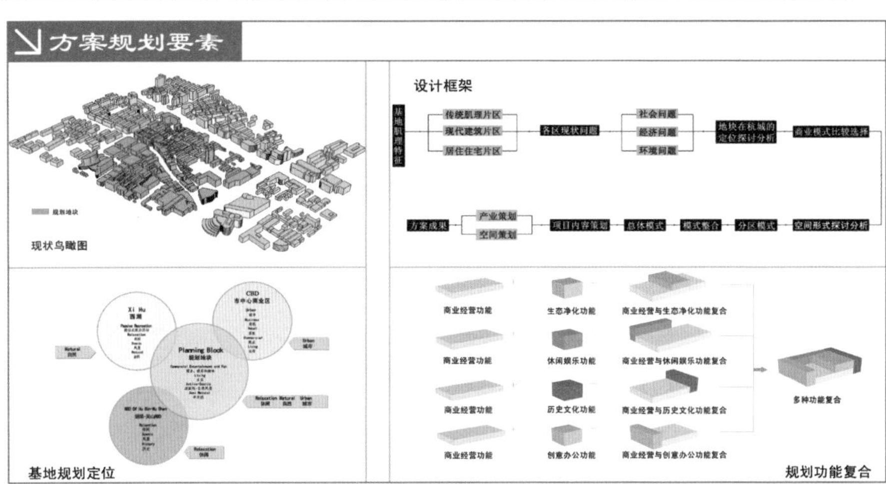
方案规划要素
现状鸟瞰图
设计框架
基地肌理特征
传统肌理片区
现代建筑片区
居住住宅片区
各区现状问题
社会问题
经济问题
环境问题
地块在杭城的定位探讨分析
商业模式比较选择
方案成果
产业策划
空间策划
项目内容策划
总体模式
模式整合
分区模式
空间形式探讨分析
商业经营功能
生态净化功能
休闲娱乐功能
历史文化功能
创意办公功能
多种功能复合
基地规划定位
规划功能复合

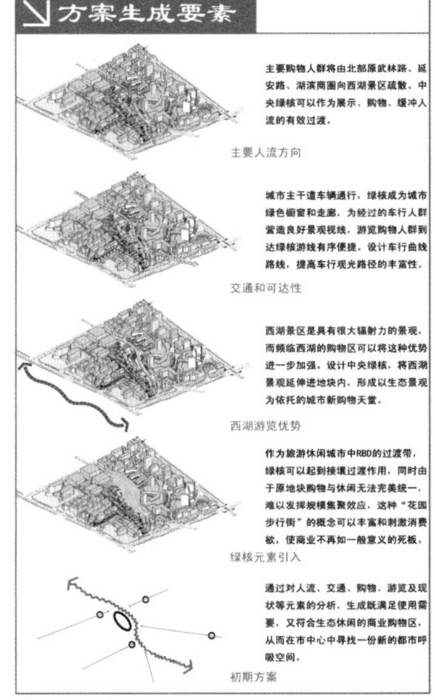
方案生成要素
主要购物人群将由北部原武林路、延安路、湖滨商圈向西湖景区疏散。中央绿核可以作为展示、购物、缓冲人流的有效过渡。
主要人流方向
城市主干道车辆通行，绿核成为城市绿色橱窗和走廊，为经过的车行人群营造良好景观视线，游览购物人群到达绿核游线有序便捷。设计车行曲线路线，提高车行观光路径的丰富性。
交通和可达性
西湖景区是具有很大辐射力的景观，而频临西湖的购物区可以将这种优势进一步加强。设计中央绿核，将西湖景观延伸进地块内，形成以生态景观为依托的城市新购物天堂。
西湖游览优势
作为旅游休闲城市中RBD的过渡带，绿核可以起到接壤过渡作用，同时由于原地块购物与休闲无法完美统一，难以发挥规模集聚效应，这种“花园步行街”的概念可以丰富和刺激消费欲，使商业不再如一般意义的死板。
绿核元素引入
通过对人流、交通、购物、游览及现状等元素的分析，生成既满足使用需要，又符合生态休闲的商业购物区，从而在市中心中寻找一份新的都市呼吸空间。
初期方案

商业街模式选择
人群分析
购物人群
观光游客
女装购物
服饰DIY
T台观演
休闲小吃
为购物人群提供女装购物—服饰DIY—T台观演—配套休闲小吃等一系列服务
为观光游客提供女装文化讲座—城建展览—生态休闲绿核—风情餐饮等一系列服务
女装历史文化讲座
红砖城建展
绿核生态休闲
石库门风情餐饮
为满足都市新呼吸
新增及完善部分功能：
1、城市绿核（改善了原有女装购物街环境，使购物作为一种绿色旅游、游憩休闲，在游中购，在购中游。）
2、新增人文关怀要素（服装设计演艺、服装历史文化的展示。）
2、复合商业商务利用体（以原湖滨医学院新规划的大体量建筑为依托建设复合功能区集综合商业、商务于一体。）
3、完善餐饮、娱乐业态，整治破旧建筑，拓展公共活动、交流空间，增加地块活力和吸引力
4、新增武林女装衍生业态，服装DIY，设计商务区，打造女性真正的天堂
原湖滨医学院开发模式选择
人均GDP
杭州
目前杭城人均GDP大约为8063美元，根据零售业态的发展规律，杭城暂不适宜Shopping Mall的商业形式，因此规划采用商业商务复合体建筑。

人均GDP	适用的零售业态
>1000美元	百货商店
>3000美元	超级市场
>6000美元	便利店
>10000美元	仓储商店
>12000美元	shopping mall

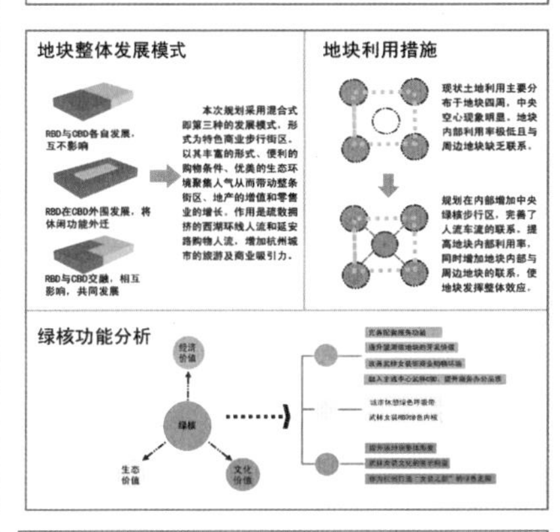
地块整体发展模式
地块利用措施
绿核功能分析
绿核
生态价值
文化价值

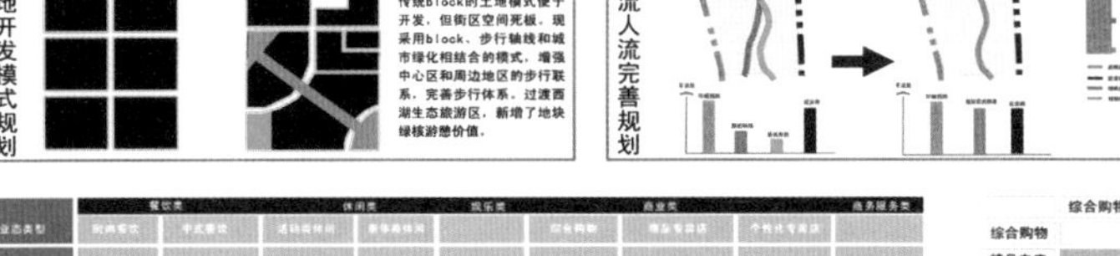
土地开发模式规划
传统block的土地模式便于开发，但街区空间死板。现采用block、步行轴线和城市绿化相结合的模式，增强中心区和周边地区的步行联系，完善步行体系，过渡西湖生态旅游区，新增了地块绿核游憩价值。

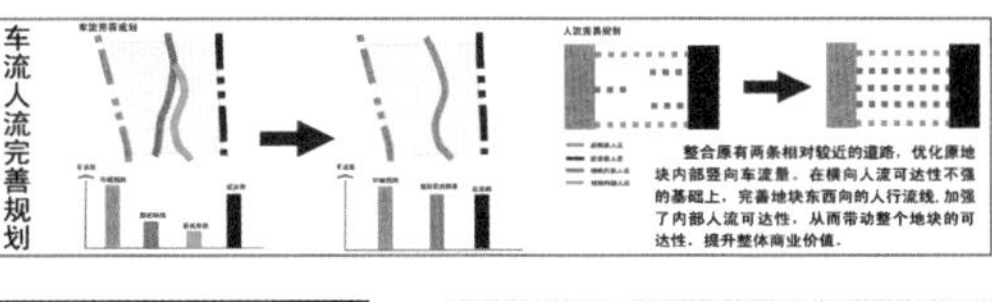
车流人流完善规划
整合原有两条相对较近的道路，优化原地块内部竖向车流量，在横向人流可达性不强的基础上，完善地块东西向的人行流线，加强了内部人流可达性，从而带动整个地块的可达性，提升整体商业价值。

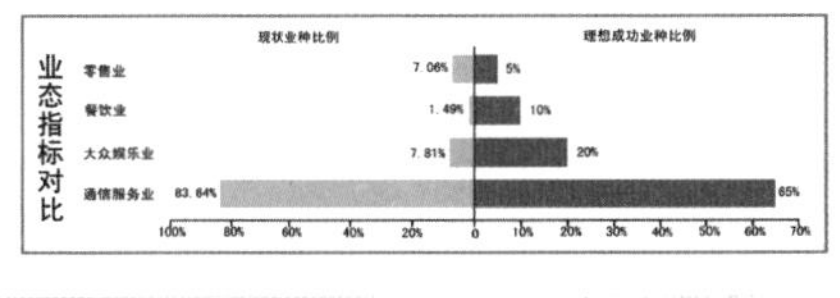
业态指标对比
现状业种比例
理想成功业种比例
零售业
餐饮业
大众娱乐业
通信服务业

商业业态特征分析

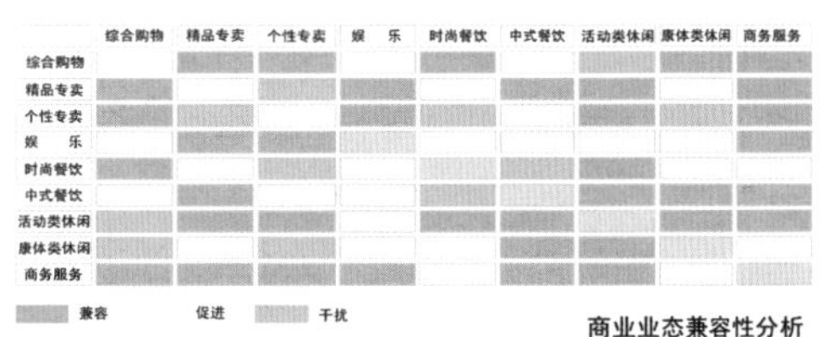
综合购物
精品专卖
个性专卖
娱乐
时尚餐饮
中式餐饮
活动类休闲
康体类休闲
商务服务
兼容
促进
干扰

商业业态兼容性分析

用地更新方式

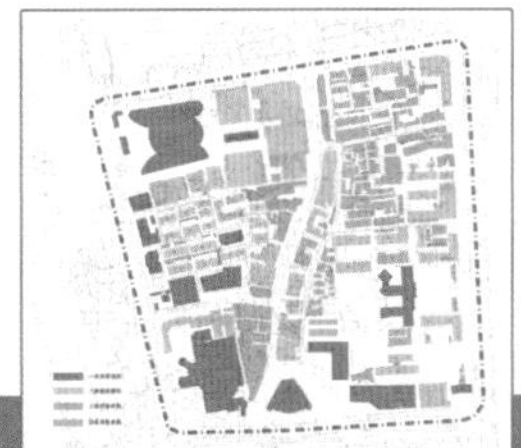

现状建筑质量分析

现状建筑风貌分析

现状建筑高度分析

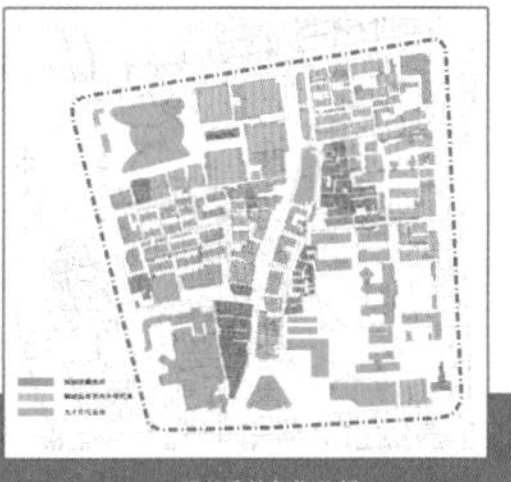

现状建筑年代分析

现状道路交通分析

URBAN DESIGN OF HANGZHOU WANGHU

杭州望湖中心区城市设计

都市新呼吸 3

方案设计

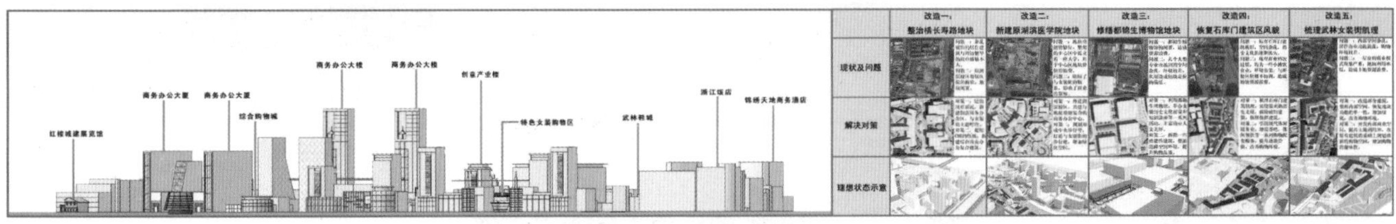

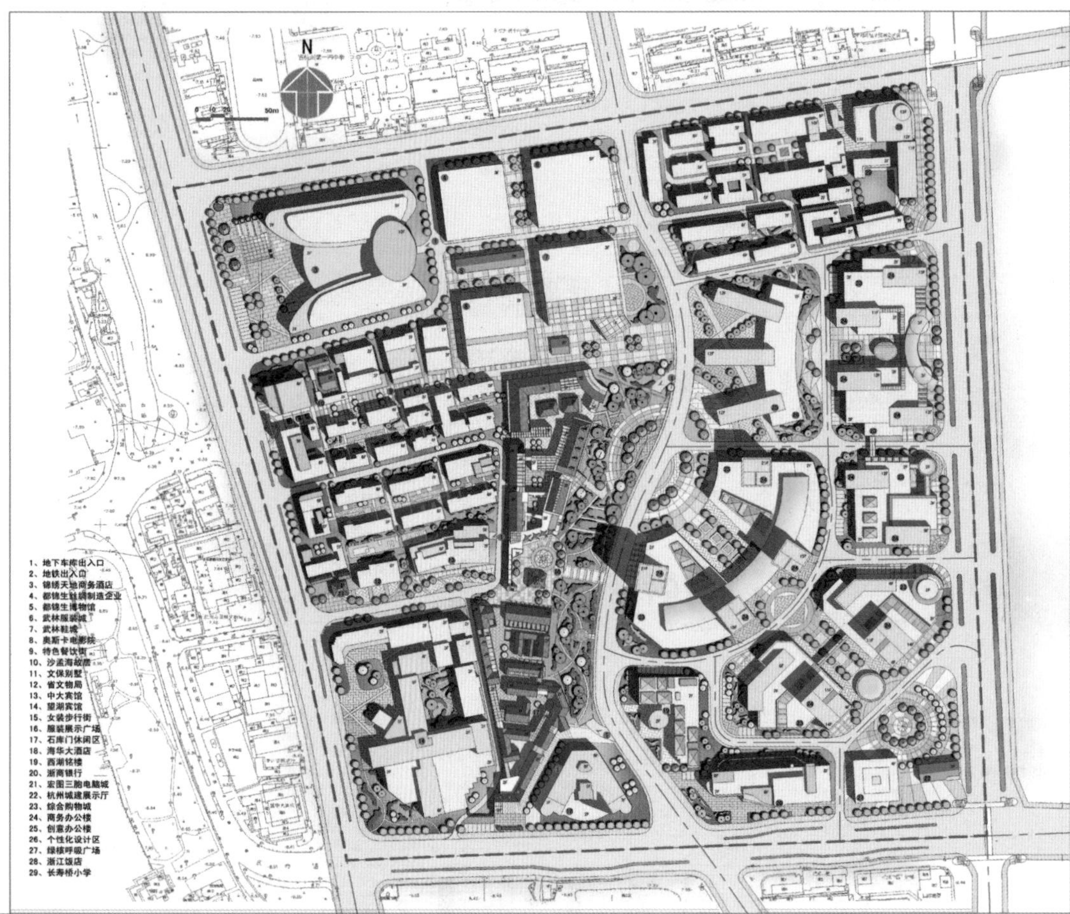
1、地下车库出入口
2、地铁出入口
3、锦绣天地商务酒店
4、都锦生丝绸制造企业
5、都锦生博物馆
6、武林服装城
7、武林鞋城
8、奥斯卡电影院
9、特色餐饮街
10、沙孟海故居
11、文保别墅
12、省文物局
13、中大宾馆
14、望湖宾馆
15、女装步行街
16、服装展示广场
17、石库门休闲区
18、海华大酒店
19、西湖铭楼
20、浙商银行
21、宏图三胞电脑城
22、杭州城建展示厅
23、综合购物城
24、商务办公楼
25、创意办公楼
26、个性化设计区
27、绿核呼吸广场
28、浙江饭店
29、长寿桥小学

规划总平面图

方案生成

现状情况
新建改造建筑
活动空间
规划成果

技术经济指标

规划用地面积：32公顷

总建筑面积：53.6公顷

容积率：1.68

建筑密度：30.5%

绿地率：22.1%

用地指标：

	面积	比例
道路广场用地	8.7公顷	29.8%
公建用地	9.8公顷	33.6%
居住用地	3.5公顷	12.0%
市政用地	0.07公顷	0.2%
绿化用地	7.1公顷	25.5%

景观绿化规划分析

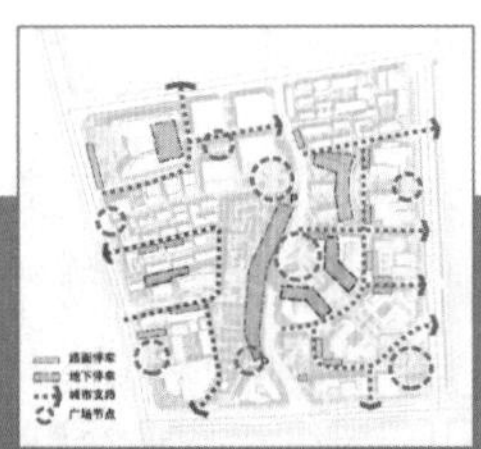

道路停车规划分析

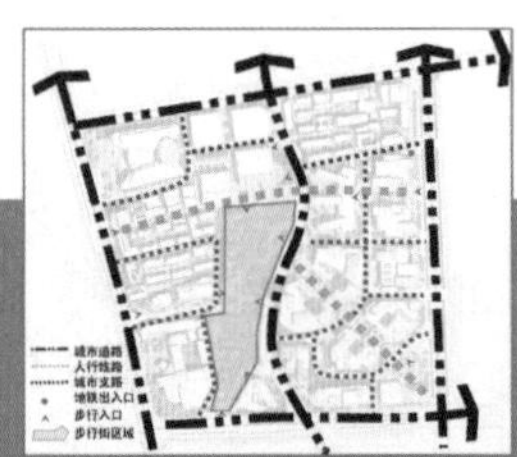

交通结构规划分析

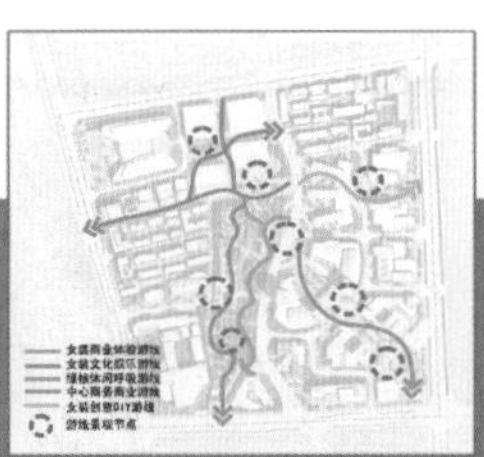

游线规划分析

核心影响规划分析

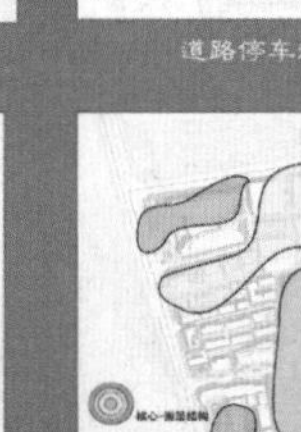

功能分区规划分析

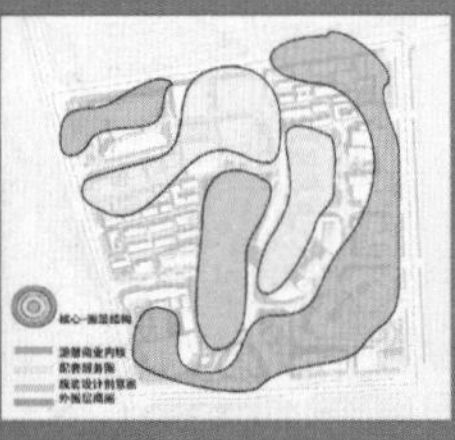

圈层结构规划分析

公共空间规划控制分析

规划前后肌理对照

URBAN DESIGN OF HANGZHOU WANGHU

杭州望湖中心区城市设计

都市新呼吸

4

方案表现

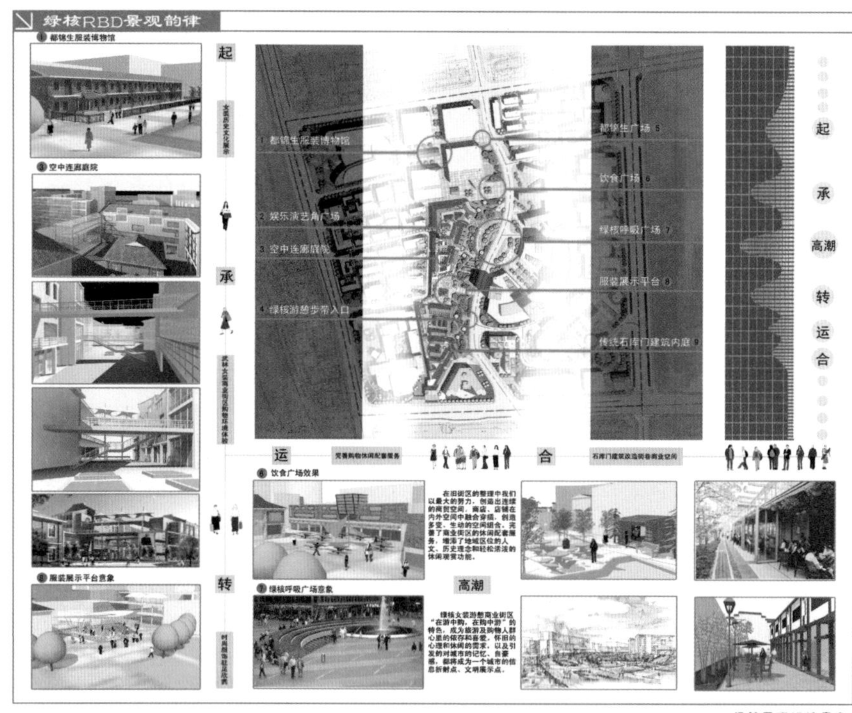
绿核RBD景观韵律
都锦生服装博物馆
空中连廊庭院
服装展示平台意象
起
承
高潮
转
运
合
饮食广场效果
绿核呼吸广场意象
高潮

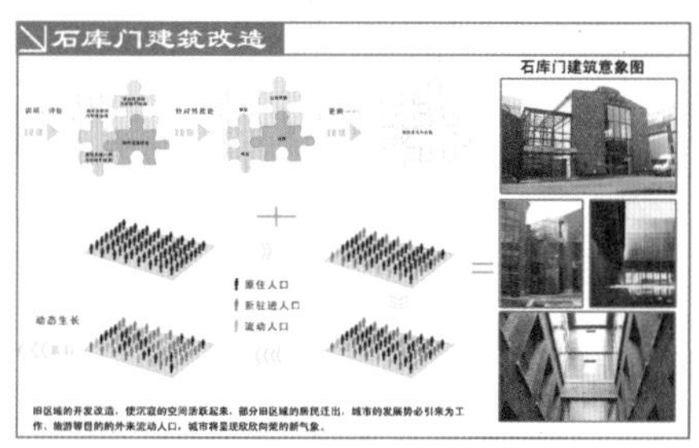
石库门建筑改造
石库门建筑意象图

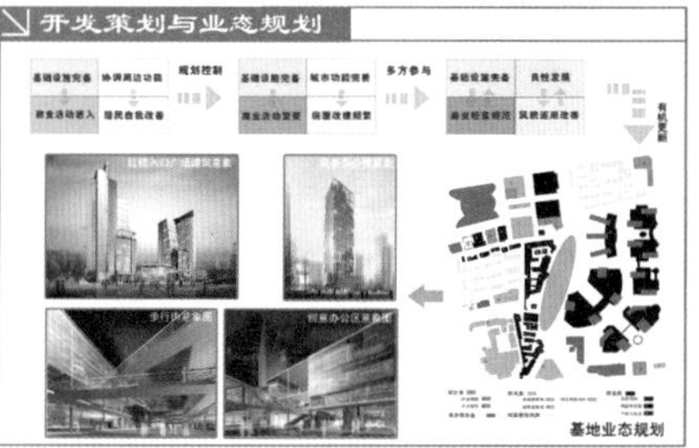
开发策划与业态规划
基地业态规划

绿核景观设计意象

绿核是楔状狭长的大型休闲绿地。绿核景观融入女装购物步行街，不仅改善了武林女装街的购物环境，创造了供游人休憩的空间环境，而且使武林女装购物街成为绿色休闲的城市游憩商业区（RBD）。武林女装街绿色RBD将会成为望湖地区城市的走廊和橱窗，是人们进一步认识杭州的主要感觉和视觉场所之一。

在进行绿核景观设计时，考虑到了景观节奏和韵律，“起、承、高潮、转、运、合”的情感韵律创造出一种连续与间断变化的休闲感受，在人们行为心理上引起反应，创造共鸣。

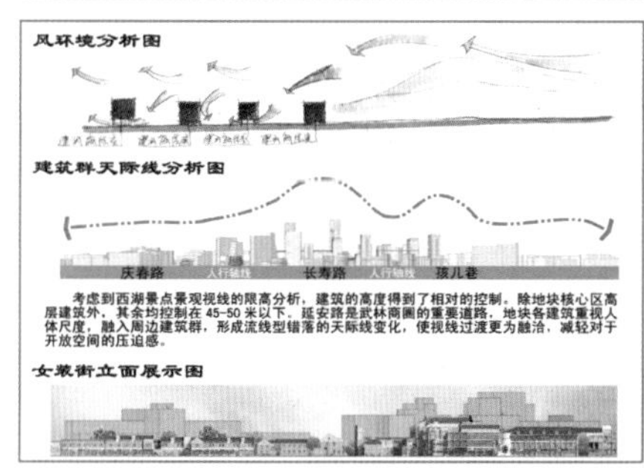
风环境分析图
建筑群天际线分析图
庆春路
长寿路
孩儿巷
考虑到西湖景点景观视线的限高分析，建筑的高度得到了相对的控制。除地块核心区高层建筑外，其余均控制在 45-50 米以下。延安路是武林商圈的重要道路，地块各建筑重视人体尺度，融入周边建筑群，形成流线型错落的天际线变化，使视线过渡更为融洽，减轻对于开放空间的压迫感。
女装街立面展示图

鸟瞰图

延安路立面节点效果
创意办公区节点效果
红楼入口广场节点效果

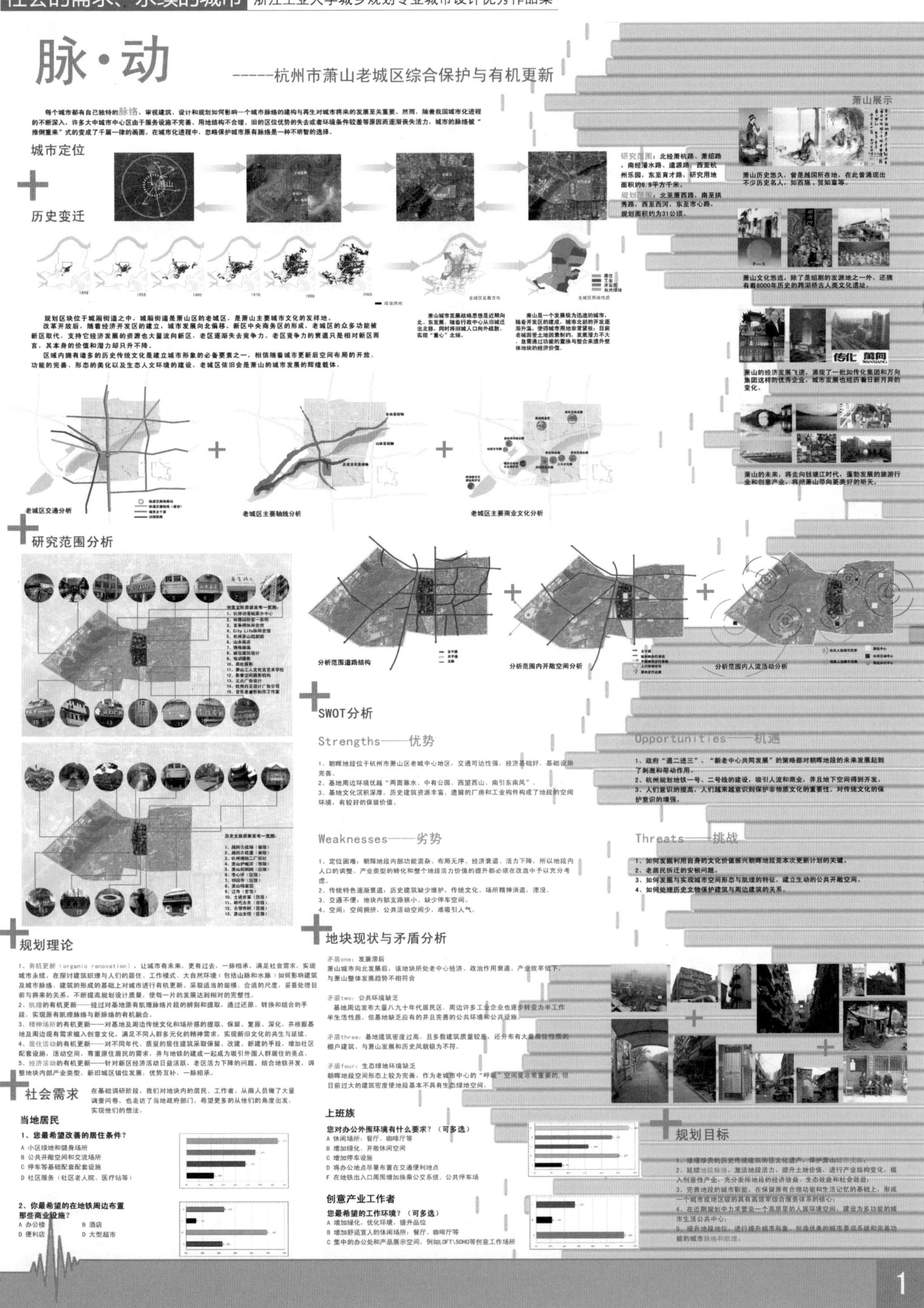

脉·动
-----杭州市萧山老城区综合保护与有机更新
每个城市都有自己独特的脉络，审视建筑、设计和规划如何影响一个城市脉络的建构与再生对城市将来的发展至关重要。然而，随着我国城市化进程的不断深入，许多大中城市中心区由于服务设施不完善、用地结构不合理、旧的区位优势的失去或者环境条件较差等原因而逐渐丧失活力，城市的脉络被“推倒重来”式的变成了千篇一律的画面。在城市化进程中，忽略保护城市原有脉络是一种不明智的选择。
城市定位
历史变迁
萧山
研究范围：北经萧杭路、萧绍路，南经潘水路、道源路，西至杭州乐园，东至育才路，研究用地面积约6.9平方千米。
规划范围：北至萧西路，南至拱秀路，西至西河，东至市心路，规划面积约为31公顷。
1949
1958
1965
1976
1990
2005
建设用地
主城区发展方向
居住
工业
开发区
自然绿地
主城区用地性质
规划区块位于城厢街道之中，城厢街道是萧山区的老城区，是萧山主要城市文化的发祥地。
改革开放后，随着经济开发区的建立，城市发展向北偏移。新区中央商务区的形成，老城区的众多功能被新区取代，支持它经济发展的资源也大量流向新区，老区逐渐失去竞争力。老区竞争力的衰退只是相对新区而言，其本身的价值和潜力却只升不降。
区域内拥有诸多的历史传统文化是建立城市形象的必备要素之一，相信随着城市更新后空间布局的开放、功能的完善、形态的美化以及生态人文环境的建设，老城区依旧会是萧山的城市发展的辉煌载体。
萧山城市发展战略思想是近期向北、东发展。随着行政中心从旧城迁出北移，同时将旧城人口向外疏散，实现“重心”北倾。
萧山是一个发展极为迅速的城市，随着开发区的建成，城市北部的开发逐渐升温，使得城市用地非常紧张；目前老城因受土地因素制约，发展潜力不大，急需通过功能的置换与整合来提升整体地块的经济价值。
萧山展示
萧山历史悠久，曾是越国所在地，在此曾涌现出不少历史名人，如西施、贺知章等。
萧山文化悠远，除了是绍剧的发源地之一外，还拥有着8000年历史的跨湖桥古人类文化遗址。
传化
万向
WANXIANG
萧山的经济发展飞速，涌现了一批如传化集团和万向集团这样的优秀企业，城市发展也经历着日新月异的变化。
萧山的未来，将走向钱塘江时代，蓬勃发展的旅游行业和创意产业，将把萧山带向更美好的明天。
老城区交通分析
老城区主要轴线分析
老城区主要商业文化分析
研究范围分析
7、祇园寺（区级）
8、萧山档案馆
9、江寺（市级）
10、土谷世第（区级）
11、明代古井（市级）
12、古银杏树（区级）
13、萧山女校（区级）
分析范围道路结构
分析范围内开敞空间分析
分析范围内人流活动分析
SWOT分析
Strengths——优势
1、朝晖地段位于杭州市萧山区老城中心地区，交通可达性强，经济基础好，基础设施完善。
2、基地周边环境优越“两面靠水、中有公园、西望西山、南引东南风”。
3、基地文化沉积深厚，历史建筑资源丰富、遗留的厂房和工业构件构成了地段的空间环境，有较好的保留价值。
Opportunities——机遇
1、政府“退二进三”、“新老中心共同发展”的策略都对朝晖地段的未来发展起到了刺激和带动作用。
2、杭州规划地铁一号、二号线的建设，吸引人流和商业，并且地下空间得到开发。
3、人们意识的提高，人们越来越意识到保护非物质文化的重要性。对传统文化的保护意识的增强。
Weaknesses——劣势
1、定位困难：朝晖地段内部功能混杂、布局无序、经济衰退、活力下降，所以地段内人口的调整、产业类型的转化和整个地段活力价值的提升都必须在改造中予以充分考虑。
2、传统特色逐渐衰退：历史建筑缺少维护，传统文化、场所精神消退，湮没。
3、交通不便：地块内部支路狭小、缺少停车空间。
4、空间：空间拥挤，公共活动空间少，难吸引人气。
Threats——挑战
1、如何发掘利用自身的文化价值振兴朝晖地段是本次更新计划的关键。
2、老居民拆迁的安顿问题。
3、如何发掘与实现城市空间形态与肌理的特征，建立生动的公共开敞空间。
4、如何处理历史文物保护建筑与周边建筑的关系。
规划理论
1、有机更新（organic renovation），让城市有未来，更有过去，一脉相承，满足社会需求，实现城市永续。在探讨建筑织理与人们的居住、工作模式、大自然环境（包括山脉和水脉）如何影响建筑及城市脉络、建筑的形成的基础上对城市进行有机更新。采取适当的规模、合适的尺度，妥善处理目前与将来的关系，不断提高规划设计质量，使每一片的发展达到相对的完整性。
2、肌理的有机更新——经过对基地原有肌理脉络片段的辨别和提取，通过还原、转换和组合的手段，实现原有肌理脉络与新脉络的有机融合。
3、精神场所的有机更新——对基地及周边传统文化和场所感的提取、保留、复原、深化，并根据基地及周边现有需求植入创意文化，满足不同人群多元化的精神需求，实现新旧文化的共生与延续。
4、居住活动的有机更新----对不同年代、质量的居住建筑采取保留、改建、新建的手段，增加社区配套设施，活动空间，尊重原住居民的需求，并与地铁的建成一起成为吸引外围人群居住的亮点。
5、经济活动的有机更新——针对新区经济活动日益活跃，老区活力下降的问题，结合地铁开发，调整地块内部产业类型，新旧城区错位发展，优势互补，一脉相承。
地块现状与矛盾分析
矛盾one：发展滞后
萧山城市向北发展后，该地块所处老中心经济、政治作用衰退、产业效率低下，与萧山整体发展趋势不相符合
矛盾two：公共环境缺乏
基地周边发布大量八九十年代居民区，周边许多工业企业也逐步转变为半工作半生活性质，但基地缺乏应有的并且完善的公共环境和公共设施。
矛盾three：基地建筑密度过高，且多数建筑质量较差，还分布有大量居住性质的棚户建筑，与萧山发展和历史风貌极为不符。
矛盾four：生态绿地环境缺乏
朝晖地段空间形态上较为完善，作为老城市中心的“呼吸”空间是非常重要的，但目前过大的建筑密度使地段基本不具有生态绿地空间。
社会需求
在基础调研阶段，我们对地块内的居民、工作者、从商人员做了大量调查问卷，也走访了当地政府部门，希望更多的从他们的角度出发，实现他们的想法。
当地居民
1、您最希望改善的居住条件？
A 小区绿地和健身场所
B 公共开敞空间和交流场所
C 停车等基础配套配套设施
D 社区服务（社区老人院、医疗站等）
2、你最希望的在地铁周边布置那些商业设施？
A 办公楼
B 酒店
D 便利店
D 大型超市
上班族
您对办公外围环境有什么要求？（可多选）
A 休闲场所：餐厅、咖啡厅等
B 增加绿化、开敞休闲空间
C 增加停车设施
D 将办公地点尽量布置在交通便利地点
F 在地铁出入口周围增加换乘公交系统、公共停车场
创意产业工作者
您最希望的工作环境？（可多选）
A 增加绿化，优化环境，提升品位
B 增加舒适宜人的休闲场所：餐厅、咖啡厅等
C 集中的办公处和产品展示空间，例如LOFT\SOHO等创意工作场所
规划目标
1、修缮珍贵的历史传统建筑街区文化遗产，保护萧山城市文脉；
2、延续地段脉络，激活地段活力，提升土地价值，进行产业结构变化，植入创意性产业，充分发挥地段的经济效益、生态效益和社会效益；
3、完善地段的城市职能，在保留原有合理功能和生活记忆的基础上，形成一个城市或地区级的具有高效率综合服务体系的核心；
4、在近期规划中力求营造一个高质量的人居环境空间，建设为多功能的城市生活公共中心；
5、提升地段地位，进行提升城市形象，创造优美的城市景观系统和完善功能的城市脉络和肌理。
1

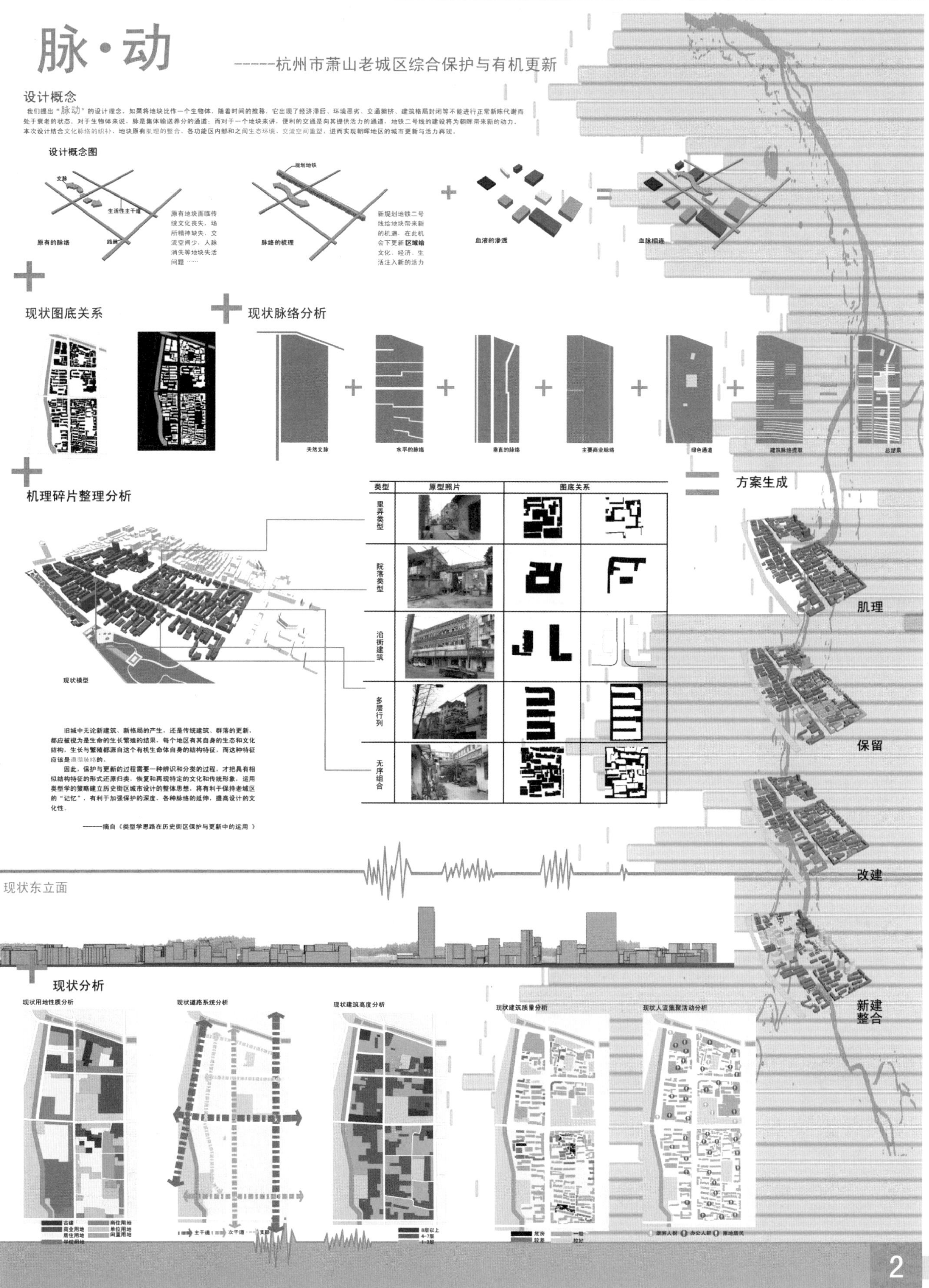

脉·动
------杭州市萧山老城区综合保护与有机更新
设计概念
我们提出“脉动”的设计理念，如果将地块比作一个生物体，随着时间的推移，它出现了经济滞后、环境恶劣、交通拥挤、建筑格局封闭等不能进行正常新陈代谢而处于衰老的状态。对于生物体来说，脉是集体输送养分的通道；而对于一个地块来讲，便利的交通是向其提供活力的通道，地铁二号线的建设将为朝晖带来新的动力。本次设计结合文化脉络的织补、地块原有肌理的整合、各功能区内部和之间生态环境、交流空间重塑，进而实现朝晖地区的城市更新与活力再现。
设计概念图
文脉
生活性主干道
路脉
原有的脉络
原有地块面临传统文化丧失，场所精神缺失，交流空间少，人脉消失等地块失活问题……
规划地铁
脉络的梳理
新规划地铁二号线给地块带来新的机遇，在此机会下更新区域给文化、经济、生活注入新的活力
血液的渗透
血脉相连
现状图底关系
现状脉络分析
天然文脉
水平的脉络
垂直的脉络
主要商业脉络
绿色通道
建筑脉络提取
总提案
方案生成
机理碎片整理分析
类型
原型照片
图底关系
里弄类型
院落类型
沿街建筑
多层行列
无序组合
现状模型
旧城中无论新建筑、新格局的产生，还是传统建筑、群落的更新，都应被视为是生命的生长繁殖的结果，每个地区有其自身的生态和文化结构，生长与繁殖都源自这个有机生命体自身的结构特征，而这种特征应该是遵循脉络的。
因此，保护与更新的过程需要一种辨识和分类的过程，才把具有相似结构特征的形式还原归类，恢复和再现特定的文化和传统形象，运用类型学的策略建立历史街区城市设计的整体思想，将有利于保持老城区的“记忆”，有利于加强保护的深度，各种脉络的延伸，提高设计的文化性。
———摘自《类型学思路在历史街区保护与更新中的运用》
肌理
保留
改建
新建整合
现状东立面
现状分析
现状用地性质分析
现状道路系统分析
现状建筑高度分析
现状建筑质量分析
现状人流集聚活动分析
古建
商业用地
居住用地
学校用地
商住用地
单位用地
闲置用地
主干道
次干道
支路
8层以上
4-7层
1-3层
一般
较好

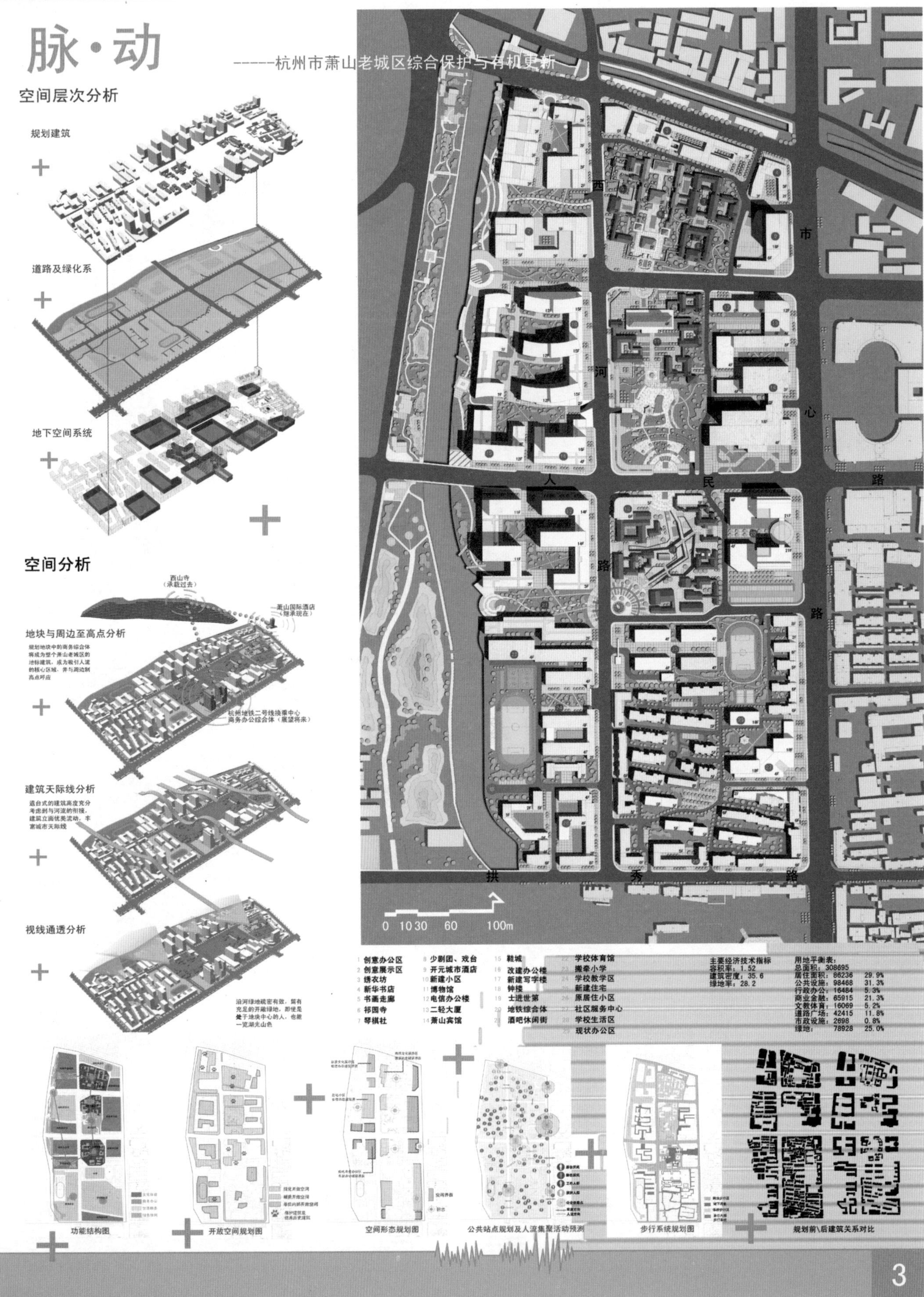
脉·动
------杭州市萧山老城区综合保护与有机更新
空间层次分析
规划建筑
道路及绿化系
地下空间系统
空间分析
西山寺
（承载过去）
萧山国际酒店
（继承现在）
地块与周边至高点分析
规划地块中的商务综合体将成为整个萧山老城区的地标建筑，成为吸引人流的核心区域，并与周边制高点呼应
杭州地铁二号线换乘中心
商务办公综合体（展望将来）
建筑天际线分析
退台式的建筑高度充分考虑到与河流的衔接，建筑立面优美流动，丰富城市天际线
视线通透分析
沿河绿地疏密有致，留有充足的开敞绿地，即使是处于地块中心的人，也能一览湖光山色
西
河
人
民
路
市
心
路
拱
秀
路
0 10 30 60 100m
1 创意办公区
2 创意展示区
3 绣衣坊
4 新华书店
5 书画走廊
6 祇园寺
7 琴棋社
8 少剧团、戏台
9 开元城市酒店
10 新建小区
11 博物馆
12 电信办公楼
13 二轻大厦
14 萧山宾馆
15 鞋城
16 改建办公楼
17 新建写字楼
18 钟楼
19 士进世第
20 地铁综合体
21 酒吧休闲街
22 学校体育馆
23 搬牵小学
24 学校教学区
25 新建住宅
26 原居住小区
27 社区服务中心
28 学校生活区
29 现状办公区
主要经济技术指标
容积率：1.52
建筑密度：35.6
绿地率：28.2
用地平衡表：
总面积：308695
居住面积：86236 29.9%
公共设施：98468 31.3%
行政办公：16484 5.3%
商业金融：65915 21.3%
文教体育：16069 5.2%
道路广场：42415 11.8%
市政设施：2698 0.8%
绿地： 78928 25.0%
功能结构图
开放空间规划图
空间形态规划图
公共站点规划及人流集聚活动预测
步行系统规划图
规划前\后建筑关系对比
3

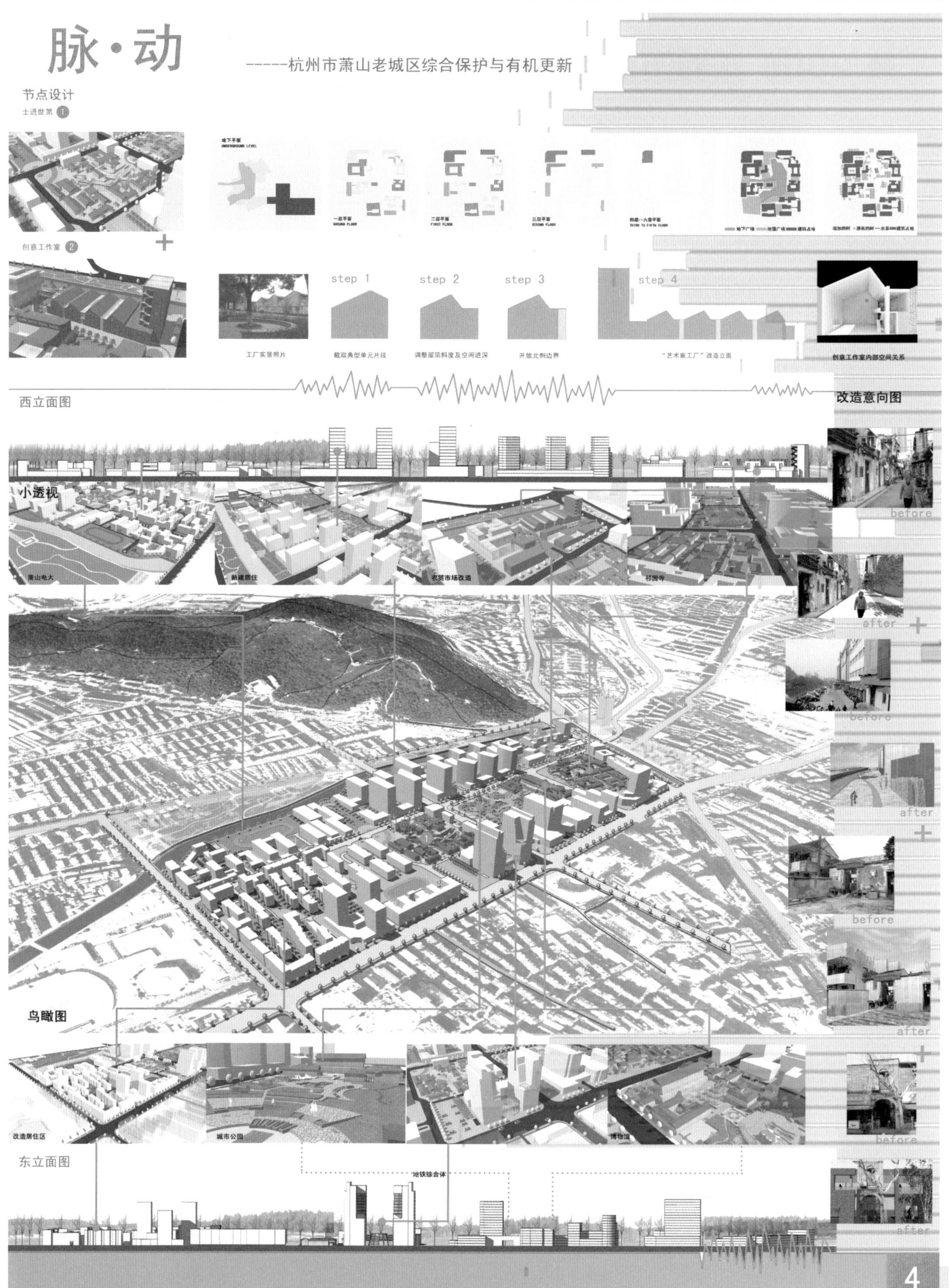
脉·动
-----杭州市萧山老城区综合保护与有机更新
节点设计
士进世第 1
创意工作室 2
step 1
step 2
step 3
step 4
工厂实景照片
截取典型单元片段
调整屋顶斜度及空间进深
开放北侧边界
"艺术家工厂"改造立面
创意工作室内部空间关系
西立面图
改造意向图
小透视
萧山电大
新建居住
农贸市场改造
祗园寺
before
after
鸟瞰图
改造居住区
城市公园
博物馆
东立面图
地铁综合体
4

■ 2006 年城市设计课程任务书

1. 设计主题

作为未来的城市建设的从业者，在校的城市规划专业本科生应当培养对城市公共空间敏锐的观察能力、对历史文化空间公平客观的支持态度，并能够运用丰富的专业知识和手段分析城市问题，建立和培养“以人为本”的设计理论和方法。本次课程设计基于“2006 年度全国高等院校城市规划专业本科生课程作业（规划设计）交流评优”提出的“以人为本”的城市设计宗旨，选择“基于历史文化背景的城市规划设计”设计主题，鼓励学生主动观察与分析城市现象、锐敏涉及城市发展动态和前沿课题，发掘城市历史文化背景，并以全面、系统的专业素质去处理城市问题。

2. 解读主题

本次课题设计主题同学们从历史学、文化学与城市学的角度，立足空间规划的专业基础和引导“城市人”的合理行为作为基本手段，观察城市、体验社会、发展问题、提出方案，继而丰富文化、和谐发展。将历史、文化以及人们的居住地联系起来，一系列物质和非物质形式的遗产地就形成了，主要包括：（1）具有历史意义的建筑和遗迹；（2）诸如战场等发生过重大历史事件的地点；（3）传统风貌以及传统活动与民间习俗；（4）包括餐饮和体育活动在内的各种传统生活方式。“基于历史文化背景的城市规划设计”最近几年随着世界遗产申报热在我国的兴起而引起广泛的关注，越来越受到地方各级政府的重视；同时也是城市发展中特色体现和文脉延续的探索对象。通过本课程设计使学生运用城市设计的基本原理和技术方法，学会从现场踏勘调查中发现问题；研究分析原有城镇的肌理、界面的组织特点，并从中提出自己的保护和利用的构想，提高空间形体和环境设计能力。

3. 重点关注问题

（1）历史文化保护概念

1933 年 8 月国际现代建筑协会在《雅典宪章》中提出“有历史价值的建筑和地区”的保护问题。1964 年 5 月的《威尼斯宪章》进一步拓宽和扩大了保护的基本概念和范围，指出文物古迹的概念不仅包括单体建筑物，而且包括能够从中找出一种独特的文明、一种有意义的发展或一个历史事件见证的城市或乡村环境。1976 年 11 月的《内罗毕建议》肯定了历史街区在社会、历史和实用方面所具有的普遍价值，并从立法、行政、技术、经济和社会等更广泛的角度对历史街区提出相应保护措施，更加强调把历史街区的保护修复工作与街区振兴活动结合起来。1987 年 10 月的《华盛顿宪章》指出所有城市社区、不论是长期逐渐发展起来的，还是有意创建的，都是历史上各种各样的社会的表现，在此基础上扩展了城市保护对象，主要为历史城区，包括城市、城镇、历史中心区或居住区及其自然与人工环境，以及这些地区的传统的城市文化价值。历史文化保护经历了一个由开始仅保护可供人们欣赏的建筑艺术品，继而保护各种能作为社会、经济发展的见证物，再进而保护与人们生活息息相关的历史街区以至整个城市的过程。

（2）历史文化保护与更新途径

历史文化保护与更新途径主要包括：①开辟新区，保护古城；②古城格局的保护；③环境景观特色的保护；④与旅游资源开发结合；⑤精心城市设计。

4. 设计地块概况

（1）杭州留下历史文化街区

留下历史地段，地处杭州西北部，距市中心武林广场约 9 公里，隶属于西湖区。其北靠西溪风景区、南临龙坞风景区、之江国家旅游度假区，在镇区内位于镇中心位置。

设计范围南至规划的留下镇公共绿地南边缘，西至控规中规划的 16 米规划路，东至控规中规划的 12 米规划路，北至西溪路和古灵慈桥，总面积 11.0 公顷。留下历史悠久，宋称西溪市。留下地名耐人寻味，据《清光绪钱塘县志》载：宋建炎三年 (1129)7 月，高宗南渡，幸西溪，初欲建都于此，乃云："西溪且留下"，留下之名始于此。自宋至清，这里始终是百业兴旺、商业繁荣的集镇，《西溪梵隐志》载："镇特爽垲，其形如筚，方二千亩，居人五六百家，东西其宇，划水相望"。由此可见留下镇在清代已是有居民五六百家的市镇，一水穿镇、石桥横卧，傍河筑屋、建筑别致；家酒酱园、作坊米行、茶店药铺、饭庄小吃等，间间紧挨；溪河上的古桥、河边石阶更是反映了留下历史文化的源远流长。时至今日，留下历史地段旧木结构街面屋上，尚可见雕梁翘角，确有一派古镇风情。但与杭州历史文化名城相比，留下历史街区的历史风貌、历史建筑资源较少，历史老字号、历史工艺等基本上消失殆尽。如何保护留下历史文化街区的历史文化遗产、保持街区活力、吸引人潮，让这座曾经落寞的江南小镇，重新成为商业繁华之处，这正是值得研究与探索的问题。

（2）杭州武林路历史地段

武林路历史地段，地处杭州新湖滨区内，与西湖隔路相望，紧邻延安路商业街和武林路杭派女装特色街，处于杭州城商业繁华中心。规划范围南至庆春路，西起环城西路，东至武林路，北抵龙游路，用地呈侧立 T 字形，总用地面积 6.5 公顷。现实中武林路历史地段存在着较多问题。从遗存的老建筑来看，是民国以后的东西，主要是小别墅、石库门民居，形成了一种相对完善的近代中西合璧的历史建筑形式语言，尤其临安里、迪心里、三元里三条里弄式布局的肌理尚存，但建筑质量和使用功能上需大加整修和调整。从历史地段的周边环境看，有望湖宾馆、文物局办公楼、中大宾馆、省群艺馆、交通设计院、海华大酒店等企业事业单位六家，与历史地段的历史风貌、建筑色彩等方面不协调。从历史地段的户外公共空间环境看，这一地区对商业空间极度追求，造成这一地区城市空间的拥挤和局促，基本没有比较好的可停留休闲的城市空间，在历史地段内建筑鳞次栉比、建筑密度大、无户外公共空间环境。如何保护并延续历史地段的历史特征，形成合理的功能布局，使之再次焕发青春，成为规划工作的当务之急。

5. 重点解决问题

重点解决问题主要包括（1）历史文化街区的发展定位分析；（2）保护原则及保护重点的确定；（3）新功能的选择与注入；（4）对原有空间肌理、界面的延续与拓展；（5）道路交通的梳理和组织；（6）历史街区空间设计（点、线、面空间体系；空间的形状、尺度、组合）；（7）历史街区实体设计（各类建筑形体、体量、高度；设施、小品、绿地、水体、山体设计；界面设计）；（8）历史街区场景设计（场景构图的艺术性、视觉的秩序性和丰富性、活动的介入及人文性）。

6. 设计成果要求

（1）区位分析图；

（2）现状分析图（包括用地现状、建筑质量现状、建筑高度现状、建筑风貌现状）；

（3）总平面图（1：1000）；

（4）布局结构分析图、公共空间及绿地景观体系分析图、空间形态分析图、道路交通组织分析图、界面分析图；

（5）总体形体模型照片或 SketchUp 总体模型图，1~2 个节点图；

（6）自己认为有必要添加的图；

（7）简要说明。

上述内容排入 3~4 张 1 号图纸。

解读·整合·阐述·升华

杭州留下 历史文化街区保护规划 壹

留下历史悠久，宋称西溪市。留下地名耐人寻味，据《清光绪钱塘县志》载：宋建炎三年(1129)7月，高宗南渡，幸西溪，初欲建都于此，感叹于“西溪且留下”，留下因此而得名。自宋至清，这里始终是百业兴旺、商业繁荣的集镇。在清代已是有居民五六百家的市镇，一水穿镇，石桥横卧，傍河筑屋，建筑别致。目前留下历史街区是以留下大街、五常河为主体的历史街区，主要形成于清末民初。

解读留下的历史，
解读留下的文化，
解读留下的传统，
解读留下的个性……

区位分析图

用地现状图

建筑质量分析图

建筑风貌分析图

保护整治策略图

解读·整合·阐述·升华

杭州留下 历史文化街区保护规划 贰

整合留下历史街区历史风貌的各种要素，包括古桥、河堤、河边石阶、门框、古树名木、庭院、河流、水井等展示历史文化的各类标志物，在空间上组织起来，形成网络体系，使人们便于感知和理解留下历史街区深厚的历史文化渊源。

经济技术指标

规划总用地 11ha

规划总建筑面积 6.6ha

容积率 0.6

建筑密度 24%

绿地率 38%

平均层数 2.5层

停车泊位 118辆

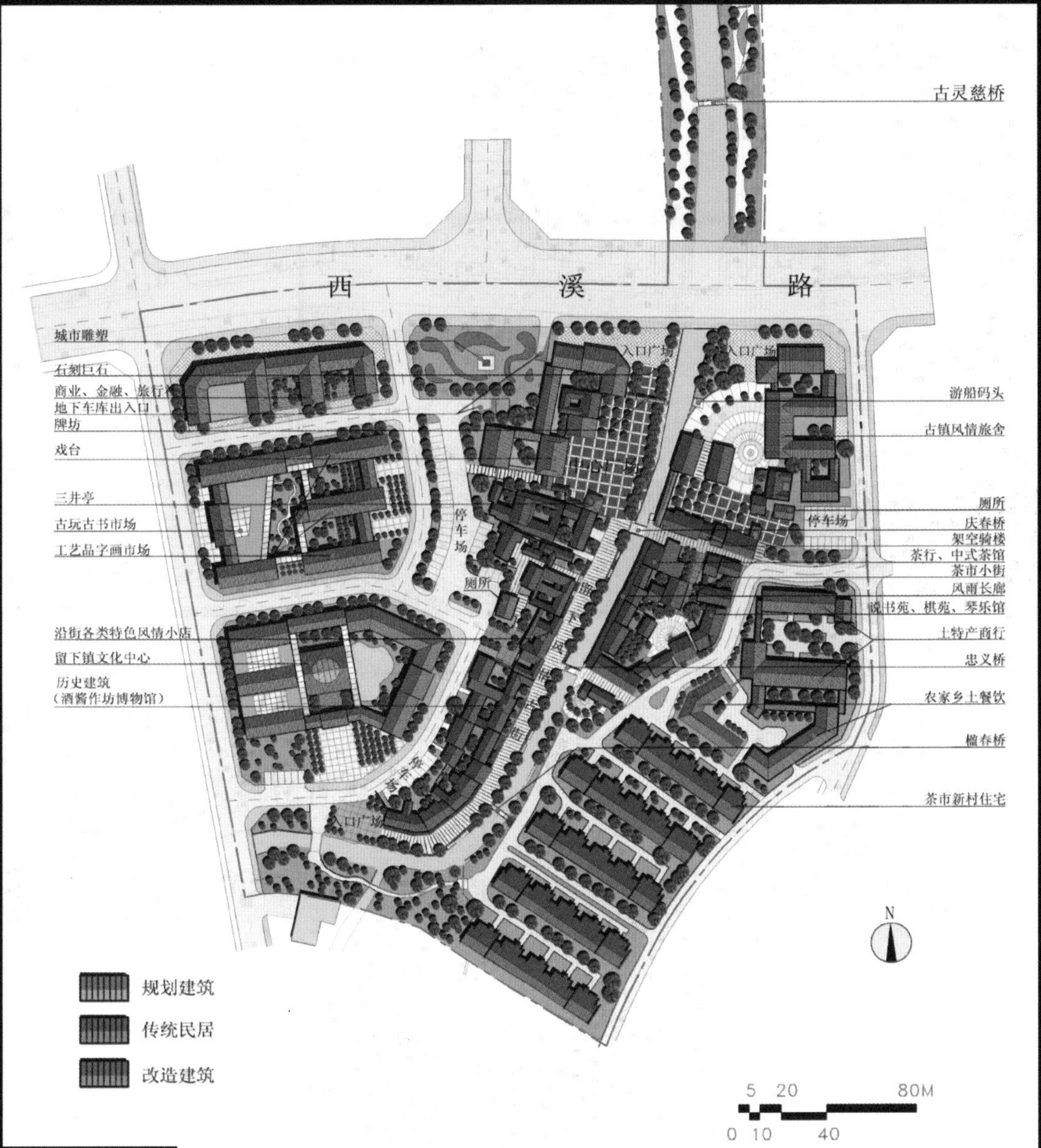

西溪路

古灵慈桥

城市雕塑

石刻巨石

商业、金融、旅行

地下车库出入口

牌坊

戏台

三井亭

古玩古书市场

工艺品字画市场

沿街各类特色风情小店

留下镇文化中心

历史建筑（酒酱作坊博物馆）

入口广场

停车场

厕所

游船码头

古镇风情旅舍

厕所

庆春桥

架空骑楼

茶行、中式茶馆

茶市小街

风雨长廊

说书苑、棋苑、琴乐馆

土特产商行

忠义桥

农家乡土餐饮

植春桥

茶市新村住宅

规划建筑

传统民居

改造建筑

5 20 80M

0 10 40

规划平面图

街区保护格局

一水穿区、
四桥横卧、
傍河筑屋修廊、
院落毗邻相套、
街、巷相联幽闭

主街

巷子

院落

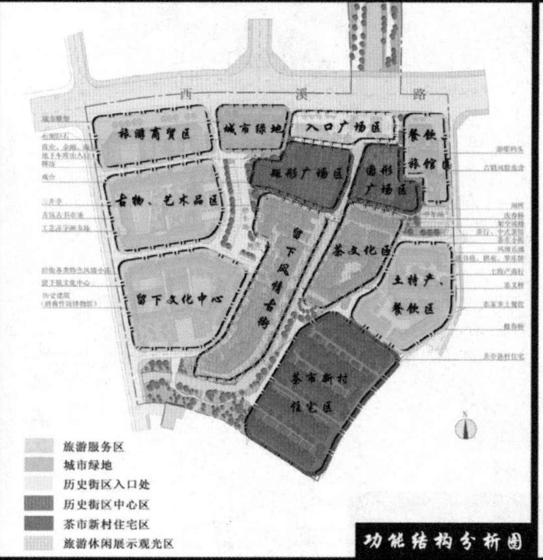

西溪路

旅游商贸区
城市绿地
入口广场区
餐饮旅馆区
矩形广场区
圆形广场区
古物、艺术品区
留下风情古街
茶文化区
留下文化中心
土特产、餐饮区
茶市新村住宅区

旅游服务区
城市绿地
历史街区入口处
历史街区中心区
茶市新村住宅区
旅游休闲展示观光区

功能结构分析图

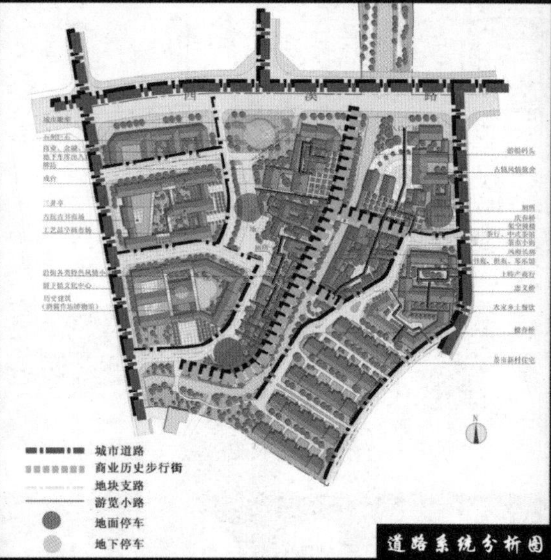

城市道路
商业历史步行街
地块支路
游览小路
地面停车
地下停车

道路系统分析图

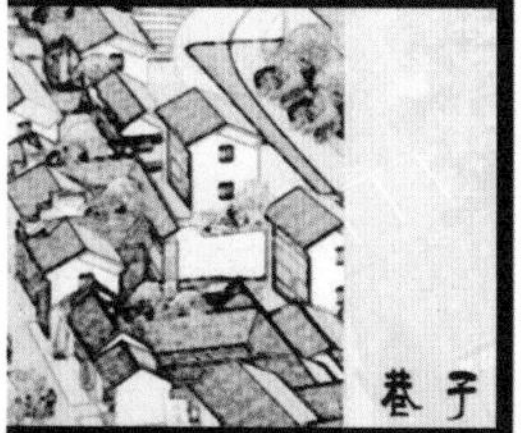

城市开敞空间
主要景观节点
沿河空间景观轴
历史景观展开轴

绿化景观分析图

城市公共空间
半公共院落空间
私密性的院角空间
巷道空间

空间院落分析图

解读·整合·阐述·升华

杭州留下历史文化街区保护规划 叁

整体鸟瞰图

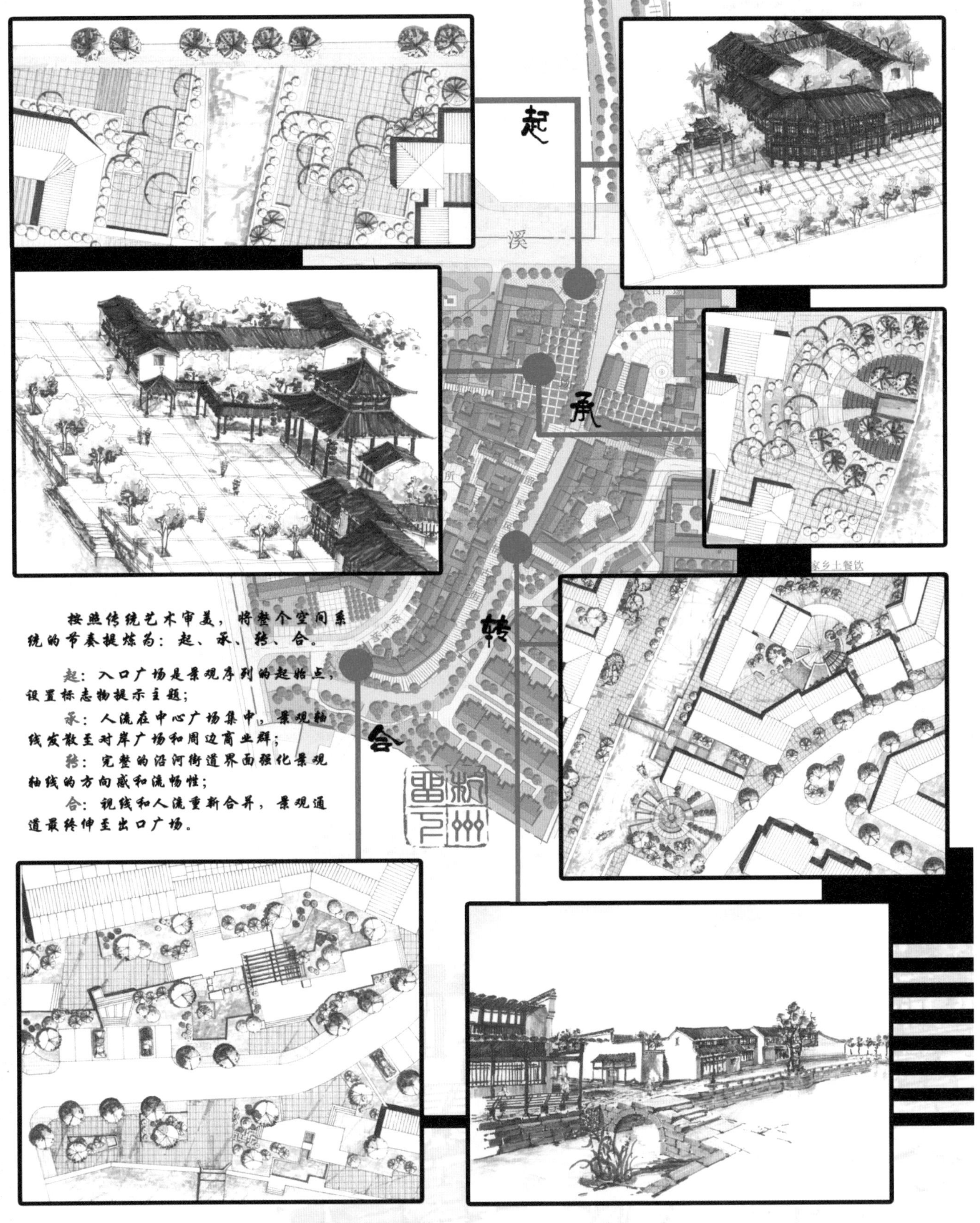
起
溪
承
家乡土餐饮
转
合
按照传统艺术审美，将整个空间系统的节奏提炼为：起、承、转、合。
起：入口广场是景观序列的起始点，设置标志物提示主题；
承：人流在中心广场集中，景观轴线发散至对岸广场和周边商业群；
转：完整的沿河街道界面强化景观轴线的方向感和流畅性；
合：视线和人流重新合并，景观通道最终伸至出口广场。
杭州留下

解读·整合·阐述·升华 杭州留下历史文化街区保护规划 肆

打造杭州"半边天"——杭州武林路历史地段城市设计Ⅰ

建筑保护策略图
保护建筑
整治建筑
改造建筑
拆除建筑

屋顶形式现状图
平顶建筑
坡顶建筑

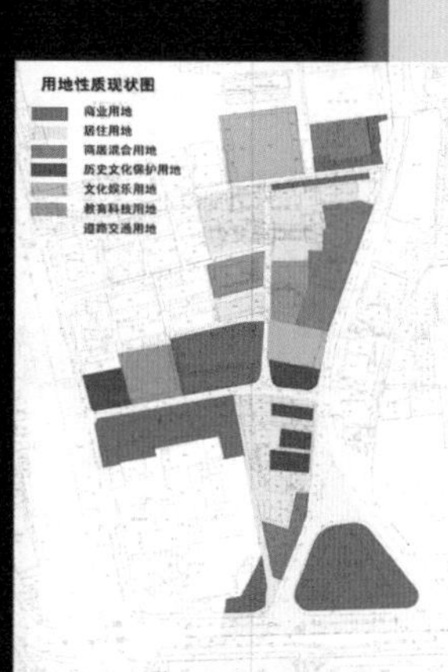
用地性质现状图
商业用地
居住用地
商居混合用地
历史文化保护用地
文化娱乐用地
教育科技用地
道路交通用地

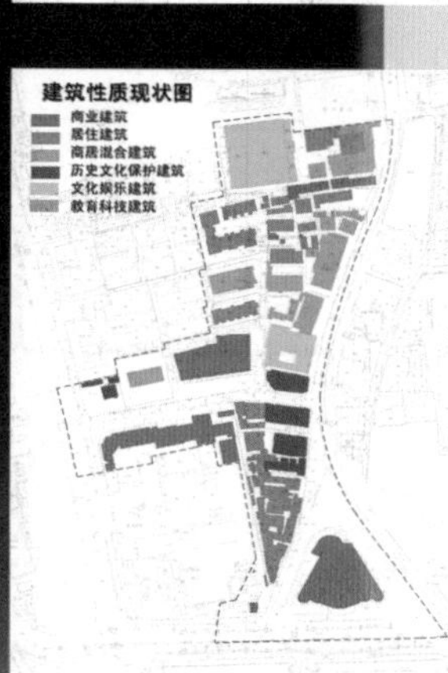
建筑性质现状图
商业建筑
居住建筑
商居混合建筑
历史文化保护建筑
文化娱乐建筑
教育科技建筑

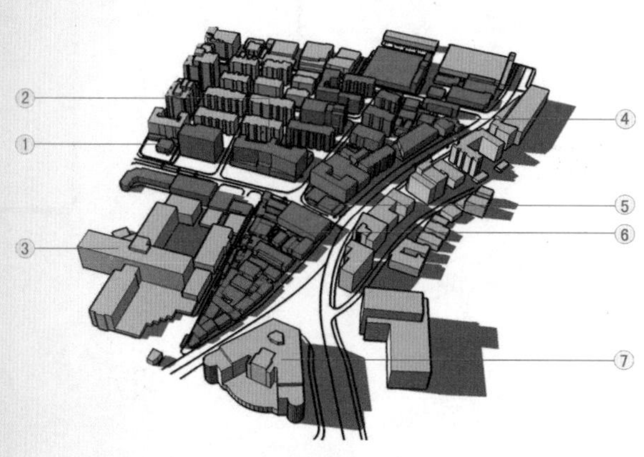
①
②
③
④
⑤
⑥
⑦

现状鸟瞰模型及地段特征建筑分析

① 林氏别墅：三开间，保存有民国时期典型的拱券装饰，一、二层有柱廊，已经过修缮，建筑质量较好。院落内有两棵常青乔木，西面为湖滨绿化带，有一定的景观和历史环境。按保护建筑保护。

② 中大宾馆：现为浙江省对外贸易经济合作厅、国家商务部杭州特派员办事处所在地。欧式建筑，立面色彩与历史环境不协调，需要改造。

③ 望湖宾馆：地段周边建筑，四星级商务酒店。至高点为九层，南向为望湖食街。

④ 传统民居：建于民国时期，二层三开间，青砖结构，天花装饰精美，前有一小花园。按保护建筑保护。

⑤ 教场路一号：单体二层三开间，底层柱廊结构完好，二层正间为内凹阳台，屋顶带老虎窗，栏杆、天花、室内铺地精细，为典型民国风格建筑。按保护建筑保护。

⑥ 林氏住宅：十开间，青灰砖墙门，门楣、窗楼上有精美雕饰，为典型的石库门建筑，主体结构需要维修。现个别底层已经改为商铺，环境脏、乱、差。周边有三个弄堂，分别为临安里、迪心里、三元里，历史风貌较好，按保护建筑保护。

⑦ 海华大酒店：法国雅高酒店集团管理的四星级酒店，主体九层建筑，大体量给历史氛围的营造带来了困难，对其进行立面的整治和改造。

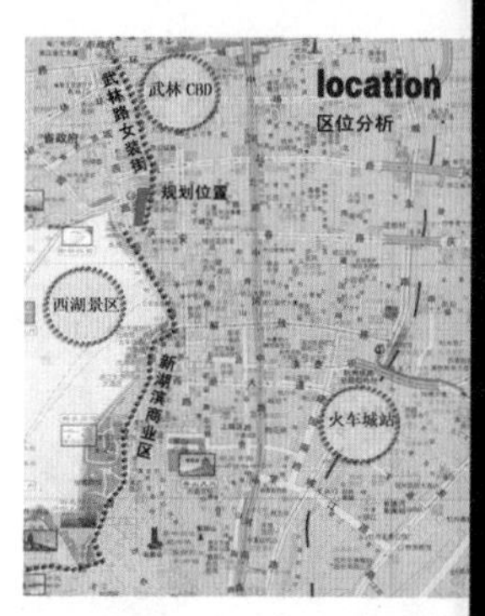
location
区位分析
武林CBD
规划位置
西湖景区
火车城站

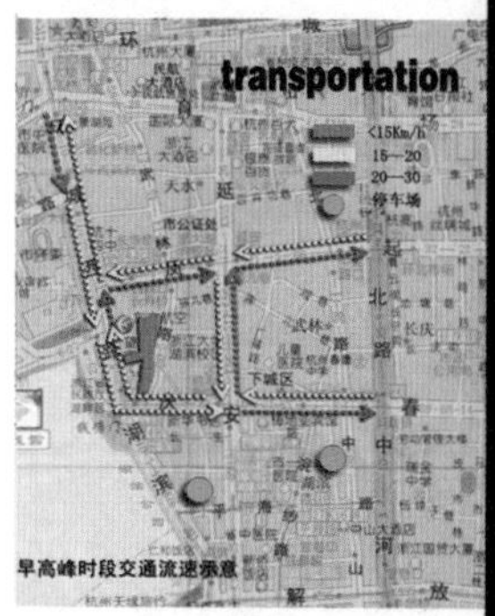
transportation
早高峰时段交通流速示意

晚高峰时段交通流速示意

武林路历史功能变迁示意

————自隋唐起，为京杭运河南端码头，贩米、运货、进香之人昼夜不绝，渐成闹市。

————元代有"北关夜市"之誉。

————明末，丝织、丝绸业发达。

从1994年始，这里自发形成了一批风格迥异、新潮前卫的时尚女装个性小店，一大批杭州品牌女装先后落户这里。

————如今，街区内商业、办公、居住混杂，虽然整体已经过一期整治，但许多历史性建筑未得到有效保护。

打造杭州“半边天”——杭州武林路历史地段城市设计 II

功能结构分析

- 女装、饰品、化妆品
- 餐饮茶座
- 健身理疗
- 美容美发美体
- 陈列展览
- 文化娱乐

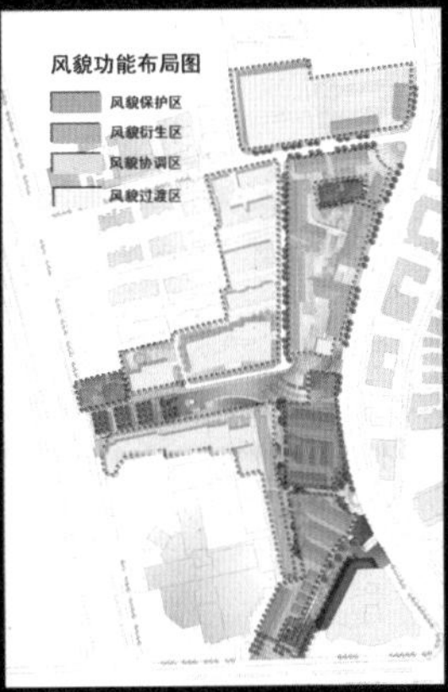

风貌功能布局图

- 风貌保护区
- 风貌衍生区
- 风貌协调区
- 风貌过渡区

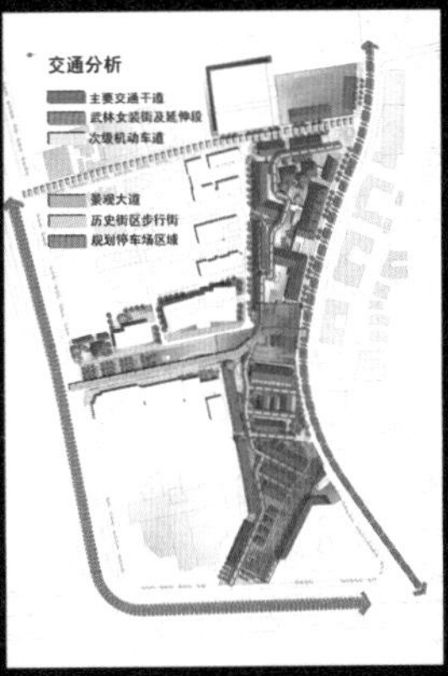

交通分析

- 主要交通干道
- 武林女装街及延伸段
- 次级机动车道
- 景观大道
- 历史街区步行街
- 规划停车场区域

空间视廊分析

- 主要景观节点
- 门框效应点
- 视线对景
- 城市呼吸点

总平面布置

0m 10m 40m 80m

停车场
石之庭
竹之庭
水之庭
露台
演艺角
理疗健身
咖啡吧
时代PUB
陈列馆
酒吧餐饮
美容美发
武林路
消防通道
庆春路

打造杭州“半边天”——杭州武林路历史地段城市设计Ⅲ

建筑风貌现状图
一类风貌建筑
二类风貌建筑
三类风貌建筑
四类风貌建筑

地段 SWOT 架构图分析

Strength 优势
- 三栋民国时期石库门建筑结构完好
- 南段保留了比较完整的巷道形态
- 位于城市中心，地理优势明显

Weakness 劣势
- 周边交通拥挤，区域东西方向联系不够
- 周边建筑体量大
- 许多民居遗留的历史风貌痕迹少，建筑质量差

Opportunity 机会
- 拓宽龙游路，改善交通，加强横向联系
- 为区域其他历史街区开发树立范例
- 为城市女性提供购物、交往的平台

Threat 威胁
- 顾客与窄巷的冲突
- 顾客对历史建筑和环境造成破坏

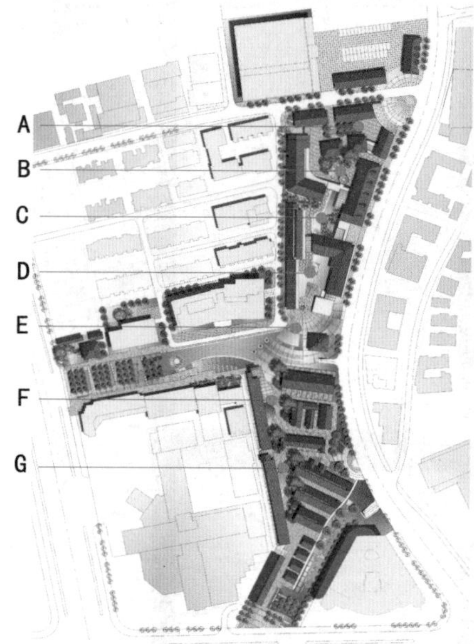
A
B
C
D
E
F
G

建筑质量现状图
一类建筑
二类建筑
三类建筑
四类建筑

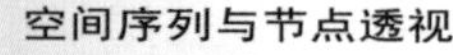

空间序列与节点透视

A 起始段 ——女装展示街

水杉、水桌，女装展示的T形台
D/H=1

塔楼视线分析
视线轴线
可见区域

B 主题段 ——石之庭

白沙、枯石
石文化融合
历史和现代

C 副题段 ——竹之庭

翠竹、木桥、流水，提供休憩与小孩游戏空间

空间类型分析
城市公共空间
半公共院落空间
私密性的院角空间
巷道空间

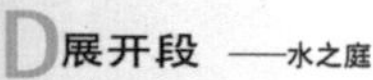

D 展开段 ——水之庭

碧水与各类女性饰品交相辉映

打造杭州"半边天"——杭州武林路历史地段城市设计 Ⅳ

绿化结构分析

带形绿化

绿化景观节点

空间结构示意

主要空间轴线

放大空间

内部交通分析

主要垂直交通

二层步行系统

流线分析

货物流线

主要客人流线

主入口

次入口

武林路沿街立面

群体鸟瞰图

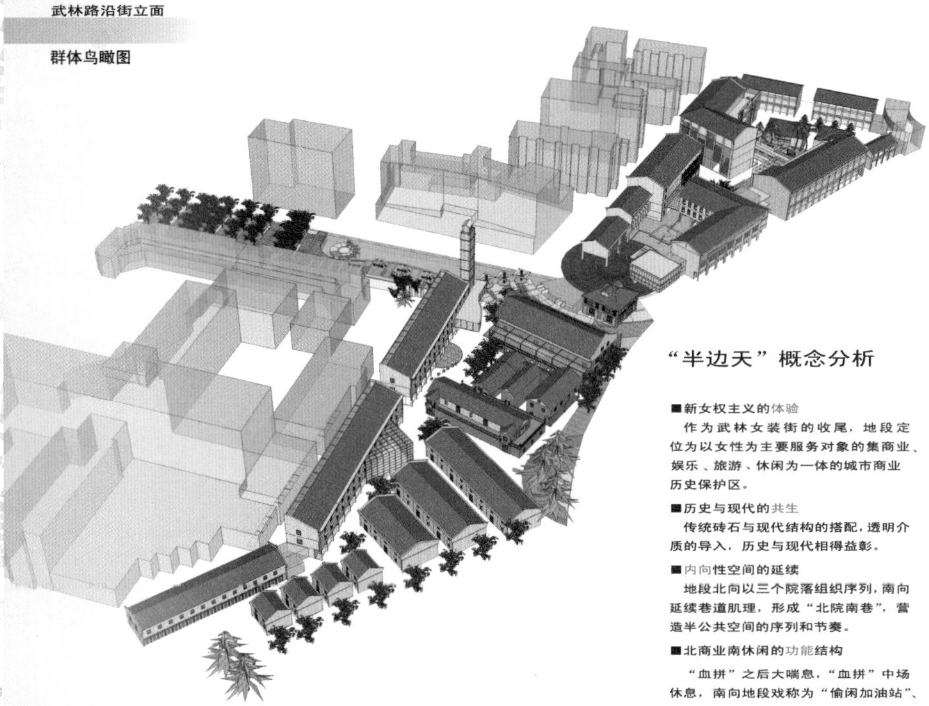

"半边天"概念分析

■新女权主义的体验

作为武林女装街的收尾，地段定位为以女性为主要服务对象的集商业、娱乐、旅游、休闲为一体的城市商业历史保护区。

■历史与现代的共生

传统砖石与现代结构的搭配，透明介质的导入，历史与现代相得益彰。

■内向性空间的延续

地段北向以三个院落组织序列，南向延续巷道肌理，形成"北院南巷"，营造半公共空间的序列和节奏。

■北商业南休闲的功能结构

"血拼"之后大喘息，"血拼"中场休息，南向地段戏称为"偷闲加油站"、男式寄存处。

E高潮段——水梦广场

视野豁然开朗

城市开敞空间

提供休憩场所

钟塔形成中心

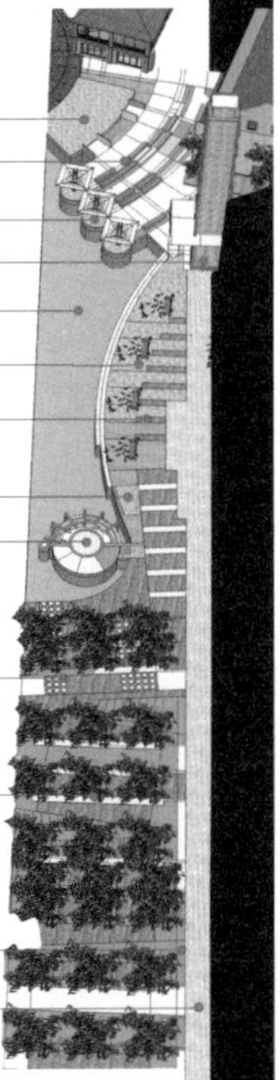

F承接段——井院三里

井元素的导入

唤起传统记忆

D/H≈0.6

G结尾段——水晶重巷

透明体"似曾相识"，重巷韵律奏响休止符

D/H≈0.6

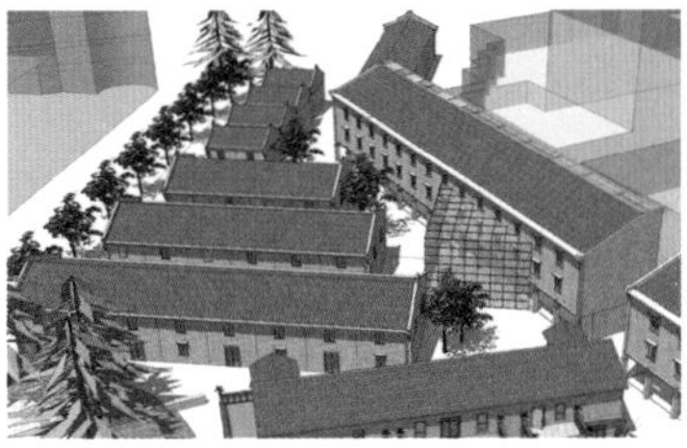

演艺角

观演平台

索膜帐篷

钟塔

伊人湖

鸽群情侣湾

雾化喷泉群

亲水木构平台

馨风台

碇步

林下袖珍盒

水桌

步行道

景观大道节点示意图